第四版

非金属矿

加工与应用

郑水林　孙志明　编著

FEIJINSHUKUANG

JIAGONG YU YINGYONG

化学工业出版社

·北京·

本书在简要介绍非金属矿加工与应用的研究内容、特点及发展趋势以及共性加工技术的基础上，从矿石性质和矿物结构特点出发，介绍了六大类、数十余种非金属矿物与岩石的应用领域及其发展、产品标准与技术指标要求以及精选提纯、超细粉碎、精细分级、表面与界面改性为特征的深加工技术和相应的矿物功能材料和矿物化工技术。

与第三版相比，本书内容上主要进行了如下修订：增加了非金属矿深加工和非金属矿物材料的最新进展与重要创新以及非金属矿物功能材料的应用进展，如超细粉碎技术与装备、表面有机与无机改性、无机纳米复合功能材料、纳米结构材料、层状结构矿物插层材料、矿物负载和掺杂修饰纳米 TiO_2 复合环保材料等；更新了相应的产品标准与应用技术指标，删除了已淘汰的技术和已废弃的产品标准。

本书可供从事矿物加工与矿物材料、化工、轻工、建材、冶金、机械、电力、电子、环保、新材料等相关领域的工程技术人员、管理人员及大专院校有关专业师生参考。

图书在版编目（CIP）数据

非金属矿加工与应用/郑水林，孙志明编著．—4
版．—北京：化学工业出版社，2018.10（2023.3重印）
ISBN 978-7-122-32770-3

Ⅰ.①非…　Ⅱ.①郑…②孙…　Ⅲ.①非金属矿物-
加工②非金属矿物-应用　Ⅳ.①TD97

中国版本图书馆 CIP 数据核字（2018）第 175056 号

责任编辑：朱　彤　　　　　　　　　　文字编辑：陈　雨
责任校对：宋　夏　　　　　　　　　　装帧设计：刘丽华

出版发行：化学工业出版社（北京市东城区青年湖南街 13 号　邮政编码 100011）
印　　装：北京印刷集团有限责任公司
787mm×1092mm　1/16　印张 16　字数 440 千字　2023 年 3 月北京第 4 版第 3 次印刷

购书咨询：010-64518888　　　　　　售后服务：010-64518899
网　　址：http://www.cip.com.cn
凡购买本书，如有缺损质量问题，本社销售中心负责调换。

定　　价：59.00 元　　　　　　　　　　　　　　版权所有　违者必究

第四版前言

《非金属矿加工与应用》从 2003 年出版至今，多次再版和重印，已是超出了作者的预期；承蒙化学工业出版社之约于 2018 年 5 月完成的第四版修订更使作者体会到非金属矿和非金属矿物材料行业的春天来到了！伴随春天的脚步，作者的心情也似春天万物般兴奋和快乐！

受益于国家绿色矿山和节能环保发展战略以及供给侧改革的推动，非金属矿加工与应用技术以及非金属矿物功能材料的创新发展明显提速，论文发表量和专利申请量快速增长，技术标准的制定和更新频率加快。同时，非金属矿深加工和非金属矿物材料产业的结构调整和转型升级取得显著进步，经济效益和社会效益显著提升。在这一大背景下，修订《非金属矿加工与应用》以适应该领域科技与产业发展和满足广大读者的需求是十分有意义的。

本次第四版修订保留了第三版的结构和风格，即科学、简明、先进、实用。主要修订内容如下。

① 第 1 章修改了分类方法，增加了按矿石成分分类。

② 第 2 章补充了大型改进雷蒙磨以及新型靶式气流磨、搅拌磨和砂磨机、辊磨机的技术进展和应用，精简螺旋分级机和旋风分级机的相关内容；修改了表面改性方法和工艺。

③ 第 3 章增补了大理石；修订了方解石超细粉碎和表面改性的内容，补充了最新进展；补充了菱镁矿选矿更新技术成果。

④ 第 4 章补充了石英砂与粉石英的选矿和表面改性技术进展；高岭土插层剥片及纳米化；膨润土选矿、插层改性和复合技术进展；伊利石选矿和深加工材料及应用技术进展；云母纸生产工艺、产品性能特点及应用；辉沸石负载纳米 TiO_2 和 ZnO 复合环保与抗菌功能材料；海泡石选矿及负载纳米 TiO_2 复合材料；硅藻土水处理材料及纳米 TiO_2/硅藻土复合材料掺杂和异质结修饰；电气石及蛋白土的加工与应用技术进展。

⑤ 第 5 章～第 8 章补充了萤石和金红石晶体结构图并修订金红石的应用与选矿技术；精简岩棉及其制品生产工艺，补充玄武岩纤维的性能特点及应用和连续玄武岩纤维生产技术。

⑥ 更新了相应产品标准与应用技术指标，删除已淘汰的技术和已废弃的产品标准。

本书内容中的膨润土、伊利石、海泡石、累托石、硅藻土等部分的修订以及产品标准与应用技术指标的更新由孙志明副教授完成，其余部分由郑水林教授完成，并由郑水林教授负责整理和定稿。

本书能够在 15 年之内实现多次再版并获得 2014 年中国石油和化学工业优秀出版物（图书奖）一等奖，作为作者甚感欣慰。为此，衷心感谢非金属矿及矿物材料及相关行业广大读者的厚爱！感谢从事非金属矿及非金属矿物材料科学研究、技术开发、生产和应用的广大科技工作者！特别感谢化学工业出版社的领导和该书的编辑！谢谢你们圆了作者的梦，也圆了中国非金属矿行业的梦！

最后还要说的是，尽管作者在此版的修订中又做了一些新的努力和尝试，但难免存在不足之处，继续欢迎同行专家和读者批评斧正！

郑水林

2018 年 6 月

目录

CONTENTS

第4章 硅酸盐矿

第5章 硫酸盐矿

第6章 碳质非金属矿

第7章 其他非金属矿

第8章　天然复合非金属矿

参考文献

第1章

绪 论

1.1 现代产业发展与非金属矿

非金属矿和岩石是人类利用最早的地球矿产资源。从原始人使用的石斧、石刀到现在以各种非金属矿和岩石为原（材）料制备的无机非金属材料、有机/无机复合材料、微电子和光电子材料、化工和生物医学材料等新材料，人类在利用非金属矿物和岩石原（材）料方面走过了从简单利用到初步加工后利用，再到深加工和综合利用的漫漫历程。非金属矿加工利用技术的每一次进步都伴随着人类科学技术的进步和人类文明的发展。同时，人类科学技术和文明的发展又都促进非金属矿加工利用的发展。但是，在现代科技革命和新兴产业发展之前的人类漫长历史长河中，基本上是以金属材料为主导。现代科技革命、产业发展、社会进步、人类生活质量的提高和健康与环境保护意识的普遍觉醒开创了广泛应用非金属矿物和岩石材料的新时代。非金属矿深加工及非金属矿物材料产业已被视为 21 世纪的朝阳产业之一。

人类在进入 21 世纪后，以电子、信息、生物、航空航天、海洋开发以及新能源和新材料为主的高技术和新材料产业逐渐壮大。这些高技术和新材料产业与非金属矿物原料及非金属矿物和岩石材料密切相关。例如，石墨、云母、石英、锆英石、金红石、高岭土等与微电子、光电子及信息技术及其产业有关；氧化硅、石墨、云母、高岭土、硅灰石、硅藻土、滑石、方解石、冰洲石、硅线石、石英、红柱石、蓝晶石、石棉、菱镁矿、石膏、珍珠岩、叶蜡石、金刚石、石榴子石、蛭石、透辉石、透闪石、电气石、沸石、玄武岩、辉绿岩等与新材料技术及其产业有关；石墨、重晶石、膨润土、石英等与新能源有关；沸石、麦饭石、硅藻土、凹凸棒石、海泡石、膨润土、蛋白土、珍珠岩、高岭土等与生物技术及食品与药品等健康产业有关；石墨、石棉、云母、石英等与航空航天技术与产业有关。因此，高技术和新材料产业与非金属矿和岩石密切相关，是 21 世纪非金属矿深加工技术和产业发展的重要机遇之一。

进入 21 世纪，化工、机械、能源、汽车、轻工、冶金、建材等传统产业普遍引入新技术和使用新材料，进行技术创新和产业转型升级。这些产业的技术进步与产业转型升级与非金属矿深加工产品密切相关。例如，造纸工业的技术进步和产品结构调整需要大量高纯、超细的重质碳酸钙、高岭土、滑石等高白度非金属矿物颜料和填料；高分子材料（塑料、橡胶、胶黏剂等）的技术进步以及工程塑料、塑钢门窗、塑料管材等复合材料的兴起需要大量超细和活性碳酸钙、高岭土、滑石、针状硅灰石、云母、透闪石、二氧化硅、水镁石以及氢氧化镁、氢氧化铝等矿物功能填料；汽车面漆、乳胶漆以及防腐蚀和辐射、道路发光等特种涂料需要大量的珠光云母、着色云母、超细和高白度碳酸钙、超细二氧化硅、针状超细硅灰石、超细和高白度煅烧高岭土、超细重晶石、有机膨润土等非金属矿物颜料、填料和增黏剂；冶金工业的技术进步和产品结构调整需要高品质的以硅线石、红柱石、蓝晶石等高铝矿物为原料的优质耐火材料和以镁（菱镁矿）和碳（石墨）为原料的镁碳复合材料；新型建材和防火、节能产品的发展需要大量的石膏板材和饰面板、花岗岩和大理岩板材和异形材以及以硅藻土、超细石英粉、石灰粉等为原料的微孔硅钙板、膨胀珍珠岩、硅藻土等保温隔热材料、石棉制品等；石化工业的技术进步和产业升级需要大量具有特定孔径分布、活性和选择性好的沸石和高岭土基催化剂、载体以及以膨润土为原料的活性白土；机电工业的技术进步需要以碎云母为原料制造的云母纸和云母板绝缘材料、高性能的柔性石墨密封材料、石墨盘根、石棉基板材和垫片；汽车工业的发展需要大量非金属矿物纤维为基的摩擦材料以及以滑石、云母、硅灰石、透闪石、超细碳酸钙等为无机填料的工程塑料和底漆；化学纤维工业的发展需要超细二氧化钛、电气石、二氧化硅、云母等填料以生产出有利于人类健康的功能纤维；电池材料的技术进步，需要石墨、萤石、含锂矿物原料或材料。综上所述，传统产业的技术进步和产业结构转型升级与非金属矿物材料紧密相连，是 21 世纪初非金属矿深加工技术和产业发展的主要机遇之一。

环境保护和生态修复是人类 21 世纪面临的重大挑战之一，它直接关系到人类的生存和经济社会的可持续发展。随着人类环保意识的增强、全球环保标准及要求的提高以及对生态建设的日渐重视，环保和生态修复产业将成为 21 世纪最重要的产业之一。许多非金属矿，如硅藻土、沸石、膨润土、凹凸棒石、海泡石、蛋白土、石墨、珍珠岩、蛭石、高岭土、埃洛石等经过加工后具有选择性吸附有害及各种有机和无机污染物的功能，而且具有原料易得、单位处理成本低、本身不产生二次污染等优点，可以用来制备新型环境保护材料；膨润土、凹凸棒石、海泡石、珍珠岩、蛭石、沸石等还可用于固沙和改良土壤。许多非金属矿还是环境友好材料，加工、应用过程和应用后清洁环保，例如，在塑料薄膜中加入一定量的超细重质碳酸钙可制成降解塑料，超细水镁石、含水铝石用作高聚物基复合材料的阻燃填料不仅可以阻燃，而且不产生可致人死亡的毒烟。因此，环保产业和生态修复是 21 世纪非金属矿深加工技术和非金属矿物材料发展的另一个重要机遇。

1.2　非金属矿的分类与用途

由于非金属矿种类繁多，每一种又常有几种成因，其用途又多种多样。在同一应用领域中，不同种类的非金属矿又可相互替代，而且许多非金属矿的化学成分复杂。因此，要提出一个完整或完善的分类比较困难。近 20 年来有不少学者提出了不少方案，但从分类的原则而言，大体上有三种，即以矿石成分分类原则、以工业用途分类原则和以产品功能为分类原则。

按矿石成分非金属矿分为碳酸盐矿、硅酸盐矿、硫酸盐矿、碳质矿、氟化钙、含钛矿、磷矿、钾盐矿、硼镁矿、铝土矿及复合非金属矿等。

表 1-1 是按用途对非金属矿进行的分类。按用途分为 14 类：磨料，陶瓷原料，化工原料，建筑材料，电子及光学材料，肥料矿产，填料，过滤物质及矿物吸附剂，助熔剂，铸型原料，玻璃原料，矿物颜料，耐火原料，钻井泥浆原料。

表 1-1　主要非金属矿物和岩石的用途和分类

用途	非金属矿物和岩石
化工原料	岩盐、芒硝、天然碱、明矾石、自然硫、磷灰石、重晶石、天青石、萤石、石灰石等
光学原料	冰洲石、光学石膏、方解石、水晶、光学石英、光学萤石等
电力、电子	石墨、云母、石英、水晶、电气石、金红石等
农肥、农药	磷灰石、钾盐、钾长石、芒硝、石膏、高岭土、地开石、膨润土等
磨料	金刚石、刚玉、石榴子石、石英、硅藻土等
工业填料和颜料	方解石、大理石、白垩、滑石、叶蜡石、伊利石、石墨、高岭土、地开石、云母、硅灰石、透闪石、硅藻土、膨润土、皂石、海泡石、凹凸棒土、金红石、长石、锆英砂、重晶石、石膏、石英、石棉、水镁石、沸石、透辉石、蛋白土等
吸附、助滤和载体	沸石、高岭土、硅藻土、海泡石、凹凸棒石、地开石、膨润土、皂石、珍珠岩、蛋白土、石墨、滑石、蛋白石等
保温、隔热、隔声材料	石棉、石膏、石墨、蛭石、硅藻土、海泡石、珍珠岩、玄武岩、辉绿岩、浮石与火山灰等
铸石材料	玄武岩、辉绿岩、安山岩等
建筑材料	石棉、石膏、花岗岩、大理石、石英岩、石灰石、硅藻土、砂石、黏土等
玻璃	石英砂和石英岩、长石、霞石正长岩、脉石英等
陶瓷、耐火材料	高岭土、硅灰石、滑石、石英、长石、红柱石、蓝晶石、硅线石、叶蜡石、电气石、透辉石、石墨、菱镁矿、白云石、铝土矿、陶土
熔剂和冶金	萤石、长石、硼砂、石灰岩、白云岩
钻探工业	重晶石、石英砂、膨润土、海泡石、凹凸棒土等

表 1-2 是从非金属矿物材料功能角度进行的分类。

表 1-2　非金属矿物材料的类型及其应用

序号	材料类型	非金属矿物原料	非金属矿物材料或制品品种	应用领域
1	填料和颜料	方解石、大理石、白垩、滑石、叶蜡石、伊利石、石墨、高岭土、地开石、云母、硅灰石、透辉石、硅藻土、膨润土、皂石、海泡石、凹凸棒土、金红石、长石、锆英砂、重晶石、石膏、石英、石棉、水镁石、沸石、透闪石、蛋白土等	细粉（$10\sim1000\mu m$）、超细粉（$0.1\sim10\mu m$）、超微细粉或一维、二维纳米粉体（$0.001\sim0.1\mu m$）、表面改性粉体、高纯度粉体、复合粉体、高长径比针状粉体、大径厚比片状粉体、多孔隙粉体等	塑料、橡胶、胶黏剂、化纤、涂料、陶瓷、玻璃、耐火材料、阻燃材料、胶凝材料、造纸、建材等
2	力学功能材料	石棉、石膏、石墨、花岗岩、大理石、石英岩、锆英砂、高岭土、长石、金刚石、铸石、石榴子石、云母、滑石、硅灰石、透闪石、石灰石、硅藻土、燧石、蛋白石等	石棉水泥制品、硅酸钙板、纤维石膏板、石料、石材、结构陶瓷、无机/聚合物复合材料（塑料管、塑钢窗等）、金刚石（刀具、钻头、砂轮、研磨膏）、磨料、衬里材料、制动器衬片、闸瓦、刹车带（片）、石墨轴承、垫片、密封环、离合器面片、润滑剂（膏）、汽缸垫片、石棉橡胶板、石棉盘根等	建材、建筑、机械、电力、交通、农业、化工、轻工、航空航天、石油、微电子、地质勘探、冶金、煤炭等
3	热学功能材料	石棉、石墨、石英、长石、金刚石、蛭石、硅藻土、海泡石、凹凸棒石、水镁石、珍珠岩、云母、滑石、高岭土、硅灰石、沸石、金红石、锆英砂、石灰石、白云石、铝土矿等	石棉布、片、板、岩棉、玻璃棉、矿棉吸声板、泡沫石棉、泡沫玻璃、蛭石防火隔热板、硅藻土砖、膨胀蛭石、膨胀珍珠岩、微孔硅钙板、玻璃微珠、保温涂料、耐火材料、镁碳砖、碳/石墨复合材料、储热材料、莫来石、堇青石、氧化锆陶瓷等	建材、建筑、冶金、化工、轻工、机械、电力、交通、航空航天、石油、煤炭等
4	电功能材料	石墨、石英、水晶、金刚石、蛭石、硅藻土、云母、滑石、高岭土、金红石、电气石、铁石榴子石、沸石等	碳-石墨电极、电刷、胶体石墨、氟化石墨制品、电极糊、沸石电导体、热敏电阻、电池、非线性电阻、陶瓷半导体、石榴子石型铁氧体、压电材料（压电水晶、自动点火元件等）、云母电容器、云母纸、云母板、电瓷、电子封装材料等	电力、电子、通信、计算机、机械、航空、航天、航海等

序号	材料类型	非金属矿物原料	非金属矿物材料或制品品种	应用领域
5	光功能材料	石英、水晶、冰洲石、方解石、萤石等	偏光、折光、聚光镜片、光学玻璃、光导纤维、滤光片、偏振材料、荧光材料等	通信、电子、仪器仪表、机械、航空、航天、轻工等
6	吸波与屏蔽材料	金红石、电气石、石英、高岭土、石墨、重晶石、膨润土、滑石、云母、石棉等	氧化钛（钛白粉）、纳米二氧化硅、氧化铝、核反应堆屏蔽材料、护肤霜、防护服、保暖衣、塑料薄膜、消光剂等	核工业、军工、化妆（护肤）品、纺织与服装、农业、涂料、皮革等
7	催化材料	沸石、高岭土、硅藻土、海泡石、凹凸棒石、地开石等	分子筛、催化剂、催化剂载体等	石油、化工、环保、农药、医药等
8	吸附材料	沸石、高岭土、硅藻土、海泡石、凹凸棒石、地开石、膨润土、皂石、珍珠岩、蛋白土、石墨、滑石、蛭石、绿泥石等	助滤剂、脱色剂、干燥剂、除臭剂、杀（抗）菌剂、水处理剂、空气净化剂、油污染处理剂、核废料处理剂、保水剂、固沙剂等	啤酒、饮料、食用油、食品、工业油脂、制药、化妆品、环保与生态建设、家用电器、化工等
9	流变材料	石膏、膨润土、伊利石、皂石、海泡石、凹凸棒石、水云母等	半水石膏、膨润土凝胶、有机膨润土、触变剂、防沉剂、增稠剂、胶凝剂、流平剂、钻井泥浆等	建筑建材、油漆、涂料、黏合剂、清洗剂、采油、地质勘探、造纸等
10	黏结材料	膨润土、海泡石、凹凸棒石、水云母、石英等	团矿黏结剂、硅酸钠、胶黏剂、铸模、黏土基复合黏结剂等	冶金、建筑、铸造、轻工等
11	装饰材料	大理石、花岗岩、岘石、云母、叶蜡石、蛋白石、水晶、石榴子石、橄榄石、玛瑙石、玉石、辉石、孔雀石、冰洲石、琥珀石、绿松石、金刚石、月光石、磷灰石等	装饰石材、珠光云母、彩石、各种宝玉石、观赏石等	建筑、建材、涂料、皮革、化妆品、珠宝业、观光业等
12	生物功能材料	沸石、麦饭石、高岭土、硅藻土、海泡石、凹凸棒石、膨润土、皂石、珍珠岩、蛋白土、滑石、电气石、碳酸钙等	药品及保健品、药物载体、饲料添加剂、杀（抗）菌剂、吸附剂、助滤剂、化妆品添加剂、农药与化肥载体等	制药业、生物化学工业、农业、畜牧业、食品、饮料、化妆品等
13	宝玉石	金刚石、叶蜡石、蛇纹石、碧玺、蛋白石（欧珀）、水晶、琥珀石、绿松石、岘石、玛瑙石、石榴子石、橄榄石、月光石、萤石、辉石、孔雀石等	各种宝玉石制品、钻石、石质工艺品、佩戴饰品等	观赏、装饰、珍藏

随着科学技术的进步，许多以往认为无价值的矿物和岩石，由于得到工业上的应用而进入非金属矿的行列。20世纪初非金属矿产的品种仅60余种，到20世纪末已达200余种（包括宝玉石）。若不计宝玉石在内，非金属矿中以矿物名称命名的有50多种，如云母、滑石、高岭土等，以岩石名称命名的有20多种，如石灰岩、白云岩、大理岩等。

1.3　非金属矿加工技术的主要内容

非金属矿加工的目的是制备满足应用要求的具有一定粒度大小和粒度分布、纯度或化学成分、物理化学性质、表面或界面性质的粉体材料或化工产品以及一定尺寸、形状、力学性能、物理性能、化学性能、生物功能等的功能性矿物材料或制品。

非金属矿加工技术主要包含以下三个方面。

① 颗粒制备与处理技术。主要包括矿石的粉碎与分级技术、选矿提纯技术、矿物（粉体）的表面或界面改性与复合技术、脱水技术、造粒技术等。

② 非金属矿物材料加工与应用技术。主要包括非金属矿物材料配方、加工工艺与设备以及应用技术等。

③ 非金属矿物化工技术。主要是以非金属矿为主要原料的无机化工产品制备技术。

1.3.1　颗粒制备与处理技术

颗粒制备与处理技术是指通过一定的技术和工艺设备生产出满足应用领域要求的具有一定

粒度大小和粒度分布、纯度或化学成分、物理化学性质、表面或界面性质的非金属矿物粉体材料或产品，是非金属矿产品生产所必需的加工技术之一。

（1）粉碎与分级　是指通过机械、物理和化学方法使非金属矿石粒度减小和具有一定粒度分布的加工技术。根据粉碎产物粒度大小和分布的不同，可将粉碎与分级细分为破碎与筛分、粉碎（磨）与分级及超细粉碎（磨）与精细分级，分别用于加工大于 1mm、$10\sim1000\mu m$ 及 $0.1\sim10\mu m$ 等不同粒度及其分布的粉体产品。

粉碎与分级是以满足应用领域对粉体原（材）料粒度大小及粒度分布要求为目的的粉体加工技术。主要研究内容包括：粉体的粒度、物理化学特性及其表征方法；不同性质颗粒的粉碎机理；粉碎过程的描述和数学模型；物料在不同方法、设备及不同粉碎条件和粉碎环境下的能耗规律、粉碎和分级效率或能量利用率及产物粒度分布规律；粉碎过程力学；粉碎过程化学；粉体的分散；助磨剂及应用；粉碎与分级工艺及设备；粉碎及分级过程的粒度监控和粉体的粒度检测技术等。它涉及颗粒学、力学、固体物理、化工原理、物理化学、流体力学、机械学、岩石与矿物学、晶体学、矿物加工、现代仪器分析与测试等诸多学科。

（2）改性与复合　是指用物理、化学、机械等方法对矿物粉体进行表面处理或有机改性、无机包覆、插层，根据应用的需要有目的地改变粉体表（界）面的物理化学性质，如表面成分、结构和官能团、润湿性、电性、光学性质、磁性与电性、吸附和反应特性以及制备层间化合物等。根据改性原理和改性剂的不同，表面改性方法可分为有机物理与化学包覆改性、无机沉淀包覆改性、机械力化学改性、插层改性、高能处理改性等。

表面改性与复合是以满足应用领域对粉体原（材）料表面或界面性质、分散性和与其他组分相容性以及功能性要求的粉体材料深加工技术。对于超细粉体和纳米粉体，表面改性是提高其分散性能和应用性能的主要手段之一，在某种意义上决定其能否实际应用和呈现出纳米效应。主要研究内容包括：表面改性与复合的原理和方法；表面改性与复合过程的化学、热力学和动力学；粉体表面或界面性质和结构与改性、复合工艺及改性剂的关系；表面改性剂的种类、结构、性能、使用方法及其与粉体表/界面结构和性能的关系以及作用机理和作用模型；不同种类及不同用途粉体材料的表面改性、复合工艺条件及改性剂配方；表面改性剂的合成和应用；表面改性设备；表面改性与复合粉体材料结构和性能的表征/评价方法；表面改性工艺的智能化；表面改性与复合无机粉体的应用基础与应用技术等。它涉及颗粒学、表面或界面物理化学、胶体化学、有机化学、无机化学、高分子化学、无机非金属材料、高聚物或高分子材料、复合材料、生物医学材料、化工原理、过程控制、现代仪器分析与测试等诸多相关学科。

（3）选矿提纯　是指利用主要矿物与共伴生矿物或脉石之间密度、粒度和形状、磁性、电性、颜色（光性）、表面润湿性以及化学反应特性对矿物进行分选或提纯的加工技术。根据分选提纯原理不同，可分为重力分选、磁选、电选、浮选、化学提纯、光电拣选等。

非金属矿的选矿提纯是以满足相关应用领域，如高级和高技术陶瓷、耐火材料、微电子、光纤、石英玻璃、涂料和油墨及造纸填料和颜料、密封材料、有机/无机复合材料、生物医学、环境保护等现代高技术和新材料对非金属矿物原（材）料纯度要求为目的的重要非金属矿物加工技术之一。主要研究内容包括：石英、硅藻土、石墨、金刚石、萤石、菱镁矿、金红石、硅灰石、硅线石、蓝晶石、红柱石、石棉、高岭土、海泡石、凹凸棒土、膨润土、伊利石、石榴子石、滑石、云母、长石、蛭石、方解石、重晶石、明矾石、锆英石、硼矿、钾矿等非金属矿的选矿提纯方法和工艺；微细颗粒提纯技术和综合力场分选技术；适用于不同原料及不同纯度要求的精选提纯工艺与设备；精选提纯工艺过程的控制技术等。它涉及颗粒学、岩石与矿物学、晶体学、流体力学、物理化学、表面与胶体化学、有机化学、无机化学、高分子化学、化工原理、机械学、矿物加工工程、过程控制、现代仪器分析与测试等诸多学科。

（4）脱水技术　是非金属矿物粉体材料的后续加工作业，是指采用机械、物理化学等方法脱除加工产品中的水分，特别是湿法加工产品中水分的技术。其目的是满足应用领域对产品水分含量的要求和便于储存和运输。脱水技术也是非金属矿物材料必需的加工技术之一。脱水技术包括机械脱水（离心、压滤、真空等）和热蒸发（干燥）脱水两部分。

（5）造粒技术　是指采用机械、物理和化学方法将微细或超细非金属矿粉体加工成具有较大粒度、特定形状及粒度分布的非金属矿粉体材料深加工技术。其目的是方便超细非金属矿粉的应用，减轻超细粉体使用时的粉尘飞扬和提高其应用性能。主要研究内容包括：造粒方法、工艺和设备。由于非金属矿物粉体材料，尤其是微米级和亚微米级的超细粉体材料直接在塑料、橡胶、化纤、医药、环保、催化等领域应用时，不同程度地存在分散不均、扬尘、使用不便、难以回收和重复使用等问题，因此，将其造粒后使用是解决上述应用问题的有效方法之一，尤其适用于高聚物基复合材料（塑料、橡胶等）填料的非金属矿物粉体，如碳酸钙、滑石、云母、高岭土等，一般做成与基体树脂相容性好的各种母粒。

目前，造粒方法主要有压缩造粒、挤出造粒、滚动造粒、喷雾造粒、流化造粒方法等。造粒方法的选择要依原料特性以及对产品粒度大小和分布、产品颗粒形状、颗粒强度、孔隙率、颗粒密度等的要求而定。

1.3.2　非金属矿物材料加工技术

非金属矿物材料是指以天然非金属矿物或岩石为基本或主要原料，经加工、改造获得的具有一定功能的无机矿物材料或复合材料，如机械工业和航空航天工业用的石墨密封材料和石墨润滑剂及石墨乳、石棉摩擦材料、高温和防辐射涂料等；电子工业用的石墨导电涂料、熔炼水晶、电子塑封料等；用硅藻土、蛋白土、珍珠岩制备的助滤材料；用硅藻土、膨润土、海泡石、凹凸棒石、沸石等为原料制备的吸附环保材料；以高岭土（石）为原料制备的煅烧高岭土、铝尖晶石、莫来石、赛龙、分子筛和催化剂；以珍珠岩、硅藻土、石膏、石灰石、蛭石、石棉等制备的隔热保温材料、防火材料及轻质高强建筑装饰材料；以碎云母为原料制备的云母纸和云母板等绝缘材料。主要研究内容包括：各种非金属矿物材料的结构和性能；非金属矿物材料的制备工艺和设备；原（材）料配方、制备工艺等与非金属矿物材料结构和性能的关系；非金属矿物材料制备过程的控制技术等。它涉及岩石学与矿物学、结晶学、材料学、材料加工、材料物理化学、固体物理、结构化学、高分子化学、有机化学、无机化学、电子、生物、环保、机械、过程控制、现代仪器分析与测试等学科。其核心技术主要包括以下两个方面。

（1）原料配方复合技术　是指根据产品功能要求的原料配方或配制技术，包括不同化学组成、结构、粒形非金属矿物原（材）料的配合或复合，即无机/无机复合；非金属矿物原料与有机物或有机高聚物的复合，即有机/无机复合；其他助剂的配合等。原材料复合技术是非金属矿物材料或制品的核心技术之一。非金属矿物材料或制品种类繁多，涉及的领域非常广泛，按其功能可分为：结构或力学功能材料（如新型建材、高级陶瓷结构材料、高级磨料、摩擦材料、减磨润滑材料、密封材料等）、热学功能材料（如保温节能材料，高温耐火材料、隔热或绝热材料、导热材料等）、电功能材料（如导电材料、磁性材料、半导体材料、压电材料、介电材料、电绝缘材料等）、光功能材料（如光导材料、荧光材料、聚光材料、透光材料、感光材料、偏振材料等）、吸波与屏蔽材料、催化材料、吸附材料、流变材料、颜料、黏结材料、装饰材料、聚合物/黏土纳米复合材料、环保与健康材料等。不同功能非金属矿物材料的原（材）料配方不同，因此，非金属矿物材料配方技术涉及广泛的学科面，如结晶学与矿物学、矿物加工、材料加工、无机非金属材料、高分子材料、功能材料、化工工程、机械、电子、生物等，是一种跨学科或多学科的综合。追求功能化、环境友好或无害化是非金属矿物材料配方复合技术的主题。

（2）加工工艺与设备　是指非金属矿物材料或制品的成型、固化、煅烧、表/界面改性修饰等工艺与设备，是制备非金属矿物材料或制品的关键技术之一。非金属矿物材料或制品的种类多，一般来说，不同种类和不同用途的非金属矿物材料或制品的生产方法不同，工艺也是千差万别。追求工艺性能和操作参数的优化及降低能耗、物耗等是非金属矿物材料或制品工艺与设备发展的主题。

1.3.3 非金属矿物化工技术

非金属矿物化工是以非金属矿为原料，通过对矿物分子结构的改变，提取矿物中某些化合物或有用元素的加工技术。如用含氟矿物萤石制备含氟酸的化合物；用含钡矿物重晶石生产钡盐系列产品；用含铝矿物铝土矿、高岭土等生产氯化铝、硫酸铝、氧化铝、分子筛等；用含硅矿物石英、蛋白石制备硅酸钠或水玻璃、沉淀二氧化硅或白炭黑等；用含镁矿物菱镁矿、白云石生产氯化镁、硫酸镁、氧化镁、轻质碳酸镁等；用石灰石生产氧化钙、轻质或沉淀碳酸钙等；用明矾石制备硫酸、硫酸钾等。

非金属矿物化工技术一般包括热处理、湿法分解或浸取、过滤分离、溶液精制、结晶、干燥、粉碎等工序。热处理可分为煅烧、焙烧、熔融等；湿法分解或浸取是用酸、碱、盐类溶液在水热条件下提取固体物料中有用组分的过程，一般伴有化学反应。

1.4 非金属矿加工与应用的特点

由于非金属矿的多样性，与金属矿及燃料矿物的加工相比，非金属矿加工与应用具有以下特点：

① 非金属矿选矿的技术指标在很多情况下，不是指其中的某种有用元素，而是某种化学成分或矿物成分，如膨润土的蒙脱石含量、硅藻土的硅藻含量、高岭土的高岭石含量、石墨的晶质（固定）碳含量、蓝晶石的氧化铝含量、萤石的氟化钙含量等。

② 结构特性是非金属矿物的重要性能和应用特性之一，在加工中要尽量保护矿物的天然结晶特性和晶形结构。如鳞片石墨、云母的片晶要尽可能地少破坏，因为在一定纯度下，颗粒直径越大或径厚比越大，价值越高；硅灰石粉体的长径比越大，价值越高；海泡石和石棉纤维越长，价值越高等。

③ 非金属矿物的磨矿分级不仅仅是选矿的预备作业，它还包括直接加工成满足用户粒度和颗粒形状要求的磨粉、分级作业以及超细粉碎和精细分级作业的原料。

④ 表面改性与复合是非金属矿加工最主要的特点之一，它是改善和优化非金属矿物的应用性能，提升其功能性和附加值的主要深加工技术之一。

⑤ 非金属矿粉脱水的特点是，部分黏土矿物材料（如膨润土、高岭土、海泡石、凹凸棒土、伊利石等）及超细非金属矿粉的水分含量高，机械脱水难度大，干燥后团聚现象严重。因此，一般采用加压脱水方式；对于酸洗或漂白后的非金属矿粉还须在压滤过程中进行洗涤。为解决干燥后粉体，尤其是超细粉体的团聚问题，一般要在干燥设备中或干燥后设置解聚装置。

⑥ 多用途和相互替代性。即一种非金属矿具有多种（甚至几十种和上百种）用途，而一种用途又可以使用多种非金属矿。例如，膨润土的用途多达上百种，但作为脱色剂可以被凹凸棒土、海泡石等代替；作为造纸填料，可以使用滑石、碳酸钙、绿泥石、皂石、白云石、石膏等多种非金属矿粉。

1.5 非金属矿加工技术的发展趋势

非金属矿是人类赖以生存和发展的重要矿产资源之一。非金属矿矿物材料既是现代工业的重要基础材料，也是支撑现代高新技术产业的原辅材料和节能、环保、生态等功能性材料，广泛应用于现代高技术与新材料、传统产业、环保与生态建设等产业以及人类日常生活中，在现代经济和社会发展中扮演越来越重要的角色。

高效综合利用和深加工是开发利用非金属矿的必由之路。而功能化则是非金属矿物材料发展的主题。

(1) 精选提纯　绝大多数非金属矿物只有选矿提纯以后其物理化学特性才能充分体现和发挥。因此，无论是新兴的高技术和新材料产业、生物医药、环保产业还是传统产业都将对非金属矿物材料的纯度提出更高的要求。而随着非金属矿物材料纯度要求的提高，精选提纯技术的难度也将增加；此外，资源的贫化和资源综合利用率要求的提高也将增加精选提纯技术的难度。因此，为了满足相关应用领域对非金属矿物原（材）料高纯化的要求，微细粒选矿提纯和综合力场（重力、离心力、磁力、电力、化学力）精选技术将成为未来非金属矿提纯技术的主要发展趋势，特别是石墨、金刚石、石英、长石、高岭土、云母、滑石、硅藻土、锆英砂、硅灰石、重晶石、金红石、膨润土、萤石、硅线石、红柱石、蓝晶石、菱镁矿等非金属矿物和岩石。

(2) 超细粉碎　由于超细粉体具有比表面积大、表面活性高、化学反应速率快、烧结温度低且烧结体强度高、填充补强性能好、遮盖率高等优良的物理化学性能。因此，许多应用领域要求非金属矿物原（材）料的粒度微细（微米或亚微米）；部分领域不仅要求粒度超细而且要求粒度分布范围窄。如部分高档纸张涂料要求重质碳酸钙的细度为 $-2\mu m \geqslant 90\%$，粒度分布要求最大粒度 $\leqslant 5\mu m$，$-0.2\mu m \leqslant 10\% \sim 15\%$；再如，功能纤维填料要求无机非金属填料的细度为 $97\% \leqslant 2\mu m$，最大粒度 $\leqslant 3\mu m$；高聚物基复合材料用氢氧化镁和氢氧化铝阻燃填料要求中位径 $d_{50} \leqslant 1\mu m$，$97\% \leqslant 5\mu m$。未来市场对各类非金属矿超细粉体材料的需求量将显著增长。因此，未来粉碎与分级技术发展的重点将是超细粉碎和精细分级技术。第一，将在现有粉碎设备基础上完善工艺配套，开发分级粒度细、精度高、生产能力大、单位产品能耗低、磨耗小、效率高的精细分级设备；第二，发展粉碎极限粒度小、粉碎比和生产能力大、单位产品能耗低、磨耗小、粉碎效率高、适用范围宽以及可用于低熔点、韧性、高硬度、高纯度、易燃易爆等特殊物料加工的超细粉碎方法和设备；第三，发展粒度大小和粒度分布的自动监控和调节技术，完善粒度检测方法和仪器。同时发展用于生产高长径比硅灰石粉体和大径厚比云母粉的专门的粉碎、分级工艺与设备。

(3) 表面改性与复合　许多应用领域都对非金属矿物材料的表面或界面性质有特殊要求，如高聚物基复合材料（塑料、橡胶、胶黏剂等）、多相复合陶瓷材料、涂料、功能纤维、生物医学材料等要求非金属矿物粉体材料表面或界面与有机或无机基料（高聚物、陶瓷坯料、油性漆、水性漆、化学纤维等）及生物基体有良好的相容性；石化工业用的沸石和高岭土催化剂或载体要有特定的孔径分布和较高的比表面积，炼油脱色用的活性白土（膨润土）以及啤酒过滤用的硅藻土要有较强的表面吸附能力；用于废水处理的膨润土、硅藻土等对有机、无机污染物及重金属离子等有选择性吸附的能力；用于室内甲醛净化的多孔矿物材料不仅要有良好的吸附捕捉性能，还要有持续高效分解的功能；钛白粉需要在表面包覆硅、铝、锆并进行有机表面改性以提高其耐候性、分散性、相容性；高档白云母颜料需要表面包覆二氧化钛和其他金属氧化物。表面改性与复合是优化非金属矿表面性能、提升功能和应用性能和应用价值的重要深加工技术之一，对现代高新技术产业及环保健康产业的发展具有重要意义。

有机表面改性、无机包覆改性和层状结构矿物（膨润土、石墨、高岭土、伊利石、蛭石等）的插层改性以及复合改性将是未来非金属矿表面改性与复合的主要研发领域。

在表面改性与复合原理、方法和工艺方面，今后将在深化基本原理研究和优化现有方法和工艺以适应各种不同粉体材料和不同功能要求的表面改性处理的基础上借鉴其他学科方法创新发展工艺简单、可控性好的表面改性方法和工艺；并在多学科综合的基础上，根据目的材料的性能要求选择粉体材料和"设计"粉体表面，运用先进计算方法及技术以及人工智能技术辅助设计粉体表面改性工艺和配方，以减少实验室工艺和配方试验的工作量，提高表面改性工艺和改性剂配方的科学合理性，实现更优的应用性能和应用效果。

表面改性剂在粉体的表面改性与复合中起重要作用。表面改性剂的发展方向：一是在现有表面改性剂基础上，创新生产工艺、降低生产成本；二是运用先进化学、高分子和化工科学技术和计算技术，研发应用性能好、成本低、在专门应用领域有特殊功能并能与粉体表面和基质材料形成牢固作用的新型表面改性剂。

随着市场对表面改性与复合粉体材料需求量的持续增加，表面改性装备的大型化和高效、低耗化将是表面改性设备的必然发展趋势。连续生产、对粉体及表面改性剂的分散性好、粉体与表面改性剂的接触或作用机会均等、改性温度可调性好、单位产品能耗低、磨耗小、无粉尘污染、操作简便、运行平稳、适应性强的大型专用有机表面改性设备将具有良好的发展前景。同时，将在设备结构优化的基础上采用人工智能技术发展主要工艺参数和改性剂用量的在线自动调控技术。

目前对表面改性产品尚缺乏标准化或规范化的质量检验和直接表征或评价方法。随着表面改性技术的发展以及表面改性产品用途的扩大和用量的增加以及产业的壮大，需要建立系统、规范的表面改性产品质量标准和相应的检测、评价或表征方法。

（4）非金属矿物材料加工技术 功能化是未来非金属矿物材料的主要发展趋势。为了满足相关应用领域对功能化非金属矿物材料的要求，非金属矿物材料加工技术将重点发展与航空航天、海洋开发、生物医学、电子、信息、节能环保、生态修复、新型建材、新能源、特种涂料、快速交通工具等相关的功能性非金属矿物材料的制备技术和设备。如石墨密封材料、石墨润滑材料、石墨导电材料、矿物纤维和石墨增强摩擦材料、石墨插层化合物、高纯超细石墨粉、云母珠光颜料、高温润滑涂料、辐射屏蔽材料、催化剂和催化材料、高性能吸附材料、增强填料、抗菌填料、阻燃填料以及石墨烯材料等。其中包括与高新技术产业相关的石墨烯、高纯超细石墨粉（$\leqslant 2\mu m$）、石墨密封和润滑材料、石墨导电涂料、石墨插层化合物、黏土层间化合物、云母珠光颜料、辐射屏蔽材料、催化剂和催化材料等；与环境保护相关的硅藻土、膨润土、海泡石、凹凸棒石、沸石等具有高比表面积和选择性吸附活性的新型非金属矿物环保材料；以非金属矿为基料的道路标志、防酸雨、抗氧化、防火、耐候、防污、保温隔热等特种涂料；与节能与安全相关的轻质、保温绝热、防火、阻燃材料；与建材装饰相关的人造石和异形装饰石材；具有耐高温、耐冻、耐磨等功能的路面沥青改性填料；与快速交通工具相关的矿物纤维和人造矿物纤维增强高性能摩擦材料以及高速公路和高速铁路噪声阻隔材料等具有广阔的发展前景。

（5）非金属矿物化工技术 非金属矿物化工是综合和高效利用非金属矿物资源的重要途径之一，特别是对于重晶石、天青石、明矾等硫酸盐矿物，菱镁矿、石灰石、白云石等碳酸盐矿物，金红石、钛铁矿等含钛矿物，高铝黏土矿物，含锆、钾、磷、硫、硼等元素的非金属矿物，具有良好的发展前景。

非金属矿物化工技术的发展趋势之一是提高资源的利用率以及原料中有用元素或化合物的提取率或回收率，如综合利用各种尾矿资源；通过创新工艺技术和设备，更新改造传统工艺。

非金属矿物化工技术的发展趋势之二是拓展用非金属矿物制备的化工产品的品种，特别是通过采用新工艺和新技术生产纳米级产品，如纳米二氧化硅、纳米碳酸钙、纳米氧化铝、纳米氧化钛、纳米氧化镁、纳米氧化锆、纳米碳酸镁、纳米氢氧化镁、纳米氢氧化铝、纳米氧化钡、纳米碳酸钡、纳米碳酸锶、纳米碳化硼等以及不同晶形和一定孔径分布的多孔产品，如晶须、针状、片状、柱状、立方体状、球状等晶形的粉体产品和各种分子筛。此外，发展绿色工艺、减少污染、保护环境以及降低能耗和生产成本也是非金属矿物化工技术的主要发展趋势之一。

（6）脱水 非金属矿加工产品脱水技术的主要发展趋势：一是尽可能地采用机械脱水，因为机械脱水方式能耗最低；二是提高机械脱水作业的效率，特别是高黏性超细粉体浆料的过滤效率；三是提高干燥作业的效率，降低干燥作业的能耗；四是提高脱水作业的自动化水平；五是发展大型化过滤和干燥设备。

第**2**章

非金属矿共性加工技术

2.1 破碎与筛分

2.1.1 破碎

破碎是将原矿石破碎至满足磨矿、选矿或应用要求的粒度（一般是1~100mm）的粉碎技术。相应的设备为破碎机。

除特殊情况外，破碎通常是分阶段进行的。这是因为在多数情况下现有的破碎设备不能一次就将大块原矿破碎至要求的细度。具体选择破碎段数要依原矿性质、原矿块度、产品粒度及设备类型而定。物料每经过一次破碎机，称为一个破碎段。对于每一个破碎作业，定义破碎前后（即给料与产物）的粒度之比为该段破碎作业的破碎比，它反映了经过破碎机粉碎后，原矿或原料粒度减小的程度。各段破碎或粉碎作业的破碎比或粉碎比的乘积为该破碎或粉碎工艺流程的总破碎比。

表 2-1 破碎机类型、性能及应用

类型	品种	破碎比	性能特点及应用
颚式破碎机	简摆式	(4:1)~(9:1)	产品较粗、粉矿较少,适用于粗碎和中碎
	复摆式	(4:1)~(9:1)	生产能力较大、效率较高,适用于中碎和细碎
圆锥破碎机	旋回式	(3:1)~(10:1)	处理量大、粉矿少,适用于各种硬度物料的粗碎
	标准型	(4:1)~(8:1)	平行带短,适用于各种硬度物料的粗碎、中碎
	短头型	(4:1)~(8:1)	平行带长,适用于各种硬度物料的细碎
	中间型	(4:1)~(8:1)	平行带中等,适用于各种硬度物料的中碎和细碎
辊式破碎机	单辊式	7:1	适用于脆软及磨蚀性物料的粗碎和中碎
	双辊式	(3:1)~(18:1)	粉矿少,适用于物料的细碎
反击式破碎机	单转子	(30:1)~(40:1)	破碎比大,产品粒度均匀,适用于脆性物料的粗、中、细碎
	双转子	(30:1)~(40:1)	
锤式破碎机		(20:1)~(40:1)	破碎比大,产品粒度均匀,适用于脆性物料的粗、中、细碎
立轴冲击式破碎机		(10:1)~(40:1)	具有细碎、粗磨功能;受物料水分影响小;可破碎中硬和硬物料(如刚玉等);产品颗粒形状规则,污染小

根据破碎设备的形式和施力特点，常用的破碎设备可分为颚式破碎机、圆锥破碎机、辊式破碎机、反击式破碎机、锤式破碎机、立轴冲击式破碎机等。这些设备的类型、性能特点和应

用列于表 2-1。各类设备各有其特点，在实际中如何选择使用，有赖于对各种设备的结构、原理、工作特点和应用特性的了解。图 2-1 所示为非金属矿工业常用的破碎设备的结构示意图。其结构和工作原理简述如下：

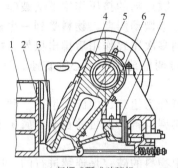

(a) 复摆式颚式破碎机

1—机架；2—固定颚板；3—活动颚板；
4—动颚；5—偏心轴；
6—肘板；7—调整座

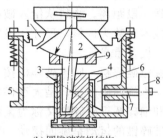

(b) 圆锥破碎机结构

1—固定锥；2—可动锥；3—主轴；4—偏心轴套；
5—机架；6—圆锥齿轮；7—传动轴；
8—皮带轮；9—轴承

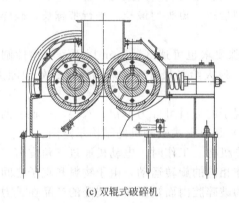

(c) 双辊式破碎机

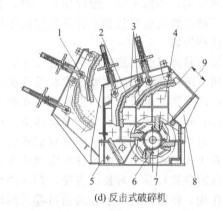

(d) 反击式破碎机

1—上盖；2—反击衬板；3—反击板；4—衬板；
5—底座；6—板锤；7—转子；
8—给矿溜板；9—进料口

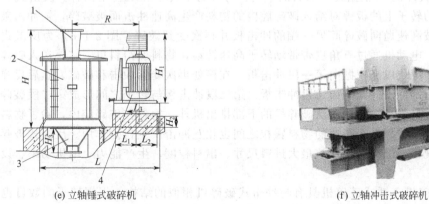

(e) 立轴锤式破碎机

1—进料部分；2—筒体；
3—出料部分；4—电动机

(f) 立轴冲击式破碎机

图 2-1　常用破碎机的结构与工作原理示意图

（1）颚式破碎机　颚式破碎机通常由一个定颚和一个动颚组成破碎腔，根据动颚的运动轨迹和特点，颚式破碎机可分为简摆式（双肘板或双推力板机构）和复摆式（单肘板单推力板机构）两种。如图 2-1(a) 所示，复摆式颚式破碎机主要由机架、固定颚板、活动颚板、偏心轴、肘板、调整座等组成。进入破碎腔之间的物料在动颚向定颚运动的挤压作用下被破碎，破碎后的物料又在动颚离开定颚后从破碎腔下部排出。动颚每一个摆动周期，物料受到一次挤压作用并向下排送一段距离。物料从给入破碎腔开始，通常受到多次压碎作用后排出机外。颚式破碎机的主要技术参数为进料口尺寸、最大进料粒度、排料口调整范围、偏心轴转速、处理能力、电机功率、设备重量等。

（2）圆锥破碎机　圆锥破碎机按其使用的粒度范围可分为粗碎、中碎和细碎三种。粗碎圆锥破碎机又称旋回破碎机，是大型矿山破碎坚硬物料的典型设备，但目前在非金属矿山很少应用；中碎和细碎圆锥破碎机又称菌形圆锥破碎机。

由于破碎锥的运动是旋回摆动，因而在圆锥破碎机中物料的破碎是连续进行的。这一点与颚式破碎机不同。中、细碎圆锥破碎机根据排矿口调整置和保险方式的不同，分为弹簧圆锥破碎机和液压圆锥破碎机。其结构示意和外形见图 2-1(b)。

根据中碎、细碎圆锥破碎机破碎腔的形式不同，又可分为标准型（中碎用）、中间型（中碎、细碎用）和短头型（细碎用）三种，其中以标准型和短头型应用最为广泛。它们的主要区别在于破碎腔剖面形状和平行带长度的不同，标准型最短，短头型最长。平行带越长，破碎产品粒度越均匀。

圆锥破碎机的产品粒度一般在 10mm 左右，特殊要求也可达 3～5mm 以下，如惯性圆锥破碎机。圆锥破碎机的主要技术参数为破碎锥直径、最大给料尺寸、排料口宽度、处理能力、主轴摆动次数、电机功率、设备重量和外形尺寸等。

（3）辊式破碎机　辊式破碎机构造简单。根据辊子的数目可分为单辊、双辊、三辊和四辊四种。最常见的为双辊，也称对辊破碎机。图 2-1(c) 是双辊式破碎机的结构示意图。

双辊式破碎机由两个圆柱形辊筒作为主要的工作机构。工作时，电动机通过三角皮带（或齿轮减速装置）和一对长齿齿轮，带动两个破碎辊作相向的旋转运动，由于物料和辊子之间的摩擦作用，将给入辊子上方的物料卷入两辊所形成的破碎腔内而被压碎。破碎的产品在重力的作用下，从两个辊子之间的间隙处排出。辊式破碎机的主要技术参数为辊子直径、辊子长度、最大给料尺寸、出料粒度、生产能力、辊子速度、电机功率、设备重量、外形尺寸等。

（4）冲击式破碎机　冲击式破碎机包括反击式破碎机和锤式破碎机及立轴冲击式破碎机。

① 反击式破碎机　根据转子数目的不同，可分为单转子和双转子两种。反击式破碎机是利用高速旋转的转子上的板锤对给入破碎腔内的物料产生高速冲击而被破碎，被冲击破碎的物料沿切线方向被高速抛向破碎腔另一端的冲击板并再次受到破碎。图 2-1(d) 为反击式破碎机的结构示意图，电动机通过三角皮带带动转子高速转动，物料经给料口、链幕送入破碎腔，受板锤高速冲击，碎块以高速抛向第一段冲击板。在该处再次受到冲击和破碎，然后反弹到转子上，又受到板锤的冲击并抛向第二段冲击板。第二段冲击板与转子之间形成第二段破碎腔，并重复以上的破碎过程。物料最后从破碎机的下部排出机外。物料在破碎腔内，除了物料与板锤及冲击板发生冲击破碎外，高速的物料颗粒之间也相互冲击产生粉碎作用。反击式破碎机的主要技术参数为规格、进料口尺寸、最大进料尺寸、出料粒度、生产能力、电机功率、设备重量和外形尺寸等。

② 锤式破碎机　锤式破碎机具有与冲击式破碎机相似的结构，根据转子的数目也可分为单转子和双转子两种；根据转子许可旋转的方向，转子只能以一个方向旋转工作的称为不可逆式，转子可以以正反两个方向旋转的称为可逆式。另外，根据结构不同，还可分为反击型锤式破碎机、立轴锤式破碎机、锤式破碎机和环锤式破碎机等。图 2-1(e) 所示为立轴锤式破碎机

的结构示意图。电动机通过主轴带动锤子高速旋转。主轴及锤子整个部件称为转子，在转子下部设有筛板，粉碎物料中小于筛孔尺寸的粒子通过筛孔排出，大于筛孔尺寸的物料留在筛板上继续受到锤子的打击和研磨作用，直至最后通过筛板排出。

锤式破碎机主要用于各种中硬且磨蚀性弱的物料的细碎，具有破碎比大、破碎效率高、过粉碎现象少、设备体积小、重量轻、结构简单、维修方便等特点，是非金属矿常用的中碎、细碎设备，主要技术参数为转子直径、转子转速、进料口尺寸、最大进料尺寸、出料粒度、生产能力、电机功率、设备重量和外形尺寸等。

③ 立轴冲击式破碎机　又称立轴细破碎机，出料粒度在 1～8mm 之间，最细可以达到 20 目左右，而且分布均匀、粒形规则，具有出料粒度细小、破碎效率较高、受物料水分影响小、单位产品能耗低以及易损件少、耐用性强、维护保养方便等特点。

立轴冲击式破碎机主要由电机、液压缸、分料盘、机架、破碎腔、反击块、甩轮装置、减振器、油站、主轴、平台等组成，图 2-1(f) 为其外形。工作时，物料直接进入高速旋转的叶轮内，在离心力的作用下，与另一部分以伞状形式分流在叶轮四周的物料进行撞击，由此物料在叶轮和机壳中形成涡流式多次相互撞击、摩擦而粉碎，形成闭路破碎周期循环。最后，物料通过筛分控制达到所需要的成品粒度。

立轴式冲击破碎机的技术特点主要是矿石是通过矿石间的互相摩擦、磨蚀和冲击来实现物料破碎的，因此，其磨损率较低，产品污染小，特别是在破碎磨蚀性较大的物料时。破碎产物的粒度比可通过调节转子的速度来控制。

这种破碎机可应用于卵石、山石（石灰石、花岗岩、石英岩、玄武岩、辉绿岩、安山岩等）、矿石尾矿、石屑的人工制砂，建筑骨料、公路路面料、垫层料、沥青混凝土和水泥混凝土骨料的生产以及冶金、化工、矿山、水泥、磨料等行业的物料细碎。

2.1.2　筛分

在破碎作业中，常常需要设置筛分设备，以控制产品粒度分布和提高粉碎作业的效率。筛分作业不构成单独的破碎段，而是与相应的破碎机构成破碎段。因此，无论一台破碎机配置一台还是多台筛分机，都是一个破碎段。

筛分是将颗粒大小不同的松散物料，通过单层或多层筛子分成若干不同粒级的过程。矿粒通过筛孔的可能性称为筛分概率，它与筛孔大小、物料粒径、筛子的有效面积、颗粒的运动方式以及物料的含水量等因素有关。

筛分效率是指实际得到的筛下产品质量与给料物料中小于筛孔尺寸粒级的质量之比，通常用百分数表示，它是衡量筛子工作状况的重要指标。使用筛分设备时，要求尽可能地将小于筛孔的细粒物料过筛到筛下产物中。

筛分设备的种类很多，在非金属矿加工中常用的筛分机械主要有固定筛、自定中心振动筛、平面摇动筛、平面旋回筛、圆筒筛、高方筛、旋振筛等，见表 2-2。

表 2-2　常用筛分机械

类型	工作原理	适用范围
固定筛	以 30°～35°倾斜安装的棒条靠物料自重沿筛面下滑而筛分	适用于大于 50mm 的物料，常作为粗碎、中碎前的预先筛分
自定中心振动筛	利用主轴旋转时的偏心作用使筛框作圆周振动。由于偏心和飞轮配重所产生的离心力相互平衡，主轴空间位置保持不变	筛分效率高，应用范围广，主要用于中碎、细碎物料的筛分
平面摇动筛	依靠曲柄连杆使筛框作往复运动	结构简单，工作平稳，主要用于石棉选矿的筛分吸选，除尘，分级作业

类型	工作原理	适用范围
平面旋回筛	靠偏心转动装置使筛框的运动由给料端到排料端,从平面圆运动过渡到往复运动	工作平稳,有防止筛孔堵塞的振打装置,筛分效率高,主要用于石棉选矿的筛分吸选,除尘作业
圆筒筛	筛体呈圆筒形,靠旋转运动进行筛分	常用于洗矿作业
高方筛	筛框在偏心锤旋转带动下作平面圆运动,由十多层筛格叠加在一起进行筛分	筛分路线长,筛分效率高,主要用于石墨精矿的分级和石棉的除尘等
旋振筛	在电机带动、重锤和弹簧等的作用下产生水平、垂直和倾斜的三元运动	主要用于细碎物料的筛分

2.2 磨矿与分级

2.2.1 磨矿

磨矿是在矿石经破碎机破碎之后的继续粉碎作业,常称为磨粉或磨矿作业,主要目的有三个:一是满足选矿提纯对矿物解离度的要求;二是直接加工满足塑料、橡胶、陶瓷、玻璃、耐火材料、涂料、造纸等相关应用领域细度要求的非金属矿粉体产品;三是为下述超细粉碎和精细分级作业提供满足其给料粒度要求的粉体原料。

非金属矿的磨矿方法主要是机械粉碎。常用设备是各类干法磨粉机,如雷蒙磨(悬辊磨)、立式磨、机械冲击磨、球磨机、棒磨机、振动磨、辊磨机或压辊磨等。从是否使用研磨介质来说,这些设备又可分为两类:一是无研磨介质磨机,包括雷蒙磨、旋磨机、辊磨机、机械冲击式磨机等;二是研磨介质磨机,包括球磨机、棒磨机、振动磨等。表 2-3 为常用的磨机类型、磨矿原理、给料粒度、产品细度及其应用。

表 2-3 常用磨机的种类及应用

磨机类型	磨矿原理	给料粒度 /mm	产品细度 /μm	应 用
球磨机	利用筒体转动带动研磨介质或磨球(滑落)研磨或(抛落)冲击	≤30	45～150	硬、中硬、软质物料的湿式或干式细磨
棒磨机	利用筒体转动带动研磨介质或磨棒研磨、挤压	≤30	125～3000	硬、中硬、软质物料的湿式或干式粗磨或细磨
悬辊磨(雷蒙机)	利用辊子旋转与磨环之间产生的挤压、研磨作用	≤30	45～125	中等硬度以下物料的干式磨矿
振动磨	利用筒体振动造成筒体内研磨介质与物料之间的摩擦、冲击、挤压作用	≤30	2～125	硬、中硬、软质物料的湿式或干式粗磨、细磨或超细磨矿
盘辊磨(立式磨)	利用旋转的磨辊对磨盘内物料的挤压、冲击作用	≤30	30～150	硬、中硬、软质物料的干式粗磨或细磨
机械冲击或涡旋式粉碎机	利用旋转物件对物料的打击及物料之间的冲击作用	≤30	30～350	中等硬度以下物料的干式细磨

图 2-2 所示是非金属矿加工业中常用磨矿或磨粉设备的结构示意。以下分别予以介绍。

(1) 球磨机 球磨机是非金属矿磨矿中常用的细磨设备,包括用于选矿准备作业的磨矿、为后续超细粉碎作业进行预粉碎以及直接加工粉体产品的粉磨作业。

各类球磨机的基本结构大体上是相同的,一般均由回转筒体、传动装置、进料装置、出料装置、润滑装置等部分构成。图 2-2(a) 所示是用于方解石干磨(生产重质碳酸钙)的球磨机结构示意图。

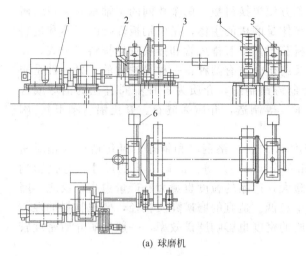

(a) 球磨机

1—传动装置；2—进料装置；3—回转筒体；

4—出料装置；5—主轴承；6—润滑装置

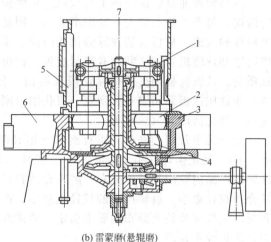

(b) 雷蒙磨(悬辊磨)

1—梅花架；2—辊子；3—磨环；4—铲刀；

5—给料部；6—返回风箱；7—排料部

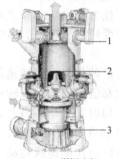

(c) AWM型辊磨机

1—分级排料；2—磨粉机构；

3—传动机构

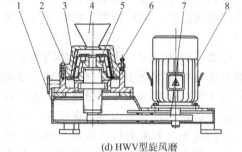

(d) HWV型旋风磨

1—机架；2—机体；3—定子；4—加料斗；5—转子；

6—轴座装置；7—传动装置；8—电机

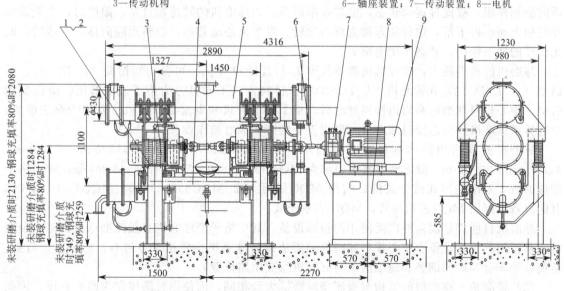

(e) 双筒式振动磨

1—缓冲器；2—弹簧下座；3—弹簧；4—机架；5—主部件；6—万向传动轴；7—液压制动器；

8—电机架；9—电动机

图 2-2 常用磨矿或磨矿设备的结构示意

进料装置通过螺栓紧固上衬板以避免磨损和方便更换衬板。两个相同的主轴承安装在磨筒的两端，每个主轴承装配一套润滑油站。回转筒体是磨机的主体，是由钢板焊接的壳体和进料出料耳轴组成。衬板安装在球磨机的内侧。排料装置由带有排风管和排料管的排料罩组成，在排料罩和球磨机壳体之间设有密封装置。衬板及磨矿介质有两种：一种是铁质的；另一种是非铁质的。铁质衬板用奥氏体锰钢或高锰钢、合金铸钢制造，介质为各种不同直径的钢球或合金；非铁质衬板采用燧石、陶瓷、氧化铝（刚玉）等制造，介质为燧石、氧化铝（刚玉）、陶瓷球、氧化锆球磨（珠）等。

球磨机中常用的磨矿介质有钢球（相对密度7.8）、高铬钢段和钢球、氧化锆球（相对密度5.6）、氧化铝球（相对密度3.6）、瓷球（相对密度2.3）等。磨矿介质的尺寸，直接影响球磨机产品的粒度和粒度分布。磨矿介质粒径愈大，产品的粒度也愈大、产量愈高；反之，磨矿介质粒径愈小，磨矿产品的粒径也愈小，产量愈低。适宜的磨矿介质粒径，要视物料的性质和对产品粒度及粒度分布的要求而定。磨矿介质的密度也影响磨矿效率，一般磨矿介质密度较大，磨矿效率较高。

球磨机的工作原理是：当以适当的转速运转时，球磨机中磨矿介质与物料一起，在离心力和摩擦力的作用下被提升到一定高度后，因重力作用而脱离筒壁沿抛物线轨迹下落。然后，它们又被提升一定高度，再沿抛物线轨迹下落，如此周而复始，使处于磨矿介质之间的物料受冲击作用而被击碎。同时，由于磨矿介质的滚动和滑动，使颗粒受研磨、摩擦、剪切等作用而被磨碎。

球磨机的转速大小决定着筒体内磨矿介质的运动状态和磨矿的效果。当转速较小时，全部球荷被提升的高度较小，只向上偏转一定角度，其中每个介质都绕自己的轴线转动。当球荷的倾斜角度超过介质（钢球或瓷球等）在球荷表面上的自然休止角时，介质即沿此斜坡滚下，介质的这种运动状态称为泻落。在泻落式状态工作的磨机中，物料在介质间主要受到磨剥作用，冲击作用很小。如果磨机的转速足够高，介质边自转边随筒体内壁作圆曲线运动上升至一定高度，然后纷纷作抛物线下落，这种运动状态叫抛落式。在抛落式状态工作的磨机中，物料在圆曲线运动区受到介质的磨剥作用，在介质落下的地方，物料受到介质的冲击和强烈翻滚着的介质的磨剥作用，故此种运动状态，磨矿效率最高。当球磨机的转速超过某一限度时，介质就贴在筒壁上而不再下落，这种状态称为离心运转。发生离心运转时，物料也随筒体一起运转，既无介质的冲击作用，磨剥作用也很弱。

球磨机的种类较多，按球磨机筒体长度 L 与直径 D 不同，可分为短筒型（$L/D \leqslant 1$）、长筒型（$1 < L/D < 3$）和管磨机（$L/D > 3$）；按排料方式不同可分为格子型球磨机、溢流型球磨机、中心排料球磨机和周边排料球磨机。格子型球磨机和溢流型球磨机主要用于湿法磨矿；中心排料球磨机和周边排料球磨机一般用于干法磨矿或磨粉作业。

球磨机的规格用筒体直径×长度表示。如 $\phi900\text{mm} \times 1800\text{mm}$、$\phi1500\text{mm} \times 100\text{mm}$、$\phi1500\text{mm} \times 3000\text{mm}$；溢流型球磨机表示为 MQY900×1800、MQY1500×3000 等；对于格子型球磨机，无论是湿式或干式的，均用 MQG 表示，如 MQG900×1800、MQG1500×3000，有的设备厂则用 MQS 表示湿式，MQG 表示干式。

球磨机目前仍是国内外广泛使用的粉磨设备，其中格子型球磨机和溢流型球磨机是非金属矿选矿常用的粉磨设备；中心排料球磨机和周边排料球磨机主要用于方解石、白云石、石英、锆英砂等非金属矿的细磨和超细磨（与分级机组成闭路作业）。

(2) 棒磨机 棒磨机的结构与溢流型球磨机大致相同，因使用长圆棒作为磨矿介质，因此称为棒磨机。为确保介质棒在棒磨机内有规则运动和落下时不互相打击而变弯曲，棒磨机的锥形端盖曲率较小，内侧面铺有平滑衬板，而筒体多采用不平滑衬板；排料中空轴直径一般比同规格球磨机大，其他部分与同类溢流型球磨机相同。

　　棒磨机的排料粒度较相同规格球磨机要粗，但过粉碎少，目前主要应用于石英石和石英岩或砂岩的磨矿，加工满足工业与民用建筑玻璃、玻璃器皿及其他玻璃制品生产要求的石英砂或石英粉原料。

　　(3) 悬辊磨　又名雷蒙磨（Raymond mill）或摆式磨粉机。其结构如图2-2(b) 所示，辊子2的轴安装于梅花架1上，梅花架由传动装置带动而快速旋转。磨环3是固定不动的，物料由机体侧部通过给料机给入机内，在辊子2和磨环之间受到磨矿作用。气流从磨环下部以切线方向吹入，经过辊子同圆盘之间的磨碎区，夹杂粉尘排入盘磨机上部的风力分级机（选粉机）。梅花架上悬有3～5个辊子，绕机体中心轴线公转。由于公转产生的离心力，辊子向外张开，压紧磨环并在其上面滚动。给入磨机内的物料由铲刀4铲起并送入辊子与磨环之间进行磨碎。铲刀与梅花架连在一起，铲刀是倾斜安装的，每个辊子前面有一把铲刀，使物料形成一股物料流连续送至辊子与磨环之间。研磨后的物料随气流向上进入上部的风力分级机进行分级，粗粒物料脱离气流落至磨碎区再度研磨，细粒级产品随气流进入旋风集料器，从集料器下部收集。

　　悬辊磨按研磨辊子数目的不同分为3R（3辊）、4R（4辊）、5R（5辊）。主要技术参数为磨环内径、磨辊数目、磨辊尺寸、主轴转速、最大进料粒度、产品粒度、生产能力、分级机叶轮直径、风机风量、主机功率、设备重量和外形等。

　　悬辊磨具有性能稳定、工艺简单、操作方便等优点，广泛应用于方解石、大理石、白垩、石灰石、滑石、硅灰石、石膏、硬质高岭岩、陶土、长石、重晶石、膨润土、石墨、透闪石、伊利石、绢云母等非金属矿物的细磨。悬辊磨主要用于加工150～400目的细粉。

　　悬辊磨发明至今已过去100多年，2000年后悬辊磨在结构和内分级上有了重大改进，如增加磨辊质量、磨辊加压、提高磨辊的摆动速度、提高选分机的分级细度和精度，同时提高磨辊和磨环的硬度和强度。这些改进显著提高了传统雷蒙磨的生产能力，降低了单位产品的能耗和磨耗；而且通过增加分级机叶片数量，提高分级叶轮转速，或配置涡轮式空气分级机进行二次分级，提高产品细度，还可以生产600目（20μm）、800目（15μm）等更细的粉体。

　　(4) 盘辊磨　又称立式磨。其结构主要由磨辊、磨盘、给料器、排料部、传动机构、分级机及风力输送系统等组成。其结构形式与悬辊式磨机相似，也是下部传动，中部给料和研磨，上部分级和排料；不同之处是用磨盘代替了磨环，磨辊形状也不同。其特点是磨盘卧式安装，磨盘上表面可以是水平的，也可以有一定锥度。磨辊位于磨盘上方，由压紧机构压紧在磨盘上。如图2-2(c) 所示，被磨物料由设在机壳侧壁的给料口给到研磨盘上面，靠辊子的自重和磨辊对磨盘内物料的碾（挤）压作用将物料磨碎。研磨盘周围有一圈孔口，气流经这些孔口向上运动，将磨细的物料送至上部的分级机，细粒通过叶片从上部排出，粗粒则被叶片阻挡而返回研磨区。

　　盘辊磨具有生产能力大、产品粒度可调范围宽、磨耗小等特点，广泛应用于石灰石、方解石、大理石、石膏等大多非金属矿和水泥原料的粉磨。

　　(5) 机械冲击或涡旋式粉碎机　机械冲击磨是一类应用广泛的磨粉设备。如图2-2(d) 所示为HWV型旋风磨的结构示意图，它主要由机架、机体、粉碎装置、加料斗、传动装置和电机等组成。

　　工作原理如下：物料由上箱体的顶部加入后，迅速被转子上部的预粉碎刀片打散，散向定子四壁，进入转子和定子组成的粉碎区。转子高速旋转产生的大量空气流，既受机内转动和静止部件的影响，又受机内的恰当导向，被转变成无数个急转的湍流。这些在粉碎区内为数众多的空气湍流，使物料的运转方向和速度都在瞬间突然改变，导致大多数颗粒相互碰撞和粉碎，只有小部分颗粒是通过机内运动和静止部件的冲击而被粉碎的。粉碎后的粉体物料随空气流排出机外。大流量的空气及其急转的湍流确保物料粉碎过程中温升最小。

　　HWV型旋风磨的主要技术参数是转子直径、转子转速、风速、风量、电机功率、产品粒度、产量、设备重量及外形尺寸等。

(6) 振动磨　振动磨是主要的非金属矿粉磨设备之一，机型较多，应用范围较宽，既可以用于粗磨、细磨，又可以用于超细研磨。

振动磨的典型结构形式分单筒式和双筒或三筒式。单筒式一般用于间隙式粉磨物料；双筒或三筒式一般用于连续粉磨物料。图 2-2(e) 为双筒式振动磨结构示意图。其结构主要由磨机筒体、激振装置、弹性支承装置、万向传动联轴装置、制动装置、驱动电动机及机座等部件组成。

振动磨由电动机经万向传动联轴器驱动偏心激振器高速旋转，从而产生激振力使参振部分（筒体部件）在弹性支承装置上作高频率、低振幅的连续振动，筒体内的物料受到研磨介质（球或棒）的强烈冲撞、打击、挤压和磨剥作用；同时由于研磨介质的自转和相对运动，对粉体颗粒产生频繁的研磨作用。

振动磨的主要技术参数为筒体容积、筒体直径、振动频率、振幅、研磨介质装填量、进料粒度、出料粒度、生产能力、电机功率、振动部件质量等。

振动磨已在石墨粗选精矿的再磨以及石英和石英岩等的细磨及超细磨中得到应用。

2.2.2　分级

非金属矿磨矿或磨粉中常用的分级设备包括用于选矿准备作业的螺旋分级机、湿法除砂（杂）和分级的水力旋流器、细筛、水力分级机及用于干法磨粉分级的气流分级机等。

(1) 螺旋分级机　螺旋分级机分为高堰式、低堰式和沉没式三种。根据螺旋数目，又可分为单螺旋分级机和双螺旋分级机。这些螺旋分级机的结构大同小异。

螺旋分级机有一个倾斜的半圆柱形槽子，槽中装有一个或两个螺旋，它的作用是搅拌矿浆并把沉砂运向斜槽的上端。螺旋叶片与空心轴相连，空心轴支承在上下两端的轴承内。传动装置安在槽子的上端。电动机经伞齿轮使螺旋转动。下端轴承装在提升机构 6 的底部，可转动提升机构使它上升或下降。提升机构由电动机经减速器和一对伞齿轮带动丝杆组成，使螺旋下端升降。停车时，可将螺旋提取，以免沉砂压住螺旋，使开车时不至于过负荷。

高堰式螺旋分级机的溢流堰比下端轴承高，但低于下端螺旋的上边缘。它适合于分离出 0.15～0.20mm 的粒级，通常与磨矿机相配合。沉没式螺旋分级机的下端螺旋有 4～5 圈全部浸在矿浆中，分级面积大，有利于分出比 0.15mm 细的粒级。低堰式螺旋分级机的溢流堰低于下端轴承的中心，分级面积小，现已不采用。

螺旋分级机构造简单，工作平稳，操作方便，易于与球磨机自流连接。在非金属矿加工中螺旋分级机主要用于非金属矿湿法选矿的磨矿分级作业，如鳞片石墨矿的粗磨分级。

(2) 水力旋流器　图 2-3 所示为水力旋流器的构造和实际使用时的水力旋流器组。其上部是一个中空的圆柱体，下部是一个与圆柱体相通的倒锥体，二者组成水力旋流器的工作筒体。圆柱形筒体上端切向装有给矿管，顶部装有溢流管及溢流导管。在圆锥形筒体底部有沉砂口。各部分之间用法兰盘及螺钉连接。给矿口、筒体和沉砂口通常衬有橡胶、聚氨酯或辉绿岩铸石，以便减

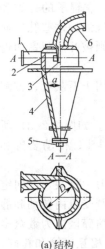

(a) 结构　　　　　(b) 外形

图 2-3　水力旋流器结构示意图和外形
1—给矿管；2—圆柱形筒体；3—溢流筒体；
4—锥体；5—沉砂口；6—溢流导管

少磨损并在磨损后更换。小型水力旋流器还可完全由聚氨酯制成。

水力旋流器常用于高岭土、石英、长石等非金属矿的分级和脱泥，用于分级设备时，主要用来与磨机组成磨矿-分级系统。

水力旋流器具有构造简单、占地面积小、基建费用少、单位容积处理能力大、矿浆在旋流器中滞留的量和时间少等优点。其缺点是给矿砂泵的动力消耗大且磨损快、给料口和沉砂口容易磨损以及给矿浓度、粒度、黏度和压力的微小波动对工作指标有很大影响等。

(3) 水力分级机 水力分级机一般分槽形分级机和圆锥分级机两类。这类分级机的特点是向分级机内给入一定的上升水流，该水流方向与矿粒沉降方向相反。矿浆由上端溜槽给入，依次进入各分级室内，由于各分级室的断面积依次增大，而上升水流依次减小，因而在分级室底部分出一系列由粗到细的几个粒级产品。这类分级机主要用于非金属矿的分级或脱泥。

工业上应用的水力沉降分级机主要有槽形分级机（根据沉降条件不同分为自由沉降和干涉沉降两种）和圆锥形分级机。圆锥形分级机主要用于脱泥（分离0.15mm以下的矿粒）。该类分级机的特点是结构简单、操作维护简单、能严格控制溢流细度，在石英矿等非金属矿物的脱泥和分级中得到了应用。

(4) 气流分级机 气流分级机属于干法分级设备，主要用于干法磨矿产品细度和粒度分布的控制。目前，常用的干法分级设备可以分为两种：一种是旋转叶轮式分级机；另一种是没有分级轮的旋风器式分级机。但后者在非金属矿粉分级中很少应用。

图 2-4 为旋转叶轮式气流分级机的结构和工作原理示意图。其结构主要由鼓风叶轮、甩料盘、辅助叶轮、给料管、内筒、叶片、锥体、外筒、排料口等组成。其垂直轴上装有鼓风叶轮 1 和甩料盘 2；辅助叶轮 3 使气流在内筒 5 和外筒 8 之间的空间循环流动。由于叶片 6 的角度及叶轮的转动，气流呈螺旋形轨迹在内筒上升，甩料盘排出的物料随气流一边旋转，一边向上运动。粗颗粒经粗粒物料出口 9 排出；细粒物料随气流上升，在

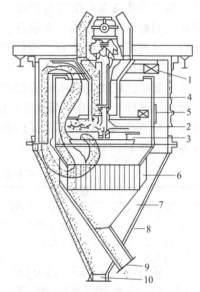

图 2-4 旋转叶轮式气流分级机结构示意图
1—鼓风叶轮；2—甩料盘；3—辅助叶轮；
4—给料管；5—内筒；6—叶片；
7—锥体；8—外筒；9—粗粒物料
出口；10—细粒物料出口

经过叶轮 1 和叶片 6 较大及急剧改变运动方向的离心力的作用下与气流分离，经外筒 8 的内壁从细粒物料出口 10 排出，气流则在机内循环使用。这种分级机可以单独设置，也可与粉碎机设在一起，其分级粒度为 $40\sim700\mu m$。

2.3 选矿提纯

2.3.1 概述

天然产出的非金属矿程度不同地含有其他矿物杂质或共伴生矿物。对于具体的非金属矿产品来说，这些矿物杂质有些是允许存在的，如方解石中所含的少量白云石和硅灰石，滑石中所含的部分叶蜡石和绿泥石；但有些是要尽可能去除的，如高岭土、石英、硅藻土、滑石、云母、硅灰石、方解石等矿物中所含的各种铁质矿物和其他金属杂质。还有一些矿物，如石墨、硅藻土、砂质高岭土、煤系高岭土等，原料矿物的纯度较低，也必须通过选矿提纯或煅烧才能

满足应用的要求。

对于非金属矿，纯度在很多情况下指其矿物组成，而非化学成分。有许多非金属矿的化学成分基本相近，但矿物组成和结构相去甚远，因此其功能或应用性能也就不同，这是非金属矿选矿与金属矿选矿最大的主要区别之处。例如，石英和硅藻土，化学成分虽都是二氧化硅，但前者为晶质结构（硅氧四面体），而后者为非晶质多孔结构，因此，它们的应用性能或功能也不相同。此外，非金属矿选矿过程中要尽可能保持矿物的晶体结构，以免影响其工业用途和使用价值。

由于非金属矿成矿的特点及应用的特点，工业上大多数非金属矿物与岩石，如石灰石、方解石、大理石、白云石、石膏、重晶石、滑石、叶蜡石、绿泥石、硅灰石、玻璃原料石英岩等只进行简单的拣选和分类进行粉碎、分级、改性和其他深加工。目前工业上进行选矿提纯的非金属矿主要有石棉、石墨、金刚石、高岭土、硅藻土、石英、长石、云母、红柱石、蓝晶石、硅线石、硅灰石、石榴子石、菱镁矿、萤石、膨润土、伊利石、海泡石、滑石、叶蜡石、磷矿、硼矿、钾矿等。

非金属矿选矿提纯技术的依据或理论基础是共伴生矿物之间密度、粒度和形状、磁性、电性、颜色（光性）、表面润湿性以及化学反应特性的差异。根据分选原理不同，目前的选矿提纯技术可分为拣选（包括人工拣选和光电拣选）、重选（重力分选）、磁选、电选、浮选、化学提纯等（表2-4）。

表2-4　非金属矿物选矿提纯的方法、原理及主要工艺设备

方法	原　理	工　艺	设　备
拣选	根据矿石的颜色、光泽、形状的不同及受可见光、红外线、X射线等照射后吸收或反射的差异或矿石天然辐照能力的差别	分人工拣选和机械自动拣选两种工艺。人工拣选在采矿场、固定格条筛、手选皮带和手选台上进行；机械自动拣选在光电一体化机械设备上进行	人工拣选：拣选皮带（输送）机、格条筛、拣选台 机械拣选：色选机、光电拣选机、X射线电拣选等
重选	根据矿粒间密度或粒度的差异，在水、空气、重液或重悬浮液等介质中，借流体浮力、动力或其他机械力的推动而松散，在重力（或离心力）及黏滞阻力作用下，不同密度或粒度的矿粒发生分层，实现分选	垂直重力场分选工艺（跳汰分选） 斜面重力场分选工艺（摇床和螺旋溜槽分选） 离心力场分选工艺 重介质分选工艺	各种跳汰机 摇床、螺旋选矿机 离心选矿机、水力旋流器、重介质选矿机和旋流器、旋风分离器等
磁选	在磁场中，根据矿物间磁性的差异实现分离的方法。非金属矿主要是分离出具有一定磁性的含铁、钛质矿物杂质	干式磁选 湿式磁选 高梯度磁选 超导磁选	干式弱磁选机和强磁选机 湿式弱磁选机和强磁选机 高梯度磁选机 超导磁选机
电选	利用矿粒的电性差异，在高压电场中实现矿物分选	静电分选 电晕带电分选 摩擦带电分选	接触带电电选机 电晕带电电选机 摩擦带电电选机
浮选	利用矿粒表面性质（主要是表面润湿性）的差异或通过药剂（捕收剂和调整剂）造成不同矿粒表面润湿性的不同，在气、液、固三相界面体系中实现分离或分选	单体解离后的矿粒经调浆和调药后进入浮选机进行充气、搅拌，使受捕收剂作用的矿粒向气泡附着，在矿浆面上形成泡沫层，用刮板刮出成为泡沫产品，未上浮的矿粒随底流排走	机械搅拌式浮选机（XJ型、XJQ型、维姆克型、SF型、XJZ型、XJB型等）、充气搅拌式浮选机（XJC型、CHF-X型、BS-X型、KYF型、BS-K型、CJF型等）、充气式浮选机（浮选柱）
化学提纯	利用不同矿物在化学性质上的差异，采用化学方法或化学与物理相结合的方法进行提纯或分离	酸、碱、盐处理工艺 化学漂白工艺 焙烧和煅烧工艺	机械搅拌式浸出槽和反应釜 机械搅拌式漂白槽（罐）和反应釜 立窑、回转窑、隧道窑等
其他	根据矿粒的表面疏水性、电性以及胶体化学特性等进行分选	疏水聚团分选工艺、高分子絮凝分选工艺、复合聚团分选工艺等	调浆槽、浮选机、磁选机等

2.3.2 拣选

拣选是利用矿石的表面颜色、光性、放射线的差异进行矿块和矿粒分选的方法。拣选的分选粒度上限可达 250～300mm，下限可达 10mm，个别贵重矿物（如金刚石），下限可至 0.5mm 左右。对于非金属矿的选矿，拣选具有特殊作用，可用于预先富集或获得最终产品。如对金刚石矿石，采用拣选可预先使金刚石与其他矿石分离，对金刚石粗选后的精选，采用拣选可获得金刚石成品。通过拣选预先除去大颗粒废石还可以节省矿石的运输以及破碎、磨矿和选矿作业量，提高入选矿石的品位。

拣选分为流水线连续选、份选和块选三种方式。流水线连续选即一定厚度的物料层连续通过拣选区；份选和块选即 1 份或 1 块矿石或矿粒间歇式通过拣选区。块选或份选质量较好。目前工业上块选有人工拣选和机械拣选两种。人工拣选一般在手选场、固定格条筛、手选皮带机和手选台上进行。机械拣选是根据矿石外观特征（颜色、光泽、形状）及受到可见光、红外线、X 射线等照射后反映的差异或矿石天然辐射能力的差别，借助光电一体化机械设备实现分选的方法。具体采用哪种拣选方式，主要由矿石特性决定。随着电子计算机的应用，机械拣选技术日益完善。目前非金属工业较为常用且设备成熟的为光电拣选。矿石的漫反射、颜色、透明度、半透明度等光学性质可用于光电拣选。工业上应用的主要拣选机有光电拣选机、X 射线拣选机、放射性拣选机、色选机等。表 2-5 所列为机械拣选种类、特性和应用。非金属矿选矿中采用的色选机的结构与工作原理如图 2-5 所示。被选物料从料斗进入机器，通过振动器装置振动，被选物料沿着通道进入分选室的观察区，从 CCD 传感器和背景板间穿过，在光源的照射下，CCD 接受来自被选物料的合成光信号，使系统产生输出信号，并放大处理后传输至运算处理系统，使光信号转化为电信号，由控制系统发出指令驱动电磁阀喷射吹出异色颗粒至尾料区，精料继续下至精矿区，达到分选的目的。

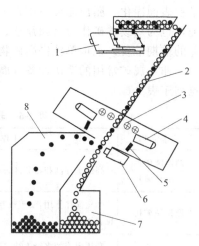

图 2-5 色选机结构与工作原理示意图
1—喂料器；2—斜槽；3—光源；
4—光电探测器；5—背景板；
6—喷气阀；7—精矿（成品）；
8—尾矿（废料口）

表 2-5 机械拣选种类、特性和应用

序号	拣选名称	辐射种类	波长范围/μm	利用的特性	应用
1	放射性拣选	γ 射线	$<10^{-1}$	天然 γ 放射线	铀、钍矿石伴生矿
2	射线吸收拣选（γ 射线、X 射线、中子吸收法）	γ 射线 X 射线 γ 中子	$<10^{-1}$ 0.5～1 $<10^{-1}$	矿石的 γ 射线强度、X 射线及中子辐射密度	煤和矸石及铁、铬矿石等
3	发光性拣选（γ 荧光、X 荧光、紫外荧光、红外荧光法）	γ 射线 X 射线 紫外线	$<10^{-1}$ 0.5～1 0.1～0.38	矿石放射荧光强度及发射的红外射线	金刚石、萤石、白钨矿、石棉矿等
4	光电拣选（表面光性拣选）	可见光 X 射线	0.16～0.38 0.5～1	矿石反射、透射、折射能力差异	石膏、滑石、大理石、石灰石、石棉等
5	色选机	荧光、LED 光源		采用高分辨率全彩色 CCD，识别出矿粒颜色的差异	石英、方解石、长石、重晶石、滑石、云母、硅灰石等

2.3.3　洗矿

洗矿是处理与黏土胶结在一起或含泥多的矿石的一种工艺，包括碎散和分离两项作业。对于出露地表的原生矿床经长期风化，矿粒被黏土或岩石的分解物所包裹，形成胶结或泥浆体，表面上观察呈块状者颇多。这种情况下在分选之前采用与矿石破碎相区别的摩擦洗矿碎解方法进行处理，即清除矿粒表面黏附物，又可防止不必要的粉碎或过粉碎。通常以水介质浸泡、冲洗或以机械搅动（必要时需添加分散剂），借助于矿粒之间的摩擦作用，将被矿泥黏附的矿粒解离并与黏土相分离，称为洗矿或擦洗。采用洗矿处理一些风化或原生微细粒非金属矿，可使矿粒表面净化，露出能反映矿石本身性质的表面，除去表面黏附物后不仅可使矿粒本身得到提纯，也为后续选矿作业（如浮选、重选、磁选等）改善了条件。洗矿既可作为其他选矿提纯作业的前期准备，也可单独提高矿物的纯度。

非金属矿常用的洗矿设备（摩擦洗矿机、圆筒洗矿机或洗矿筛、擦洗机）的工作原理与特点列于表 2-6。

表 2-6　非金属矿常用的洗矿设备工作原理与特点

设备名称	工作原理	特点及应用
圆筒洗矿机（洗矿筛）	高压水冲洗和筛分洗去矿泥	兼有洗矿和筛分的作用，适于处理大块矿石，入洗最大块可达 260mm
摩擦洗矿机	叶轮搅拌作用，使矿粒互相碰撞、摩擦，从而清洗矿粒表面	擦洗作用强，适用于黏土矿物，如高岭土的制浆以及中细粒物料，如硅砂的洗矿
双螺旋擦洗机	利用螺旋的多级连续挤压搅拌作用，使矿粒表面相互摩擦，使表面黏附的矿泥脱离颗粒并被分散	擦洗分散作用强，适用于含砂质黏土矿物，如砂质高岭土、膨润土以及天然硅砂的洗矿和分散

2.3.4　重选

重选是根据矿粒间密度的差异，在一定的介质流（通常为水、重液或重悬浮液及空气）中，借助流体浮力、动力及其他机械力的推动而松散，在重力（或离心力）及黏滞阻力作用下，使不同密度（粒度）的矿粒发生分层转移，从而达到分选的目的。采用重选，矿粒之间的密度差越大，越易于分选，越小则分选越难。重选通常是在垂直重力场、斜面重力场、离心力场中进行。

重选按作用力场性质可分为跳汰选矿、摇床选矿、螺旋（溜槽）选矿、离心选矿、重介质选矿和风力选矿等。其中风力选矿是以空气为分选介质的重力选矿方法，广泛应用于石棉、云母、蛭石等的分选。表 2-7 所列为水介质和重介质重选设备类型、分选粒度范围及其特性和应用；表 2-8 所列为风力选矿设备的类型、原理、特点及应用。

表 2-7　常用重选设备类型、分选粒度范围及其特性和应用

作用力场	设备类型	处理粒度范围/mm			特性	应用
		最大	最小	最合适		
垂直重力场	旁动隔膜跳汰机	18	0.074	12～0.1	处理量大，富集比高，可用于粗选和精选	刚玉、煤、金红石、铬铁矿、萤石、重晶石等
	侧动隔膜跳汰机	18	0.074	12～0.1		
	圆锥跳汰机	20	0.074	6～0.1		
	锯齿波跳汰机	25	0.074	8～0.074		
	梯形跳汰机	10	0.037	5～0.074		

续表

作用力场	设备类型	处理粒度范围/mm			特　性	应　用
		最大	最小	最合适		
斜面重力场	摇床	3	0.02	2～0.037	处理量小,富集比高,可得多种产品,多用于精选	滑石、独居石、锆石、石榴子石、石英、叶蜡石除铁等
	螺旋选矿机	3	0.074	2～0.1	处理量较摇床大,富集比低,但省水省电,一般用于粗选	金红石、锆石、独居石、粉状云母除铁等
离心力场	离心选矿机			0.1～0.01	周期性工作,分选速度较快,用于脱泥、微细粒选矿	石英、长石等
	重介质旋流器	30	0.1	20～2	处理量大,分选效率高,可分选密度差较小的矿粒,用于分级、浓缩	长石、红柱石、菱镁矿、石灰石、铬铁矿等
	水力旋流器			0.1～0.01	处理量大,多用于分级和脱泥	高岭土等黏土矿物

表 2-8　风力选矿设备的类型、原理、特点及应用

设备名称	分选原理	特点及应用
筛分吸选机组(包括平面摇动筛、吸棉嘴、降棉筒、风机等)	通过筛分,松散的矿物纤维"漂浮"于料层表面,利用上升气流,通过吸棉嘴抽吸易于在气流中悬浮的石棉纤维	分选效率较高,作业回收率80%以上,空气耗量较大,适用于石棉矿石的粗选和精选
空气通过式分选机	在密闭的箱体内物料下落通过水平气流,使形状和密度差异的矿物实现分离,纤维状、片状矿粒被气流带走,粒状矿粒沉降	结构简单,没有运动部件,操作方便。但分选效率较低,适用于石棉、碎云母矿石的粗选
空气离心分选机	利用涡轮旋转产生的离心力和上升气流综合作用,使形状和密度不同的矿粒分离	工作平稳可靠,分选效率较高,适用于较细物料(<8mm)的分选
振动式空气分选机	利用抛料盘转动给予物料的离心力、上升气流及筛体的振动,使形状和密度不同的矿粒分离	工作平稳可靠,分选效率较高,适用于石棉纤维和云母粉的除砂

2.3.5　浮选

(1) 浮选基本原理　浮选是利用矿粒表面性质(疏水性或亲水性)的差异,在气、液、固三相界面体系中使矿物分选的选矿方法。实现浮选的重要因素是矿粒本身的可浮性及矿粒与气泡间有效的接触吸附。矿粒表面的可浮性与与其表面的润湿性(疏水性)及表面电性等密切相关。矿粒表面的润湿性常用接触角来衡量。接触角越大,矿粒表面越不易被水润湿,则可浮性好。根据矿物在水中接触角的大小,矿物的天然可浮性分为三类,见表2-9。

表 2-9　矿物天然可浮性分类

类别	表面润湿性	断裂面暴露出的键的特性	晶格结构特征	代表性矿物	在水中接触角 θ/(°)	天然可浮性
1	小	分子键	晶格各质点间以分子键相联系,断裂面上为弱的分子键	自然硫	80～110	好
2	中	以分子键为主,同时存在少量的强键(离子键、共价键或金属键)	晶格由原子或离子层构成,层内原子间以强键结合,层与层之间为分子键。破裂主要从分子键断开;破裂面上,也可能存在强键,但其数量远远少于分子键	石墨 辉钼矿 滑石 叶蜡石	50～90	中
3	大	强键(离子键、共价键或金属键)	晶格有各种不同的结构,晶格各质点间以强键(离子键、共价键或金属键)结合,断裂面上为强键	方铅矿、黄铜矿、萤石、黄铁矿、重晶石、方解石、石英、云母	0～40	差

生产实践中，单纯利用天然可浮性进行矿石中各矿物的浮选分离是有限的，通常要借助一定的浮选药剂，提高矿物的可浮性；浮选剂在固-液界面的吸附影响矿粒的可浮性，而这种吸附又受矿粒表面电性的影响。因此，矿物的电性与其可浮性有密切的联系。

依据矿物零电点的不同，可调节矿浆 pH，选择性地使矿粒表面荷正电或负电。这样为选择捕收剂的种类（阴离子捕收剂或阳离子捕收剂）人为改变矿物的可浮性提供了依据。如 pH 小于零电点，矿物表面荷正电，采用阴离子捕收剂有利于吸附和提高可浮性，pH 大于零电点，则采用阳离子捕收剂有利于吸附和改善矿物的可浮性。

矿粒向气泡的附着过程是浮选的基本行为。首先附着能否发生，取决于附着前后自由能的变化 ΔG，$\Delta G = \gamma_{水-气}(1-\cos\theta)$，$\gamma_{水-气}$ 是水-气界面的自由能，为固定值。因此，ΔG 仅与接触角 θ 有关，当矿粒完全亲水时，$\theta=0$，则 $\Delta G=0$，矿粒不能自发地附着于气泡上，浮选行为便不能发生；只有当 $\theta>0$，$\Delta G>0$，矿粒才能向气泡附着，发生浮选行为。随着 ΔG 的增大，附着发生的可能性就越大，其可浮性也就越好。

但是 ΔG 只能说明矿粒附着气泡的可能性，能否实现及难易程度如何，还要看具体附着动力学过程。浮选过程中矿粒附着于气泡上经历三个阶段：①矿粒与气泡相互接近与接触阶段，该阶段靠机械搅动、矿浆运动、气泡上浮和矿粒下沉产生的矿粒与气泡的碰撞来完成；②矿粒与气泡之间水化膜变薄与破裂阶段，由于水分子极化作用及矿粒表面剩余键力和水-气界面自由能的存在，在矿粒与气泡表面存在水化膜，当矿粒向气泡附着时，首先使彼此的水化膜减薄，最后减弱到这层水化膜很不稳定，并引起迅速破裂；③矿粒克服了脱落力影响，在气泡上牢固附着。矿粒附着在气泡上后，能否上浮至矿浆面进入泡沫产品，还要看脱落力的大小，即矿粒与气泡之间的附着必须大于重力效应。矿粒表面疏水性越强，矿粒在气泡上的附着力就越大，就越难以脱落。

综上所述，矿粒附着于气泡的过程能否实现，附着牢固与否，取决于矿粒表面的疏水性，即可浮性大小。增大润湿接触角 θ，对提高矿粒与气泡的附着至关重要。为此，常常需要加入浮选药剂。

(2) 浮选药剂　浮选药剂是用来改变矿粒表面性质、调控矿粒浮选行为的有机物质、无机物质或其他物质。

浮选药剂可分为四类，即捕收剂、起泡剂、调整剂（包括抑制剂、活化剂和 pH 调整剂）、絮凝剂。捕收剂使目的矿物疏水，增加可浮性，使其易于向气泡附着；调整剂调控矿粒与捕收剂的作用（促进或抑制）及介质 pH 等；起泡剂主要是促进泡沫形成，增加分选界面和调节泡沫的大小和稳定性；絮凝剂促使微细颗粒形成聚团。表 2-10 为常用浮选药剂的分类。

表 2-10　常用浮选药剂的分类

类型		化合物类别	代表药剂	主要应用
捕收剂	阴离子型	键合原子为硫的化合物	乙黄药、异丙黄药、甲酚黑药、白药等	硫化矿
		键合原子为氧的化合物	油酸、油酸钠、磺化石油、氧化石蜡皂、烃基磺酸盐等脂肪酸类	非硫化矿（硅酸盐类矿物）
	阳离子型	胺类	月桂胺、十二胺至十八胺等脂肪胺类	非硫化矿
		吡啶盐类	盐酸烷基吡啶	非硫化矿
	非离子型	酯类	丁基黄原酸氰乙酯、硫氮氰酯	硫化矿
		多硫化合物	双（复）黄药	硫化矿
	油类	非极性烃类油	煤油、柴油、重油、中油等	煤、石墨、自然硫等
起泡剂		羟基化合物	2 号浮选油、松节油、甲酚、杂酚油	泡沫调控
		醚类	三聚丙二醇丁醚、樟油、桉树油	
		吡啶类	重吡啶	

续表

类型	化合物类别	代表药剂	主要应用
调整剂	无机物(酸、碱、盐)	硫酸、氢氟酸、石灰、氢氧化钠、碳酸钠、水玻璃、氯化钙、硫酸铝、硫化钙、硫化钠、硫酸亚铁、磷酸盐等	调整矿浆 pH、矿物的抑制或活化
	有机物	淀粉、糊精、栲胶、单宁、磺化木质素、柠檬酸、草酸、羧甲基纤维素等	
絮凝剂	无机絮凝剂	硫酸铝、氯化铝、明矾等	选择性絮凝
	有机絮凝剂	淀粉、糊精、纤维素、聚丙烯酰胺等	

(3) 浮选机械　浮选机械是实现浮选分离的主要工艺设备。经磨矿单体解离的矿粒，调浆、调药后进入浮选机，进行充气、搅拌，使表面已吸附捕收剂或疏水的矿粒向气泡附着，在矿浆面上形成泡沫产品，未上浮的矿粒由低流排走，达到浮选分离。因此，浮选机械具备下述功能：①充气作用，即向矿浆充气，并使其弥散成大小合适、分布均匀的气泡；②搅拌作用，使槽内矿浆受到均匀搅拌，促使药剂溶解分散；③调节矿浆面、矿浆循环量和充气量；④使泡沫产品和残留矿浆连续不断地排出。

根据将空气分散成气泡的方式不同，浮选机分为四大类，见表 2-11。

表 2-11　浮选机的分类

分类	充气搅拌方式	典型浮选机	特　点
机械搅拌式浮选机	靠机械搅拌器(转子和定子组)来实现矿浆的充气和搅拌，分为离心式叶轮、棒形轮、笼形转子、星形轮等	XJ 型、XJK 型、XJQ 型、JJF 型、SF 型、XJB 型、BS-M 型	可自吸空气和矿浆，不需外加充气装置，中矿返回易实现自流，操作方便；但充气量小，能耗较高，转子(叶轮)磨损较大
充气搅拌式浮选机	靠机械搅拌器搅拌矿浆，另设鼓风机提供充气	CHF-X 型、XJC 型、BS-X 型、BS-K 型、KYF 型、LCH-X 型、CJF 型	充气量大，可按需要进行调节，磨损小，电耗低；但无吸气和吸浆功能，需增加风机和矿浆泵
充气式浮选机	既无机械搅拌器，也没有传动部件，由专门的压风机提供充气用的空气	浮选柱	结构简单，操作容易；无运动部件，机械磨损小，充气均匀，液面平稳
气体析出式浮选机	借助加压矿浆从充气搅拌器喷嘴喷出后在混合室产生负压，吸入空气充气	喷射旋流式浮选机	充气量大，气泡分布均匀，矿浆液面平稳，处理能力大，结构简单，机械磨损小

2.3.6　磁选

(1) 磁选基本原理　磁体周围的空间存在着磁场。磁场可分为均匀磁场和非均匀磁场。均匀磁场中各点的磁场强度大小相等，方向一致；非均匀磁场中各点的磁场强度的大小和方向都是变化的。磁场强度随空间位移的变化率称为磁场梯度，用符号 $\dfrac{dH}{dX}$ 或 $\mathrm{grad}H$ 表示。它是一个矢量，它的方向为磁场强度变化最大的方向且指向 H 增大的一方。在均匀磁场中 $\mathrm{grad}H = 0$。

矿物颗粒在均匀磁场中只受到转矩的作用，它的长轴平行于磁场方向。在非均匀磁场中，矿粒不仅受转矩的作用，还受磁力的作用，结果使它既发生转动又向磁场梯度增大的方向移动，最后被吸在磁体表面上。这样磁性不同的矿粒才得以分离。因此，磁选是依据矿物磁性的差异，在非均匀磁场中实现的分选方法。在外磁场作用下使物体显示磁性的过程，称为磁化。矿粒在不均匀磁场中的磁化是磁选过程的基本物理现象。为了衡量物体被磁化的程度，引入磁化强度矢量的概念，用 J 表示，磁化强度的方向随矿粒性质而异，对于顺磁性矿物，磁化强度方向与外磁场方向一致，对于逆磁性矿粒，两者则相反。

矿粒的磁化强度 J 与外磁场强度 H 成正比，即

$$J = K_0 H$$

式中　H——外磁场强度；

　　　K_0——矿粒的体积磁化系数，无量纲。

体积磁化系数 K_0 数值的大小表明矿粒磁化的难易程度。矿粒的体积磁化系数与密度之比，称为矿粒的比磁化系数，用 χ_0 表示。即 $\chi_0 = K_0/\delta$，单位为 m^3/kg。χ_0 的物理意义表示单位质量的矿粒在单位磁场强度的外磁场中磁化时所产生的转矩。

在非均匀磁场中，作用在单位质量矿粒上的磁力称为比磁力，用下式计算：

$$F_{\text{磁}} = \mu_0 \chi_0 H \frac{dH}{dX} = \mu_0 \chi_0 H \, \text{grad} H$$

式中　$F_{\text{磁}}$——矿粒在磁场中所受的比磁力，N/kg；

　　　μ_0——真空磁导率，$\mu_0 = 4\pi \times 10^{-7} Wb/(m \cdot A)$；

　　　H——矿粒在近磁极端处的磁场强度，A/m；

$\frac{dH}{dX}(\text{grad} H)$——磁场梯度，$A/m$。

由上式可知，作用在矿粒上的磁力的大小，取决于反映矿粒磁性的比磁化系数 χ_0 和反映磁场特性的磁场力 $H \, \text{grad} H$。因此，当分选强磁性矿物时，由于矿粒的 χ_0 很大，则所需的磁场力 $H \, \text{grad} H$ 可相应地低一些；当分选弱磁性矿物时，则相反。为了得到较高的 $H \, \text{grad} H$，要采用高场强（H）或高梯度（$\text{grad} H$）。

（2）矿物的磁性　在磁选中，按照比磁化系数的不同可将矿物分为四类，即强磁性矿物、中磁性矿物、弱磁性矿物和非磁性矿物，见表2-12。

表2-12　矿物磁性及分类

磁性分类	比磁化系数范围/(m³/kg)	磁性特点	矿物举例
强磁性矿物	$>3000 \times 10^{-8}$	磁化强度高；磁场强度、比磁化系数与外场强度呈曲线变化，其磁性与磁场变化有关，有磁饱和及磁滞现象并有剩磁	磁铁矿、磁黄铁矿、磁赤铁矿、钛磁铁矿及锌铁尖晶石等
中磁性矿物	$(500 \sim 3000) \times 10^{-8}$	磁性介于强磁性矿物与弱磁性矿物之间	半假象赤铁矿、钛铁矿、铬铁矿等
弱磁性矿物	$(15 \sim 3000) \times 10^{-8}$	比磁化率为常数；磁化强度与磁场强度呈直线关系，无磁饱和及磁滞现象	赤铁矿、褐铁矿、锰矿、金红石、黑云母、角闪石、绿泥石、蛇纹石、橄榄石、辉石、石榴子石、黑钨矿等
非磁性矿物	$<15 \times 10^{-8}$	在外磁场作用下基本不呈磁性	硫、煤、石墨、石膏、高岭土、石英、长石、方解石、硅灰石、金刚石等大多数非金属矿及部分金属矿

（3）磁选设备　磁选设备的类型很多，其分类方法也较多，例如，按磁源分为电磁和永磁；按作业方式分为干式和湿式；一般按磁场强度或磁场力大小分为弱磁场磁选机、强磁场磁选机（包括高梯度磁选机和超导磁选机），见表2-13。

表2-13　磁选机的分类

类型	磁场强度 H/(kA/m)	常用磁选机名称	应用范围
弱磁场磁选机	$72 \sim 136$	磁力脱水槽	分选细粒磁铁矿和过滤前磁铁矿浓缩
		永磁干式磁辊筒	分选粒度 $100 \sim 10mm$ 的大块强磁性矿物或铁磁性物质
		永磁圆筒式磁选机	粒度 $6mm$ 以下的强磁性矿物或铁磁性物质粗选和精选

类型	磁场强度 H/(kA/m)	常用磁选机名称	应用范围
强磁场和高梯度磁选机	480~1600	干式圆盘式强磁选机	用于粒度 2mm 以下的弱磁性矿物的分选
		干式双辊强磁场磁选机	用于粒度 3mm 以下的弱磁性矿物的分选
		TYCX 系列永磁干式强磁选机	60mm 以下的弱磁性矿物的分选
		CS 型湿式电磁感应辊强磁选机	主要用于赤铁矿、褐铁矿、镜铁矿、钛铁矿等弱磁性金属矿的分选
		SHP 型湿式双盘强磁场磁选机	
		SQC 型和 SZC 型湿式平环强磁选机	黑色、有色和非金属矿中细粒级弱磁性矿物的分选或从非金属矿物的除铁、钛杂质
		湿式双立环式强磁选机	有色和稀有金属矿的分选和高岭土的除铁、钛提纯
		Sala 型高梯度磁选机	赤铁矿、褐铁矿、菱铁矿等弱磁性金属矿及高岭土、滑石、石英、长石、红柱石等非金属矿的除铁、钛杂质
		Slon 型高梯度磁选机	
		CAD 型周期工作式高梯度磁选机	高岭土等非金属矿物的除铁、钛杂质
超导磁选机	≥5000(5.0T)	零挥发低温超导磁选机	高岭土、长石、石英等非金属矿物的深度除铁、钛和精选

2.3.7　电选

（1）电选基本原理　电选是利用矿粒的电性差别，在高压电场中实现矿物分选的一种选矿方法。图 2-6 所示为矿粒在电晕-静电复合电场电选机中的分选过程。入选物料随旋转辊筒进入电晕电场区，使矿粒均匀带上负电荷（与电晕极同极性）。由于导体矿粒导电性好，能很快将负电荷传给辊筒（接地电极）。所以，当物料由电晕电场区进入静电电场区后，导体矿粒很快放完全部负电荷，又从辊筒上得到正电荷而被辊筒排斥。在电力、重力、离心力综合作用下，导体矿粒离开辊筒进入导体产物仓，非导体矿粒随辊筒旋转直到被刷子刷下来进入非导体矿物仓。半导体矿粒则介于两者之间进入中间产物仓。

（2）矿物的电性　矿物的电性是矿物在电场中实现分选的依据。在电选中起主要作用的电性是矿物的电导率和介电常数。电导率是表示矿物导电能力大小的物理量，常用 γ 表示。电导率 γ 是电阻率 ρ 的倒数，即

$$\gamma = 1/\rho$$

根据电导率的大小可将矿物分为三类，见表 2-14。

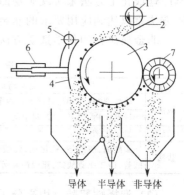

图 2-6　电选分选原理示意图
1—给矿辊；2—导矿板；3—辊筒电极；
4—电晕电极；5—偏向电极；
6—高压绝缘子；7—毛刷

表 2-14　矿物电导率分类

分　类	电导率 γ/(S/cm)	矿物举例
导体矿物	$10^4 \sim 10^5$	自然铜、石墨
半导体矿物	$10^{-10} \sim 10^2$	硫化矿、金属氧化矿
非导体矿物	$< 10^{-10}$	硅酸盐矿、碳酸盐矿

介电常数是矿物的另一个电性指标。常用 ε 表示。对于导体矿物，介电常数 $\varepsilon \approx \infty$，非导体矿物介电常数 $\varepsilon > 1$，半导体矿物的介电常数介于两者之间。

选矿中常用的使矿物带电的方式有直接传导带电、感应带电、电晕带电和摩擦带电等，它们的特点列于表 2-15。在现代电选机中，为达到最佳分选效果，应用最广的是传导带电与电晕带电相结合的带电方式。

表 2-15   使矿物带电的方式

带电方式	特点及应用
直接传导带电	矿粒直接与电极接触,导体矿粒获电极同性电荷而被排斥,非导体矿粒被极化而产生束缚电荷被电极吸引
感应带电	矿粒不与电极接触而在电场中受感应作用,导体矿粒被极化后电荷可被移走,非导体矿粒则只能被极化,从而使两者运动轨迹产生差异
电晕带电	在电晕放电场中,不同性质的矿粒因吸附空气离子而得到符号相同但数量不同的电荷,在电场力作用下发生不同运动轨迹
摩擦带电	使不同性质的矿粒相互摩擦而带上符号相反的电荷,带电矿粒通过电场时,分别被正、负电极吸引而被分离

(3) 电选机   电选机的形式有多种,按电场特性可分为静电电选机、电晕电选机和电晕-静电复合电场电选机;按结构特征可分为辊式电选机、板式电选机、带式电选机;按矿粒带电方式分为接触带电电选机、摩擦带电电选机、电晕带电电选机等。目前,工业生产中以辊式电晕-静电复合电场电选机应用最广,在金刚石、锆英石、金红石等选矿中已有应用。

2.3.8   其他选矿方法

除了前面介绍的选矿方法外,非金属矿选矿提纯还应用化学选矿、选择性絮凝、煅烧或焙烧以及按颗粒形状和硬度的选矿方法等。

(1) 化学选矿   化学选矿是利用不同矿物在化学性质或化学反应特性方面的差异,采用化学原理或化工方法来实现矿物的分离和提纯。化学选矿主要应用于一些纯度要求较高或物理选矿方法难以达到应用要求的非金属矿物的选矿,如高纯石墨、高纯石英、高白度高岭土等。

非金属矿物的化学选矿方法可分为酸法、碱法和盐法等三种,见表 2-16。

表 2-16   非金属矿物的化学选矿方法分类

方法	化学药剂	应 用
酸法	硫酸、盐酸、硝酸、氢氟酸或混酸	高纯石英(硅砂、硅石、硅微粉)、石墨、金刚石等
	过氧化物、过氧乙酸、臭氧等	高岭土、伊利石等硅酸盐矿物的氧化漂白
碱法	氢氧化钠	石墨、金刚石等
盐法	碳酸钠、硫酸钠、硫化钠、硫酸铵、草酸钠、氯化钠、次氯酸盐、连二亚硫酸钠、亚硫酸盐等	高岭土、膨润土、累托石等黏土矿物的提纯和漂白

(2) 选择性絮凝   用高分子絮凝剂,如淀粉、纤维素等,通过桥键作用,使得某种微细矿粒选择性地形成一种松散的、网络状的聚集体(即絮团),其他微细矿粒仍处于分散状态,然后借助重选、浮选等选矿方法,实现矿物组分的分选。高分子选择性絮凝分选主要用于微细粒矿物的分选,已经有成功的工业实践。

常用的高分子絮凝剂有天然高分子(如淀粉、单宁、糊精、明胶、羧甲基纤维素、腐殖酸钠等)和合成高分子(如聚丙烯酰胺、聚氧化乙烯、聚乙烯醇、聚乙烯亚胺、二甲氨基乙酯等)两大类。

高分子选择性絮凝分选工艺大体包括四个阶段:①矿浆分散;②絮凝剂选择性吸附及形成絮团;③絮团的调整,调整分离过程所要求的絮团并使絮团中夹杂物减至最小;④从悬浮液中分离絮团。其中絮凝剂选择性吸附及形成絮团是工艺的关键环节。

高分子选择性絮凝分选工艺可分为四种:①絮凝脱泥——浮选;②选择性絮凝后,用浮选法浮去被絮凝的脉石矿物,然后再浮选呈分散状态的目的矿物;③絮凝抑制脉石,然后浮选目的矿物;④浮选前进行分级,粗粒浮选,细粒选择性絮凝后分选。

高分子选择性絮凝分选已用于高岭土、铝土矿等非金属矿物的提纯。表 2-17 所列为矿物混合物的选择性絮凝分选。

表 2-17　矿物混合物的选择性絮凝分选

矿物混合物		絮凝剂	助剂
被絮凝	被分散		
赤铁矿	石英	淀粉、腐殖酸钠等	$NaOH$、Na_2SO_3、$(NaPO_3)_6$
赤铁矿	硅酸盐矿物	强水解的聚丙烯酰胺	Na 或 $NaCl$、$(NaPO_3)_6$
硅酸盐矿物	赤铁矿		
钛铁矿等	高岭土	聚丙烯酰胺	Na_2SO_3、$NaCl$、$(NaPO_3)_6$
磷酸盐矿物	石英、黏土	阴离子淀粉	$NaOH$
黄铁矿、闪锌矿、菱锌矿	石英	聚丙烯酰胺或聚丙烯腈	
氧化镁及碳酸盐	硅酸盐矿物	聚丙烯酰胺或聚丙烯腈	硫酸铝
滑石、褐铁矿	细粒黄铁矿	聚乙烯、氧化物	起泡剂
硅酸盐矿物	铬铁矿	羧甲基纤维素	$NaOH$、Na_2SO_3
方铅矿	石英	水解聚丙烯酰胺	
方铅矿	方解石	弱水解聚丙烯酰胺	Na_2S、$(NaPO_3)_6$
方解石	石英	水解聚丙烯酰胺	
方解石	金红石	强水解聚丙烯酰胺	$(NaPO_3)_6$
铝土矿	石英		
煤	页岩	聚丙烯酰胺	$(NaPO_3)_6 + Ca^{2+}$
重晶石	萤石、石英	玉米淀粉	Na_2SO_3
硅孔雀石	石英	纤维素、非离子型聚丙烯酰胺	$NaOH$、Na_2S、$NaCl$、$(NaPO_3)_6$
氧化铜、硫化铜矿物	白云石、石英、方解石	聚丙烯酰胺、双乙羟基乙二醛	$NaCl$、$(NaPO_3)_6$
钛铁矿、褐铁矿、锡石	长石、石英、黏土	水解聚丙烯酰胺	$NaOH$、$(NaPO_3)_6$、$CuSO_4$、$Pb(NO_3)_2$

（3）煅烧或焙烧　煅烧或焙烧是依据矿物中各组分分解温度或在高温下化学反应的差别，有目的地富集某种矿物组分或化学成分的方法。煅烧过程中，矿物组分发生的变化称为煅烧反应。煅烧反应主要是在热发生器（各种煅烧窑炉）中发生于气-固界面的多相化学反应，该反应同样遵循热力学和质量守恒定律。根据煅烧反应中主要煅烧反应的不同，可将煅烧方法分为如下几种：①氧化煅烧，即在氧化气氛中加热矿物，使炉气中的氧与矿物中某些组分作用或矿物本身在氧化气氛中煅烧；②还原煅烧，即在还原气氛中使高价态的金属氧化物还原为低价态的金属氧化物或矿物在还原气氛中进行煅烧；③氯化煅烧，即在中性或还原气氛中加热矿物，使之与氯气或固体氯化剂发生化学反应，生成挥发性气态金属氯化物或可溶性金属氯化物；④离析煅烧，即在中性或还原气氛中加热矿物，使其中的有价组分与固态氯化剂（氯化钠或氯化钙）反应生成挥发性气态金属氯化物，并随机沉淀在炉料中的还原剂表面；⑤磁化煅烧，即在弱还原气氛中，使弱磁性赤铁矿煅烧并还原成强磁性的磁铁矿。

煅烧或焙烧是非金属矿重要的加工技术之一，其主要目的如下。

① 在适宜的气氛和低于矿物原料熔点的温度条件下，使矿物原料中的目的矿物发生物理和化学变化，如矿物（化合物）受热脱除结构水或分解为一种组成更简单的矿物（化合物）、矿物中的某些有害组分（如氧化铁及其他金属氧化物）被气化脱除或生成可溶于水的盐类物质，或矿物本身发生晶形转变，最终使产品的纯度、白度（或亮度）、空隙率、活性等性能提高和优化。如石墨中的硅酸盐矿物和金属杂质在 3000℃ 以上的高温煅烧中被气化脱除，高岭土因煅烧脱除结构水而生成偏高岭石、硅铝尖晶石和莫来石；石膏矿（二水石膏）经低温煅烧成为半水石膏，高温煅烧则成为无水石膏或硬石膏；凹凸棒石及海泡石煅烧后可排出大量吸附水和结构水，使颗粒内部结晶破坏而变得松弛，比表面积和孔隙率成倍增加。表 2-18 所列为一些含水矿物的脱除结构（合）水的温度范围。

表 2-18　一些含水矿物的脱除结构（合）水的温度范围

矿物名称		化学组成	结晶完整程度	脱结合水温度/℃
高岭石族	地开石	$Al_2O_3 \cdot 2SiO_2 \cdot 2H_2O$	杜状晶体，解理片近似菱形	600～680
	珍珠石(珍珠陶土)	$Al_2O_3 \cdot 2SiO_2 \cdot 2H_2O$	解理片呈楔形，有珍珠光泽	600～680
	高岭石	$Al_2O_3 \cdot 2SiO_2 \cdot 2H_2O$	晶体呈片状，吸收染料变为多色性	480～600
	埃洛石	$Al_2O_3 \cdot 2SiO_2 \cdot 2H_2O \cdot nH_2O$	结晶程度低，呈管状结晶	480～600
蒙脱石		$Al_2O_3 \cdot 4SiO_2 \cdot H_2O \cdot nH_2O$	含结晶水的铝硅酸盐	550～750
伊利石		$K_{<1}[(Si,Al)_4O_{10}](OH)_2 \cdot nH_2O$		550～650
叶蜡石		$Al_2O_3 \cdot 4SiO_2 \cdot H_2O$		600～750
一水铝石		$Al_2O_3 \cdot H_2O$	非晶质含水铝矿	450～650
三水铝石		$Al_2O_3 \cdot 3H_2O$		250～450
石膏		$CaSO_4 \cdot 2H_2O$	含结晶水的硫酸盐矿物	130～270
氢氧化铁		$Fe(OH)_2$		65

② 使碳酸盐矿物（石灰石、白云石、菱镁矿等）和硫酸盐矿物发生分解，生成氧化物和二氧化碳。

③ 使硫化物、碳质及有机物氧化。一些非金属矿，如硅藻土、煤系高岭岩及其他黏土中常含有一定的碳质、硫化物或有机质，在一定温度下煅烧可以除去这些杂质，使矿物的纯度、白度、孔隙率提高。

④ 熔融和烧成。熔融是将固体矿物或岩石在熔点条件下转变为液相高温流体；烧成是在远高于矿物热分解温度下进行的高温煅烧，也称重烧，目的是变为稳定的固相材料。为了促进变化的进行，有时也使用矿化剂或稳定剂，使之变为稳定型变体以及高密度化。熔融和烧成常用来制备低共熔化合物，如二硅酸钠、偏硅酸钠以及四硅酸钾、偏硅酸钾、轻烧镁、重烧镁、铸石以及玻璃、陶瓷和耐火材料等。

目前工业化的非金属矿煅烧设备主要有直焰式回转窑、隔焰式回转窑、立窑、反射炉等。表 2-19 所列为回转窑和立窑的性能特点及应用。图 2-7 和图 2-8 所示为回转窑和立窑的结构示意图。

表 2-19　煅烧窑炉的性能特点及应用

类型	设备名称	性能特点	应用
回转窑	直焰式	煅烧温度范围宽、热能利用率高、生产能力大	菱镁矿、石灰石、白云石、高岭土等黏土矿、黑滑石、铝土矿等
	隔焰式	最高温度为980℃、气氛可调、产品污染少	
立(竖)窑		机械化程度高、生产能力大、煅烧温度范围宽	

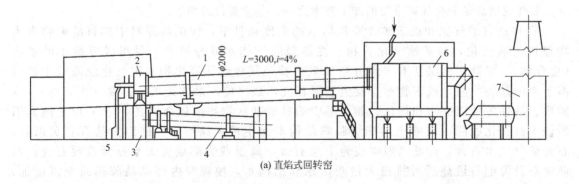

(a) 直焰式回转窑

1—窑体；2—窑头小车；3—热烟室；4—冷却筒；5—窑头鼓风机；6—集尘室；7—烟囱

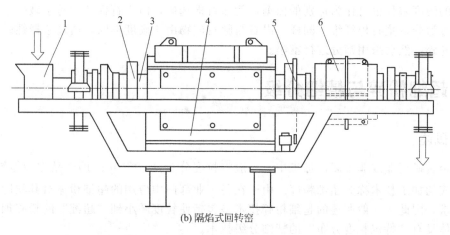

(b) 隔焰式回转窑

1—进料机构；2—托辊；3—旋转筒；4—燃烧室；5—链驱动轮；6—冷却箱

图 2-7　回转窑的结构示意图

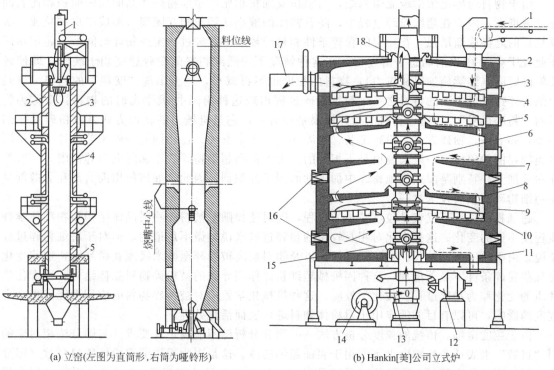

(a) 立窑(左图为直筒形，右筒为哑铃形)

1—烟囱；2—布料器；3—窑内内衬；
4—气化冷却炉衬；5—出料器

(b) Hankin[美]公司立式炉

1—原料；2—进料口；3—拨料耙；4—拨料耙齿；
5—观察孔；6—中心轴；7—内炉床缸；8—外炉床缸；
9—钢壳炉壁；10—耐火套筒；11—产品出口；12—电机；
13—冷气；14—风扇；15—下密封垫；16—燃烧器；
17—排气孔；18—上密封垫

图 2-8　立（竖）窑的结构示意图

（4）按颗粒形状和硬度分选　有些矿石，由于其中不同矿物在结构方面的不同特点，粉碎解离后呈现出不同的颗粒形状。如云母矿石中，云母呈片状，其他矿物呈粒状。因此，将矿石粉碎解离后用一定筛孔的筛子进行筛分可以达到分选的目的。同样，蛭石、滑石等片状结构矿物也可以通过选择性粉碎和筛分进行富集。形状选矿可采用摇动筛和筒形筛。

矿物的硬度差异也可作为选别的依据，例如石棉选矿，由于石棉纤维易于破碎进入细粒级中，可通过筛分富集石棉纤维。同样，滑石与脉石矿物由于硬度不同，通过选择性破碎，滑石硬度低、易碎，然后采用筛分进行富集。

2.4　超细粉碎与精细分级

2.4.1　概述

在非金属矿行业或非金属矿加工中，一般将粒度分布 $d_{97} \leqslant 10 \mu m$ 的产品称为超细（粉体）产品，相应的加工技术称为超细粉碎。由于在各工业部门中应用的超细粉体对其粒度和级配均有一定要求，因此，一般所述的超细粉碎技术是包括使粒度减小到"超细"的粉碎加工技术和使超细粉体具有"特定粒度分布"的精细分级技术。

超细粉碎技术是伴随现代高技术和新材料产业、传统产业技术进步和资源综合利用与深加工等发展起来的一项新的粉碎工程技术。现已成为最重要的工业矿物及其他原材料深加工技术之一。

由于物料粉碎至微米级亚微米级，与粗粉或细粉相比，超细粉碎产品的比表面积和比表面能显著增大，因而在超细粉碎过程中，随着粒度的减小，颗粒相互团聚（形成二次颗粒或三次颗粒）的趋势逐渐增强，在一定的粉碎条件和粉碎环境下，经过一定的粉碎时间后，超细粉碎作业处于粉碎-团聚的动态平衡过程，在这种情况下，微细物料的粉碎速度趋于缓慢，即使延长粉碎时间（继续施加机械应力），物料的粒度也不再减小，甚至出现"变粗"的趋势。这是超细粉碎过程最主要的特点之一。超细粉碎过程出现这种粉碎-团聚平衡时的物料粒度称为物料的"粉碎极限"。当然，物料的粉碎极限是相对的，它与机械力的施加方式（或粉碎机械的种类）和效率、粉碎方式、粉碎工艺、粉碎环境等因素有关。在相同的粉碎工艺条件下，不同种类物料的粉碎极限一般来说也是不相同的。为了提高超细粉碎效率和降低粉碎极限，一般要在粉碎加工，特别是湿式超细粉碎中加入助磨剂或分散剂。因此，如何使用助磨剂和分散剂也是超细粉碎的重要技术之一。

超细粉碎过程不仅仅是粒度减小的过程，同时还伴随着被粉碎物料晶体结构和物理化学性质程度不同的变化。这种变化对相对较粗的粉碎过程来说是微不足道的，但对于超细粉碎过程来说，由于粉碎时间较长、粉碎强度较大以及物料粒度被粉碎至微米级或亚微米级，这些变化在某些粉碎条件下显著出现。这种因机械超细粉碎作用导致的被粉碎物料晶体结构和物理化学性质的变化称为粉碎过程机械化学效应。这种机械化学效应对被粉碎物料的应用性能产生一定程度的影响，可以有目的地应用于对粉体物料进行表面活化处理。

由于粒度微细，传统的粒度分析方法——筛分分析已不能满足其要求。与筛分法相对应的用"目数"来表征产品细度也不便用于表征超细粉体。这是因为通常测定粉体物料目数（即筛分分析）用的标准筛（如泰勒筛）最细只到 400 目（筛孔尺寸相当于 $38 \mu m$）。因此，现今超细粉体的粒度测定广泛采用现代科学仪器和测试方法，如电子显微镜、激光粒度分析仪、库尔特计数器、图像分析仪、重力及离心沉降仪以及比表面积测定仪等。测定结果用"μm"（粒度）或"m^2/g"（比表面积）为单位表示。其细度一般用小于某一粒度（μm）的累积百分含量 $d_Y = X \mu m$ 表示（式中，X 表示粒度大小，Y 表示被测超细粉体物料中小于 $X \mu m$ 粒度物料的百分含量），如 $d_{50} = 2 \mu m$（$50\% \leqslant 2 \mu m$，即中位粒径），$d_{90} = 2 \mu m$（$90\% \leqslant 2 \mu m$），$d_{97} = 10 \mu m$（$97\% \leqslant 10 \mu m$）等。有时为方便应用，要同时给出被测粉料的比表面积。对于超细粉体的粒度分布也可用列表法、直方图、累积粒度分布图等表示。

目前的超细粉碎方法主要是机械粉碎，包括干法和湿法两种粉碎方式。在工艺设置上有批量开路、连续开路和连续闭路等几种形式。

2.4.2　超细粉碎设备

目前工业上应用的超细粉碎设备的类型主要有气流磨、高速机械冲击磨或旋磨机、搅拌球磨机、砂磨机、振动球磨机、旋转筒式球磨机、行星式球磨机、辊磨机、高压均浆机、胶体磨等。其中气流磨、高速机械冲击磨或旋磨机、辊磨机等为干式超细粉碎设备，砂磨机、高压均浆机、胶体磨等为湿式超细粉碎机，搅拌球磨机、振动球磨机、旋转筒式球磨机、行星式球磨机等既可以用于干式也可以用于湿式超细粉碎作业。表2-20所列各类超细粉碎设备的粉碎原理、给料粒度、产品细度及应用范围。

表2-20　超细粉碎设备类型及其应用

设备类型	粉碎原理	给料粒度 /mm	产品细度 $d_{97}/\mu m$	应用范围
气流磨	冲击、碰撞	<2	3~45	高附加值非金属矿物粉体材料
机械冲击磨	打击、冲击、剪切	<10	8~45	中等硬度以下非金属矿物粉体材料
旋磨机	冲击、碰撞、剪切、摩擦	<30	10~45	中等硬度以下非金属矿物粉体材料
振动磨	摩擦、碰撞、剪切	<5	2~74	各种硬度非金属矿物粉体材料
搅拌磨	摩擦、碰撞、剪切	<1	2~45	各种硬度非金属矿物粉体材料
旋转筒式球磨机	摩擦、冲击	<5	5~74	各种硬度非金属矿物粉体材料
行星式球磨机	压缩、摩擦、冲击	<5	5~74	各种硬度非金属矿物粉体材料
砂磨机	摩擦、碰撞、剪切	<0.2	1~20	各种硬度非金属矿物粉体材料
辊磨机	挤压、摩擦	<30	10~45	各种硬度非金属矿物粉体材料
高压均浆机	空穴效应、湍流和剪切	<0.03	1~10	高岭土、云母、化工原料、食品等
胶体磨	摩擦、剪切	<0.2	2~20	石墨、云母、化工原料、食品等

(1) 气流磨　气流磨又称喷射磨或能流磨，是一种利用高速气流（300~500m/s）或过热蒸汽（300~400℃）的能量对固体物料进行超细粉碎的机械设备。

气流磨是最主要的超细粉碎设备之一。依靠内分级功能和借助外置分级装置，气流磨可加工 $d_{97}=3~5\mu m$ 的粉体产品，产量从每小时几十千克到每小时几十吨。气流粉碎的产品还具有粒度分布较窄、颗粒形状规则、纯度高等特点。目前气流磨主要有扁平（圆盘）式、循环管式、对喷式、流化床逆向喷射式、气旋式、靶式等几种机型和数十余种规格。图2-9所示为气流磨的结构和工作原理示意图。气流磨的主要技术参数为粉碎室直径、粉碎压力、空气耗量、生产能力、进料粒径、粉碎细度、喷嘴数量以及内置分级机直径、分级机最大转速、分级机电机功率等。

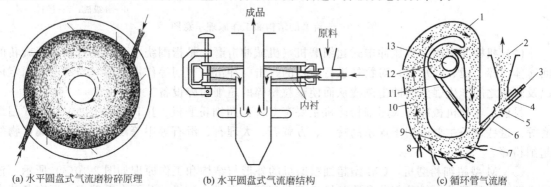

(a) 水平圆盘式气流磨粉碎原理　　(b) 水平圆盘式气流磨结构　　(c) 循环管气流磨

1—一级分级腔；2—进料口；3—压缩空气；
4—加料喷射器；5—混合室；6—文丘里管；
7—压缩空气；8—粉碎喷嘴；9—粉碎腔；
10—上升管；11—回料通道；
12—二次分级腔；13—产品出口

图2-9

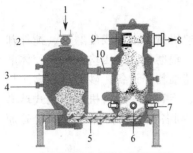

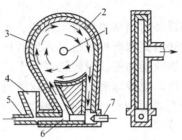

(d) 单分级轮流化床逆向喷射气流磨　　(e) Trost Jet Mill对喷式气流磨结构　　(f) 对喷式气流磨的工作原理

1—进料口；2—星形阀；3—料仓；　　　1—产品出口；2—分级室；3—衬里；

4—料位控制器；5—螺旋加料器；　　　　　4—料斗；5—加料喷嘴；

6—粉碎室；7—喷嘴；8—出料口；　　　　　6—粉碎室；7—粉碎喷嘴

9—分级机；10—连接管

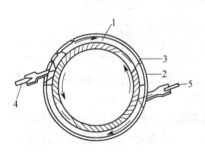

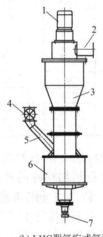

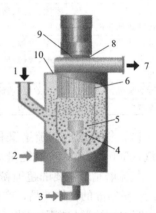

(g) 气旋式气流磨粉碎室结构与工作原理　　(h) LHC型气旋式气流磨　　　　(i) MJT型靶式气流粉碎机

1—粉碎室；2—冲击面；　　　　　1—分级机电机；2—成品料出口；　　　1—给料；2—喷射气流；

3—冲击环；4，5—喷嘴　　　　　3—分级区；4—进料阀；5—进料管；　　3—粉碎气流；4—塔靶；

　　　　　　　　　　　　　　6—粉碎区；7—压缩空气入口　　　　5—分级粗颗粒二次碰撞区；

　　　　　　　　　　　　　　　　　　　　　　　　　　　　　6—分级机；7—排料

图 2-9　气流磨的结构和工作原理示意图

（2）机械冲击磨　机械冲击式超细磨机（机械冲击磨）是指围绕水平或垂直轴高速旋转的回转体（棒、锤、叶片等）对物料进行激烈的打击、冲击、剪切等作用，使其与器壁或固定体以及颗粒之间产生强烈的冲击碰撞从而使颗粒粉碎的超细粉碎设备。

目前工业型机械冲击式超细粉碎机主要有 CM 型超细粉磨机、JCF 型冲击磨、旋风式超细磨等。这些设备主要应用于煤系高岭土、方解石、大理石、滑石等中等硬度以下非金属矿物的超细粉碎。

① CM 型超细粉磨机　CM 型超细粉磨机的外形与结构和工作原理如图 2-10（a）所示。该机主要由给料部分、粉碎部分和物料输送部分三部分组成。该机共分两个粉碎室，每室各装有两排转子，每排转子上分别固定有可更换的锤头。两个粉碎室之间由可更换的挡料环隔开。更换不同内径的挡料环，可调节磨机的处理能力和产品细度。各粉碎室内壁均装有可更换的带有细齿形的衬板，它与各排锤头的间隙约为 3mm。每室两排锤头之间各装有 4 枚撞针，通过调整撞针偏心距来调节它与锤头侧面间隙的大小。

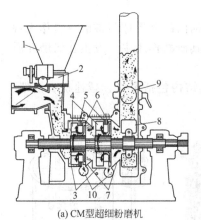
(a) CM型超细粉磨机

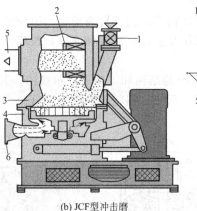
(b) JCF型冲击磨

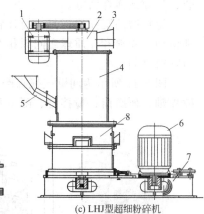
(c) LHJ型超细粉碎机

1—料斗；2—给料器；3—衬套；　　　1—星形阀；2—分级转子；　　　1—分级机电机；2—分级轴；3—出料口；

4—1号转子；5—固定销；　　　　　3—分级部筒体；4—粉碎部机壳；　4—分级区；5—进料口；6—主机电机；

6—2号转子；7—粒度调节隔环；　　5—排料口；6—吸风罩　　　　　　7—机座；8—粉碎室

8—风机；9—阀；10—排渣口

图 2-10　机械冲击式超细磨机结构与工作原理示意图

② JCF 型冲击磨　　图 2-10(b) 所示为 JCF 型冲击磨的外形及结构与工作原理示意图。该机主要由加料器、粉碎部件、分级部件、机壳及底架、主电机等组成。工作时，原料由星形阀从设备上部加入，经过斜管进入分级室，在进料中已达到产品细度要求的粉料从分级轮中排出机外，余下的物料进入粉碎室，受到均匀分布在围绕垂直轴急速旋转的回转体外周冲击锤的激烈冲击；同时，在冲击锤与衬板之间的间隙处受到冲击、摩擦、剪切等作用；被粉碎的物料随气流上升至分级轮处进行分级。细粒级产品从排料（气）口排出机外，粗颗粒沿筒壁下降至粉碎室进一步粉碎；空气从下部的吸风口进入粉碎室，并上升到分级室，然后从上部的排料口随细粒级产品一起排出机外。

③ LHJ 型超细粉碎机　　图 2-10(c) 所示为 LHJ 型超细粉碎机外形。其结构主要由机壳、给料机、粉碎转子、分级机、袋式捕集器、卸料阀、引风机等构成。其作用原理是集挤压粉碎、离心粉碎、冲击粉碎于一身。其主要特点是入料粒度大（≤30mm）、内置分级装置（成品细度可调）、生产能力较大、适用性较广。

(3) 搅拌磨　搅拌研磨机（搅拌磨）是指由一个静置的内填研磨介质的筒体和一个旋转搅拌器构成的一类超细研磨设备。

搅拌研磨机的筒体一般做成带冷却夹套，研磨物料时，冷却夹套内可通入冷却水或其他冷却介质，以控制研磨时的温升。研磨筒内壁可根据不同研磨要求镶衬不同的材料或安装固定短轴（棒）和做成不同的形状，以增强研磨作用。搅拌器是搅拌磨最重要的部件，有轴棒式、圆盘式、穿孔圆盘式、圆柱式、圆环式、螺旋式等类型。

连续研磨时或研磨后，研磨介质和研磨产品（料浆）要用分离装置分离。这种介质分离装置种类很多，目前常用的是圆筒筛，筛孔尺寸一般为 $50\sim1500\mu m$。

超细研磨时，搅拌研磨机一般使用平均粒径小于 6mm 的球形介质。研磨介质的直径对研磨效率和产品粒径有直接影响。此外，研磨介质的密度（材质）及硬度也是影响搅拌研磨机研磨效果的重要因素之一。常用的研磨介质有氧化铝、氧化锆或刚玉珠、钢球（珠）、锆珠、玻璃珠等。

搅拌研磨机根据作业方式分为间歇式、循环式、连续式三种；按工艺可分为干式搅拌研磨机和湿式搅拌研磨机；按搅拌器的不同还可分为棒式搅拌磨、圆盘式搅拌磨、螺旋或塔式搅拌磨、环隙式搅拌磨等。

搅拌磨的工作原理是：搅拌轴带动搅拌臂高速运动迫使磨桶内的介质球与被磨物料作无规则运动；物料和介质球之间因相互撞击、剪切和摩擦被粉碎。其研磨作用主要发生在研磨介质与物料之间。

图 2-11 所示为间歇式搅拌磨的结构和工作原理示意图。其结构包括电机、减速机、机架、搅拌轴、研磨筒、搅拌臂、配电系统、蜗轮副系统等部分。

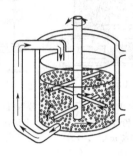

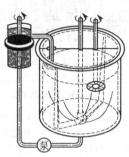

图 2-11　间歇式搅拌磨的结构与工作原理示意图　　　　图 2-12　循环式搅拌磨的结构与工作原理示意图

间歇式搅拌磨的研磨过程是批次进行的，即将原料和研磨介质加入磨机，开动电机，研磨一定时间后卸出研磨产品再加入下一批次物料进行超细研磨。

图 2-12 所示为循环式搅拌磨的结构与工作原理示意图。这种搅拌磨主要由一个直径较小的研磨筒和一个容积较大的浆料循环罐组成。研磨筒实际上是一个小型搅拌磨，内填研磨介质并在上部装有隔离研磨介质及粗粒物料的筛网。研磨介质的充填率占研磨筒有效容积的 85%～90%。其工作过程是浆料连续在研磨筒和循环罐内快速循环，直到产品细度合格。

这种搅拌磨的特点是由于浆料连续快速地通过旋转的研磨介质层和筛网，合格细粒级产品及时排出，避免因过磨而导致的微细颗粒的团聚，研磨效率较高，且可获得窄粒级分布的研磨产品。循环缸具有混合和分散作用，可在循环罐内添加分散剂或助磨剂。此外，由于浆料每次在研磨筒内的滞留时间短，从循环筒内新泵入的矿浆足以平衡研磨筒内的温升，因此，这种搅拌磨的磨筒无须冷却。

图 2-13 所示分别为几种目前工业上常用的连续式搅拌磨机的结构和工作原理示意图。立式连续搅拌磨多采用圆盘式搅拌器。其工作过程是：料浆从下部给料口泵压给入，在高速搅动的研磨介质的摩擦、剪切和冲击作用下，物料被粉碎。粉碎后的超细浆料经过溢流口从上部的出料口排出。物料在研磨室的停留时间通过给料速度来控制。给料速度越慢，停留时间越长，产品粒度就越细。图 2-13(a) 与间歇式搅拌磨相比，其结构特点是研磨筒体高（长径比大），且在研磨筒内壁上安装有固定臂。图 2-13(b) 所示是一种干法立式连续搅拌磨的结构示意图。这种搅拌磨的基本结构与湿法磨相似，只是给料方式不同，即采用螺旋给料机上给料和下排料。图 2-13(c) 所示为螺旋搅拌磨结构与工作原理示意图，其特点是采用螺旋搅拌器。图 2-13(d) 所示搅拌磨的结构特点是与前述高长径比搅拌磨相比，筒体"较矮"，但直径较大，且筒体的长径比小。该型搅拌磨上部给料，中下部排料，上部设有进浆口、分散剂添加口和排气口；下部侧壁设有浆料出口和研磨介质排出口。筒体内部做成多角形（六边形或八边形），增加了颗粒被研磨的概率和研磨强度。由于浆料停留时间较短，一方面物料不容易过磨；另一方面，研磨过程温升较小，不容易出现黏胀，因而研磨效率较高。这种磨机近几年在重质碳酸钙浆料和超细煅烧高岭土生产中得到了越来越多的应用。图 2-13(e) 所示的双槽搅拌磨槽体由底部连通的两个相同尺寸的立方体形槽子构成，一个用于预磨，设有给料口，另一个用于精细

磨，设有隔离筛和排料口；每个槽内设有一个搅拌器，槽上方各有一套驱动装置；两槽底部各设有一个卸料口和压缩空气入口，槽顶部设有排气管。该搅拌磨的结构特点是双叶轮搅拌器、方形双槽体结构。工作时，矿浆首先从进料口进入预磨槽预磨，然后从底部进入精细磨槽，最后经隔离筛从出料口排出。

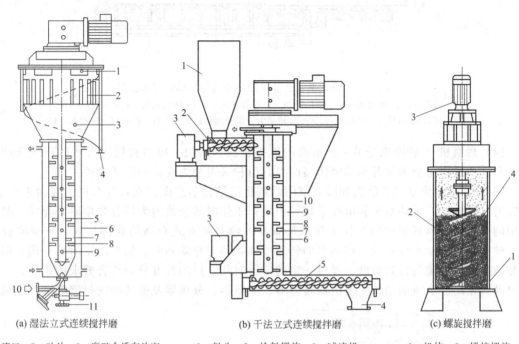

(a) 湿法立式连续搅拌磨

1—溢流口；2—叶片；3—磨矿介质存放室；
4—成品料浆出口；5—研磨室；6—冷却夹套；
7—磨筒；8—搅拌轴；9—固定臂；
10—给料口；11—放料阀

(b) 干法立式连续搅拌磨

1—料斗；2—给料螺旋；3—减速机；
4—产品及介质排出口；5—排料螺旋；
6—搅拌棒；7—转轴；8—固定臂；
9—冷却夹套；10—研磨室

(c) 螺旋搅拌磨

1—机体；2—搅拌螺旋；
3—驱动装置；4—研磨介质

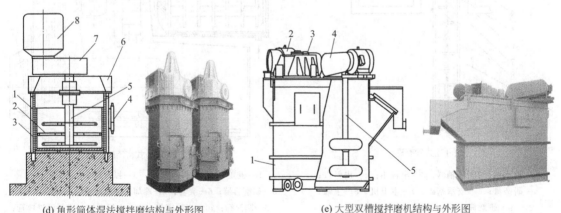

(d) 角形筒体湿法搅拌磨结构与外形图

1—研磨筒；2—搅拌棒；3—研磨内衬；4—液位计；
5—转轴；6—研磨筒盖；7—减速器；8—电动机

(e) 大型双槽搅拌磨机结构与外形图

1—槽体；2—电动机；3—减速器；
4—皮带传动装置；5—搅拌器

图 2-13　连续式搅拌磨机的结构和工作原理示意图

图 2-14 所示卧式搅拌磨的结构特点：一是独特的盘式搅拌器消除了磨机在运转时的抖动并使研磨介质沿整个研磨室均匀分布，从而提高能量利用率和研磨效率；二是采用动力介质分离筛消除介质对筛的堵塞及筛面磨损。因此，这种搅拌磨的能量密度较大，研磨效率较高。

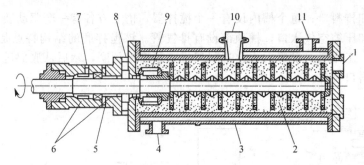

图 2-14　卧式湿法连续搅拌磨结构与工作原理示意图

1—给料口；2—搅拌器；3—筒体夹套；4—冷却水入口；5—密封液入口；6—机械密封件；
7—密封液出口；8—产品出口；9—旋转动力介质分离筛；10—介质加孔；11—冷却水出口

(4) 砂磨机　砂磨机是另一种形式的搅拌磨或珠磨机。因最初使用天然砂作为研磨介质
而得名。砂磨机可分为敞开型和密闭型两类，每种又可分为立式和卧式两种。

图 2-15 所示为立式砂磨机和卧式密闭砂磨机的结构示意图。立式砂磨机主要由进料系统、
研磨筒、研磨盘、传动系统和电控系统等组成；工作时研磨筒内大部分装填研磨介质，其介质
是用陶瓷或特殊材料制成的粒径不等球形颗粒。物料从立式仓筒的底部加入，与研磨介质混
合。搅拌轴由传动系统驱动，以适当的转速搅拌物料与介质的混合物。由于研磨介质之间的摩
擦和碰撞作用，物料得到研磨，经过一定的停留时间，得到粒度分布符合要求的浆料。

卧式密闭砂磨机的结构主要由研磨容器、分散器、分离器及搅拌轴密封器等部分组成。

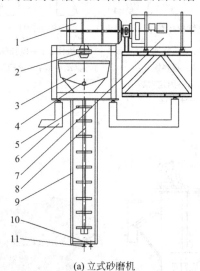

(a) 立式砂磨机

1—轴承箱；2—联轴器；3—出料斗；4—出料口；
5—研磨盘；6—支承基础；7—主电机；8—主轴；
9—研磨筒；10—卸料口；11—进料口

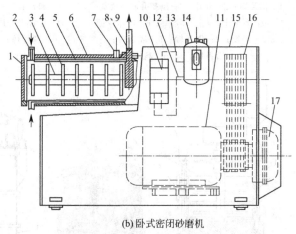

(b) 卧式密闭砂磨机

1—机盖；2—浆料入料口；3—搅拌轴；4—分散圆盘；
5—研磨容器；6—夹套；7—冷却水进出口管；8—物料出口管；
9—圆筒筛；10—机械密封；11—电机；12—密封液进口管；
13—密封液出口管；14—压力罐；15—机座；
16—三角皮带轮；17—液力耦合器

图 2-15　砂磨机的结构示意图

近 10 年来，一方面砂磨机不断向大型化发展。目前，德国和澳大利亚合作研发的艾砂
(Isa) 大型卧式砂磨机的筒体容积已达到 8000～10000L，最大装机容量为 3300kW。这种大型
卧式砂磨机已经在南非和澳大利亚的金属矿山选矿厂使用。中国的卧式砂磨机也已取得显著进
展，已经开发了 2000L 以上的大型砂磨机。另一方面，砂磨机不断向精细化迈进，降低粉碎

产物的"极限粒径"。图 2-16 所示的高流量立式砂磨机或珠磨机可以生产 $D_{50}=0.3\mu m$ 左右的超细粉体，号称"纳米磨"。这种高流量砂磨机主要由筒体、转子、定子壳、研磨腔、出料以及冷却、动力装置等构成。转子垂直在筒体内，筒体在顶部通过机械密封密闭。外部转子表面装有大量的搅拌棒钉。上半部转子有槽状的开口。定子壳由外层定子、定子底壁和内层定子组成，是完整的双层夹套。外层研磨腔内水平排列着定子棒钉，内层定子的棒钉螺旋排列。内层定子上方有一个保护筛网，与中央排料管连接。研磨腔中转子及其外部、内部工作表面位于定子中间。保护筛网位于研磨腔上端。研磨腔内充满直径在 $200\mu m\sim1.5mm$ 的磨珠。研磨腔装满物料时，保护筛网始终在装料线的上方。

其工作原理如下：由于给料泵的压力，物料在内层研磨腔上方因离心力与磨球分离后反方向进入研磨机中心，物料首先通过安装在内层定子上的筒状保护筛网，然后向下由中央的排料管排出。磨珠在外层研磨腔转子与定子棒钉之间，以及内层研磨腔的定子棒钉和内层转子表面之间流动；待研磨或分散的物料从磨机上端均匀地进入外层转子。物料首先向下流入外层研磨腔，磨珠由转子和定子棒钉运动产生能量带动物料，然后沿轴向由定子下端流入内层研磨腔，内层转子的光滑表面和垂直螺旋状排列的定子棒钉产生强烈的扰动。充分混合的物料和磨珠由于转子旋转的离心作用并经装在内层转子上的挡板通过定子棒钉。挡板和转子上的开口比邻。因密度和尺寸的差异，磨珠由于离心力的作用通过开口进入外层研磨腔的进口区域。新加入的物料带动磨珠向下流入研磨腔。如此，磨珠在外层研磨腔之间实现再循环。

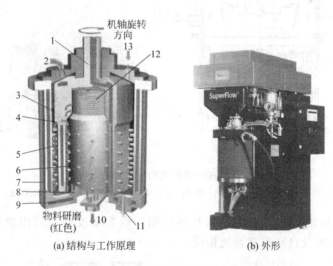

(a) 结构与工作原理　　　　(b) 外形

图 2-16　高流量立式砂磨机结构与工作原理和外形

1—转子；2—进料口；3—物料剪切研磨；4—研磨介质离心研磨；

5—第一研磨腔；6—第二研磨腔；7—外定子；8—内定子；9—冷却；

10—出料口；11—泄珠口；12—出料筛网；13—研磨介质添加口

此外，砂磨机研磨盘结构和材质的优化以及控制的智能化也取得了显著进展。新型的 PU 材质显著提高了磨盘和轴套的使用寿命。

（5）振动磨　振动磨是利用研磨介质（球状和棒状）在作高频振动的筒体内对物料进行冲击、摩擦、剪切等作用而使物料粉碎的细磨和超细磨设备。

振动磨按其振动特点分为惯性式、偏旋式；按筒体数目分为单筒式和多筒式；按操作方式又可分为间歇式和连续式。振动磨既可用于干式粉碎，也可用于湿式粉碎。

通过调节振动的振幅、振动频率、介质类型和介质尺寸可加工不同物料，包括高硬度物料和各种细度的产品。产品的平均粒度可达到 $1\mu m$ 左右。

超细振动磨的结构和工作原理与 2.2.1 介绍的振动磨机大同小异。目前在非金属矿超细粉磨中应用的振动磨主要有 MZ 型双筒振动磨和单筒振动磨。MZ 型超细振动磨主要技术参数为磨筒容积、振幅、振动频率、动力强度、电机功率、磨机质量和外形尺寸等。

（6）辊磨机　目前工业上应用的超细辊磨机有离心环辊磨和辊式立磨。图 2-17 所示为离心环辊磨的结构和工作原理示意图。该机主要由机体、主轴、甩料盘、磨环、磨环支架、磨圈、分流环、分级轮等构成；固定在磨环支架上的磨环与销轴之间有很大的间隙。工作时，当磨环支架随主轴转动时，磨环作公转，受离心力的作用甩向磨圈并压紧磨圈，同时以销轴为中心作自转。物料由螺旋加料器从磨环支架上方加入，被高速旋转的磨环支架甩入支架与磨圈的缝中，受到转动磨环的冲击、挤压、研磨而被粉碎。粉碎后的物料落到甩料盘上，甩料盘与主轴同转，将物料甩向磨圈与机体间的缝隙中，受到系统中风机抽风产生的负压的作用而沿缝隙上升进入机体上部，沿分流环进入分级室进行分级，合格细粉通过分级轮进入收集系统收集，粗粉被甩向分级环内壁，落入粉碎室重新进行粉碎。这种环辊磨自 2005 年开发以来，经不断改进和优化，已经成为目前中国重质碳酸钙干法超细粉碎的主要装备之一。

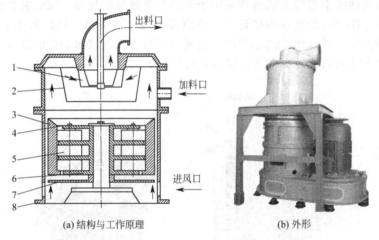

(a) 结构与工作原理　　　　　　　　(b) 外形

图 2-17　离心环辊磨的结构与工作原理和外形

1—分级轮；2—分流环；3—磨圈；4—销轴；5—磨环；6—磨环支架；7—甩料盘；8—机座

图 2-18 所示为超细辊式立磨的结构和外形图。该类型设备主要由磨辊、磨盘、导流装置、液压装置、分级机及自动控制系统构成。

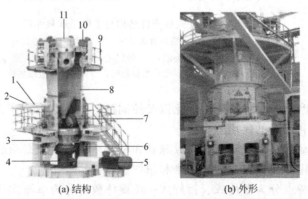

(a) 结构　　　　　　　　(b) 外形

图 2-18　超细辊式立磨的结构与外形

1—螺旋给料机；2—进料口；3—回风口；4—减速机；5—主电机；6—液压装置；7—研磨机构；

8—筒体；9—检修平台；10—分级机；11—成品出口

工作原理：物料在离心力的挟带下进入磨盘与磨辊之间，受到带有很高液压气动压力的磨辊的碾压与剪切力作用；碾磨后的物料通过碾磨区后受到空气流的初步分散和分级作用，随着上升区内空气流动区域截面积的扩大，空气的流速下降，粗颗粒因此返回磨盘内继续碾磨，其他粉体则进入磨机上部的分级机内进一步分级，分出的粗颗粒回到碾磨区，细粉随气流排出机外被收集。

（7）胶体磨 胶体磨是利用一对固定磨体（定子）和高速旋转磨体（转子）的相对运动产生强烈的剪切、摩擦、冲击等作用力，使被处理的物料通过两磨体之间的间隙，在上述诸力及高频振动的作用下，被粉碎和分散。

胶体磨主要有直立式、傍立式和卧式三种机型。图 2-19 所示为 JM 系列胶体磨的结构示意图，主要由进料斗、盖盘、调节套、转齿、定齿、甩轮、出料斗、磨座、甩油盘、电机座、电机罩、接线盒罩、方向牌、刻度板、手柄等构成。图 2-19 中所示为传统立式胶体磨，由特制长轴电机直接带动转齿，与由底座调节盘支系的定齿相对运动而工作。磨齿一般为高硬度、高耐磨性耐酸碱材料，根据不同需要选择相应的磨头。

（8）高压均浆机 高压均浆机是利用高压射流压力下跌时的穴蚀效应，使物料因高速冲击、爆裂和剪切等作用而被粉碎。高压均浆机既有粉碎作用，也有均质作用，其工作原理是通过高压装置加压，使浆料处于高压之中并产生均化。当矿浆到达细小的出口时，便以每秒数百米的线速度挤出，喷射在特制的靶体上，由于矿浆挤出时的互相摩擦剪切力，加上浆体挤出后压力突然降低所产生的穴蚀效应以及矿浆喷射在特制的靶体上所产生的强大冲击力，使得物料沿层间解离或缺陷处爆裂，从而达到超细剥片的目的。

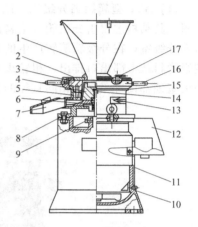

图 2-19 JM 系列胶体磨的结构示意图
1—进料斗；2—盖盘；3—调节套；4—转齿；
5—定齿；6—甩轮；7—出料斗；8—磨座；
9—甩油盘；10—电机座；11—电机罩；
12—接线盒罩；13—方向牌；14—指针；
15—刻度板；16—手柄；17—管接头

2.4.3 精细分级设备

在非金属矿超细粉碎加工中，除了超细粉碎作业之外，还应配置精细分级作业。精细分级作业主要有两个作用：一是确保产品的粒度分布满足应用的需要；二是提高超细粉碎作业的效率。许多应用领域不仅对非金属矿超细粉体的粒度大小（平均粒度或中位粒径）有要求，而且对其粒度分布有一定要求。有些粉碎设备，特别是球磨机、振动磨、干式搅拌磨等，研磨产物的粒度分布往往较宽，如果不进行分级，难以满足用户的要求。此外，在超细粉碎作业中，随着粉碎时间的延长，在合格细产物增加的同时，微细粒团聚也增加，到某一时间，粉体粒度减小的速度与微细颗粒团聚的速度达到平衡，这就是所谓的粉碎平衡。在达到粉碎平衡的情况下，继续延长粉碎时间，产物的粒度不再减小甚至增大。因此，要提高超细粉碎作业的效率，必须及时地将合格的超细粒级粉体分离，使其不因"过磨"而团聚。这就是一些超细粉碎工艺中设置精细分级作业的依据。

根据分级介质的不同，精细分级机可分为两大类：一是以空气为介质的干法分级机，主要是转子（涡轮）式气流分级机，如 MS 型微细分级机、MSS 型超细分级机、ATP 型超细分级机、LHB 型微细分级机等；二是以水为介质的湿法分级机，主要有超细水力旋流器、卧式螺旋沉降式离心机等。

干式精细分级机一般采用旋转涡轮式，只有个别机型采用射流式。涡轮式精细分级机的结构一般包括分级轮、机体、进料、出料、进风（包括二次风、三次风）以及电机和传动、控制装置。分级轮是核心装置，从结构上分级轮可分为圆柱和圆锥两种，从配置方式上圆柱形分级轮又有竖置和横置两种。其直径、叶片形状、叶片间隙等对分级机的分级性能有显著影响。此外，单独设置的精细分级系统还包括风机集料、收尘等装置。目前工业上应用的主要干式精细分级机是 MS 型、MSS 型和 ATP 型及其相似型或改进型以及 LHB 型、NEA 型、TFS 型等干式精细分级机。这些干式精细分级机可与超细粉碎机配套使用，其分级粒径可以在较大的范围内进行调节，其中 TSP 型、MS 型及其类似的分级机的分级产品细度可达 $d_{97}=10\mu m$ 左右，MSS 型和 ATP 型、NEA 型、LHB 型及其类似的分级机的分级产品细度可达 $d_{97}=3\sim5\mu m$，TTC 型和 TFS 型分级机的产品细度可达 $d_{97}=2\mu m$。依分级机规格或尺寸的不同，单机处理能力从每小时几十千克到 30t/h 左右不等。

（1）ATP 型超微细分级机　图 2-20 所示为 ATP 型单轮及多轮分级机的结构与工作原理示意图。其结构主要由分级轮、给料阀、排料阀、气流入口等部分构成。工作时物料通过给料阀给入分级室，在分级轮旋转产生的离心力及分级气流的黏滞力作用下进行分级，分级后的微细粒级物料从上部出口排出，粗粒级物料从分级机底部排出。多轮超微细分级机的结构特点是在分级室顶部设置了多个相同直径的分级轮，与同样规格的单分级轮相比，处理能力显著增大。

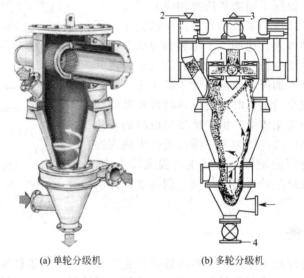

(a) 单轮分级机　　　　　　　(b) 多轮分级机

图 2-20　ATP 型分级机的结构与工作原理示意图
1—分级轮；2—给料阀；3—细产品出口；4—粗粒物料出口

（2）MS 型微细分级机及 MSS 型微细分级机　图 2-21(a) 所示为 MS（micro separator）型微细分级机的结构和工作原理示意图。它主要由给料管、调节管、中部机体、斜管、环形体及安装在旋转主轴上的叶轮构成。待分级物料和气流经给料管和调节管进入机内，经过锥形体进入分级区；主轴带动叶轮旋转；细粒级物料随气流经过叶片之间的间隙向上经细粒物料排出口排出，粗粒物料被叶片阻留，沿中部机体的内壁向下运动，经环形体和斜管自粗粒级物料排出口排出。上升气流经气流入口进入机内，遇到自环形下落的粗粒物料时，将其中夹杂的细粒物料分出，向上送入分级区进一步分级，以提高分级效率。通过调节叶轮转速、风量、二次气流、叶轮间隙或叶片数及调节管的位置可以调节分级粒度。

图 2-21(b) 所示为 MSS（super separator）型微细分级机的结构示意图。它主要由机身、分级转子、分级叶片、调隙锥、进风管、给料管和排料管等构成。工作时物料从给料管被风机抽吸到分级室内，在分级转子和分级叶片之间被分散并进行反复循环分级，粗颗粒沿筒壁自上而下，由下面的粗粒物料出口处排出；超细粉体随气流穿过转子叶片的间隙由上部细粒物料出口排出。在调隙锥处，由于二次空气的风筛作用，将混入粗粉中的细粒物料进一步析出，送入

分级室进一步分级。三次空气可强化分级机对物料的分散和分级作用，使分散和分级作用反复进行，因而有利于提高分级精度和分级效率。

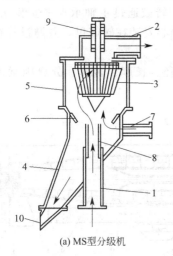 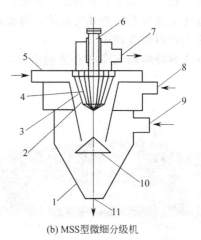

(a) MS型分级机

1—给料管；2—细粒物料出口；3—叶轮；
4—斜管；5—中部机体；6—环形体；
7—二次气流入口；8—调节管；
9—主轴；10—粗粒物料出口

(b) MSS型微细分级机

1—下部机体；2—风扇叶片；3—分级室；
4—分级转子；5—给料管；6—轴；
7—细粒物料出口；8—三次风入口；
9—二次气流入口；10—调隙锥；
11—粗粒物料出口

图2-21 MS型及MSS型微细分级机

这种分级机的特点是分级粒度较MS型更细，产品粒度分布较窄。

（3）LHB型分级机 图2-22所示为LHB型涡轮式精细分级机的结构示意图。分级机主机由电机、分级轮、筒体、进料装置、排料装置等组成，通过调节分级轮的转速并配以合理的二次进风来实现对物料的有效分级。

进料控制系统由进料变频器及摆线针轮星形卸料阀组成，通过调节变频器输出频率高低来实现对进料的连续匀速控制。叶轮转速通过变频器调整，并设计了失压保护、过电流保护、料位控制、运行状态监视及报警系统等保护措施。该型分级机的特点是立式单分级轮结构、流场稳定，分级（切割）点较精确、分级效率较高、单位产品能耗较低。

（4）其他干式分级机 其他干式分级机还有WFJ型、FJJ型（类似ATP型）、FYW型、ADW型、FJW型、XFJ型、QF型、FQZ型、AF型、HF型、HTC型、FJG型以及TTC型、NEA型、TSP型、TFS型精细分级机等。

（5）湿式分级机 在湿法超细磨矿或黏土类矿物的湿法提纯工艺中，为了提高磨矿效率以及控制最终产品细度和粒度分布，有时要设置湿式精细分级设备。目前工业上常用的湿式精细分级设备主要有卧式螺旋卸料沉降离心机和超细水力旋流器（组）。

① 卧式螺旋卸料沉降离心机 图2-23所示为卧式螺旋

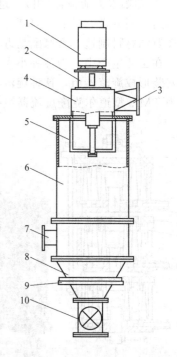

图2-22 LHB型涡轮式精细分级机

1—电机；2—电机底座；3—出料口；
4—蜗壳；5—分级轮；6—分级筒；
7—进料口；8—料仓；9—二次风系统；
10—星形排料阀

卸料沉降离心机的结构与工作原理示意图。

卧式螺旋卸料离心机主要由柱-锥形转鼓、螺旋推料器、行星差速器、挡料板、差速器、扭矩调节器、减振垫、布料器、外壳和机座等零件组成。转鼓通过主轴承水平安装在机座上，并通过连接盘与差速器外壳连接。螺旋推料器通过轴承同心安装在转鼓里，并通过外在键与差速器输出轴内在键相连。

卧式螺旋卸料沉降离心机的主要技术参数为转鼓直径、长度、转速、分离因素、电机功率等。

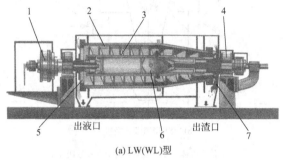

(a) LW(WL)型

1—差速器；2—转鼓；3—螺旋推料器；4—机座；
5—排渣机；6—进料仓；7—溢流孔

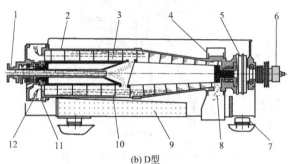

(b) D型

1—进料口；2—转鼓；3—螺旋推料器；4—挡料板；
5—差速器；6—扭矩调节器；7—减振垫；8—沉渣；
9—机座；10—布料器；11—积液槽；12—分离液出口

图 2-23　卧式螺旋卸料沉降离心机的结构与工作原理

② 超细水力旋流器（组）　超细水力旋流器直径一般为 10～50mm。这种小直径的水力旋流器通常制成带有长的圆筒部分和小锥角的锥形部分，内衬耐磨陶瓷、模铸塑料、人造橡胶或用聚氨酯材料制造。聚氨酯是近十多年来制造超细水力旋流器的主要材料。

在工业生产中，为弥补小直径旋流器处理能力小的缺点，通常采用若干个小直径旋流器并联安装形成旋流器组，这种旋流器组可由几个或数十个小直径水力旋流器组成。图 2-24（a）所示为 TM-3 型道尔克隆旋流器组构造。图 2-24（b）所示为两种海王牌旋流器组。图 2-24（c）所

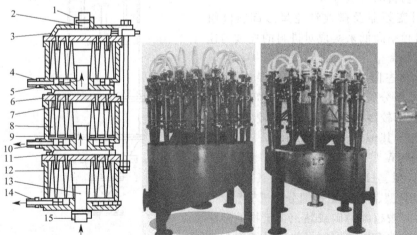

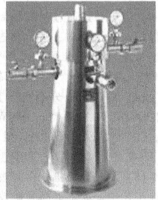

(a) TM-3型道尔克隆旋流器组构造　　(b) 两种海王牌旋流器组构造　　(c) GSDF型超细水力旋流器构造

图 2-24　道尔克隆旋流器组及海王牌旋流器组与 GSDF 型超细水力旋流器构造示意图

1—溢流阀；2—最终溢流；3—溢流室盖板；4—第三段低流；5—第二段溢流；6—平盖；7—塑料盖板结合块；8—橡胶旋流器调节楔；
9—第一段溢流；10—第二段低流；11—拉紧螺栓；12—入口调节楔；13—给料；14—第一段低流；15—给料阀

示为 GSDF 型超细水力旋流器的构造图。它是由四个同心圆环构成的三个环形空间，溢流、进料、底流分别在外、中、内的环形空间里，锥底孔与外环相通形成溢流；其锥顶孔则通入内环形成底流。通过调整进浆压力、溢流压力和底流压力可获得不同细度的产品。这种超细水力旋流器是由许多个小直径（$\phi 10mm$）旋流器组成的，例如 GSDF10-99 超细水力旋流器组是由 99 个直径为 10mm 的小旋流器组成，可用于 $5\mu m$ 以下浆料的精细分级。

2.5　表面改性

2.5.1　概述

粉体表面改性是指用物理、化学、机械等方法对粉体表面进行处理，根据应用的需要有目的地改变粉体表面的物理化学性质或赋予其新的功能，以满足现代新材料、新工艺和新技术发展的需要。对于非金属矿加工与应用来说，表面改性是最重要的深加工技术之一。

表面改性矿物粉体的主要应用领域是有机/无机复合材料、无机/无机复合材料、功能材料以及涂料、油墨、化工、催化、健康环保等领域。

目前矿物粉体表面改性常用的方法有有机表面改性、无机表面（沉淀包覆）改性、机械力化学改性、插层改性以及复合（无机/有机复合、机械力化学/有机或无机复合）改性等。表面改性工艺主要有干法、湿法等。非金属矿物粉体表面改性常用的表面改性剂、改性设备及应用见表 2-21。

表 2-21　非金属矿物粉体表面改性常用的表面改性剂、表面改性设备及应用

方法	工艺	表面改性剂	表面改性设备	应用的非金属矿物
有机改性	干法	硅烷、钛酸酯、铝酸酯、锆铝酸盐等偶联剂；表面活性剂；有机硅；不饱和有机酸及有机低聚物；水溶性高分子、树脂等	连续式粉体表面改性机、间歇式加热搅拌机或混合机、涡流磨、流化床等	重质碳酸钙、轻质碳酸钙、滑石、高岭土、伊利石、云母、硅灰石、氢氧化铝、氢氧化镁、硅微粉、重晶石、凹凸棒土、海泡石、硅微粉、长石粉等
	湿法	硅烷、锆铝酸盐、部分钛酸酯和铝酸酯偶联剂；水溶性表面活性剂及高分子、乳化后的硅油等	加热搅拌反应罐或搅拌筒、反应釜等	轻质碳酸钙、重质碳酸钙、高岭土、云母、二氧化硅、氢氧化镁、氢氧化铝、二氧化钛、重晶石粉、电气石等
无机沉淀包覆改性	湿法	钛盐、铝盐、硅酸钠、铁盐、铬盐、钴盐、锌盐、锆盐、锡盐、钙盐、镁盐、磷酸盐、硫酸盐、碳酸盐等	加热搅拌反应罐、反应釜、过滤机、干燥机、焙烧炉等	云母、钛白粉、石墨、高岭土、电气石、氢氧化镁、氢氧化铝、碳酸钙、硅藻土、蛋白土、多孔氧化硅、凹凸棒土、海泡石、沸石、硅灰石、膨胀珍珠岩、重质碳酸钙、膨润土、蛇纹石等
插层改性	湿法/干法	季铵盐、高聚物及高聚物单体、碱或碱土金属及其盐、无机酸及其盐、无机复盐、稀土氧化物、金属盐等	反应釜(罐)、过滤机、洗涤机、干燥机、热加工设备、分级机等	膨润土、伊利石、蛭石、高岭土及其他层状结构的黏土矿物、石墨等
机械力化学/复合改性	干法	各种有机改性剂或无机改性剂	振动磨、球磨机、干式搅拌磨、气流磨、辊式磨等	重质碳酸钙、高岭土、滑石、云母等的表面激活或与钛白粉或其他粉体的复合
	湿式	水溶性有机改性剂或无机改性剂	湿式搅拌磨、砂磨机、球磨机等	

2.5.2　表面改性工艺

（1）有机表面改性　这是利用有机物分子中的官能团在无机粉体表面的吸附或化学反应对

颗粒表面改性的工艺。除利用表面官能团改性外，这种方法还包括利用自由基反应、螯合反应、溶胶吸附等。

有机表面改性所用的表面改性剂种类很多，如硅烷、钛酸酯、铝酸酯、锆铝酸盐等各种偶联剂，高级脂肪酸及其盐，有机铵盐及其他各种类型表面活性剂，磷酸酯，不饱和有机酸，有机低聚物，水溶性有机高聚物，树脂等。因此，选择的范围较大。

有机表面改性工艺可分为干法和湿法两种。

干法改性工艺是指粉体在干态下或干燥后在表面改性设备中进行分散，同时加入配制好的表面改性剂，在一定温度下进行表面改性处理的工艺。干法改性工艺可以分为间歇式和连续式两种。间歇式表面改性工艺是将计量好的粉体原料和一定量配制好的表面改性剂同时给入表面改性设备中，在一定温度下进行一定时间的表面改性处理，然后卸出处理好的物料，再加料进行下一批粉体的表面改性。连续式表面改性工艺是指连续加料和连续添加表面改性剂的工艺。因此，在连续式粉体表面改性工艺中，除了改性主机设备外，还有连续给料装置和给药（添加表面改性剂）装置。连续式表面改性工艺的特点是粉体与表面改性剂的分散较好，粉体表面包覆较均匀；因为连续给料和添加表面改性剂，劳动强度小，生产效率高，适用于大规模工业化生产。

湿法表面改性工艺是在一定固液比或固含量的浆料中添加配制好的表面改性剂及助剂，在搅拌分散和一定温度条件下对粉体进行表面改性的工艺。

影响无机粉体物料有机表面改性效果的主要因素是粉体的表面性质、表面改性剂的配方、表面改性工艺和表面改性设备等。

(2) 无机沉淀包覆改性　这是通过无机化合物在颗粒表面的沉淀反应，在颗粒表面形成一层或多层"包膜"，以达到改善粉体表面性质，如光泽、着色力、遮盖力、保色性、耐候性、电、磁、热、吸附与催化等和赋予新功能为目的的表面改性方法。这是一种"无机/无机包覆"或"无机纳米/微米粉体包覆"的粉体表面改性方法。沉淀反应是无机功能填料、颜料和催化剂等表面改性最常用的方法之一。

无机沉淀包覆改性一般采用湿法工艺，即在分散的一定固含量浆料中，加入需要的无机表面改性剂，在适当的 pH 值和温度下使无机表面改性剂以氢氧化物或水合氧化物的形式在颗粒表面进行沉淀反应，形成一层或多层包覆，然后经过洗涤、过滤、干燥、焙烧等工序使包膜牢固地固定在颗粒表面。用于粉体表面沉淀反应改性的无机表面改性剂一般是金属氧化物、氢氧化物及其盐类。

表面无机沉淀包覆改性一般在反应釜或反应罐中进行。影响改性效果的因素主要有原料性质，如粒度大小和形状、表面官能团；无机表面改性剂的品种；浆液的 pH 值、浓度；反应温度和反应时间；后续处理工序，如洗涤、脱水、干燥或焙烧等。其中 pH 值及温度、浓度等因为直接影响无机表面改性剂在水溶液中的水解产物，所以是无机沉淀包覆改性最重要的影响因素之一。

无机表面改性剂的种类和沉淀包覆的产物类型及晶形往往决定表面改性后粉体材料的功能性和应用性能，因此，要根据粉体产品的最终用途或性能要求来选择沉淀包覆的无机表面改性剂。这种表面改性剂一般是最终包膜产物（金属氧化物）的前驱体（盐类）或水解产物。

(3) 机械力化学改性　机械力化学改性是利用超细粉碎及其他强烈机械作用有目的地对粉体表面进行激活，在一定程度上改变颗粒表面的晶体结构、溶解性能（表面无定形化）、化学吸附和反应活性（增加表面活性点或活性基团）等。显然，仅仅依靠机械激活作用进行表面改性还难以满足应用要求。但是，机械力化学作用激活粉体表面，可以提高颗粒与其他无机物或有机物的作用活性；新生表面产生的自由基或离子可以引发苯乙烯、烯烃类进行聚合，形成聚合物接枝改性。因此，如果在无机粉体的粉碎过程中的某个阶段或环节添加适量的表面改性剂，那么机械激活作用可以促进表面改性剂分子在无机粉体表面的化学吸附或化学反应，达到在粉碎过程中使无机粉体表面改性的目的。这实际上就是机械力化学与表面有机或无机包覆改性的复合工艺，即在粉体粒度减小的同时对粉体颗粒进行表面有机或无机包覆改性。这种复合改性工艺可以干法进行，即在干式超细粉碎过程中实施；也可以以湿法进行，即在湿式超细粉碎过程中实施。其特点是可以简化工艺，某些表面改性剂具有一定的助磨作用，可在一定程度上提高粉碎效率。不足之处是温度不好控制，难以满足改性的工艺技术要求。此外，由于粉碎过程中包覆好的颗粒不断被粉碎，产生新的表面，颗粒包覆难以均匀，要设计好表面改性剂的添加方式才能确保均匀包覆和较高的包覆率。此外，如果粉碎设备的散热不好，超细粉碎过程中局部的过高温升可能在一定程度上使表面改性剂分解或分子结构被破坏。

对粉体物料进行机械激活的设备主要是各种类型的球磨机（旋转筒式球磨、行星球磨机、振动球磨机、搅拌球磨机、砂磨机等）、气流粉碎机、辊式磨等。

影响机械激活作用强弱的主要因素是：粉碎设备的类型、机械作用的方式、粉碎环境（干、湿、气氛等）、助磨剂或分散剂的种类和用量、机械力的作用时间以及粉体物料的晶体结构、化学组成、粒度大小和粒度分布等。

(4) 插层改性　插层改性是指利用层状结构的颗粒晶体层之间结合力较弱（如分子键或范德华键）和存在可交换阳离子等特性，通过离子交换反应或化学反应改变粉体的层间和界面性质的改性方法。因此，用于插层改性的粉体一般来说具有层状或似层状晶体结构，如蒙脱土、高岭土、蛭石等层状结构的硅酸盐矿物以及石墨等。用于插层改性的改性剂大多为有机物，也有无机物。插层改性的工艺依插层剂种类、插层方法、插层原料特性等而定。具体将在膨润土、石墨、高岭土等章节中介绍。

2.5.3　表面改性设备

表面改性设备可分为干法和湿法两类。非金属矿粉常用的干法表面改性设备是 SLG 型连续粉体表面改性机（图 2-25）、高速加热混合机（图 2-26）、涡流磨等。常用的湿法表面改性设备为可控温反应罐和反应釜。

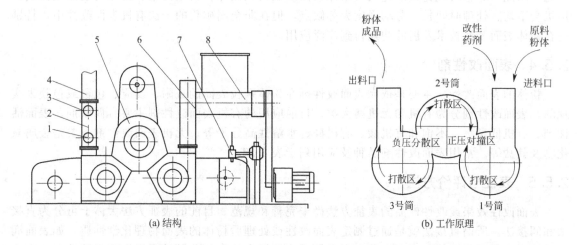

图 2-25　SLG 型连续粉体表面改性机的结构与工作原理
1—温度计；2—出料口；3—进风口；4—风管；5—主机；6—进料口；7—计量泵；8—喂料

　　SLG 型连续粉体表面改性机和涡流磨可与干法制粉工艺配套，连续生产各种有机表面改性的无机粉体，也可单独设置用于各种超细粉体的表面改性和复合改性，如轻质碳酸钙、重质碳酸钙、高岭土、滑石、氢氧化镁、氢氧化铝等无机粉体的表面改性、复合以及纳米粉体的解团聚和表面改性。目前，SLG 型连续粉体表面改性机有 SLG-3/300、SLG-3/600 和 SLG-3/900 三种工业机型，其特点是：对粉体及表面改性剂的分散性好、粉体与表面改性剂的接触或作用机会均等、粉尘污染小、操作简便、处理能力大、单位产品能耗较低。

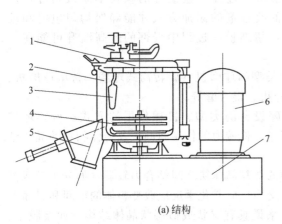
(a) 结构
1—回转盖；2—混合锅；3—折流板；4—搅拌装置；
5—排料装置；6—驱动电机；7—机座

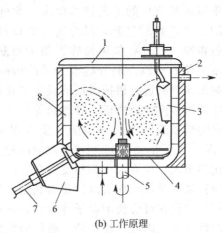
(b) 工作原理
1—回转盖；2—外套；3—折流板；4—叶轮；
5—驱动轴；6—排料口；7—排料气缸；8—夹套

图 2-26　高速加热混合机的结构与工作原理

　　高速加热混合机是塑料加工行业的定型设备，常用于间歇式的批量粉体有机表面改性。主要技术参数为总容积、有效容积、主轴转速、装机功率等。总容积从 10L 到 800L 不等，其中 10L 高速加热混合机主要用于实验室试验研究；排料方式有手动和气动两种；加热方式有自摩擦和电加热两种。适用于中、小批量粉体的有机表面改性和实验室进行改性剂配方和工艺试验研究。因此，尽管与较先进的连续式粉体表面改性机相比存在粉尘污染、粉体与表面改性剂作用机会不均、处理时间长、劳动强度大等缺点，但在非金属矿粉的干法有机表面改性中，特别是在粉体表面改性技术发展的初期得到广泛应用。

2.5.4　表面改性剂

　　粉体的表面改性，主要是依靠表面改性剂在粉体颗粒表面的吸附、反应、包覆或包膜来实现的。表面改性剂分为有机和无机两大类。目前应用的有机表面改性剂主要有偶联剂、表面活性剂、有机低聚物、不饱和有机酸、有机硅、水溶性高分子等；无机表面改性剂主要是金属氧化物及其盐等。常用表面改性剂品种及应用列于表 2-22。

2.5.5　表征与评价方法

　　表面改性效果或改性产品的表征方法尚未完善和规范。目前的表征方法大体上可分为直接法和间接法。所谓直接法就是通过测定表面改性或处理后粉体的表面物理化学性质，如表面润湿性、吸油值、表面能、表面电性、在极性或非极性介质中的分散性、光学和吸波性能、表面改性剂的作用类型（吸附和化学反应类型）、包覆量与包覆率、表面结构、表面形貌和表面化学组成等来表征表面改性的效果。表征表面润湿性的方法主要有活化指数、润湿接触角等；表征表面电性的主要方法有动电（ζ）电位和等电点；表征在极性或非极性介质中的分散性主要有沉降时间、粒度大小和粒度分布、浊度等；表征光学和吸波性能的主要方法有红外光谱、拉曼光谱、紫外吸收等；微观形貌表征有扫描电镜和透射电镜等。所谓间接法就是通过测定表面改性后粉体在确定的应用领域中的应用性能，如填充高聚物基复合材料的力学性能、电性能、阻燃性能，涂料和涂层材料的光、电、热、化学性能，颜料的遮盖率、耐候性等来表征粉体表面改性效果和表面改性产品的质量。由于粉体表面改性的目的性或专业性很强，因此，间接法对于粉体表面改性效果的评价非常重要。

表 2-22　表面改性剂品种及其应用

名称		品种	应用
有机表面改性剂	偶联剂 · 钛酸酯	单烷氧基型（NDZ-101、JN-9、YB-203、JN-114、YB-201、T1-1、T1-2、T1-3 等）；螯合型（YB-301、YB-401、JN-201、YB403、JN-54、YB404、JN-AT、YB405、T2-1、T3-1 等）；配位型（KR-41B、KR-46 等）	碳酸钙、碳酸镁、氧化镁、氧化钛、氧化锌、氧化铁、滑石、硅灰石、重晶石、氢氧化铝、氢氧化镁、叶蜡石等
	硅烷	氨基硅烷（SCA-1113、SCA-1103、SCA-603、SCA-1503、SCA-602、SCA-613 等）；环氧基硅烷（KH-560、SCA-403 等）；巯基硅烷（KH-590、SCA-903、D-69 等）；乙烯基硅烷（SCA-1603、SCA-1613、SCA-1623 等）；甲基丙基酰氧基硅烷（SCA-503）；硅烷酯类（SCA-113、SCA-103 等）	石英、二氧化硅、玻璃纤维、高岭土、滑石、硅灰石、氢氧化铝、氢氧化镁、云母、叶蜡石、凹凸棒石、海泡石、电气石等
	铝酸酯	DL 系列：411-A、411-B、411-C、411-D、412-A、412-B、414、481、881、882、452、471、472 等；F 系列：F-1、F-2、F-3、F-4 等；H 系列：H-2、H-3、H-4；L 系列：L-1A、L-1B、L-1H、L-2、L-3A	碳酸钙、碳酸镁、高岭土、滑石、硅灰石、氧化铁、重晶石、氢氧化铝、氢氧化镁、粉煤灰、石膏粉、云母、叶蜡石等
	铝钛复合	FT-1、FT-2	碳酸钙、碳酸镁、高岭土、滑石、硅灰石、氧化铁、重晶石、氢氧化铝、氢氧化镁、粉煤灰、石膏粉、云母、叶蜡石等
	表面活性剂 · 阴离子	硬脂酸（盐）、磺酸盐及其酯、高级磷酸酯盐	轻质碳酸钙、重质碳酸钙、硅灰石、膨润土、高岭土、氢氧化镁、滑石、叶蜡石等
	阳离子	高级胺盐（伯胺盐、仲胺盐、叔胺盐及季铵盐）	
	非离子	聚乙二醇型、多元醇型	
	水溶性高分子	聚丙烯酸（盐）及其共聚物、聚乙烯醇、聚马来酸等	碳酸钙、磷酸钙、硅灰石、滑石、铁红、颜料等
	有机硅	二甲基硅油、甲基硅油、羟基硅油、含氢硅油等	二氧化硅、高岭土、颜料等
	有机低聚物	无规聚丙烯、聚乙烯蜡、环氧树脂等	二氧化硅、云母、碳酸钙等
	不饱和有机酸	丙烯酸、甲基丙烯酸、定烯酸、马来酸、肉桂酸、衣糠酸、山梨酸、氯丙烯酸等	长石、陶土、红泥、氢氧化铝、二氧化硅等
无机表面改性剂		钛盐、铬盐、铁盐、硅酸盐、铝盐、镁盐、锆盐、锌盐、镉盐等	云母、高岭土、滑石、钛白粉、硅灰石、硅藻土、颜料等

2.6　脱水方法及设备

2.6.1　概述

脱水作业在非金属矿加工过程中的作用有两个。其一，对于干法选矿和干法表面改性过程，为了保证有较好的分选效果和改性效果，需要对入选或改性原料进行干燥脱水，如石棉选矿，一般入选矿石要经过干燥使矿石水分降低到 2% 以下；超细碳酸钙的有机表面改性，要将原料水分降低到 0.5% 以下再加入表面改性剂。其二，对于湿法加工过程，产品含有大量水分，为便于装运、降低运费及满足用户的要求，需要将产品水分降低到国家规定的标准，例如鳞片石墨浮选精矿，需要经过浓缩、过滤、干燥三段脱水才能达到国家标准规定的水分0.5%。

物料中所含的水分又分为四类：重力水分、毛细管水分、薄膜水分、吸附水分。根据物料所含水分的不同，要采用相应的脱水方法。通常，物料中同时存在几种性质不同的水分，故往往是几种脱水方法相互配合使用。

常用的脱水方法有三类：浓缩、过滤、干燥。各种脱水方法适宜脱出的水分类型及产品所能达到的水分见表2-23。

表 2-23　脱水方法的分类

分类	脱水原理	入料水分(质量分数)/%	排料水分(质量分数)/%
浓缩	利用悬浮液中液固两相的密度差,使固体颗粒在重力或离心力作用下沉降脱水(脱除重力水)	70～85	40～60
过滤	利用压力、离心力等使水分从固体颗粒中分离出来(脱除毛细管水)	40～60	15～35
干燥	采用热物理方法通过加热使水分发生相变成为气体而被脱除(脱除薄膜水和吸附水)	15～35	<5

2.6.2　沉淀浓缩

矿浆中的固体颗粒在重力或离心力作用下向容器壁或底部沉淀，使较稀的矿浆分成澄清液和浓矿浆的过程，称为沉淀浓缩。在重力场中因密度差产生的固体颗粒自然沉降脱水，称为重力浓缩，利用悬浮液中固相和液相的密度差在离心力场的沉降，称为离心浓缩。浓缩通常处理小于0.3mm的矿浆或悬浮液。

沉淀浓缩通常在浓缩机或浓密机中进行，矿浆从中间给入，澄清液从周边溢流排出，浓缩物从底部排出。根据其排出作业方式可分为间歇式沉降设备和连续式沉降设备。常用浓缩机大体可分为两类：①重力沉降浓缩机；②离心沉降浓缩机。其中重力沉降浓缩机又可分为耙式浓缩机、斜板（管）式浓缩（密）机和高效浓缩机；离心沉降浓缩机可分为水力旋流器和螺旋卸料沉降离心机。沉淀浓缩机的分类见表2-24。

表 2-24　沉淀浓缩机的分类

类型			结构	特点
重力沉降浓缩机	耙式浓缩机	中心传动式	主要由槽体、转轴、旋转耙臂、给矿装置、自动提耙机构和传动装置组成;有单层(一个旋转耙体)和多层(两个以上旋转耙体)两种结构	结构简单、管理容易、生产可靠,但占地面积大、单位面积处理能力小
		周边传动式		
	斜板(管)式浓缩(密)机		主要由给料口和给料槽、斜板组、溢流槽和溢流口、泥浆槽和底流口等组成,斜板可组合到耙式浓缩机内	利用浅层沉降原理,显著缩短沉降时间,缩小沉降分离设备所需的面积,提高设备的单位面积处理能力
	高效浓缩机		由旋转耙体、提耙装置、耙架、絮凝剂添加和控制系统、泥浆泵、传动机构等组成	占地面积小、单位面积处理能力大,但运行费用较高
离心沉降浓缩机	水力旋流器		主要由给矿管、圆柱形筒体、溢流管、圆锥形筒体、沉砂口、溢流导管等组成	结构简单、设备价低、占地面积小、处理量大,设备本身无运动部件,但给料要有一定压力,系统稳定性较差
	螺旋卸料沉降离心机		主要由进料口、转鼓、螺旋、机壳、差速器、轴承、溢流口、排渣口、电机和传动装置等组成	离心分离因素较大,浓缩效率较高,沉渣含水率较低,但设备投资较大,维护费用较高

2.6.3　过滤

过滤是以某种多孔物质（如滤布）为介质，在外力作用下悬浮液中固体颗粒被截流，液相通过介质的孔道流出而实现固液分离的方法。外力可以是重力、离心力和用机械方法在多孔物质的上、下游两侧施加的压强差。常见的过滤设备有真空过滤机、压滤机、离心式过滤机、磁力过滤机等，见表2-25。

表2-25　常用过滤机

类　　　型			特　　点	适用范围
真空过滤机	连续转鼓（盘式）真空过滤机	带式卸料	能连续自动操作，生产能力大，适宜处理量大且易过滤的悬浮液。但附属设备较多，投资费用高，滤饼含水量较高	浓度为2%~65%的中、低过滤浓度的悬浮液；5min内必须在转鼓面上形成>3mm厚的均匀滤饼
		刮刀卸料式		浓度为5%~60%的中、低过滤浓度的悬浮液；滤饼不黏，厚度>5~6mm
		辊卸料式		浓度为5%~40%的低过滤浓度的悬浮液；滤饼具有黏性，厚度为0.5~2mm
		绳索卸料式		浓度为5%~60%的中、低过滤浓度的悬浮液；滤饼厚度1.6~5mm
	顶部加料连续转鼓真空过滤机			浓度为10%~70%的过滤速度快的悬浮液，滤饼厚度12~20mm
	垂直回转圆盘过滤机			过滤速度快的悬浮液，1min内要形成15~20mm厚的滤饼
	内滤式连续转鼓真空过滤机		工作可靠，滤饼含水率较低，但占地面积大	固体颗粒较粗，沉降速度快的悬浮液，1min内要形成15~20mm厚的滤饼
	水平回转翻盘过滤机		过滤面积大，占地面积小，结构简单	浓度为30%~50%的过滤速度快的悬浮液，滤饼厚15~20mm
	水平带式真空过滤机		结构简单，滤饼形成均匀，洗涤效果好，连续过滤，操作简便，过滤周期可以调节，单位过滤面积处理量大	浓度为10%~30%的沉降速度慢的悬浮液
压滤机	带式压榨过滤机		结构简单，操作方便，能连续过滤，处理量大	浓度为10%~30%的沉降速度慢的悬浮液
	间歇式板框压滤机(板框及厢型)		单位过滤面积较大，过滤压力较高，适应性强，厢型洗涤效果较好；但间歇操作，生产效率较低，劳动强度较大，滤布耗损较严重	适用于各种特性的悬浮液，滤饼厚度30~40mm
	立式板框自动压滤机			适用于各种特性的悬浮液，滤饼厚度>50mm
	间歇式加压耙式过滤机		过滤速度快，滤饼洗涤效果好，含湿量低，但劳动强度较大	适用于各种特性的悬浮液，滤饼厚度为50mm
	管式可变滤室压滤机		过滤速度快，滤饼洗涤效果好，含湿量低	适用于各种悬浮液，滤饼厚度>50mm
	机械挤压式连续压滤机		能连续过滤，操作简便，滤饼含湿量较低，滤布耗损较严重	固体颗粒沉降速度快的悬浮液，滤饼厚度2.5~15mm
	动态过滤机		过滤速度快，过滤和洗涤效率较高，可实现自动化操作	浓度在20%以下，沉降速度慢的悬浮液
	微孔式过滤机		结构简单，安装容易，操作方便，过滤效率较高	适用于微米与亚微米级粉体的过滤和洗涤以及滤液和滤饼均需回收的工序
	三角离心机		可控制过滤、洗涤时间，运转平稳，结构简单、紧凑；缺点是间歇操作，劳动强度大	浓度在5%以下细微颗粒的悬浮液

2.6.4　干燥

干燥是将热量传给含水物料，并使物料中的水分发生相变转化为气相而与物料分离的过程。物料的干燥包括两个基本过程：首先是对物料进行加热并使水分汽化的传热过程；然后是汽化的水扩散到气相中的传质过程。对于水分从物料内部借扩散等作用输送到物料表面的过程则是物料内部的传质过程。因此，干燥过程中传热和传质是同时共存的，两者既相互影响又相互制约。

干燥设备的形式多种多样，分类的方法也有多种。如按操作方式可分为间歇式和连续式两种；按加热方式可分为直接、间接、辐射等；按干燥器的结构形式可分为箱式、隧道式、转筒式、气流式和喷雾式等。表 2-26 是按照加热方式和操作方式对常见的干燥机进行的分类。

表 2-26　工业干燥装置的分类

传热方式	连续干燥器	间歇干燥器
直接传热	箱式托盘干燥器、隧道式干燥器、通过循环流式干燥器、吸入转鼓式干燥器、旋转干燥器、流化床干燥器、振动输送干燥器、旋转闪蒸干燥器、喷动床干燥器等	箱式平行流托盘干燥器、箱式循环流托盘干燥器、流化床干燥器、喷动干燥器、旋转圆筒式干燥器等
间接加热	箱式蒸汽排管干燥器、旋转干燥器、流化床干燥器、螺旋输送干燥器、高速搅拌干燥器、转鼓干燥器、干燥罐、带式干燥器、叶片干燥器等	真空类干燥器、冷冻干燥器、旋转干燥器、盘式干燥器、流化床干燥器、螺旋输送干燥器等
辐射传热	高频加热干燥器	高频加热干燥器
介电传热	微波干燥器	微波干燥器

非金属矿加工中常用的干燥设备有转筒干燥机、链板（隧道式）干燥机、喷雾干燥机、旋转闪蒸干燥机、强力（多功能）干燥机、箱式干燥机等，见表 2-27。

表 2-27　常用干燥设备的特点与应用

设备类型		特点	应用
转筒干燥机		生产能力大，可连续生产；结构简单，操作方便，维护费用低；适用范围广；缺点是设备庞大、安装和拆卸困难；物料在干燥机内的停留时间长，且不同粒度颗粒物料之间的停留时间差异较大	干燥量大、对湿度没有严格要求的原料和加工产品
链板（隧道式）干燥机		物料随一链板进入隧道窑加热干燥，属于间接加热，能防止物料被污染，但热效率较低	黏土矿物原料及产品的干燥
喷雾干燥机	压力喷雾	物料被分散成微细颗粒干燥，干燥速度快；易于调节和控制产品的粒度分布、含湿量、松散密度等性质；可直接干燥浆料，省去过滤作业；连续生产，自动化程度高，操作方便。但设备投资大，干燥成本价高	高岭土、膨润土等选矿加工产品的干燥和超细粉体的造粒
	离心喷雾		
旋转闪蒸干燥机		集物料的解聚分散、沸腾干燥、气流干燥等过程为一体，连续工作，工艺简单；物料在干燥器内停留时间短；热效率高；设备体积小，干燥强度大；适用范围广；生产能力较小	细粉和超细粉体物料的干燥
强力（多功能）干燥机		集物料的解聚分散、沸腾干燥、气流干燥、分级过程为一体，连续工作，工艺简单；物料在干燥器内停留时间短；热效率高；设备体积小，干燥、解聚强度大，产品团聚轻，粒度还原性能好；适用范围广	黏稠浆料、滤饼状细粉和超细粉体物料的干燥
箱式干燥机		结构简单，投资小；适应性强，可同时干燥几种物料，物料允许长时间干燥；缺点是间歇操作、劳动强度大、设备利用率低、热效率低、干燥不均匀	小规模生产线物料的干燥

2.7　非金属矿加工中的晶形与结构保护

2.7.1　概述

非金属矿物种类繁多，结构各异，晶形和结构是其最主要的特性之一，对其应用性能和应用价值有重要影响。加工过程中的晶形和结构保护是非金属矿选矿加工的重要特点之一，对于确保非金属矿产品的天然禀赋和提高其应用价值有重要意义。

所谓晶形和结构保护就是在矿物加工过程中尽可能地使非金属矿的天然结晶特征不被破坏或尽可能地使加工后的产品保留矿物的原有晶形和结构特征。

非金属矿物的晶形在矿物学中分为单形和聚形，聚形是单形的集合体。实际的加工产品以颗粒的形态呈现，大多属于聚形。聚形仍然反映出矿物的晶形和结构特征。

在实际的矿物加工中，我们特别需要保护的是一些特殊晶形和结构的非金属矿物，如片状的石墨、云母和高岭土，纤维状的石棉，针状的硅灰石，多孔状的硅藻土等，见表2-28。

表2-28　非金属矿物的晶形及其保护依据

晶形结构	代表性矿物	保护依据
片（层）状	鳞片石墨、云母、滑石、高岭土、蒙脱石、绿泥石、蛭石、叶蜡石等	具有独特的片层状结晶特性及功能性；天然片状晶形产品的应用价值较大，市场价格较高
纤维状或针状	石棉、硅灰石、透闪石、纤维海泡石、石膏等	独特的纤维或链状晶形，在复合材料中具有增强或补强性；保留天然纤维或针状粒形产品的应用价值较大，市场价格较高
天然多孔状	硅藻土、蛋白土、沸石、凹凸棒石、海泡石等	独特的孔结构特性；具有优良吸附、助滤等天然禀赋；保留其天然结构特性产品的应用价值较大，市场价格较高
八面体等	金刚石	高硬度、高耐磨、高透明等特性；颗粒越大，晶形越完整，价值越大

2.7.2　层状晶形非金属矿

片（层）状非金属矿物的晶形保护主要是在粉碎、选矿提纯、干燥、改性等加工过程中采取一定的方法或技术措施，使加工产品尽可能地保留矿物的片（层）状结构，使其少受破坏。由于层状非金属矿物种类、结构特征和应用性能要求的不同，生产中保护的目的及采取的方法或技术措施也有所不同，表2-29所列为生产中部分片（层）状非金属矿物的结构特征、应用性能要求、晶形保护的目的及技术措施。

表2-29　层状非金属矿物的晶形保护

矿物名称	结构特征	产品性能要求	晶形保护目的	技术措施
鳞片石墨	六方晶系；层状构造，层内C—C为共价键，层间为分子键	鳞片越大、纯度越高、晶形越完整越好	保护大鳞片和六方晶系结构	选矿：粗磨初选后，粗精矿多段再磨、多段浮选；超细粉碎：采用湿式研磨剥片工艺设备
云母	板状或片状；由两层硅氧四面体夹一层铝氧八面体构成的2:1型层状硅酸盐	颗粒径厚比越大越好，表面缺陷越少越好	保护其薄片状结构，片状颗粒表面少有划痕	采用选择性粉碎解聚工艺设备和湿式细磨、超细研磨剥片工艺与设备；分选、干燥、改性中避免高剪切力
高岭土	假六方片状；由一层硅氧四面体夹一层铝氧八面体构成的1:1型层状硅酸盐	片状晶形越完整越好；颗粒径厚比越大越好	保护其片状晶形和层状晶体结构	在选矿中采用湿式分散、制浆和选择性解离工艺；在超细粉碎中采用湿式研磨剥片
滑石	片状或鳞片状集合体；由两层硅氧四面体和一层八面体构成的三八面体结构	片状晶形越完整越好；颗粒径厚比越大越好	保护其片状晶形和层状晶体结构	在选矿中采用选择性破碎解离工艺设备，在细磨和超细磨中采用研磨和冲击式工艺设备

2.7.3　纤维状非金属矿

纤维或针状非金属矿的晶形保护主要是在粉碎、选矿提纯、干燥、改性等加工过程中采取一定的方法或技术措施，使加工产品尽可能地保留矿物的纤维或针状结构。由于纤维状非金属矿种类、结构特征和应用性能要求的不同，生产中保护的目的及采取的方法或技术措施也有所不同，表2-30所列为生产中典型纤维状非金属矿物的结构特征、应用性能要求、晶形保护的目的及技术措施。

表 2-30　纤维状非金属矿物的晶形保护

矿物名称	结构特征	产品性能要求	晶形保护目的	技术措施
温石棉	卷层状结构(氢氧镁石八面体在外,硅氧四面体在内),柔软纤维状集合体形态	纤维越长越好	保护长纤维和纤蛇纹石结构	选矿采用多段破碎揭棉和多段风选工艺;破碎揭棉设备采用冲击式破碎机和轮碾机;分选采用筛分和风力吸选
硅灰石	三斜晶系;[CaO_6]八面体和[Si_3O_9]硅氧骨干组成的单链结构;针状集合体形态	颗粒长径比越大越好	保护其链状结构,针状粒形	在选矿中采用选择性粉碎、解离和分选工艺;在细粉碎中采用选择性或自冲击式细粉碎工艺与设备;分级、干燥、改性中避免高剪切力
纤维海泡石	由八面体片连接两个硅氧四面体形成带(链)状结构;纤维状形态	纤维越长越好;链状结构越完整越好	保护长纤维和带(链)状晶体结构	在选矿中采用选择性粉碎、解离和分选工艺;在细粉碎中采用选择性或自冲击式工艺与设备,分级、干燥、改性中避免高剪切力

2.7.4　天然多孔非金属矿

硅藻土、蛋白土、沸石、凹凸棒石、海泡石等矿物具有独特的孔道和孔结构,孔隙率高、孔体积大,在吸附、催化、环境保护等领域具有重要的应用价值和广泛的市场前景。独特的孔结构特性是其天然禀赋和应用基础,在加工中必须予以保护。

由于孔结构和孔尺寸不同,不同的天然多孔矿物在加工中采取的保护措施也不尽相同。一般对于蛋白土、沸石、凹凸棒石等孔径小于 10nm 的多孔矿物在机械磨矿和物理选矿过程中不会对其孔结构产生显著影响,但对于孔径分布数十纳米到数百纳米的硅藻土来说,高强度的机械研磨和物理选矿可能会对其孔结构造成破坏。因此,对多数天然多孔矿物孔结构可能的破坏主要来自化学提纯和煅烧,表 2-31 所列为典型天然多孔矿物的孔结构特征、应用性能要求、目的及技术措施。

表 2-31　天然多孔矿物的孔结构特征及保护

矿物名称	孔结构特征	产品性能要求	保护目的	技术措施
硅藻土	非晶质硅藻沉积岩。孔道贯通且分布规律,孔径数十纳米到数百纳米;孔隙率 80%～90%;比表面积 10～100m²/g	高的硅藻含量和完整的硅藻遗骸孔结构	保护硅藻颗粒和孔结构的完整性;疏通孔道	选矿过程中,避免长时间强烈研磨;化学提纯过程中控制好酸浓度;煅烧加工中控制好煅烧温度
蛋白土	孔径小于 10nm;比表面积 100m²/g 左右	高的蛋白石(非晶质二氧化硅含量)	保护孔隙结构,提高比表面积	化学提纯过程中控制好酸浓度;煅烧加工中控制好煅烧温度
沸石	笼形结构(孔穴直径 0.66～1.5nm;孔道长度 0.3～1.0nm);孔隙率 50%以上;比表面积大	高纯度和完整的笼形孔结构	保护和疏通笼形结构	化学提纯过程中控制好酸浓度;煅烧加工中控制好煅烧温度
凹凸棒石	洞穴式孔道(0.37～0.64nm);孔道被水分子充填;比表面积 70～300m²/g	高纯度和完整的洞穴式孔道,高比表面积	保护和疏通孔道	化学提纯过程中控制好酸浓度;煅烧加工中控制好煅烧温度
海泡石	孔道直径(0.37～1.10nm);孔体积 0.35～0.4mL/g;比表面积 100～900m²/g	高纯度和完整的洞穴式孔道,高比表面积	保护和疏通孔道	化学提纯过程中控制好酸浓度;煅烧加工中控制好煅烧温度

2.7.5　其他非金属矿

除了前述层状、纤维状、多孔结构的非金属矿在加工过程中需要采取晶形与结构保护措施外,还有一些非金属矿需要在加工中倍加保护其晶形和晶粒大小,如金刚石、石榴子石、水晶、冰洲石等。尤其是金刚石,必须确保其晶形和晶粒不被破坏或破损。因此,一般在金刚石选矿过程中采用预选、粗选、多段磨矿和多次精选的各种选矿方法和比较复杂的选矿工艺流程。

第3章

碳酸盐矿

3.1 方解石

3.1.1 矿石性质与矿物结构

方解石（calcite）的化学分子式为 $CaCO_3$，其理论化学组成为：CaO 56.03%，CO_2 43.97%。常有 MgO、FeO、MnO 等类质同象代替。此外，在结晶过程中，常包裹水镁石、白云石、铁的氢氧化物和氧化物、硫化物、石英等。属于三方晶系，常呈复三方偏三角面体及菱面体结晶，集合体呈板状或纤维状、致密块状、粒状（大理石）、土状（白垩）、多孔状、钟乳状和鲕状、豆状、结核状、葡萄状及晶簇状等。无色或白色，有时被铁、锰、铜等元素染成浅黄色、浅红色、紫色、褐色。无色透明的方解石称为冰洲石（图 3-1）。解理完全。硬度 3，密度 2.6~2.8g/cm³。

(a) 方解石

(b) 冰洲石

图 3-1　方解石与冰洲石

3.1.2 应用领域及技术指标要求

(1) 应用领域 方解石类矿物主要用于生产重质碳酸钙（又名细磨碳酸钙 GCC，即以方解石、白垩等矿石为原料采用机械粉碎方法生产的碳酸钙粉体）。由于方解石资源丰富，分布广，加工工艺简单，产品粒形好、颜色白等特点，广泛用于塑料制品（编织袋、打包带、包装袋、管材、异形材、塑钢窗、薄膜等）、造纸（纸张填料以及涂布纸和纸板的颜料）、涂料（填料和体质颜料）、橡胶填料、电缆填料、牙膏、油墨、胶黏剂、环保、动物饲料、食品和医药等领域。

重质碳酸钙与轻质碳酸钙均可用作塑料、橡胶、胶黏剂等高聚物基复合材料的填料，其应用上的特点或优势是相同填充量下重质碳酸钙填充材料的体积小、密度大；由于比表面积和吸油值小，与树脂混合较容易；但是，不同原料的杂质种类和含量不同，制品的色泽不稳定。

（2）技术指标要求 用方解石或白垩、大理石为原料生产的重质碳酸钙（GCC）产品的国内外标准主要有：ISO 5796—2000《橡胶配合材料 天然碳酸钙 试验方法》、日本标准 JIS K 6223—1976《工业重质碳酸钙》、ISO 3262-5—1998《涂料用填充剂 规范和试验方法 第5部分：天然结晶碳酸钙》（见表 3-1）、中国化工行业标准 HG/T 3249.1～3249.4—2013《重质碳酸钙》，将重质碳酸钙分为造纸工业用重质碳酸钙、塑料工业用重质碳酸钙、涂料工业用重质碳酸钙和橡胶工业用重质碳酸钙，其主要技术要求分别列于表 3-2～表 3-5。

表 3-1 国外重质碳酸钙技术要求

指标项目		JISK 6223—1976	ISO 3262-5—1998				ISO 5796—2000		
			A 级	B 级	C 级	D 级	1	2	3
碳酸钙(质量分数)/% ≥			99	98	95	90	98	96	94
灼烧失量/%		42～45	≥46				43～44.5	42～44.5	41～44.5
105℃下挥发物(质量分数)/% ≤		0.30	0.4				0.4	0.4	0.4
盐酸不溶物(质量分数)/% ≤		0.50	1	2	2	8			
水溶物(质量分数)/% ≤		0.50	0.5						
pH			8～10						
游离碱度/% ≤							0.03	0.03	0.03
铁铝氧化物(质量分数)/% ≤		1.00							
铁(质量分数)/% ≤							0.025	0.1	0.25
锰(质量分数)/%							0.01	0.04	0.04
铜(质量分数)/%							0.0015	0.003	0.003
筛余物/% ≤	149μm	0.10							
	125μm						0.005(0.1)	0.005(0.1)	0.005(0.1)
	63μm								
	45μm	1.00	协商				0.5(5)	0.5(5)	0.5(5)
吸油量/(mL/100g) ≤		20							
堆积密度/(g/mL) ≥		0.8							

表 3-2 造纸工业用重质碳酸钙技术要求（HG/T 3249.1—2013）

指标项目			I 型 1000 目		II 型 800 目		III 型 600 目		IV 型 400 目	
			一等	合格	一等	合格	一等	合格	一等	合格
碳酸钙(以干基计,质量分数)/% ≥			98	96	98	96	98	96	98	96
白度/% ≥			95	92.5	94	92	94	91.5	93	91
比表面积/(m²/g) ≥			2.5		2.0		1.5		1.0	
盐酸不溶物/% ≤			0.25	0.5	0.25	0.5	0.25	0.5	0.25	0.5
吸油值/(mL/100g) ≤			35		33		31		29	
深色异物/(个/g) ≤			5							
细度	粒径	$d_{50}/\mu m$ ≤	4.0		4.5		—		—	
		$d_{97}/\mu m$ ≤	11.0		13.0		—		—	
	通过率/% ≥		—		—		97		97	
磨耗率/(g/m²)			供需双方协商							
铅(质量分数)/% ≤			0.0010							
六价铬(Cr⁶⁺)(质量分数)/% ≤			0.0005							
汞(质量分数)/% ≤			0.0002							
砷(质量分数)/% ≤			0.0001							
镉(质量分数)/% ≤			0.0002							

注：铅、六价铬、汞、砷、镉五项指标只适合于食品包装纸生产。

表 3-3 涂料工业用重质碳酸钙技术要求 (HG/T 3249.2—2013)

指标项目		I 型 3000 目			II 型 2000 目			III 型 1500 目			IV 型 1000 目			V 型 800 目	
		优等	一等	合格	优等	一等	合格	优等	一等	合格	优等	一等	合格	一等	合格
碳酸钙(以干基计,质量分数)/% ≥	I 类	98.0	96.0	94.0	98.0	96.0	94.0	98.0	96.0	94.0	98.0	96.0	94.0	96.0	94.0
	II 类	96.5	95.0	93.0	96.5	95.0	93.0	96.5	95.0	93.0	96.5	95.0	93.0	95.0	93.0
白度/% ≥		96.0	94.5	91.0	96.0	94.5	91.0	95.0	94.0	91.0	95.0	94.0	91.0	93.0	91.0
细度	$d_{50}/\mu m$	2.0			2.5			3.0			4.0			4.5	
	$d_{97}/\mu m$	5.0			6.0			8.0			11.0			13.0	
比表面积/(m²/g) ≥		6.0			5.0			3.2			2.5			2.0	
活化度[①] ≥		95	93	—	95	93	—	95	93	—	95	93	—	95	93
吸油值/(g/100g) ≤	I 类	40			37			37			35			33	
	II 类	37			35			33			33			30	
铅(质量分数)/% ≤		0.0010													
六价铬(Cr⁶⁺)(质量分数)/% ≤		0.0005													
汞(质量分数)/% ≤		0.0002													
砷(质量分数)/% ≤		0.0002													
镉(质量分数)/% ≤		0.0002													

① 活化度只针对 II 类产品。

表 3-4 塑料工业用重质碳酸钙技术要求 (HG/T 3249.3—2013)

指标项目			I 型 2500 目	II 型 2000 目	III 型 1500 目	IV 型 1250 目	V 型 1000 目	VI 型 800 目
碳酸钙(以干基计,质量分数)/% ≥	I 类	一等品	96.00	96.00	96.00	96.00	96.00	96.00
		合格品	94.00	94.00	94.00	94.00	94.00	94.00
	II 类	一等品	95.00	95.00	95.00	95.00	95.00	95.00
		合格品	93.00	93.00	93.00	93.00	93.00	93.00
白度/% ≥		一等品	94	94	93	93	93	92
		合格品	92	92	92	92	92	91
细度		$d_{50}/\mu m$	2.0	2.5	3.0	3.5	4.0	4.5
		$d_{97}/\mu m$	5.5	6.0	8.0	9.0	11.0	13.0
比表面积/(m²/g) ≥			5.5	5.0	3.2	3.0	2.5	2.0
吸油值/(g/100g) ≤			40	37	35	35	33	30
活化度(II 类) ≥		一等品	95					
		合格品	90					
105℃挥发物/% ≤			0.5					
铅(质量分数)/% ≤			0.005					
六价铬(Cr⁶⁺)(质量分数)/% ≤			0.003					
汞(质量分数)/% ≤			0.002					
砷(质量分数)/% ≤			0.002					
镉(质量分数)/% ≤			0.002					

注:玩具与电器塑料必须控制铅、六价铬、汞、砷、镉五项有害金属指标。

表 3-5 橡胶工业用重质碳酸钙技术要求 (HG/T 3249.4—2013)

指标项目	I 型 2000 目	II 型 1500 目	III 型 1000 目	IV 型 800 目	V 型 600 目	VI 型 400 目
碳酸钙(以干基计,质量分数)/% ≥	95.0	95.0	95.0	95.0	95.0	95.0
白度/% ≥	94	93.5	93.5	93	93	91

指标项目		I 型 2000 目	II 型 1500 目	III 型 1000 目	IV 型 800 目	V 型 600 目	VI 型 400 目
细度	$d_{97}/\mu m$	6.0	8.0	11.0	13.0	—	—
	$d_{50}/\mu m$	2.5	3.0	3.5	4.5	—	—
	通过率(45μm)/%	—	—	—	—	97	97
比表面积/(m²/g) ≥		5.0	3.2	2.5	2.0	1.5	—
活化度/% ≥		95				90	
吸油值/(g/100g) ≤		39	37	37	35	33	30
盐酸不溶物/% ≤		0.25				0.5	
105℃挥发物/% ≤		0.5					
铅[①](质量分数)/% ≤		0.0010					
六价铬(Cr^{6+})[①](质量分数)/% ≤		0.0005					
汞[①](质量分数)/% ≤		0.0001					
砷[①](质量分数)/% ≤		0.0002					
镉[①](质量分数)/% ≤		0.0002					

① 指标适合于制造高压锅或电器密封圈用的碳酸钙。

牙膏用重质碳酸钙的技术指标见表 3-6。

表 3-6　牙膏用重质碳酸钙技术要求（HG/T 4528—2013）

项　目	要　求	项　目	要　求
碳酸钙(以干基计,质量分数)/% ≥	98.0～100.5	吸水量/(mL/20g)	3.8～5.0
pH(20g/L 悬浮液)	9.0～10.5	重金属(以 Pb 计)(质量分数)/% ≤	0.0015
白度/% ≥	94.0	砷(质量分数)/% ≤	0.0003
细度	与用户协商	沉降体积/(mL/g)	0.9～1.2
105℃挥发物(质量分数)/% ≤	0.2	细菌总数/(个/g) ≤	100
盐酸不溶物(质量分数)/% ≤	0.1	霉菌和酵母菌总数/(个/g) ≤	100
铁含量(质量分数)/% ≤	0.02	粪大肠杆菌总数	不应检出
镁及碱金属(质量分数)/% ≤	1.5	金黄色葡萄球菌	不应检出
硫化物	不应检出	铜绿假单胞菌	不应检出
还原性硫(质量分数)/% ≤	0.0005		

　　胶黏剂和密封剂对重质碳酸钙填料的质量要求比橡胶和塑料领域要高，一般要求细度＞1250 目（$d_{97}≤10\mu m$），表面要进行有机改性处理。

　　食品医药级重质碳酸钙要求：$CaCO_3$ 含量≥98%，盐酸不溶物含量≤0.2%，重金属（以 Pb 计）含量≤0.002%，碱金属及镁含量≤1.0%，砷含量≤0.0003%，钡含量≤0.03%。

3.1.3　加工技术

　　（1）选矿提纯　全球方解石资源较丰富，$CaCO_3$ 含量≥97% 的优质方解石资源量也较大，因此，目前工业上一般不对方解石进行机械选矿加工，只进行简单的洗矿和拣选，包括人工和光电机械拣选。

　　目前方解石的加工主要是粉碎、分级和表面改性。

　　（2）粉碎、分级　粉碎、分级的目的是加工出满足应用领域细度要求的重质碳酸钙产品。工艺流程和设备依产品细度要求而定，对于 400 目以下的产品，一般工艺流程是：

原矿→破碎→磨矿（粉）→（分级）。主要设备有雷蒙磨（悬辊磨）、旋转筒式球磨机、辊磨机（立式磨、压辊磨、环辊磨等）、旋磨机、振动磨等。大多采用干式开路式粉碎工艺。

（3）超细粉碎与精细分级　国内外方解石超细粉碎工艺主要有干法和湿法两种。干法工艺一般用于生产 $d_{97} \geqslant 3 \sim 5\mu m$ 的产品，湿法工艺一般用于生产 $d_{97} \leqslant 3 \sim 5\mu m$（$d_{90} \leqslant 2\mu m$）的产品。

工业上采用的干法超细粉碎设备主要包括旋转筒式球磨机、辊磨机、搅拌球磨机、高速机械冲击磨机、振动球磨机、分级研磨机等。除具有自行分级功能的超细磨以外，为确保产品细度和粒度分布的要求，实际生产线上一般均配置精细分级设备，配置方式有内置式和外置式两种，内置式均为内闭路生产方式，外置式可以有开路和闭路两种生产方式。开路式通过分级机分级后生产两种不同细度的产品，闭路式只生产一种超细粉体。干法生产线常配的分级机是离心或涡轮式空气或气流分级机。图 3-2～图 3-4 所示是常见的球磨机、环辊磨和立式（辊）磨干式超细粉碎工艺流程。国内目前主要的干法超细粉碎工艺是环辊磨-分级机、立式磨-分级机以及球磨机-分级机超细粉碎工艺，其中环辊磨和立式磨内置分级机，而且不使用磨矿介质，因此，工艺和操作较简单。

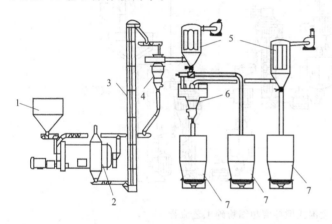

图 3-2　球磨机干式超细粉碎工艺
1—料仓；2—球磨机；3—提升机；4—涡轮式分级机；
5—除尘器；6—多轮分级机；7—成品仓

图 3-3　环辊磨干式超细粉碎工艺系统
1—原料仓；2—环辊磨机；3—产品收集器；
4—风机；5—控制柜

图 3-4　LUM立式磨超细粉碎工艺系统
1—原料仓；2—提升机；3—给料机；4—立磨；5，8—布袋集料器；6—中间仓；7—精细分级机；9—超细产品仓

湿式超细粉碎设备主要是湿式搅拌球磨机和砂磨机。主要生产造纸涂料或颜料级产品和高

档涂料的填料和颜料。图 3-5 所示是三段连续式搅拌磨超细粉碎工艺流程。该工艺主要由三级湿式搅拌磨及相应的储罐和泵组成。原料经调浆筒 1 添加水和分散剂调成一定浓度或固液比的浆料后给入储浆罐 2，通过储浆罐 2 泵入搅拌磨 3 中进行研磨。经搅拌磨 3 研磨后的料浆经分离研磨介质后给入储浆罐 4，通过储浆罐 4 泵入搅拌磨 5 中进行第二次（段）研磨；第二次研磨后的料浆经分离研磨介质后进入储浆筒 6，然后泵入搅拌磨 7 中进行第三次（段）研磨；经第三次研磨后的料浆进入储浆罐 8，并用磁选机除去铁质污染及含铁杂质。如果该生产线建在靠近用户或离用户较近的地点，可直接用管道或料罐送给用户。由于设备的日趋大型化和控制技术的进步，目前的湿法生产线已很少采用三台搅拌磨连续研磨，大多采用 1～2 段（1～2 台大型搅拌磨）连续研磨工艺。砂磨机超细研磨生产工艺与搅拌基本相同，只是用砂磨机代替搅拌磨而已。

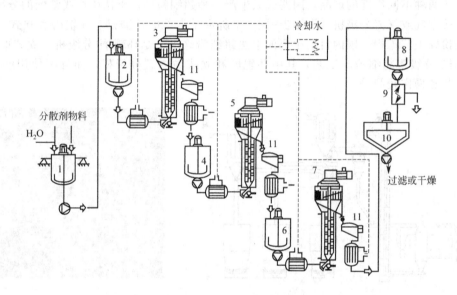

图 3-5　三段连续湿式搅拌磨超细粉碎工艺流程

1—调浆筒；2,4,8—储浆罐；3—搅拌磨Ⅰ；5—搅拌磨Ⅱ；6—储浆筒；

7—搅拌磨Ⅲ；9—磁选机；10—成品储槽；11—介质分离筛

（4）表面改性　用方解石等碳酸盐矿石加工的重质碳酸钙是目前有机高聚物基材料中用量最大的无机填料。但是，未经表面处理的重质碳酸钙与高聚物的相容性较差，难以在高聚物基料中均匀分散，从而造成复合材料的界面缺陷，降低填充材料的机械强度。随着用量的增加，这些缺点更加明显。因此，为了改进重质碳酸钙填料的应用性能，要对其进行表面改性处理，提高其与高聚物基料的相容性或亲和性。

重质碳酸钙的表面改性主要是通过添加有机改性剂对其进行表面改性。采用的表面改性剂主要是硬脂酸（盐）、钛酸酯偶联剂、铝酸酯偶联剂、无规聚丙烯、聚乙烯蜡及其他聚合物等。根据所用的表面改性剂，目前重质碳酸钙的表面改性方法可以分为脂肪酸及其盐改性、偶联剂改性和聚合物改性。

表面改性要借助设备来进行。常用的表面改性设备是 SLG 型连续粉体表面改性机以及涡流磨和流态化改性机。

重质碳酸钙的一般有机改性工艺流程如图 3-6 所示。碳酸钙经干燥后（水分含量较低的干粉也可不进行干燥）给入表面改性机，同时加入一定量的表面改性剂，作用一定时间后即得表面有机改性后的活性重质碳酸钙。

影响表面有机改性效果的主要因素是：表面改性剂的品种、用量和用法（即表面改性剂配方）；表面改性温度、停留时间（即表面改性工艺）；表面改性剂和物料的分散程度（影响改性剂与颗粒作用的均匀性和颗粒的团聚）等。其中，表面改性剂和物料的分散程度主要取决于表面改性机。

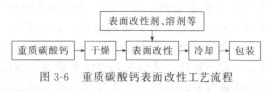

图 3-6　重质碳酸钙表面改性工艺流程

表面改性剂配方是重质碳酸钙表面改性的关键技术。选择表面改性剂配方首先要考虑改性重质碳酸钙的应用体系，其次要考虑重质碳酸钙的粒度大小、分布特性及比表面积，还要考虑表面改性剂的成本。

配方确定以后，还要选择好表面改性设备。好的表面改性设备应具备以下基本工艺特性：对粉体及表面改性剂的分散性好、粉体与表面改性剂的接触或作用机会均等、改性温度可调、单位产品能耗低、无粉尘污染、操作简便、运行平稳等。以下对重质碳酸钙的主要表面改性方法进行介绍。

① 脂肪酸及其盐改性　硬脂酸及其盐是碳酸钙最常用的有机表面改性剂。其改性工艺可以采用干法，也可以采用湿法。一般湿法工艺要使用硬脂酸盐，如硬脂酸钠。干法改性时，先将碳酸钙进行干燥（如果碳酸钙的水分含量小于1%可以不进行干燥），然后加入计量和配制好的硬脂酸在表面改性机中完成碳酸钙粉体的表面改性。采用 SLG 型粉体表面改性机和涡旋磨等连续式粉体表面设备时，物料和表面改性剂是连续同步给入的，用量依粉体的粒度大小或比表面积而定，一般为碳酸钙质量的 0.6%～1.5%；用高速混合机及其他间歇式改性机进行表面包覆改性时，首先将计量和配制好的物料和硬脂酸一并加入改性机中，搅拌混合 15～60min 后出料包装。改性时也可适量加入其他助剂。

湿法改性是在水溶液中进行表面改性。一般工艺过程是先将硬脂酸皂化，然后加入碳酸钙浆料中，经过一定时间的搅拌反应后，进行过滤和干燥。碳酸钙在液相中的分散比在气相中的分散较为容易，因此，在液相中碳酸钙颗粒与表面改性剂分子的作用更均匀。当碳酸钙颗粒吸附了硬脂酸盐后，表面能降低，即使经压滤、干燥后形成二次粒子，其团聚结合力减弱，用较小的剪切力即可将其重新分散。

湿法表面改性常用于湿法研磨的超细重质碳酸钙及轻质碳酸钙的表面改性。

用脂肪酸（盐）改性后的活性碳酸钙主要应用于填充塑料、电缆材料、胶黏剂、油墨、涂料等。

② 偶联剂改性　用于碳酸钙表面改性的偶联剂主要是钛酸酯偶联剂和铝酸酯偶联剂。改性工艺与设备与用硬脂酸改性相同。

用钛酸酯偶联剂处理后的碳酸钙，与聚合物分子有较好的相容性。同时，由于钛酸酯偶联剂能在碳酸钙分子和聚合物分子之间形成分子架桥，增强了有机高聚物或树脂与碳酸钙之间的作用，可显著提高热塑料复合材料等的力学性能，如冲击强度、拉伸强度、弯曲强度以及伸长率等。用钛酸酯偶联剂表面包覆改性的碳酸钙和未处理的碳酸钙填料相比，某些性能有显著改善。

铝酸酯偶联剂已广泛应用于碳酸钙的表面处理和填充塑料制品，如 PVC、PP、PE 及填充母粒等制品的加工中。研究表明，经铝酸酯处理后的轻质碳酸钙可使 $CaCO_3$/液体石蜡混合体系的黏度显著下降，可显著提高 $CaCO_3$/PP（聚丙烯）共混体系的力学性能，如冲击强度、韧性等。

经偶联剂改性后的重质碳酸钙，除了用作硬质的聚氯乙烯的功能填料外，还广泛用作胶黏剂、油墨、涂料等的填料和颜料。

③ 聚合物改性　采用聚合物对碳酸钙进行表面改性，可以改进碳酸钙在有机或无机相

（体系）中的稳定性。这些聚合物包括低聚物、高聚物和水溶性高分子，如聚甲基丙烯酸甲酯（PMMA）、聚乙二醇、聚乙烯醇、聚马来酸、聚丙烯酸、聚丙烯、聚乙烯等。

聚合物表面包覆改性碳酸钙的工艺可分为两种，一是先将聚合物单体吸附在碳酸钙表面，然后引发其聚合，从而在其表面形成聚合物包覆层；二是将聚合物溶解在适当溶剂中，然后对碳酸钙进行表面改性，当聚合物逐渐吸附在碳酸钙颗粒表面上时排除溶剂形成包膜。这些聚合物定向吸附在碳酸钙颗粒表面，形成物理、化学吸附层，可阻止碳酸钙粒子团聚，使碳酸钙在应用中具有较好的分散稳定性。

母料填料（master batch pellet）是一种新型塑料填料。方法是按一定比例将碳酸钙填料和树脂母料混合，并添加一些表面活性剂，经过高剪切混合挤出、切粒而制成母粒填料。这种母料填料具有较好的分散性，与树脂结合力强，熔融均匀，添加量高，机械磨损小，应用方便。因此，广泛应用于打包带、编织袋、聚乙烯中空制品（管材、容器等）、薄膜、聚烯烃注射器。根据基体树脂的不同，常用母料填料主要有无规聚丙烯碳酸钙母粒（APP母料）、聚乙烯蜡碳酸钙母粒和树脂碳酸钙母粒填料等几种。

APP母料是以重质碳酸钙和无规聚丙烯为基本原料，以一定比例配制，通过密炼、开炼、造粒生产。碳酸钙在和无规聚丙烯复合前必须经表面有机改性。无规聚丙烯和活性碳酸钙的配比一般为（1∶3）～（1∶10）。为了改善无规聚丙烯的加工成型性能，一般成型时加入部分等规聚丙烯或部分聚乙烯。无规聚丙烯和活性碳酸钙的配比影响APP母料的产品质量。

用聚乙烯蜡或聚乙烯代替无规聚丙烯作为基料与活性碳酸钙填充复合，即可制备聚乙烯蜡碳酸钙母料填料和聚乙烯碳酸钙母料填料。

3.2　石灰石

3.2.1　矿石性质与矿物结构

石灰石（limestone）是工业上用途广、用量大的工业岩石。石灰石的主要化学成分为碳酸钙（$CaCO_3$），以方解石微粒状呈现，晶体形态复杂，常呈偏三角面体及菱面体，浅灰色或青灰色，致密块状、粒状、结核状及多孔结构状。

石灰石的化学成分主要有 CaO、MgO、CO_2 等，矿物成分主要为方解石，其次为白云石等，莫氏硬度3～4，密度2.5～2.8g/cm³。

3.2.2　应用领域与技术指标要求

石灰石广泛应用于冶金、化工、建筑、建材、环保、农业、食品等。表3-7为石灰石或石灰岩的主要用途。对其技术指标的要求因用途不同而异。

表 3-7　石灰石或石灰岩的主要用途

应用领域	主要用途
冶金工业	炼钢铁中作为氧化钙载体，以结合焦炭灰分和硅、铝、硫、磷等不需要的或有害伴生元素，变成易熔的矿渣排出炉外
化学工业	橡胶工业的充填剂、制造电石的原料、制造漂白剂、制碱、苏打、硝酸钙、氯化钙、硫酸钙、磷酸钙、有机酸及其衍生物、环氧乙烷、甘油、海水提取镁砂、氮肥、二氧化碳、氧化钙、轻质（沉淀碳酸钙）、超微细（纳米）碳酸钙等
建筑工业	建筑用灰浆、各种类型的石灰、碎石、筑路时沥青配料等
农、林业	钙肥，酸性土壤改良剂、饲料钙添加剂、防疫、杀虫剂、消毒剂等

续表

应用领域		主要用途
建材工业	水泥	硅酸盐水泥的主要原料
	玻璃	引入 CaO 的主要原料，其主要作用为玻璃中的稳定剂
	陶瓷	引入 CaO 的主要原料
	耐火材料	用石灰乳作矿化剂，以在焙烧硅砖时获得坚固的料胚和加速石英转化为磷石英和方石英的过程
食品工业		制糖、食品储藏(防腐剂)等
环境保护		烟气脱硫、工业废水处理等
其他		鞣革、印染、有色金属等

(1) 冶金 2016 年发布的中国黑色冶金行业标准按矿床类型将石灰石分为普通石灰石和镁质石灰石两类，每类分为 4 个品级，详见表 3-8；其粒度要求应符合表 3-9 规定。

表 3-8 冶金用石灰石化学成分要求 (YB/T 5279—2016)

类别	品级	化学成分(质量分数)/%					
		CaO	CaO+MgO	MgO	SiO_2	P	S
		≥		—	≤		
普通石灰石	PS540	54.0		3.0	1.0	0.005	0.025
	PS530	53.0	—		1.5	0.010	0.035
	PS520	52.0			2.2	0.015	0.060
	PS510	51.0			3.0	0.030	0.100
镁质石灰石	GMS545		54.5	8.0	1.5	0.005	0.025
	GMS540	—	54.0		1.5	0.010	0.035
	GMS535		53.5		2.2	0.020	0.060
	GMS525		52.5		2.5	0.030	0.100

表 3-9 冶金用石灰石粒度要求 (YB/T 5279—2016)

粒度范围/mm	最大粒度/mm	允许波动范围/%	
		上限	下限
		≤	
0~3	5	10	
0~30	40	10	
30~60	80	10	10
40~80	100	10	10
50~90	110	10	10
80~120	140	10	10

(2) 建材 水泥、平板玻璃用石灰石原料的要求列于表 3-10 和表 3-11。

表 3-10 水泥用石灰石原料质量要求

品级及类型		化学成分/%				
		CaO	MgO	R_2O	SO_3	燧石或石英
泥灰石		35~45	<3.0	<1.2	<1.0	<4.0
石灰石	一级品	>48	<2.5	<1.0	<1.0	<4.0
	二级品	45~48	<3.0	<1.0	<1.0	<4.0

表 3-11 平板玻璃用石灰石 (中国建材行业标准 JC/T 865—2000)

级别	化学成分/%					水分/%
	CaO ≥	SiO_2 ≤	MgO ≤	Al_2O_3 ≤	Fe_2O_3 ≤	
优等品	54.00	2.00	1.50	1.00	0.10	≤1
一级品	53.00	3.00	2.50	1.00	0.20	
合格品	52.00	3.00	3.00	1.00	0.30	

(3) 化工 用于电石生产和制碱的石灰石质量要求列于表 3-12，氢氧化钙（熟石灰）的质量要求列于表 3-13，沉淀（轻质）碳酸钙的质量指标列于表 3-14。

表 3-12　电石生产和制碱的石灰石质量要求

用途	化学成分/%							粒度/mm
	CaO	SiO₂	MgO	MgCO₃	Al₂O₃+Fe₂O₃	P₂O₅	酸不溶物	
电石	54.9	<1.0	<0.5		<2.0	<0.01		40～120
制碱	47.6～50.4			<4.0	<1.0		<3.0	

表 3-13　氢氧化钙的质量指标（HG/T 4120—2009）

项　目		指　标		
		优等品	一等品	合格品
氢氧化钙[以 Ca(OH)₂ 计,质量分数]/%	≥	96.0	95.0	90.0
镁及碱金属(质量分数)/%	≤	2.0	3.0	—
酸不溶物(质量分数)/%	≤	0.1	0.5	1.0
铁(质量分数)/%	≤	0.05	0.1	—
干燥减量(质量分数)/%	≤	0.5	1.0	2.0
筛余物(0.045mm 试验筛,质量分数)/%	≤	2	5	—
筛余物(0.125mm 试验筛,质量分数)/%	≤	—	—	4
重金属(以铅计,质量分数)/%	≤	0.002	—	—

表 3-14　轻质碳酸钙质量指标（HG/T 2226—2010）

项目		指　标					
		橡胶和塑料用		涂料用		造纸用	
		优等	一等	优等	一等	优等	一等
碳酸钙(以 CaCO₃ 计,质量分数)/%	≥	98	97	98	97	98	97
pH(10%悬浮物)	≤	9～10	9～10.5	9～10	9～10.5	9～10	9～10.5
105℃挥发物(质量分数)/%	≤	0.4	0.5	0.4	0.6	1	
盐酸不溶物(质量分数)/%	≤	0.1	0.2	0.1	0.2	0.1	0.2
沉降体积/(mL/g)	≥	2.8	2.4	2.8	2.6	2.8	2.6
锰(质量分数)/%	≤	0.005	0.008	0.006	0.008	0.006	0.008
铁(质量分数)/%	≤	0.05	0.08	0.05	0.08	0.05	0.08
细度(筛余物,质量分数)/% ≤　125μm		全通过	0.005	全通过	0.005	全通过	0.005
45μm		0.2	0.4	0.2	0.4	0.2	0.4
白度/%	≥	94	92	95	93	94	92
吸油值/(g/100g)	≤	80	100	—	—	—	—
黑点/(个/g)	≤	5					
铅(质量分数)/%①	≤	0.001					
铬(质量分数)/%①	≤	0.0005					
汞(质量分数)/%①	≤	0.0002					
镉(质量分数)/%①	≤	0.0002					
砷(质量分数)/%①	≤	0.0003					

① 使用在食品包装纸、儿童玩具和电子产品填料生产上时需控制的指标。

(4) 制糖工业 制糖助滤剂用石灰石质量要求列于表 3-15。

表 3-15　制糖助滤剂用石灰石质量要求

化学成分	CaCO₃	MgCO₃	Al₂O₃+Fe₂O₃	CaSO₄	K₂O+Na₂O	SiO₂
含量/%	>95	<1.8	<1.5	<0.2	<0.25	<0.2

3.2.3　加工技术

石灰石或石灰岩资源丰富，原矿品位一般能满足各工业部门的要求。因此，一般只需进行简单的洗矿，不需要采用复杂的选矿工艺进行提纯。

石灰石的加工主要是粉碎、分级以及生产生石灰、熟石灰、沉淀碳酸钙、超微细（纳米）碳酸钙、二氧化碳等。

(1) 粉碎分级 石灰石一般采用干式粉碎工艺，对于冶金、道路用石灰石，将矿石破碎筛分后即可。对于细粉产品的生产，矿石经颚式破碎机、锤式破碎机和反击式破碎机等破碎后直接用雷蒙磨或其他辊磨机粉磨，产品细度100～325目。

(2) 石灰 石灰或生石灰是经高温煅烧至尚未烧结程度而结成的气硬性胶凝材料，其主要成分是CaO，如将石灰加适量的水溶解，制成微细粉，称为熟石灰，其主要成分是$Ca(OH)_2$。

当石灰石煅烧正常时，石灰有微细裂缝，呈乳白色多孔块状物。含杂质的石灰石煅烧成的石灰有黄色、淡黄色或棕色。

目前石灰石矿生产石灰的煅烧窑炉主要是立窑和旋窑。

石灰石的煅烧是一种吸热反应，而且是可逆反应，石灰石在窑中不仅进行着分解过程，也进行着还原过程，分解温度900～1000℃，反应式如下：

$$CaCO_3 \rightleftharpoons CaO + CO_2 \uparrow -178.02kJ$$

分解1kg $CaCO_3$理论上需要分解热178.02kJ，即需6.074g标准煤，约占石灰石质量的6%。而要制取1kg CaO，理论上需要煅烧1.786kg的$CaCO_3$，也即制取1kg CaO，需要消耗178.02kJ×1.786＝317.9kJ的热。317.9kJ的热相当于10.85g的煤，实际上所消耗热量大于理论值，这和石灰石煅烧时各种热损失以及石灰石中碳酸钙的含量有关。

在某些应用领域，如化工、建材等对生石灰的粒度要求较细，因此，还须对其进行细磨、分级等加工。

生石灰是一种较难磨的脆性材料，硬度也不一致。实验室试验表明，石灰的可磨性很不一致，主要原因是，煅烧程度不一致，甚至在同一块石灰内煅烧程度还可能在轻烧和死烧之间波动。

目前，生石灰的细磨一般采用管磨机、雷蒙磨、压辊磨等。管磨机主要用于立窑石灰，压辊磨则适用于轻烧石灰。研磨生石灰时，常配以气流分级机，以提高研磨效率和控制产品粒度分布。

生石灰的研磨一般需使用助磨剂。目前采用的助磨剂主要是一价或多价乙醇和胺，如乙二醇和丙二醇以及三乙醇胺等。细磨时还常常加入原石膏（$CaSO_4 \cdot 2H_2O$）或制糖工业的副产品糖渣，以调整溶解性。

(3) 沉淀碳酸钙 沉淀碳酸钙［PCC，即以石灰石为原料采用化学方法（煅烧—消化—碳化工艺）生产的碳酸钙］。由于它的堆积密度（g/cm³）比重质碳酸钙小，因此又称为轻质碳酸钙。纳米碳酸钙也是沉淀碳酸钙的一种。沉淀碳酸钙广泛应用于塑料、橡胶、涂料、造纸、油墨、胶黏剂、医药食品等领域，如PVC管、塑钢门窗、异形材、建筑涂料等，是一种非常重要的无机填料。与重质碳酸钙填料填充高聚物材料相比，由于可以根据不同应用要求调控颗粒晶形，适用性好；由于沉降体积（mL/g）大，同样填充质量下可增加制品的体积；由于杂质较少，制品的色差均匀；由于原级粒度小，同样填充量下填充材料的力学性能较好；但由于比表面积和吸油值大，与树脂混合时阻力较大（较难混合）。

石灰石是轻质碳酸钙的主要原料。用石灰石可以制备普通轻质碳酸钙，还可制备超细和纳米碳酸钙。此外，通过表面改性还可以制备超细活性碳酸钙。

普通轻质碳酸钙的生产工艺过程是：将石灰石原料煅烧，得到氧化钙和窑气二氧化碳；消化氧化钙，并将生成的悬浮的氢氧化钙在高剪切力作用下粉碎分散，多级旋液分离，除去颗粒及杂质，得到一定浓度的精制氢氧化钙悬浮液；通入二氧化碳气体，加入适当的添加剂控制晶形，碳化至终点，得到要求晶形的碳酸钙浆液；对该浆液进行脱水、干燥和表面处理，得到所要求的轻质碳酸钙产品。图 3-7 所示为普通轻质碳酸钙的生产工艺流程。

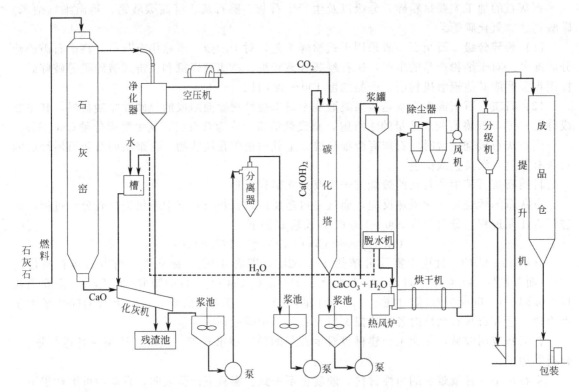

图 3-7　普通轻质碳酸钙的生产工艺流程

影响轻质碳酸钙产品质量的主要因素是：石灰石的质量、煅烧工艺与设备、消化工艺与杂质脱除率、碳化工艺、表面处理工艺及干燥脱水工艺等。轻质碳酸钙生产对原料质量的要求是：$CaO > 54\%$，$MgO < 1.0\%$，$SiO_2 < 2.0\%$，$Al_2O_3 + Fe_2O_3 < 0.5\%$，$Mn < 0.0045\%$。

超微细或纳米碳酸钙的生产方法有间歇鼓泡碳化法、连续喷雾碳化法和超重力法。

间歇鼓泡碳化法是将石灰乳降到一定温度后，泵入碳化塔，保持一定液位，由塔底通入窑气鼓泡进行碳化反应，通过控制反应温度、浓度、气液比、添加剂等工艺条件，间歇制备超细和纳米碳酸钙。此法生产设备投资小、操作简单，但能耗较高、工艺条件较难控制、粒度分布较宽。

连续喷雾碳化法使石灰乳为分散相，窑气为连续相，增加气液接触界面。一般采用两段或三段连续碳化工艺，即石灰乳经第一碳化塔碳化得到反应混合液，然后喷入第二段碳化塔碳化或再喷入第三段碳化塔进行三段碳化得到最终产品。由于碳化过程分段进行，因此可对晶体的成核和生长过程分段控制，从而更易控制晶体的粒径和晶形。控制适宜的喷雾液滴粒径、氢氧化钙浓度、碳化塔内的气液比、反应温度、各段的碳化率等条件以及表面改性工艺等可制得不同晶形的超细和纳米碳酸钙。

超重力法是利用离心力场（旋转填充床反应器）进行碳化反应制备超细和纳米碳酸钙的方法。由于在旋转填充床反应器中，液流所受剪切作用强，碳化反应速率快且均匀，因此，超重力法生产的碳酸钙原级粒度细且分布均匀。

超微细碳酸钙（又名纳米碳酸钙）的产品质量应符合国家标准（GB/T 19590—2011）的规定（表 3-16）。

表 3-16　纳米碳酸钙的质量指标要求（GB/T 19590—2011）

项　目		指标	项　目		指标
碳酸钙(干基)的质量分数/%	≥	80	比表面积/(m²/g)	≥	18
平均粒径(SEM/TEM)/nm	≤	100	团聚指数		协议
XRD线宽化法平均粒径/nm	≤	100			

无论是一般轻质碳酸钙还是纳米碳酸钙，产品技术指标均影响其应用性能与用途。

① 化学成分（$CaCO_3$ 含量、盐酸不溶物、铁、锰、重金属等） 影响产品的白度、磨耗值、填充材料化学稳定性、抗菌性等。

② 细度及粒度分布　影响产品的白度、亮度或光泽、磨耗值、堆积密度、填充材料力学性能（强度、断裂伸长率、模量）及成本等。

③ 沉降体积或堆积密度　影响填充材料的密度。

④ 白度　影响填充材料的色泽和亮度。

⑤ 吸油值　影响碳酸钙在填充材料或制品中的分散性和填充树脂体系的加工性能（混合的难易程度）；对于涂料和油墨，影响其分散稳定性或沉降性能。

⑥ 水分含量　影响填充材料的表观性能，过高的水分含量不仅影响表面改性的效果，还可能使制品表面起泡。

⑦ 表面活性或活化度　影响碳酸钙在制品中的分散性及与基料的作用，进而影响填充材料的力学性能、耐老化性能以及表观性能等。

⑧ 比表面积　影响粉体的吸油值和填充树脂体系的加工性能；对于涂料和油墨影响其沉降性能。

⑨ pH　影响碳酸钙的酸碱性，进而影响制品的化学稳定性。

⑩ 粒形或晶形　影响产品的光学性能（遮盖力、透明性等）及填充材料的力学性能。一般片状遮盖力强；针状抗拉伸强度、弯曲强度高；立方体状抗冲击性能较好；纺锤状透明性较好。

3.3　白云石

3.3.1　矿石性质与矿物结构

白云石或白云岩（dolomite）是一种含钙、镁高的碳酸盐岩。主要由白云石组成，含少量的方解石、黏土矿物、燧石、菱镁矿，有时含有石膏、天青石、重晶石、黄铁矿和有机质等。白云石的颜色一般为灰白色，在外貌上与石灰岩相似。在石灰石与白云石之间按方解石、白云石的比例不同可以划分一些过渡类型矿石。一般称为白云石的是指方解石含量小于5%的较纯的白云石。

白云石加热到700~900℃时，分解为二氧化碳和氧化钙、氧化镁的混合物，易与水发生反应。当白云石经1500℃煅烧时，氧化镁成为方镁石，氧化钙转变为结晶α-氧化钙，结构致密、耐火性强，耐火度高达2300℃。白云石的主要物理化学性质详见表3-17。

表 3-17　白云石的主要物理化学性质

化学式	理论化学成分/%	烧失量/%	与冷盐酸反应	晶体结构	颜色	光泽	密度/(g/cm³)	莫氏硬度
$CaMg(CO_3)_2$	CaO 30.4 MgO 21.7 CO_2 47.9	44.5~47.0	缓慢反应	菱面体	灰白色	玻璃光泽	2.8~2.9	3.5~4.0

3.3.2 应用领域与技术指标要求

白云石广泛应用于冶金、建材、陶瓷、玻璃、化工以及农业、环保等领域。表 3-18 所列为白云石或白云岩的主要用途。

表 3-18   白云石或白云岩的主要用途

应用领域	主 要 用 途
冶金、耐火材料工业	炼钢铁中作为镁质造渣剂,以结合熔融的硅、铝、硫、磷等不需要或有害伴生元素,变成易于与钢水分离的炉渣;提取镁金属;炼钢耐火材料等
化学工业	生产硫酸镁、氧化镁、轻质碳酸镁(沉淀碳酸镁)、镁砂、橡塑填料等
建材工业	生产硫酸氧化镁水泥、高性能氯氧化镁水泥、过烧石灰硅酸盐砖、处理石膏制品和木制品的裂缝等
农、林业	酸性土壤改良或中和剂、防疫、杀虫剂等
玻璃、陶瓷	除硅砂和苏打粉外,石灰石和白云石是玻璃原料中的第三大组分,陶瓷的胚料和釉料等
环境保护	水处理用白云石过滤材料等

对其技术指标的要求因用途不同而异。

(1) 冶金 2007 年发布的中国黑色冶金行业标准按用途将白云石分为冶金炉料和耐火材料两大类,其化学成分要求详见表 3-19、表 3-20;其粒度要求应符合表 3-21 规定。

表 3-19   冶金炉料用白云石化学成分(YB/T 5278—2007)

牌号	化学成分(质量分数)/%						
	SiO_2	MgO	CaO	Al_2O_3	P_2O_5	S	Fe_2O_3
LBYS19	≤3.0	≥19	≥30	≤0.85	≤0.16	≤0.025	≤1.2

表 3-20   耐火材料用白云石化学成分(YB/T 5278—2007)

牌号	化学成分(质量分数)/%			
	MgO ≥	$Al_2O_3+Fe_2O_3+SiO_2+Mn_3O_4$ ≤	SiO_2 ≤	CaO ≥
NBYS22A	22	—	2	10
NBYS22B	22	—	2	6
NBYS20A	20	1.0	—	25
NBYS20B	20	1.5	1.0	25
NBYS20C	20	3	1.5	25
NBYS19A	19	—	2.0	25
NBYS19B	19	—	3.5	25
NBYS18	18	—	4	25
NBYS16	16	—	5	25

表 3-21   白云石粒度规格(YB/T 5278—2007)

粒度规格/mm	上限/mm	含量(质量分数)/% ≤	下限/mm	含量(质量分数)/% ≤
0~5	5~6	5	—	—
5~20	20~25	5	3~5	10
10~40	40~45	5	8~10	10
25~50	50~60	10	20~25	10
40~80	80~100	10	30~40	10
80~120	120~140	10	70~80	10

(2) 建筑材料 中国建材行业标准规定的白云石质量要求见表 3-22。

表 3-22　建筑材料工业用的白云石质量要求（JC/T 649—1996）

用　途		化学成分/%							水分/%
		MgO	CaO	Al_2O_3	Fe_2O_3	Mn_3O_4	R_2O_3	$CaCO_3+MgCO_3$	
平板玻璃原料	优等品	>21.00	≤31.00	≤1.00	≤0.10	—	—	—	≤1
	一级品	>20.00	≤32.00	≤1.00	≤0.20	—	—	—	
	合格品	>18.00	≤34.00	≤1.00	≤0.25	—	—	—	
辉绿岩铸石		>18	>30	—	—	—	—	—	—
含镁水泥		>18	—	—	≤0.5	—	≤0.4	—	—
陶瓷		—	—	—	—	≤0.3	—	>79	—

3.3.3　加工技术

与石灰石相似，目前白云石一般也不进行复杂的选矿。因此，白云石的加工主要是：①粉碎和筛分或分级——满足应用领域对其粒度大小和粒度分布的要求；②对粉体进行表面改性——满足应用领域对其表面性质的要求；③生产轻质碳酸镁和轻质氧化镁及镁金属。

(1) 粉碎、分级　白云石的粉碎、分级一般均采用干法，常用的粉碎设备与石灰石相似。

(2) 轻质碳酸镁　轻质碳酸镁是白色无定形粉体，易溶于酸，微溶于水，密度 2.16g/cm³，热稳定性较差，300℃开始分解，800～900℃即迅速分解为氧化镁。轻质碳酸镁是橡塑工业的高级无机填料、补强剂和良好的阻燃剂，高档油墨、颜料、牙膏及化妆品的填充剂，高档陶瓷、玻璃及防火涂料的原料。

用白云石生产轻质碳酸镁的工艺流程如图 3-8 所示。

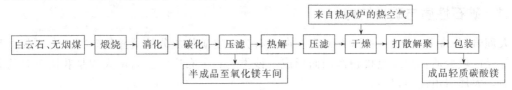

图 3-8　轻质碳酸镁的生产工艺流程图

生产过程及生产原理如下。

将白云石给入立窑中，在 900～1000℃下进行煅烧，生成白云灰。其反应式如下：

$$MgCO_3 \cdot CaCO_3 \xrightarrow{\triangle} MgO \cdot CaO + 2CO_2 \uparrow$$

将白云灰加水消化成白云灰乳。其反应式如下：

$$MgO \cdot CaO + 2H_2O == Mg(OH)_2 + Ca(OH)_2$$

将适当浓度的灰乳用 CO_2 气体碳化，则发生如下反应：

$$Ca(OH)_2 + CO_2 == CaCO_3 \downarrow + H_2O$$

$$Mg(OH)_2 + CO_2 == MgCO_3 \downarrow + H_2O$$

此时，由于 $CaCO_3$ 在水中溶解度小而沉淀出来，而当 CO_2 分压保持在 0.2～0.3MPa 时，可有 80%～90% $Mg(OH)_2$ 与 CO_2 反应生成 $Mg(HCO_3)_2$ 而被溶解，生成饱和碳酸氢镁溶液，此时过滤，Mg^{2+} 留在溶液中，$CaCO_3$ 留在滤饼中，即可实现 Ca^{2+} 和 Mg^{2+} 的分离。

钙离子和镁离子分离后的滤液是 $Mg(HCO_3)_2$ 的过饱和溶液，称为重镁水，此时每升溶液中氧化镁含量只有 20～30g 因此要将镁富集。由于 $Mg(HCO_3)_2$ 的热稳定性差，可以将溶液加热，使重镁水分解，其反应式如下：

$$Mg(HCO_3)_2 \longrightarrow xMgCO_3 \cdot yMg(OH)_2 \cdot zH_2O \downarrow + CO_2 \uparrow$$

先生成碱式碳酸镁沉淀。再将该沉淀物过滤、干燥、打散解聚即为成品。此时，滤液中含有一部分 Mg^{2+} 需要回收，可将此滤液回收用来消解白云灰，即可将 Mg^{2+} 回收利用。

影响轻质碳酸镁产品质量的主要因素是：白云石的质量、煅烧工艺与设备、消化工艺与杂质脱除率、碳化工艺、Mg^{2+}富集及与Ca^{2+}的分离工艺及干燥脱水工艺等。轻质碳酸镁生产对原料质量的要求是：$CaO<34\%$，$MgO>18.0\%$，$SiO_2<1.0\%$，$Al_2O_3+Fe_2O_3<1.0\%$。

(3) 轻质氧化镁　轻质氧化镁为白色无定形粉体，熔点高达2800℃，易溶于酸，不溶于醇，具有很强的吸水性，与水作用生成氢氧化镁，并逐渐吸收空气中的二氧化碳生成碳酸镁。

轻质氧化镁可用于造纸、涂料、塑料、橡胶等的填料和补强剂，高级耐热坩埚和陶瓷的原料，还用于磨光剂、玻璃钢的增塑剂、硅钢片的表面涂层以及医药上的抗酸剂及轻泻剂等。

用白云石生产轻质氧化镁的工艺流程如图3-9所示。

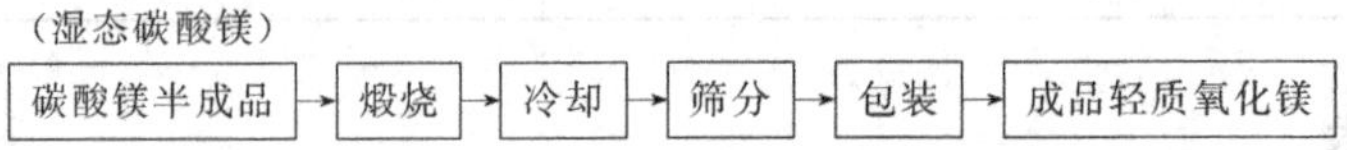

（湿态碳酸镁）
碳酸镁半成品 → 煅烧 → 冷却 → 筛分 → 包装 → 成品轻质氧化镁

图 3-9　轻质氧化镁生产工艺流程

生产过程及生产原理如下。

轻质氧化镁是以轻质碳酸钙为原料，经高温煅烧而成。其反应式如下：

$$x MgCO_3 \cdot y Mg(HO)_2 \cdot z H_2O \downarrow \longrightarrow (x+y)MgO + x CO_2 \uparrow + (y+z)H_2O$$

由于产品质量要求较高，目前一般采用固定床式间接煅烧炉（常用反射炉）来生产轻质氧化镁。轻质碳酸镁的生产工艺比较简单。影响产品质量的主要因素是煅烧工艺和设备。

3.4　大理岩

3.4.1　矿石性质与矿物结构

大理岩（marble）是一种以方解石、白云石为主要矿物成分的碳酸盐矿物，由石灰岩和白云岩等经区域变质作用或热接触作用而形成。该类岩石分布广泛。云南大理是我国著名的大理岩产地，大理岩由此而得名。

大理岩除含方解石或白云石外，通常还含有少量蛇纹石、透闪石、透辉石、金云母、镁橄榄石、石英和硅灰石等特征变质矿物。一般具有粒状变晶结构及块状构造，有时具有条带及其他变形构造。大理岩可根据碳酸盐矿物的种类、变质矿物特征、结构构造或颜色等命名，如大理岩、白云质大理岩、透闪石大理岩、条带状大理岩、粉红色大理岩等。

大理岩的主要化学成分是$CaCO_3$、$MgCO_3$、SiO_2等。由于大理岩的原岩组分和变质条件存在较大差异，因而不同地区、不同产状和不同类型的大理岩的化学成分往往有较大变化。其中方解石型大理岩的主要成分为$CaCO_3$；白云石主要为$CaCO_3$、$MgCO_3$。

大理岩的密度一般在$2.6\sim2.8g/cm^3$，莫氏硬度3；具有良好的磨光性；抗压强度$(700\sim1500)\times10^5Pa$；抗折强度一般$(61.38\sim363)\times10^5Pa$；密度$2.7\sim2.9g/cm^3$；膨胀率$0.02\%\sim0.04\%$。

大理岩一般呈白色，因含有杂质而呈现不同的颜色和花纹，磨光后美观大方。其中结构均匀、质地致密的白色细粒的大理岩，又称为汉白玉，是优良的建筑装饰材料和艺术装饰品原料。

3.4.2　应用领域与技术指标要求

大理岩主要用于建筑装饰装修材料以及工艺品，开采产生的废料以及加工过程产生的边角料可以生产各种填料，如水磨石、真石漆、人造大理石等。

(1) 用作建筑装饰材料原料的大理岩的主要技术要求

① 颜色与花纹　大理石的装饰性主要由色调、花纹来体现，因此，原料应颜色均匀、花纹协调，所含氧化杂色、色斑、色线、包裹体和硫化物杂质应尽可能少。但是，石墨能使大理

岩呈现云雾效果，褐铁矿可使其呈现晚霞美景，透闪石则可使其展现雪域风光。因此，对其杂质的要求，应从饰材的总体效果酌情评价。

② 透光性　若大理岩中方解石晶体的光轴方向一致，则其透光性明显增强，从而整体呈现出玲珑剔透的高贵品性。

③ 光泽度　一般要求光泽度大于80。若花纹较好，光泽度要求可适当降低。

④ 可加工性　包括开采、锯板和磨光性能。它们与岩石的矿物组成、结构构造、风化程度等有关。碳酸盐矿石易于加工和磨光；蛇纹石和石英等较难磨光；矿物组成单一者易加工和磨光；细粒结构者磨光性较好。

⑤ 机械强度　装饰用大理岩具有一定的硬度和强度。其抗压强度$>68.6\times10^6$Pa；抗折强度$>58.8\times10^5$Pa；抗剪强度$>68.6\times10^5$Pa；肖氏硬度>40。

⑥ 抗蚀性　抗蚀性可用吸水率和抗冻性来衡量。吸水率小于0.5%的大理岩，抗风化能力较好。室外装饰用大理岩，要求其经过25次冻融试验后，重量损失率不大于2%，强度降低不大于25%。

⑦ 荒料块度　使用目的不同，对荒料的块度要求也不同。我国对大理石荒料规格的规定见表3-23。

表3-23　我国大理石荒料规格　　　　　　　　单位：cm

长度	90	68	98	115	130	195	140	165	160
高度	48	68	68	85	98	98	130	115	130
宽(厚)度	25	25	25	40	40	40	40	40	40

(2) 大理石板材的分类及技术要求　在中国国家标准（GB/T 19766—2016）中，天然大理石建筑板材按形状分为普型板（PX）和圆弧板（HM）两种。

普型板按规格尺寸偏差、平面度公差、角度公差及外观质量分为优等品（A）、一等品（B）、合格品（C）三个等级（表3-24）；圆弧板按规格尺寸偏差、直线度公差、线轮廓度公差及外观质量分为优等品（A）、一等品（B）、合格品（C）三个等级（表3-25）。

表3-24　普型板规格尺寸允许偏差（GB/T 19766—2016）　　　单位：mm

项　目		允许偏差		
		优等品	一等品	合格品
长度、宽度		0 −1.0	0 −1.0	0 −1.5
厚度	≤12	±0.5	±0.8	±1.0
	>12	±1.0	±1.5	±2.0
干挂板材厚度		+2.0 0		+3.0 0

表3-25　圆弧板规格尺寸允许偏差（GB/T 19766—2016）　　　单位：mm

项　目	允许偏差		
	优等品	一等品	合格品
弦长	0 −1.0		0 −1.5
高度	0 −1.0		0 −1.5

① 规格尺寸允许偏差　普型板材规格尺寸允许偏差见表3-24；圆弧板壁最小值应不小于20mm，规格尺寸允许偏差见表3-25；异型板材规格尺寸允许偏差由供需双方确定。

② 平面度允许公差　普型板平面度允许公差见表3-26。圆弧板直线度与线轮廓度允许公差见表3-27。

表 3-26   普型板平面度允许公差（GB/T 19766—2016）   单位：mm

材料长度	允许公差		
	优等品	一等品	合格品
≤400	0.20	0.30	0.50
400～800	0.50	0.60	0.80
≥800	0.70	0.80	1.00

表 3-27   圆弧板直线度与线轮廓度允许公差（GB/T 19766—2016）   单位：mm

项　目		允许偏差		
		优等品	一等品	合格品
直线度	≤800	0.60	0.80	1.00
（按板材高度）	≥800	0.80	1.00	1.20
线轮廓度		0.80	1.00	1.20

③ 角度允许公差   普型板角度允许公差见表 3-28。圆弧板端面角度允许公差：优等品为 0.40mm，一等品为 0.60mm，合格品为 0.80mm。普型板拼缝板材正面与侧面的夹角不得大于 90°。圆弧板侧面角应不小于 90°。

表 3-28   普型板角度允许公差（GB/T 19766—2016）   单位：mm

材料长度	允许公差		
	优等品	一等品	合格品
≤400	0.30	0.40	0.50
>400	0.40	0.50	0.70

④ 外观质量   同一批板材的色调应基本调和，花纹应基本一致。板材正面的外观缺陷应符合表 3-29 的规定。

表 3-29   板材正面的外观缺陷规定（GB/T 19766—2016）

名　称	规定内容	优等品	一等品	合格品
裂纹	长度超过 10mm 不允许条数（条）	0	1	2
缺棱	长度不超过 8mm，宽度不超过 1.5mm（长≤4mm，宽≤1.0mm 不计），每米长允许个数（个）			
缺角	沿板材边长，长度≤3mm，宽度≤3mm（长度≤2mm，宽度≤2mm 不计），每块板允许个数（个）			
色斑	面积不超过 6cm² （面积小于 2cm² 不计），每块板（个）			
砂眼	直径在 2mm 以下		不明显	有，不影响装饰效果

⑤ 物理性能   镜面板材的镜向光泽度应不低于 70 光泽单位。若有特殊要求，由供需双方协商确定。体积密度：不小于 $2.50g/cm^3$；吸水率：不大于 0.50%；干燥压缩强度：不小于 50.0MPa；弯曲强度：不小于 7.0MPa；耐磨度：不小于 10.0L/cm。

3.4.3   加工技术

(1) 规格板材加工工艺

① 大理石规格板生产工艺   大理石规格板厚度为 20mm。生产工艺可分为先切后磨与先磨后切两种。先切后磨工艺主要用于加工尺寸不大的规格产品，其主要生产工艺流程如下：

锯割毛板→切断→粗磨→精磨→抛光→修补→检验→包装入库。

从大理石荒料上锯下来的板材称为毛板。锯割毛板的设备采用金刚石框架锯机和金刚石中切机或大切机。切断采用桥式切割机，对毛板进行分割加工。磨削分为粗磨、细磨、精磨和抛光。磨削一般根据磨料粒度分成多道工序，每一块板材磨削需要 6～8 道工序。抛光是使石材固有花纹、颜色、光泽最大限度地显示出来，达到最佳效果的最后一道工序，特别是光泽度必须达到或大于标准规定的指标。抛光过程中应避免划伤大理石板材。抛光后要对大理石板材进行修补，检验合格后，即可包装入库。

② 标准板加工工艺 先磨后切，生产工艺流程如下：

锯割毛板→粗磨→细磨→精磨→抛光→切断→修补→检验→包装入库。

加工设备及磨石与第①种加工工艺完全相同，不同点在于切边的前后顺序不同。第②种加工工艺可以更有效地利用板材，避免第一种加工工艺中板材表面出现的缺陷。

(2) 板材全自动生产线

① 大理石大板全自动生产线 主要设备由大理石金刚石框架锯机、大板磨抛机、桥式切机和磨边机组成。其工艺流程为：

锯割毛板→粗磨→细磨→精磨→抛光→切断→修补→检验→包装入库。

大理石毛板切割主要采用金刚石框架锯机。锯割时首先采用起重机将荒料吊装到平板车上，由摆渡车送到框架锯下锯割成毛板。锯割大理石的金刚石锯条长度为 3140mm 和 2800mm。金刚石锯条一般用来锯割大理石或莫氏硬度小于 5 的其他石材。大理石磨削工序根据其质量分成以下几种：

好料：刮胶→磨削→抛光→检验→包装；

中料：加网→刮胶→磨削→抛光→检验→包装；

次料：拼版加网→刮胶→磨削→抛光→检验→包装。

荒料经过金刚石框架锯锯割成毛板，利用摆渡车将毛板送至连续磨机位置，用摆臂式吊车将毛板吊装到翻板机上，翻板机会转到水平位置，通过滚道将板材送到连续磨抛线上进行磨削。大理石连续磨抛线完成粗磨、细磨、精磨及抛光。经过连续抛光线抛光后的板材，根据工程需要，用桥式切机切割出不同尺寸的规格板材。如果需要磨边和倒角，再用磨边机进行加工。

② 大理石薄板全自动生产线 大理石薄板厚度一般为 10mm。大理石薄板生产工艺为：

选料→开料（10mm 厚）→刮胶→布网→开条板（定宽度）→粗磨（定厚）→刮胶→抛光→分段（定长度）→磨边倒角→分色→胶补→检验→包装入库。

大理石薄板生产工艺流程按加工设备可分成三种：

a. 荒料→金刚石大锯→多刀连续切机→对剖机→研磨机→切断机→磨边倒角机→检验→包装入库；

b. 荒料→双向切机→横向切机→对剖机→多刀横向切机→研磨机→磨边倒角机→检验→包装入库；

c. 荒料→双向切机→切断机→研磨机→多刀横向切机→磨边倒角机→检验→包装入库。

(3) 异型石材加工工艺 异型材附加值高，加工难度大，是重要的石材精加工技术。

异型材加工技术是以与电脑控制的高新技术相结合的金刚石绳锯、带锯及钻磨等刀具为主要设备的石材加工技术。异型材的加工工艺流程如下：

下料→成型→磨削→修补→抛光→切角→检验→包装。

首先要选择质地优良、尺寸合适的荒料进行下料。下料主要采用圆盘式金刚石锯、金刚石串珠绳锯机。下料形状有板料和块料，板料有平板和圆弧板。成型是指异型石材的轮廓加工。异形石材的轮廓多种多样，有花线、圆弧板、柱座、柱头、平面雕刻、立体雕刻等。磨削主要是对成形后的工件廓型进行粗磨、细磨和精磨，对形状复杂工件采用小型电动工具进行磨削。抛光与磨削加工方式基本相同，不同之处是抛光所采用的磨料比磨削要细，抛光速度也高。切角是指对需要拼装对接的面进行加工，如圆弧板材拼装时对其侧面采用双刀盘锯机加工成一定角度，保证拼装成一个圆。最后检验异形石材尺寸公差、表面缺陷和表面光泽度；采用木板或塑料制品进行包装。

(4) 人造大理石 人造大理石是以不同粒度大理石或方解石粉体为骨料和填料、不饱和聚酯为结合剂以及颜料和助剂，经搅拌混合和成型固化、脱模、锯板、抛光等工序而制成的装饰装修材料。

主要生产工艺流程如下：

配料 → 搅拌混合 → 真空成型 → 荒料固化 → 荒料脱模 → 锯板 → 抛光

人造大理石的荒料尺寸一般为 1540mm×1250mm×850mm。其板材加工工艺基本上与天然大理石相同。

天然石材资源虽然十分丰富，成材率仅为 30% 左右，其余为废石、碎石和细粉。这些碎石和细粉可以作为合成石的主要骨料和填料。因此，发展人造大理石对大理石资源综合利用和丰富石材品种具有重要意义。

(5) 其他 大理石开采和加工过程中产生的废料和细粉还可以加工各种不同细度的无机填料（如重质碳酸钙、轻质碳酸钙及其复合填料）和颜料。其加工方法主要是粉碎、分级、表面改性和复合。其加工工艺和装备与方解石和石灰石相同或相似。

3.5 菱镁矿

3.5.1 矿石性质与矿物结构

菱镁矿（magnesite）是镁质碳酸盐，化学式为 $MgCO_3$，纯菱镁矿含 MgO 47.81%，CO_2 52.19%。这种矿物有时以类似于方解石的透明晶体出现，但非常稀少。多数菱镁矿或多或少含有铁、钙、锰的碳酸盐，其颜色从白色到略带黄色、蓝色、红色、灰色，乃至棕黑色。根据结晶状态的不同，菱镁矿可分为晶质和非晶质两种。

晶质菱镁矿属三方晶系，与方解石结构相似；晶体形态为复三方偏三角面体；主要单形有菱面体、六方柱、平行双面、复三方偏三角面体等；有完全的菱面体解理。莫氏硬度为 4，密度为 3.1g/cm³，常有钙离子、铁离子、锰离子呈类质同象混入其中，伴生矿物有白云石、滑石、绿泥石、透闪石、方解石、石英等。

非晶质菱镁矿呈致密坚硬的块状体，无解理，无光泽，断口呈贝壳状，莫氏硬度为 3～5，常伴有蛇纹石、蛋白石、玉髓等硅质矿物，故其中 SiO_2 含量较晶质菱镁矿多。

3.5.2 应用领域与技术指标要求

菱镁矿的工业价值主要是其中氧化镁具有高的耐火性和黏结性，以及可提炼金属镁。目前约 90% 的菱镁矿用于生产各类耐火材料。其主要用途见表 3-30。

表 3-30 菱镁矿的主要用途

应用领域	主要用途
冶金工业	耐火材料，用于冶金炉炉底、炉膛、炉衬、镁砖、铬镁砖、镁碳砖、转炉、平炉、电炉的炉衬和炉壁等
建材工业	轻烧菱镁矿与氧化镁或硫酸镁配合成含镁水泥，为隔声、隔(绝)热、耐磨等新型建材
化工工业	制硫酸镁及其他含镁化合物、媒染剂、干燥剂、溶解剂、去色剂和吸附剂等
轻工工业	制糖工业的净化剂，造纸工业纸张的硫化处理剂，橡胶工业硫化过程的促进剂，人造纤维、塑料、化妆品和特殊玻璃原料
农牧业	饲料、农肥原料
其他	提炼镁金属的主要原料

中国冶金行业标准（YB/T 5208—2016）将菱镁石产品按化学成分划分为表 3-31 所列牌号，并对菱镁石的粒度范围及分布进行规定（表 3-32）。

表 3-31 冶金工业菱镁石化学指标要求 (YB/T 5208—2016)

牌号	化学成分/%				
指标\项目	MgO ≥	CaO ≤	SiO$_2$ ≤	Fe$_2$O$_3$ ≤	Al$_2$O$_3$ ≤
M47A	47.20	—	0.10	0.25	0.10
M47B	47.20	—	0.25	0.30	0.10
M47C	47.00	0.60	0.60	0.40	0.20
M46A	46.50	0.80	1.00	—	—
M46B	46.00	0.80	1.20	—	—
M45	45.00	1.50	1.50	—	—
M44	44.00	2.00	3.50	—	—
M41	41.00	6.00	2.00	—	—
M33	33.00	不规定	4.00	—	—

表 3-32 菱镁石的粒度范围及分布要求 (YB/T 5208—2016)

粒度范围/mm	粒度分布	最大粒度/mm
50～180	小于50mm 不超过15%，大于180mm 不超过10%	200
25～100	小于25mm 不超过15%，大于100mm 不超过10%	120
≤40	大于40mm 不超过10%	60
≤25	大于25mm 不超过10%	40
≤3	大于3mm 不超过10%	10
≤0.074	大于0.074mm 不超过30%	—

3.5.3 加工技术

(1) 选矿提纯 菱镁矿选矿提纯的目的是除去其有害杂质和提高菱镁矿的品级。具体来说，主要是将硅酸盐矿物与菱镁矿以及菱镁矿与白云石分离。

目前菱镁矿的工业选矿提纯方法主要有重介质、热选、浮选和碳化。

① 热选 热选是利用高硅菱镁矿矿石中主要杂质矿物滑石或白云石、绿泥石与菱镁矿在热学性质上的差异进行分选的。在煅烧过程中菱镁矿与硅酸盐脉石矿物分别按下式热分解。

$$MgCO_3 \xrightarrow{600\sim700℃} MgO + CO_2 \uparrow$$

$$3MgO \cdot 4SiO_2 \cdot H_2O \xrightarrow{600\sim700℃} 3MgO \cdot 4SiO_2 + H_2O \uparrow$$

$$MgCO_3 \cdot CaCO_3 \xrightarrow{>900℃} MgO \cdot CaO + 2CO_2 \uparrow$$

分解后的轻烧镁具有脆性，松软易碎，而脉石矿物滑石则随温度的升高变得坚硬，利用两者之间的硬度差与密度差进行选择性破碎、筛分、风选，从而使菱镁矿与其他矿物分离。热选工艺流程见图 3-10。

② 浮选 浮选是利用水镁石和硅酸盐及伴生矿物表面物理化学性质的差异来分选菱镁矿和硅酸盐及白云石。水镁石和硅酸盐及白云石矿物的浮选分离一般是交替使用反浮选和正浮选，即先用胺类捕收剂反浮选硅质或硅酸盐矿物，然后用脂肪酸类捕收剂浮选菱镁矿（典型浮选工艺流程见图 3-11），反浮选浮少抑多，正浮选浮多抑少。不同伴生矿物的浮选分离工艺原则上也不同。

对于高硅低钙菱镁矿，一般通过反浮选技术脱除石英等硅酸盐矿物，获得菱镁矿精矿。由于不涉及脱钙作业，菱镁矿精矿回收率一般可以达到70%以上甚至更高。所采用的捕收剂主要为十二胺、醚胺、N-十二烷基-1,3-丙二胺等。

对于同时含有硅钙杂质的菱镁矿，需要采用两段浮选工艺，即采用阳离子捕收剂反浮选脱除石英等含硅脉石，采用阴离子捕收剂正浮选降低白云石等含钙脉石。由于菱镁矿与含钙脉石矿物白云石具有完全相同的阴离子和部分相同的阳离子，且钙镁元素性质极为相近，与捕收剂作用能力类似，导致浮选选择性差，因此，调整两者可浮性的差异是实现两者有效分离的关键。

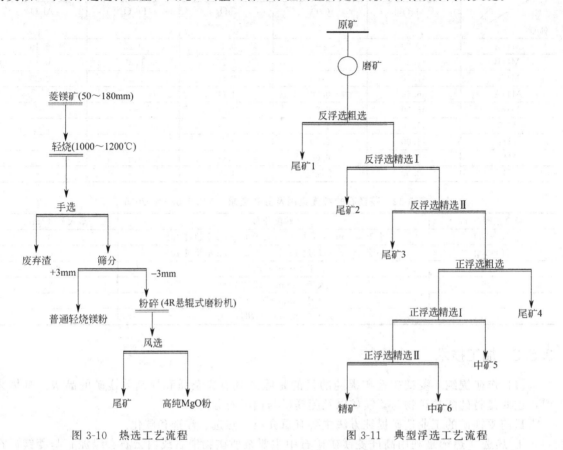

图 3-10　热选工艺流程　　　　图 3-11　典型浮选工艺流程

　　"十二五"期间在国家 863 项目支持下，北京矿冶研究总院开发了低品位菱镁矿分阶段浮选脱硅降钙技术，实现低品位菱镁矿浮选提质降杂并已在工业中得到推广应用。该技术基于脉石颗粒粒度浮选特性差异，研发反浮选脱除细粒脉石-选择性溶解调控-正浮选强化抑制粗粒脉石的阶段浮选提纯工艺以及泡沫兼并性能和选择性好的脱硅浮选捕收剂和捕收能力持续性强、耐低温性能好的菱镁矿浮选捕收剂。其特点是：a. 采用高选择性捕收剂反浮选脱除细粒硅钙脉石（顺应可浮性，脱除部分细粒硅钙脉石），减少有用矿物夹带损失；b. 表面溶解调控-正浮选脱除粗粒硅钙脉石，粗粒脉石矿物在正浮选过程中高效脱除。镁碳酸盐矿物浮选分离过程中采用 pH 调整剂与抑制剂可以协同调控矿物表面离子选择性溶解与钙镁碳酸盐矿物分离。其机理是：菱镁矿、白云石化学组成与表面性质极为相似，在调整剂的作用下，菱镁矿表面 Mg^{2+} 溶出能力较强，阳离子溶解对抑制剂吸附形成阻碍，抑制剂吸附量较小，对可浮性影响小；而白云石则相反。

　　该项技术应用于辽宁某菱镁矿选厂，获得 MgO 含量 47.14％、SiO_2 含量 0.28％、CaO 含量 0.53％的精矿，MgO 回收率为 76.02％（原生产指标 MgO 回收率低于 40％）。SiO_2 脱除率达到 95.37％，CaO 脱除率达到 87.37％。应用于甘肃某菱镁矿选厂，获得 MgO 含量 46.04％、SiO_2 含量 0.050％、CaO 含量 1.60％的浮选精矿，MgO 回收率为 70.10％（原生产指标 MgO 回收率为 30％，无法连续运行），浮选精矿经过选择性酸浸，杂质 CaO 含量降低到 0.30％，可用于制备高附加值镁基功能材料。SiO_2 脱除率达到 87.21％，CaO 脱除率达到 72.60％。

　　③ 碳化法　碳化法是一种化学选矿方法，其工艺过程是：将菱镁矿煅烧使其分解出

MgO，即 $MgCO_3 \rightleftharpoons MgO + CO_2 \uparrow$。轻烧后的 MgO 进行湿磨，在磨矿过程中 MgO 与水反应生成不溶性氢氧化镁，即 $MgO + H_2O \rightleftharpoons Mg(OH)_2$。将研磨后的料浆置于压力反应器中，调好液固比，通入 CO_2 并控制一定的温度、时间及 CO_2 的压力，使 $Mg(OH)_2$ 转变为可溶性碳酸氢镁，即 $Mg(OH)_2 + 2CO_2 \rightleftharpoons Mg(HCO_3)_2$。碳化后的料浆经澄清、过滤与洗涤之后，将滤液加热逸出 CO_2，便析出碱式碳酸镁，即 $4Mg(HCO_3)_2 \rightleftharpoons 4MgO \cdot 3CO_2 \cdot 4H_2O + 5CO_2 \uparrow$。再将碱式碳酸镁煅烧，就可获得高纯氧化镁。碳化法的工艺流程如图 3-12 所示。

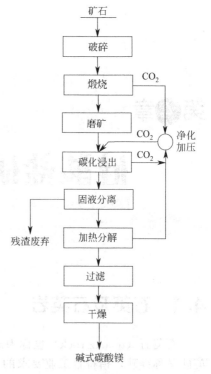

图 3-12　碳化法工艺流程

(2) 煅烧　菱镁矿在不同温度下煅烧可以生成物理化学性质有明显差异的菱镁矿熟料。视水分和杂质含量的不同，菱镁矿在 $400 \sim 750 ℃$ 之间开始分解，经 $750 \sim 1000 ℃$ 的低温煅烧，菱镁矿中的 CO_2 析出不完全，所得产品称为轻烧菱镁矿（轻烧镁石、轻烧镁、菱苦土等）。菱镁矿经 $1400 \sim 2300 ℃$ 的高温煅烧，则完全分解，生成方镁石（MgO）。MgO 通过晶体长大和致密化，转变为几乎为惰性的烧结镁砂，所得产品称为重烧菱镁矿（重烧镁砂、僵烧镁、烧结镁砂等）。烧结镁砂是生产镁质制品的重要原料。

轻烧镁与重烧镁的物理化学性质列于表 3-33。

表 3-33　轻烧镁与重烧镁的物理化学性质

性　质	轻烧菱镁矿	重烧菱镁矿
煅烧温度/℃	$750 \sim 1000$	$1400 \sim 1700$
二氧化碳含量/%	$3 \sim 5$	$0 \sim 1$
体积变化	减少10%	减少23%
折射率	$1.68 \sim 1.70$	$1.73 \sim 1.74$
密度/(g/cm^3)	$3.0 \sim 3.2$	$3.4 \sim 3.7$
颜色	淡黄色、淡褐色、灰色、白色或茶色	茶褐色
外形	均质的无固定形态	呈六面体或八面体的结晶质
坚硬程度	松脆、多孔质结构	硬脆、致密坚硬
化学活性	具有活性、呈碱性反应	极低，酸不易腐蚀
加水反应	遇水能分解、硬化	无
主要特征	具有高度黏结性	对各种熔融金属和矿渣具有强耐腐蚀性

硬烧菱镁矿在电弧炉内加热至 $2500 \sim 3000 ℃$ 熔融，凝结后成为熔融氧化镁（电熔镁砂），由发育良好的方镁石晶体组成，因杂质含量少，硅酸盐矿物含量极低，故电熔镁砂熔点可高达 $2800 ℃$。

在煅烧过程中，菱镁矿中的杂质，如 SiO_2、Fe_2O_3、Al_2O_3、CaO 等能与氧化镁生成各种结晶质和玻璃质的矿物，如橄榄石、尖晶石、镁硅钙石、钙硅酸盐、铝酸盐等。另外，氧化钙在煅烧时呈游离状态，易吸收水分变成氢氧化钙。因此，对作为耐火材料的菱镁矿在煅烧前所含的杂质有严格要求。杂质的含量对其制品的耐火度、烧结性能、荷重软化温度、耐压强度等有严重影响。

用于菱镁矿煅烧加工的窑炉主要有反射窑、隧道窑、回转窑或竖窑等。一般用重油、焦炭或煤粉作燃料。回转窑的机械化程度较高、煅烧均匀，得到的重烧菱镁矿硬度高、密度大。

第4章

硅酸盐矿

4.1 石英及石英岩

石英石 (quartz rock) 也称为硅石, 指符合工业标准的石英砂岩、石英岩和脉石英等。石英砂又称硅砂, 指符合工业要求的天然生成的石英砂及由石英石粉碎加工的各种粒级的矿砂 (人造硅砂)。石英石和石英砂一般通称为硅质原料。

4.1.1 矿石性质与矿物结构

石英属于架状结构的硅酸盐矿物, 晶体结构单元为 [SiO_4]。其特点是: 硅和氧组成硅氧四面体 (即每一个氧原子在四面体的 4 个顶角, 硅原子位于四面体的中心, 硅原子与各氧原子之间的距离相等), [SiO_4] 结构单元 4 个顶角的 O^{2-} 分别与相邻的 4 个 [SiO_4] 共用连接成三维架状结构; 硅氧之间的键力为离子键; 因 Si 的极化力强, 使之趋于共价键; 晶形通常完好, 常见的为六方柱面和菱面体聚形。

石英是石英石与石英砂的主要矿物组分, 化学成分为 SiO_2。石英有 8 种类质同象变种, 常见为 α-石英 (即低温石英), 简称石英, 乳白色或无色, 半透明状, 莫氏硬度 7~7.5, 性脆无解理, 贝壳状断口, 油脂光泽, 密度 $2.65g/cm^3$, 其电学、热学和某些力学性能均具有明显的异向性。石英的化学性质稳定, 不溶于酸 (除 HF), 微溶于 KOH 溶液中。1710~1756℃时熔化, 冷却后即变为石英玻璃。石英是一种坚硬、耐磨、化学性能稳定的硅酸盐矿物。

石英砂中矿物含量变化较大, 以石英为主, 其次为长石、云母、岩屑、重矿物、黏土矿物等。

石英砂岩是固结的碎屑岩石, 石英碎屑含量达 95% 以上, 来源于各种岩浆岩、沉积岩和变质岩, 重矿物较少, 伴生矿物为长石、云母和黏土矿物, 胶结物主要为硅质胶结。石英岩分为沉积成因和变质成因两种。前者胶结物为变质石英, 碎屑颗粒与胶结物的界线不明显; 后者指变质程度深、质纯的石英岩矿石。透明或质地通透的石英称为水晶。除无色透明水晶外, 因含微量元素, 水晶还呈粉色、紫色等颜色。

脉石英由热液作用形成, 几乎全部由石英组成, 致密块状构造。在上述各类矿石中, 除二氧化硅以外的各种组分, 工业上均视为杂质, 尤以铁质危害最大。

4.1.2 应用领域与技术指标要求

石英石和石英砂是重要的工业矿物原料, 广泛用于玻璃、铸造、陶瓷及耐火材料、冶金、建筑、化工、塑料、橡胶、磨料等工业领域。其主要用途列于表 4-1。

表 4-1 石英石和石英砂的主要用途

应用领域	主要用途
玻璃	建筑玻璃、玻璃制品（玻璃罐、玻璃瓶、玻璃管等）、光学玻璃、玻璃纤维、玻璃仪器、导电玻璃、玻璃布及特种玻璃等的主要原料
陶瓷及耐火材料	瓷器的胚料和釉料,窑炉用高硅砖、普通硅砖以及碳化硅、陶瓷坩埚等的原料
冶金	金属硅、硅铁合金和硅铝合金等的原料或添加剂、熔剂
建筑	混凝土、胶凝材料、筑路材料、人造大理石、水泥物理性能检验材料(即水泥标准砂)等
化工	硅化合物和水玻璃等的原料,硫酸塔的填充物,无定形二氧化硅微粉
机械	铸造型砂的主要原料,研磨材料(喷砂、硬研磨纸、砂纸、砂布等)
电子与光学	高纯度金属硅、石英坩埚、熔融石英玻璃管与玻璃棒、通信用光纤、照明用透明石英管等
橡胶、塑料	填料(可提高硬度和耐磨性)
涂料	填料(可提高涂料的耐候性、防腐性)

不同应用领域对石英要求也不同。表 4-2 所示为 2014 年发布的用于耐火材料、铁合金与工业硅的化学成分要求（中国黑色冶金行业标准）；其粒度要求由供需双方协商，其波动范围（质量分数）上、下限不大于 5%。表 4-3～表 4-5 分别为中国用于平板玻璃、器皿玻璃、铸造型砂的技术指标要求。中国电子行业标准（SJ/T 10675—2002）将硅微粉分为用于电工行业的普通硅微粉（PG）、电工级硅微粉（DG）、普通活性硅微（PGH）粉、电工级活性硅微粉（DGH）以及用于电子行业的电子级结晶型硅微粉（JG）、电子级结晶型活性硅微粉（JGH）、电子级熔融型硅微粉（RG）、电子级熔融型活性硅微粉（RGH）。其中粒度要求见表 4-6，理化指标要求见表 4-7。表 4-8 为陶瓷级硅微粉的技术指标要求。表 4-9 为石英玻璃原料的纯度要求和粒度要求。

表 4-2 耐火材料、铁合金与工业硅的化学成分要求（YB/T 5268—2014）

分类	牌号	化学成分(质量分数)/%							耐火度/CN
		SiO_2	Al_2O_3	Fe_2O_3	CaO	P_2O_5	TiO_2	B	
耐火材料	GSN99A	≥99.0	≤0.25	≤0.5	≤0.15	—	—	—	174
	GSN99B	≥99.0	≤0.30	≤0.5	≤0.15	—	—	—	174
	GSN98	≥98.0	≤0.50	≤0.8	≤0.20	—	—	—	174
	GSN97	≥97.0	≤1.00	≤1.0	≤0.30	—	—	—	172
	GSN96	≥96.0	≤1.30	≤1.3	≤0.40	—	—	—	170
铁合金	GST99	≥99.0	≤0.2	≤0.5	≤0.15	≤0.02	≤0.005	≤0.003	
	GST98B	≥98.0	≤0.5		≤0.0	≤0.02	≤0.005		
	GST97	≥97.0	≤1.00		≤0.80	≤0.03			
工业硅	GST99	≥99.5	≤0.2	≤0.15	≤0.15	≤0.02		≤0.003	
	GST99B	≥99.0	≤0.25	≤0.15	≤0.2	≤0.02		≤0.003	

表 4-3 中国平板玻璃和器皿玻璃的一般技术指标要求

矿石品级		主要化学成分要求/%					备注
		SiO_2	Al_2O_3	Fe_2O_3	TiO_2	Cr_2O_3	
平板玻璃	Ⅰ	>99	<0.5	<0.05	<0.5	<0.5	特种玻璃
	Ⅱ	>98	<1.0	<0.1			工业技术玻璃
	Ⅲ	>96	<2.0	<0.2			一般平板玻璃
器皿玻璃	Ⅰ	>99	<1.0	<0.05	—	—	玻璃器皿等
	Ⅱ	>98	<2.0	<0.1	—	—	一般器皿玻璃
	Ⅲ	>90	<4.0	<0.35	—	—	瓶罐玻璃

表 4-4　铸造型砂工业要求

原砂类型	等级符号	含泥率/%	SiO_2/%	K_2O+Na_2O/%	$CaO+MgO$/%	Fe_2O_3/%
石英砂	1S	≤2	≥97	≤0.5	≤1.0	≤0.75
	2S	≤2	≥96	≤1.5	≤1.5	≤1.0
	3S	≤2	≥94	≤2.0	≤2.0	≤1.5
	4S	≤2	≥90	—	—	—
石英-长石砂	1SC	≤2	≥85			
	2SC	≤2	≥85			

表 4-5　铸造型砂粒度指标要求

名称	特粗砂		粗粒砂			中粒砂		细粒砂		特细砂	
粒级序号	1	2	3	4	5	6	7	8	9	10	11
粒度/mm	1.68~3.36	0.84~1.68	0.50~0.84	0.42~0.84	0.297~0.59	0.21~0.42	0.149~0.297	0.105~0.21	0.075~0.149	0.053~0.105	0.053~0.075

表 4-6　电工及电子级硅微粉的粒度分布要求 （SJ/T 10675—2002）

规格/目	中位粒径 D_{50}/μm	比表面积/(cm²/g)	累积粒度/% ≥
300	21.00~25.00	1700~2100	≤50μm,75
400	16.00~20.00	2100~2400	≤39μm,75
600	11.00~15.00	2400~3000	≤25μm,75
1000	8.00~10.00	3000~4000	≤10μm,65

表 4-7　电工及电子级硅微粉理化指标要求 （SJ/T 10675—2002）

指标项目		PG	PGH	DG	DGH	JG 优等品	JGH 优等品	JG 合格品	JGH 合格品	RG 优等品	RGH 优等品	RG 合格品	RGH 合格品
	含水量/%	≤0.10				≤0.08							
	密度/(×10³kg/m³)	2.65±0.05								2.20±0.05			
化学成分	灼烧失量/%	≤0.20		≤0.15		≤0.10				≤0.08			
	SiO_2/%	≥99.4		≥99.6		≥99.7		≥99.65		≥99.8		≥99.75	
	Fe_2O_3/%	≤0.030		≤0.020		≤0.010				≤0.008			
	Al_2O_3/%	≤0.20		≤0.15		≤0.10				—			
	憎水性/min	—	≥30	—	≥45	—	≥45	—	≥45	—	≥45	—	≥45
	无定形 SiO_2/%	—								≥98		≥95	
水萃取液	电导率/(μS/cm)	—	≤30	≤5	≤10	≤10	≤15	≤5	≤10	≤10	≤15		
	Na^+/(mg/kg)	—	≤20	≤2	≤3	≤5	≤8	≤2	≤3	≤5	≤8		
	Cl^-/(mg/kg)	—	≤20	≤2	≤3	≤5	≤8	≤2	≤3	≤5	≤8		
	pH	—			6.5~8.0				5.5~7.5				

表 4-8　陶瓷级硅微粉的主要技术指标要求

用途		化学成分/%					
		SiO_2	Fe_2O_3	Al_2O_3	K_2O+Na_2O	CaO	MgO
无线电用陶瓷	一级品	≥99.5	≤0.01	≤0.2	≤0.1	≤0.1	≤0.1
	二级品	≥98.5	≤0.05	≤0.1	≤0.2	≤0.1	≤0.1
电瓷		≥98.5	≤0.15	—	—	—	—
建筑卫生陶瓷、日用陶瓷		≥98.5	—	—	—	—	—

表 4-9 石英玻璃原料的纯度要求和粒度要求

用　途	允许含量/$\times 10^{-6}$ ≤								标准粒度
	Al	Fe	Ti	Ca	B	K	Na	Li	
电光源	合计 50~100								>300μm(50 目)<1%（质量分数）；<75μm(200 目)<1%（质量分数）
化工与化学仪器	42	3.0	3.0	8.0	—	18.0	5.0	—	
半导体	15	0.3	—	0.4	0.1	0.7	0.9	0.7	
光纤	11	1.8	0.4	0.1	—	0.3	0.4	—	
光学玻璃	8	0.05	—	0.7	0.04	0.05	0.05	0.2	

其他用途石英砂的质量要求如下。

(1) 过滤砂 外观为石英质，不含铁，质硬，粒度和密度均一。SiO_2 含量>98%，密度 2.55~2.65g/cm³，烧失量≤0.7%，磨减量≤3.0%，盐酸可溶率≤3.5%，粒径 0.3~2.0mm。

(2) 水泥标准砂 检查各类水泥质量、配比，混凝土标准砂粒度 0.25~0.65mm。

(3) 压裂砂 用于油井加压和精密铸造，质量要求为：SiO_2>98%，Al_2O_3<0.94%，Fe_2O_3<0.24%，CaO<0.26%，粒度 0.5~0.8mm。

(4) 磨料砂 砂粒磨圆度好，无棱角，粒度 0.8~1.5mm，SiO_2>98%，Al_2O_3<0.72%，Fe_2O_3<0.18%。

(5) 喷砂 化学工业清除锈，往往采用喷砂处理。要求 SiO_2>99.6%，Al_2O_3<0.18%，Fe_2O_3<0.02%，粒度 50~70 目，粒形为球形，莫氏硬度 7。

(6) 陶瓷釉用石英砂 SiO_2>98.5%，Al_2O_3<0.05%，粒度-200 目（<74μm）占 98%。

4.1.3 加工技术

(1) 石英石的粉碎加工 脉石英、石英岩或石英砂岩储量丰富，质地纯净，SiO_2 含量较高，一般仅需在采场进行手选和水洗，粉碎加工和用弱磁选机除去加工过程中带入的机械铁后即可利用。对于铁杂质含量要求极低的应用领域，如高纯石英玻璃和石英陶瓷坩埚，则在粉碎后还需进行浮选、酸洗和高温处理等。

石英石的粉碎加工方法可分为干式和湿式两种。干式加工工艺又有直接粉碎、煅烧后粉碎和砂岩自磨三种工艺。湿法加工可分为湿碾-淘洗和棒磨-磁选两种工艺，前者因劳动强度大，生产效率低，已不再采用。

石英砂岩的干式自磨曾用于生产玻璃和玻璃制品的原料，但因过磨现象较严重、生产过程产生大量的-200 目（<74μm）细粉等原因，已经弃用。石英石的莫氏硬度较高，较难粉碎，煅烧后脆性得到改善，而且产生大量微裂缝，使其可磨性或可粉碎性得到提高，这就是煅烧后再进行粉碎的依据。直接加工玻璃和玻璃制品原料一般采用破碎机加多段对辊粉碎和筛分的工艺。对于加工电子封装、酚醛树脂填料、橡塑填料和部分涂料填料等粒度要求较细的石英粉和高纯石英粉，一般在粗粉碎后再采用球磨机、振动磨、气流磨等粉碎设备进行细磨和超细粉碎。

石英石的湿法棒磨-磁选工艺机械化程度较高，其工艺过程是：原矿→破碎→湿式棒磨→高频细筛筛分（去粗粒）→水力分级（去细粒）→磁选除铁→脱水。该工艺过粉碎少，是目前建筑玻璃、工业玻璃和玻璃器皿原料的主要生产工艺。

(2) 石英砂的选矿提纯 石英砂中的有害杂质主要有黏土杂质（细泥等）、各种含铁矿物以及长石、云母及其他重矿物杂质等。一般采用光电拣选、洗矿、重选、磁选、浮选和化学提纯选矿及综合选矿方法进行选别。

① 光电拣选 根据石英颗粒与其他杂质颗粒在颜色和光泽的差别进行机械自动拣选提纯

的方法。在中国，这种机械自动拣选设备也被称为色选机。其分选效果与颗粒粒度、分散性、色差等相关，一般适用于粒度相对较粗、色差较明显的干燥颗粒的分选。

② 洗矿法　包括机械擦洗、超声波擦洗、脱泥等方法，适用于含有黏土杂质和砂粒表面有薄膜污染的石英砂矿。擦洗-脱泥可以除去原砂中的黏土和砂粒表面的杂质，是一般砂矿分选广泛采用的辅助选矿方法。另外，以擦洗为主要目的的选择性磨矿法，可使部分风化严重的长石粉碎、水洗脱除。超声波擦洗法是通过超声波的作用，使矿物表面薄膜铁剥离。这种方法擦洗时间短，除铁效果较好。

③ 重选法　包括摇床分选、重力沉降、离心沉降、水力分级、螺旋分级等。用摇床可除去以颗粒状态存在的铁矿物及其他矿物；水力分级、螺旋分级等方法可将宽粒级原砂分成不同粒级，以满足工业应用的要求；同时螺旋分级还可以分离重金属矿物。

④ 磁选法　此法可除去石英粉体中夹杂的机械铁、各种含铁矿物及其他磁性矿物颗粒。采用强磁选机或高梯度磁选机、超导磁选机可除去弱磁性矿物及含有铁质矿物的包裹体、浸染体的石英颗粒。

⑤ 浮选法　用石油磺酸盐作为捕收剂，在 pH 4～5 条件下可以浮选出石英砂中的含铁矿物；用胺类阳离子作为捕收剂，在 pH 3～4 条件下可浮选出石英砂中的云母；用 HF 作为调整剂，在 pH 2～3 条件下可浮选出长石。20 世纪 70 年代以后，国内外相继开发出了"硅砂无氟浮选工艺"，90 年代初我国又研究成功了"硅砂无氟无酸浮选工艺"，并已在工业上得到应用。

⑥ 化学提纯法　包括酸处理法、碱处理法和盐处理法及气态氯化氢处理法等。化学处理法虽然成本较高。但在处理水晶原料及加工高纯（SiO_2 含量要求 99.95% 以上，Fe_2O_3 等杂质小于 10×10^{-6}）石英原料（替代水晶）时，化学处理是最有效的方法之一，也是必须采用的方法。

酸处理法即是用盐酸、硫酸、氢氟酸、混酸或草酸对石英砂进行处理，使其中的薄膜铁、浸染铁或其他含铁颗粒与之作用，生成易溶解于水的化合物。当加入绿矾等还原剂时，还可提高这种铁化合物的溶解度。具体工艺条件要依石英中铁质矿物的类型及嵌布特性等通过试验确定。影响处理效果的主要工艺因素是酸的类型、浓度、浆料液固比以及处理温度与时间、洗涤与过滤方式等。

碱处理法主要使用 NaOH 和 Na_2CO_3。使不溶性的有价金属转化为可溶性钠盐。在搅拌槽中，将选过的砂加入 40%～50% 浓度的 NaOH 溶液，在 100～110℃ 温度下搅拌处理 4～5h 后滤出溶液，清洗石英砂，可使 Fe_2O_3 含量从 0.7% 降至 0.015%～0.025%。

盐处理法主要使用氯化铵、硫酸铵或氯化钠、硫酸钠。氯化铵可以是溶液，也可以是干料，加入量为石英砂量的 0.1%～5%。将其与石英混合后，加热到使氯化铵分解的温度。使用氯化钠时，将石英砂放入其溶液中浸泡，然后将砂在高温炉中煅烧，使砂中的铁以 $FeCl_2$ 或 $FeCl_3$ 逸出，其温度为 300～750℃。

气态氯化氢处理法是将砂子置于一个坩埚中，加热至 80℃，通入 HCl 气体处理一定时间，然后将石英砂清洗干净。

(3) 石英粉的表面改性　石英粉的表面改性，根据用途不同，可以分为两种：一是提高石英砂力学性能的表面涂覆改性，如树脂覆膜的精细铸造砂、油井滤油砂等，其特点是涂层本身只含一层覆盖层，涂层与矿物之间不产生任何化学键；二是提高石英粉与树脂或高聚物基料相容性的表面化学改性，如橡胶和塑料的填料，其特点是表面改性剂与矿粒之间有化学吸附作用。

① 表面涂覆改性　壳型铸造砂是铸造工业中用来生产高光洁度产品的一种技术，产品不

需进行机械精加工。这种技术能在大规模的生产中采用，因为它除能生产优质的铸造表面外，还具有铸造速度快、再现性好的特点。为了得到光滑的加工面，铸膜用表面涂有酚醛树脂或呋喃树脂的细砂粒制成。这种带有涂层的砂倒入热模板，当温度在 200℃ 左右时，树脂软化并与砂粒黏结在一起。当壳体或模制品冷却并硬化后，取下模具以供再次铸造用。

选用不同涂料可以制成各种品级的涂覆树脂砂。这种树脂砂既能获得高的熔膜铸造速度，又能保持模具和模芯生产中得到高抗卷壳和抗开裂性能。

树脂涂层覆膜砂的加工方法可分为热法和冷法两种。在涂覆前应对石英砂进行冲洗、擦洗和干燥。

冷法覆膜砂是在室温下制备。先将粉状树脂与砂混匀，然后加入溶剂（工业酒精、丙酮或糠醛），再继续混碾至溶剂挥发完，干燥后经粉碎和过筛即得产品。

热法覆膜砂是将砂子加热进行涂覆。先将石英砂加热到 120～160℃，而后与树脂在混砂机中混匀（树脂用量为石英砂用量的 2%～5%），再加入硬脂酸钙（防止结块）混合后出砂，然后粉碎、过筛、冷却后即得产品。

采用呋喃树脂涂覆改性后的砂用于油井钻探。在采油的第二阶段，用泵将这些砂送到井下的采区，以扩大裂缝和增加产量。涂料在油井温度条件下固化，砂留在裂缝中形成固体过滤器，它将回收的油中的碎屑筛出。

② 表面化学改性　用于橡胶、塑料填料以及电子塑封料的石英粉或硅微粉，要使其表面与聚合物基料相容，提高其在基料中的分散性，以改善填充材料加工性和提高填充材料的性能，需要对石英粉进行表面化学改性。

石英粉的表面化学改性主要使用硅烷偶联剂，所用的硅烷包括氨基硅烷、环氧基硅烷、三甲基硅烷、甲基硅烷和乙烯基硅烷等。硅烷偶联剂的—RO 官能团水解产生硅醇基，这一基团可与 SiO_2 进行化学吸附或与表面原有的硅醇基结合为一体。这样既除去了 SiO_2 表面的水分，又与其中的氧原子形成硅醚键，从而使偶联剂的另一端所携带的与高分子聚合物具有很好的亲和性的有机官能团—R′牢固覆盖在石英粉体表面，形成具有反应活性的包覆膜。有机官能团—R′能降低石英的表面能，改善与高聚物基料的润湿性，提高石英粉与高聚物基料的相容性。此外，这种新的界面层还可改善填充复合体系的流变性能。

影响石英粉表面化学改性效果的主要因素有硅烷偶联剂的品种、用量、用法及处理时间和处理温度、pH 以及改性设备等。

表面改性工艺有湿混合法和干混合法两种。

a. 湿混合法　利用适当的助剂与硅烷偶联剂强制混合配成处理液，对石英粉进行表面改性，然后脱去水分。

b. 干混合法　加入适量助剂与硅烷配成处理剂，在搅拌、分散和一定温度条件下，将处理剂以雾滴状加入石英粉中，经搅拌处理一定时间后出料。此法不需要再脱水干燥。

4.2　长石及霞石正长岩

4.2.1　矿石性质与矿物结构

（1）长石　长石（feldspar）是钾、钠、钙及钡等碱金属和碱土金属的铝硅酸盐矿物，其主要化学成分为 SiO_2、Al_2O_3、K_2O、Na_2O、CaO 等，是重要的造岩矿物。表 4-10 是按化学成分分类的长石族矿物的主要性质。

表 4-10　长石族矿物的主要性质

矿物名称及化学式	化学成分/%						密度/(g/cm³)	莫氏硬度	晶系	比导电度	颜色
	SiO₂	Al₂O₃	K₂O	Na₂O	CaO	BaO					
钾长石 $K_2O \cdot Al_2O_3 \cdot 6SiO_2$	64.7	18.3	16.7				2.56	6	单斜	2.67	白色、红色、乳白色
钠长石 $Na_2O \cdot Al_2O_3 \cdot 6SiO_2$	68.8	19.5		11.8			2.61	6	三斜	2.33	白色、蓝色、灰色或无色
钙长石 $CaO \cdot Al_2O_3 \cdot 2SiO_2$	43.2	36.7			20.1		2.77	6	三斜	1.78	灰色、白色、红色
钡长石 $BaO \cdot Al_2O_3 \cdot 2SiO_2$	32.0	27.1				40.9	3.45	6	单斜		蓝色或无色

(2) 霞石正长岩　霞石正长岩（nepheline-syenite）是最常见的似长石矿，其化学组成为 $Na_3KAl_4Si_4O_{16}$。天然霞石中一般都含有钾，通常钠和钾含量比为 3:1。其密度为 2.5～2.7g/cm³，莫氏硬度 5.5～6，六方晶系，有明显和不完整的解理，贝壳状断口，玻璃光泽，有时为乳白光泽，通常为白色、黄色、绿色、粉红色等颜色。

霞石正长岩是一种 SiO_2 不饱和的过碱性中性岩，它以其 SiO_2 不饱和、Al_2O_3 和碱质含量高为特征，由钠长石、微斜长石和霞石以及少量的铁镁质硅酸盐和其他副矿物组成，具有熔点低和助熔的性能。最常见的副矿物包括磁铁矿、钛铁矿、方解石、石榴子石、锆石和刚玉等。

由碱性长石和霞石组成的霞石正长岩常为浅灰色，有时带有浅绿色、红色等。岩石具有块状、带状、斑杂状和似片麻状构造。化学成分特征是 SiO_2 含量低，一般小于 56%，而 $K_2O + Na_2O$ 含量高，多属碱过饱和岩石。

4.2.2　应用领域与技术指标要求

长石主要应用于玻璃工业和陶瓷工业，其他应用领域有化工、磨料、玻璃纤维、电焊条、搪瓷及填料等。表 4-11 列出了长石的主要用途。

表 4-11　长石的主要用途

应用领域	主要用途	质量要求
玻璃及玻璃制品	碱长石作为平板玻璃及各种玻璃制品的原料,可降低玻璃熔化温度,节省纯碱;钠长石作为玻璃纤维原料可改善其质量及取代叶蜡石等	$Al_2O_3 > 18\%$ $Fe_2O_3 < 0.6\%$ $K_2O + Na_2O > 10\%$
陶瓷	各种陶瓷、搪瓷、电瓷坯料(配入 20%～40%)和釉料(配入 20%～70%)的主要原料	$Fe_2O_3 < 0.3\% \sim 1.0\%$
水泥	白水泥的主要原料	
化工	钾长石是生产钾肥的原料之一;乳胶、涂料、氨基甲酸乙酯、丙烯类物质的填充料	作为填料时,可含较多的游离石英;作为护肤品,要求 2～8μm 的碱长石
其他	造纸、涂料、电焊条等的填料;磨料、磨具及耐火材料原料等	

中国建材行业标准（JC/T 859—2000）将长石分为钾长石和钠长石两类，优等品（A）、一等品（B）、合格品（C）三个等级；按粒度分为 45μm（325 目）、75μm（200 目）、125μm（120 目）、150μm（100 目）、180μm（80 目）、250μm（60 目）的粉料及块度 20～40mm 原矿块料七种规格。其主要化学成分列于表 4-12 和表 4-13。

表 4-12　钾长石化学成分　　　　　　　　　　　　　　单位：%

成分		优等品	一等品	合格品
$K_2O + Na_2O$	≥	13.50	12.00	10.50
K_2O	≥	11.00	9.50	8.00
$Fe_2O_3 + TiO_2$	≤	0.18	0.22	0.25
TiO_2	≤	0.03	0.05	0.10

表 4-13 钠长石化学成分 单位：%

成分	优等品	一等品	合格品
Na$_2$O ≥	10.50	10.00	8.00
Fe$_2$O$_3$ ≤	0.20	0.25	0.30

霞石正长岩主要用于玻璃、陶瓷工业，其次用于玻璃纤维、涂料、橡胶工业。此外，还用于生产铝矾土、碱金属玻璃和波特兰水泥等。表 4-14 列出了霞石正长岩的主要用途。

表 4-14 霞石正长岩的主要用途

应用领域	主要用途
玻璃	玻璃器皿及平板玻璃、灯泡、电视显像管、玻璃块、玻璃纤维、硼酸盐玻璃等
陶瓷	餐具、卫生陶瓷、地面和墙面砖、电气陶瓷、美术陶瓷、化工陶瓷、牙科陶瓷、陶瓷球和磨机衬里
化工	氧化铝、碱金属碳酸盐、橡胶和塑料的填料、肥料等
建材	波特兰水泥、矿棉和玻璃纤维等
其他	可将原子反应堆排出的放射性废物与氧化钙(15%)和霞石(85%)混合，制成玻璃，具有抗水腐蚀和低熔融和低熔点黏滞性能，这种玻璃在 1350℃ 黏性条件下，可以结合 5% 的重金属离子，防止放射性废物的扩散

用于玻璃的霞石正长岩为一种 −30+200 目的产品，其氧化铝含量在 23% 以上，碱含量大于 14%，氧化铁含量小于 0.1%，其他金属杂质必须很少。陶瓷工业所用的霞石正长岩要求磨至 −200 目，铁和其他杂质含量少。在颜料和橡塑工业中应用的霞石正长岩除粒度要求通过 325 目筛外，还要求有良好的干亮度、均匀度、化学惰性和一定的反射率。

4.2.3 加工技术

(1) 长石 从矿物学的观点来看，目前长石来源主要有伟晶岩、细晶岩、风化花岗岩、白岗岩、长石质砂等几种岩石。对不同来源的长石矿，一般采用如下的选矿加工方法。

① 伟晶岩 一般选择性开采或拣选，干式加工。矿石用颚式破碎机、辊式破碎机和砾磨机等连续破碎磨矿。含铁多时可采用强磁选和静电选矿方法。

② 风化花岗岩 对云母流失者，只需水洗、筛分；含云母者，经破碎、磨矿分级后，用浮选除去云母和铁质矿物以及分离长石和石英。

③ 符合工业要求的细晶岩 大多不含云母，长石含量高时，只需破碎、磨矿、筛分及磁选除铁。

④ 白岗岩（半风化花岗岩） 经颚式破碎机、圆锥破碎机破碎和球磨后，用胺类捕收剂浮选出云母，用磺酸盐类捕收剂浮选出铁矿物，再用胺类捕收剂浮选出长石，与石英分离。长石质砂矿也可采用类似的方法选别。

长石选矿最主要的方法是磁选和浮选。对于生产高级陶瓷而对铁含量要求较严的长石，有时也采用酸浸除铁。

长石除铁一般采用强磁选，包括干式和湿式，依矿石中铁质矿物类型、嵌布特性及入选粒度等具体条件选用。两种方法均要求磁场强度在 1.0T 以上。

长石浮选自 20 世纪 30 年代问世以来，在美国、日本、德国、意大利、挪威、芬兰、墨西哥及苏联等国家广泛应用。浮选方法适用于伟晶花岗岩、半花岗岩、风化花岗岩及天然砂矿等，使得长石生产不再单独依赖于粗晶花岗岩，低品位长石矿床得到开发利用。20 世纪 70 年代以后出现了以硫酸或盐酸取代氢氟酸作调整剂，脂肪二胺和石油磺酸盐作为捕收剂的无氟浮选法；80 年代末我国又研究成功无氟无酸浮选工艺，使得长石浮选能够无污染地进行生产。

20 世纪 80 年代还出现了一种新的选矿方法——光电拣选，从原矿中选出大颗粒长石。拣选机利用长石和其他矿粒颜色或光性的差异，采用光电原理，用一种氦氖红色激光源射向矿石，这种矿石只能从较浅颜色矿石上反射回来，遇有深色废石颗粒，计算机立即发出指令，由压缩空气的波动将废石除掉，从而达到分选的目的。光电拣选机的分选粒度可降至 $10\sim25mm$，在 $12\sim50mm$ 的粒度范围内，回收率可达 29%，可以用于预选，提高入选品位。

对于经过湿式选矿的长石，一般还需进行过滤脱水、干燥和研磨及风选等处理，以保证应用领域对产品粒度和水分的要求。

(2) 霞石正长岩 霞石正长岩的加工主要是粉碎、筛分或分级和除去铁、钛杂质。一般加工工艺流程是：破碎→筛分→磨矿→磁选→分级。具体加工流程依具体矿石及共伴生矿物而定。主要设备有颚式破碎机、圆锥破碎机、球磨机、棒磨机、振动筛、磁选机、气流分级机等。

4.3 高岭石（土）

4.3.1 矿石性质与矿物结构

高岭石（kaolinite）（土）属 TO 型（1∶1 型）层状硅酸盐（图 4-1）。基本结构层由一个 SiO_4 四面体层与一个 $AlO_2(OH)_4$ 八面体层连接而成，层间为氢氧键连接。其基本结构单元沿晶体 c 轴方向重复堆叠组成高岭石晶体，相邻的结构单元层通过铝氧八面体的 OH 与相邻硅氧四面体的 O 以氢键相连，在外力作用下晶体易沿（001）方向裂解为小的薄片，电镜下呈自形六方板状、半自形或他形片状晶体，集合体通常呈片状、鳞片状、放射状等（图 4-2）。高岭石族矿物包括高岭石、地开石、珍珠石、埃洛石等几种。高岭石族矿物的化学成分相似，仅是单位构造层的堆叠方式和层间水的含量略有不同。其中，高岭石、地开石和珍珠石是高岭石矿物的三种类型，不含层间水；埃洛石有两个变种，即层间含有两个水分子的二水（0.7nm）埃洛石和层间含有四个水分子的四水（1.0nm）埃洛石。其理论化学成分和典型性质见表 4-15。

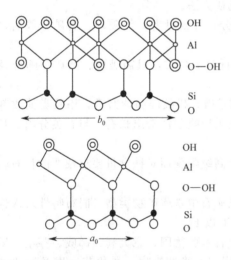

图 4-1　高岭石的晶体结构
（高岭石沿 a 轴和 b 轴方向上的投影）

图 4-2　高岭石的微观形貌

表 4-15　高岭石族矿物的典型性质

矿物名称	化学式	化学组成/%			莫氏硬度	密度/(g/cm³)	颜色
		Al_2O_3	SiO_2	H_2O			
高岭石	$Al_4(Si_4O_{10})(OH)_8$	39.50	46.54	13.96	2~2.5	2.609	白色、灰白色、带黄色、带红色

矿物名称	化学式	化学组成/%			莫氏硬度	密度/(g/cm³)	颜色
		Al_2O_3	SiO_2	H_2O			
珍珠石	$Al_4(Si_4O_{10})(OH)_8$	39.50	46.54	13.96	2.5～3	2.581	蓝白色、黄白色
地开石	$Al_4(Si_4O_{10})(OH)_8$	39.50	46.54	13.80	2.5～3	2.589	白色
7Å埃洛石(1Å＝0.1nm)	$Al_4(Si_4O_{10})(OH)_8 4H_2O$	34.66	40.90	24.44	1～2	2.0	白色、灰绿色、黄色、蓝色、红色

高岭石或高岭土原矿一般含有黏土矿物和非黏土矿物两类。黏土矿物主要是高岭石族矿物，其次是水云母、蒙脱石和绿泥石。非黏土矿物主要为石英、长石和云母以及铝的氧化物和氢氧化物、铁矿物（褐铁矿、磁铁矿、赤铁矿和菱铁矿）、铁的氧化物（钛铁矿、金红石等）、有机物（植物纤维、有机泥炭及煤）等。

质地纯净的高岭土具有白度高、质软、易分散悬浮于水中、良好的可塑性和高的黏结性、优良的电绝缘性能以及良好的抗酸溶性、很低的阳离子交换容量、较高的耐火度等理化性能（表4-16）。

表 4-16 高岭土的理化性能

项 目		指 标
物理性能	颜色	白色或近于白色,最高白度＞95%
	莫氏硬度	1～2,有时达3～4
	可塑性	良好的成型、干燥和烧结性能
	分散性	易分散、悬浮
	电绝缘性	200℃时电阻率＞$10^{10}\Omega\cdot cm$,频率50Hz时击穿电压＞25kV/mm
化学性能	化学稳定性	抗酸溶性好
	阳离子交换量	一般3～5mg/100g
	耐火度	1770～1790℃

自然产出的高岭土矿石，根据其成因、质量、可塑性和砂质（石英、长石、云母等矿物粒径＞50μm）的含量，可划分为硬质高岭岩（土）、软质高岭土和砂质高岭土三种工业类型。它们的特征列于表4-17。硬质高岭岩（土）包括大量以煤层的顶板、底板、夹矸形式产出或赋存于距煤层较近的所谓煤系高岭岩（土）。这种煤系高岭岩（土）由于含有有机质及杂质而呈黑灰色、褐色、淡绿色、灰绿色等颜色，致密块状或砂状，瓷状断口或似贝壳状断口，无光泽至蜡状光泽，条痕灰色至白色，莫氏硬度在3左右。

表 4-17 高岭土矿石类型及特征

类 型	矿石特征
硬质高岭土(高岭岩)	质硬(莫氏硬度3～4),无可塑性,粉碎细磨后才有可塑性
软质高岭土(土状高岭土)	质软,可塑性一般较强,砂质含量＜50%
砂质高岭土	质松软,可塑性一般较弱,除砂后可塑性较强,砂质含量≥50%

4.3.2 应用领域与技术指标要求

高岭土的可塑性、黏结性、一定的干燥强度、烧结性及烧后白度等特殊性能，使其成为陶瓷生产的主要原料；片状粒形（高遮盖率）、洁白、柔软、高度分散性、吸附性和化学稳定性等优良工艺性能，使其在造纸工业上得到广泛应用。此外，高岭土及煅烧高岭土在橡胶、塑料、涂料、化工、石油精炼、建材、耐火材料、农药、航空航天等领域也有广泛应用。表4-18为高岭土的主要用途。

高岭土的应用领域不同，对其质量要求也不同。在化学成分方面，造纸涂料、无线电瓷、耐火坩埚、石化载体等要求高岭土 Al_2O_3 和 SiO_2 的含量接近高岭石的理论值；日用陶瓷、建

表 4-18 高岭土的主要用途

应用领域	主要用途
陶瓷工业	日用陶瓷、建筑卫生陶瓷、电瓷、化工耐腐蚀陶瓷、工艺美术陶瓷、特种陶瓷等
造纸工业	纸张的填料，铜版纸、涂布白纸板、涂布纸等的涂料或颜料
涂料工业	涂料的填料和颜料
耐火材料及建材	光学玻璃和玻璃纤维用坩埚、耐火砖、匣钵、耐火泥、白水泥、混凝土等
塑料、橡胶、电缆	橡胶、塑料的填料，电缆的绝缘填料等
石油、化工	石油裂解催化剂载体、分子筛、吸附剂等
医药、轻工	吸附剂、医药涂层、添加剂、漂白剂、化妆品、铅笔、颜料、搪瓷等
农业	化肥、农药、杀虫剂等载体

筑卫生陶瓷、白水泥、橡塑填料等对高岭土的 Al_2O_3 含量的要求可适当降低，SiO_2 的含量可酌情高些。电缆填料不仅要求高岭土的纯度要高，而且对其体积电阻率有较高要求。对 Fe_2O_3、TiO_2、SO_3 等有害成分，也有不同的含量要求；CaO、MgO、K_2O、Na_2O 的含量允许值，不同用途也不尽相同。在物理性能方面，各应用领域要求的侧重点更为明显。造纸涂料或颜料主要要求高的白度、低的黏度及细的粒度；陶瓷工业要求良好的可塑性、成型性能和烧成白度；耐火材料要求较高的耐火度，搪瓷工业要求良好的悬浮性等。

我国现行的高岭土国家标准（GB/T 14563—2008）是 2008 年开始实施的。标准规定的产品类别、代号、外观质量要求及用途列于表 4-19。

表 4-19 高岭土产品类别、代号、外观质量要求及用途

产品代号	类别	等级	主要用途	外观质量要求
ZT-0A	造纸工业用	优级高岭土	高级加工纸涂料	白色，无可见杂质
ZT-0B		优级高岭土	高级加工纸涂料	
ZT-1		一级高岭土	加工纸涂料	
ZT-2		二级高岭土	加工纸涂料	
ZT-3		三级高岭土	一般加工纸涂料	白色、稍带淡黄色、淡灰色及其他浅色，无可见杂质
ZT-(D)1		煅烧一级高岭土	加工纸涂料	白色，无可见杂质，色泽均匀
ZT-(D)2		煅烧一级高岭土	加工纸涂料	
TT-0	搪瓷工业用	优级高岭土粉	釉料	白色，无可见杂质
TT-1		一级高岭土粉		
TT-2		二级高岭土粉		白色、稍带淡黄色、淡灰色及其他浅色，无可见杂质
XT-0	橡胶工业用	优级高岭土粉	白色或浅色橡胶制品半补强填料	白色
XT-1		一级高岭土粉		灰白色、微黄色及其他浅色
XT-2		二级高岭土粉	一般橡胶制品半补强填料	米黄色、浅灰色等颜色
XT-(D)0		煅烧优级高岭土	白色或浅色橡胶制品半补强填料	白色，无可见杂质，色泽均匀
XT-(D)1		煅烧一级高岭土		
XT-(D)2		煅烧二级高岭土		浅白色，无可见杂质，色泽均匀
TC-0	陶瓷工业用	优级高岭土	电子元件、电瓷、高档釉料及坯料等	1280℃煅烧为白色，无明显斑点
TC-1		一级高岭土	电子元件、光学玻璃坩埚、砂轮、电瓷及高档陶瓷釉料、坯料等	
TC-2		二级高岭土	电瓷、日用陶瓷、建筑卫生陶瓷坯料及高级填料等	1280℃煅烧为白色，稍带其他浅色
TC-3		三级高岭土		1280℃煅烧呈米黄色、浅灰色或其他浅色
TL-(D)1	涂料行业用	煅烧一级高岭土	高级涂料填料	白色，无可见杂质，色泽均匀
TL-(D)2		煅烧二级高岭土	涂料填料	
TL-(D)3		煅烧三级高岭土	一般涂料填料	浅白色，无可见杂质，色泽均匀
TL-1		水洗一级高岭土	高级涂料填料	白色，无可见杂质，色泽均匀
TL-2		水洗二级高岭土	涂料填料	
TL-3		水洗三级高岭土	一般涂料填料	

造纸工业用高岭土和煅烧高岭土产品化学成分和物理性能应符合表 4-20、表 4-21 的规定。

表 4-20　造纸工业用高岭土产品化学成分和物理性能要求

产品代号	白度	小于2μm含量（质量分数）	45μm筛余量（质量分数）	分散沉降物（质量分数）	pH	黏度浓度（500mPa·s固含量）	Al₂O₃（质量分数）	Fe₂O₃（质量分数）	SiO₂（质量分数）	烧失量（质量分数）
			%						%	
	≥	≥	≤	≥		≥			≤	
ZT-0A	88.0	92.0	0.005	0.01	4.0	70.0	37.00	0.60	48.00	15.00
ZT-0B	87.0	85.0	0.04	0.05		66.0	37.00	0.60	48.00	15.00
ZT-1	85.0	80.0	0.04	0.10		65.0	36.00	0.70	49.00	15.00
ZT-2	82.0	75.0	0.05	0.10		65.0	35.00	0.80	50.00	15.00
ZT-3	80.0	70.0	0.05	0.50		60	35.00	1.00	50.00	15.00

表 4-21　造纸工业用煅烧高岭土产品化学成分和物理性能要求

产品代号	白度	小于2μm含量（质量分数）	45μm筛余量（质量分数）	分散沉降物（质量分数）	pH	Al₂O₃（质量分数）	Fe₂O₃（质量分数）	SiO₂（质量分数）
			%				%	
	≥	≥	≤	≤	≥	≥	≤	≤
ZT-(D)1	92.0	86.0	0.01	0.01	5.0	42.00	0.80	54.00
ZT-(D)2	88.0	80.0	0.02	0.02	5.0	42.00	1.00	54.00

搪瓷工业用高岭土产品化学成分和物理性能要求应符合表 4-22 的规定。

表 4-22　搪瓷工业用高岭土产品化学成分和物理性能要求

产品代号	Al₂O₃（质量分数）	Fe₂O₃（质量分数）	SO₃（质量分数）	白度	45μm筛余量（质量分数）	悬浮度
	%			%	%	mL
	≥	≤	≤	≥	≤	
TT-0	37.00	0.60	1.50	80.0	0.07	40
TT-1	36.00	0.80	1.50	78.0	0.07	60
TT-2	35.00	1.00	1.50	75.0	0.10	80

橡塑工业用高岭土粉和煅烧高岭土粉产品化学成分和物理性能要求应符合表 4-23、表 4-24 的规定。

表 4-23　橡塑工业用高岭土粉化学成分和物理性能要求

产品代号	二苯胍吸着率/%	pH	沉降体积 mL/g	125μm筛余量（质量分数）	Cu（质量分数）	Mn（质量分数）	水分（质量分数）	SiO₂/Al₂O₃（质量分数）	白度/%
					%				%
			≥		≤				≥
XT-0	6.0~10.0	5.0~8.0	4.0	0.02	0.005	0.01	1.50	1.5	78.0
XT-1	6.0~10.0	5.0~8.0	3.0	0.02	0.005	0.01	1.50	1.5	65.0
XT-2	4.0~10.0	5.0~8.0	—	0.05	0.005	0.01	1.50	1.8	—

表 4-24　橡塑工业用煅烧高岭土粉化学成分和物理性能要求

产品代号	pH	45μm筛余量（质量分数）	水分（质量分数）	SiO₂（质量分数）	Al₂O₃（质量分数）	小于2μm含量（质量分数）	白度
			%				
		≤				≥	
XT-(D)0	5.0~8.0	0.03	1.00	55.00	42.00	80.00	90.0
XT-(D)1	5.0~8.0	0.05	1.00	55.00	42.00	70.00	86.0
XT-(D)2	5.0~8.0	0.10	1.00	55.00	42.00	60.00	80.0

陶瓷工业用高岭土产品的化学成分和物理性能要求应符合表 4-25 的要求。

表 4-25　陶瓷工业用高岭土产品化学成分和物理性能要求

产品代号	Al_2O_3（质量分数）	Fe_2O_3（质量分数）	TiO_2（质量分数）	SO_3（质量分数）	筛余量（质量分数）	1280℃烧成白度
			%			
	≥		≤			≥
TC-0	35.00	0.40	0.10	0.20	1.00(45μm)	90
TC-1	33.00	0.60	0.10	0.30	1.00(45μm)	88
TC-2	32.00	1.20	0.40	0.80	1.00(63μm)	—
TC-3	28.00	1.80	0.60	1.00	1.00(63μm)	—

涂料行业用高岭土和煅烧高岭土产品化学成分和物理性能要求应符合表 4-26、表 4-27 的规定。

表 4-26　涂料行业用高岭土产品化学成分和物理性能要求

产品代号	SiO_2（质量分数）	Al_2O_3（质量分数）	白度	pH	45μm 筛余量（质量分数）	小于 10μm 含量（质量分数）
	%				%	
	≤	≥			≤	≥
TL-1			85.0		0.05	90.0
TL-2	50.00	35.00	82.0	5.0～8.0	0.10	80.0
TL-3			78.0		0.20	70.0

表 4-27　涂料行业用煅烧高岭土产品化学成分和物理性能要求

产品代号	SiO_2（质量分数）	Al_2O_3（质量分数）	白度	水分（质量分数）	pH	45μm 筛余量（质量分数）	小于 10μm 含量（质量分数）
	%					%	
	≤	≥		≤		≤	≥
TL-(D)1			92.0			0.05	90.0
TL-(D)2	55.00	42.00	88.0	0.8	5.0～8.0	0.10	80.0
TL-(D)3			85.0			0.20	70.0

不同形态产品的水分（质量分数）要求为：膏状≤35%，块（粒）状≤18%，粉状≤10%，干粉状≤2.0%。

4.3.3　加工技术

根据原矿性质、产品用途和产品化学成分和物理性能要求的不同，高岭土的加工工艺也不尽相同，总体来说，目前的高岭土主要加工技术包括选矿提纯、超细粉碎与剥片、煅烧和表面改性等。

(1) 选矿提纯　高岭土原矿中程度不同地存在石英、长石和云母以及铝的氧化物和氢氧化物、铁矿物（褐铁矿、黄铁矿、磁铁矿、赤铁矿和菱铁矿等）、钛的氧化物（钛铁矿、金红石等）以及有机物（植物纤维、有机泥炭及煤）等杂质。在要求较高的应用领域必须对其进行选矿提纯。

高岭土的选矿方法依原矿中拟除去杂质或共/伴生矿的种类、赋存状态、嵌布粒度及所要求的产品理化指标而定。对于原矿杂质含量较少、白度较高、含铁杂质少、主要杂质为砂质（石英、长石等）的高岭土，可采用简单的干燥、粉碎后风选分级的方法除去（即干法选矿）；对于杂质含量较多、白度较低、砂质矿物及铁质矿物含量较高的高岭土，一般要分散制浆后综合采用重选（除砂）、强磁选机或高梯度磁选机和超导磁选机磁选（除铁、钛矿物）、化学漂白

（除铁质矿物并将三价铁还原为二价铁）、浮选（与含铝矿物，如明矾石分离或除去锐钛矿）等方法；对于有机质含量较高的高岭土，除了前述方法之外，还要采用打浆后筛分（除植物纤维）和煅烧（除有机泥炭及煤）等方法。

高岭土的选矿工艺依矿石类型而定。以下具体介绍软质高岭土和砂质高岭土、硬质高岭土（高岭岩）这两种不同类型高岭土矿的选矿方法。

① 软质高岭土和砂质高岭土　软质高岭土和砂质高岭土一般采用湿法选矿工艺。其工艺流程如下：

原矿→ 堆存或混匀 → 制浆 → 除植物纤维 → 分级除砂 → 磁选 → 漂白 → 压滤脱水 →干燥

原矿或堆存混匀后的原矿按设定好的浓度要求加入水和分散剂，在搅拌机或捣浆机中制浆。制浆的目的是使高岭土分散并与砂质矿物、植物纤维分离，以便为后续除杂和除砂作业准备合适浓度的浆料。制备好的矿浆用振动筛去除植物纤维及粗粒砂，再采用水力旋流器组、离心选矿机或卧式螺旋卸料沉降式离心分级机等去除细砂。如果除砂后的产品能满足某一领域的应用要求，可以加入絮凝剂（如明矾）使其凝聚后进行压滤和干燥。如需得到优质或高品质的高岭土，绝大多数情况下还需要进行强磁选机或高梯度磁选机磁选、化学漂白，甚至浮选和选择性絮凝等。目前工业上主要采用强磁选机或高梯度磁选机磁选和化学漂白。高岭土中的染色矿物杂质（如褐铁矿、赤铁矿、菱铁矿、锐钛矿、金红石等）均具有弱磁性，因此，除砂后的高岭土可进一步用强磁选机进行磁选。由于高岭土中的含铁、钛矿物大多嵌布粒度较细，一般强磁选往往脱除率不高，因此目前工业上大多采用高梯度磁选机进行磁选。此外，性能更好（磁场强度更大、去除率更高）的超导磁选机也已用于高岭土的磁选除铁。超导磁选机不仅磁场强度进一步提高，可得到质量更高的优质高岭土，而且能耗低。磁选后的高岭土如果白度指标仍达不到优质高岭土的要求，一般再采用化学漂白。高岭土的化学漂白工艺是先在搅拌槽中用硫酸调整 pH 值至 4～4.5，然后给入漂白反应罐内，加入还原剂连二亚硫酸钠、硫代硫酸钠或亚硫酸锌（$Na_2S_2O_4$ 或 ZnS_2O_4），使高岭土中的三价铁还原为二价铁并溶于矿浆中，然后用清水洗涤使之与高岭土分离。还原的主要反应式如下：

$$Fe_2O_3 + Na_2S_2O_4 + H_2SO_4 \longrightarrow Na_2SO_4 + 2FeSO_3 + H_2O$$

为了去除深色的有机质，还可以用强氧化剂（过氧化氢、次氯酸钠等）进行漂白。

工业上最常用的漂白剂是 $Na_2S_2O_4$ 和 ZnS_2O_4。但 $Na_2S_2O_4$ 很不稳定。ZnS_2O_4 虽然较为稳定一些，但排出的废水中锌离子浓度过高，污染环境。利用硼氢化钠漂白可以避免这种缺点。具体加药顺序是：在 pH＝7～10 的条件下，将一定量的硼氢化钠和氢氧化钠混合物（其量为能够生成所需的 $Na_2S_2O_4$），通入 SO_2 气体或用别的方法使 SO_2 气体与矿浆接触，调节 pH＝6～7，这时的 pH 有利于在矿浆内生成最大量的 $Na_2S_2O_4$，再用亚硫酸（或 SO_2）调节 pH＝2.5～4，即可发生漂白反应。其基本原理如下：

$$NaBH_4 + 9NaOH + 9SO_2 \longrightarrow 4Na_2S_2O_4 + NaBO_2 + NaHSO_3 + 6H_2O$$

漂白工艺一般能显著提高高岭土产品的白度，但生产成本较高，而且要对漂白后的洗涤废水进行处理，否则将对环境造成污染。

② 硬质高岭土或高岭岩　对于纯度较高、白度较好的硬质高岭土或高岭岩，一般可直接将原矿破碎和根据应用领域对产品细度的要求进行磨矿和分级即可；对含有少量砂质的矿石可在粉碎至适当细度后进行干法和湿法分选；对于铁杂质含量较高的矿石可进行磁选。如果含铁矿物的嵌布粒度较粗，可在粗粉碎（＜200 目）后进行干式强磁选；但如果铁的嵌布粒度较细，则要在细磨后进行湿式强磁选机或高梯度磁选机磁选。如果磁选后仍不能满足优质高岭土产品的要求，还可再采用化学漂白。化学漂白的工艺与前述软质高岭土相似。

目前硬质高岭土或高岭岩常用的破碎筛分设备是颚式破碎机、对辊破碎机、振动筛等，磨粉设备主要是悬辊磨（雷蒙磨或摆式磨粉机）、压辊磨、机械冲击磨、球磨机等；干法分级除砂设备主要是涡轮式空气分级（选）机，湿法分级设备主要是旋流器组和卧式螺旋卸料沉降式离心机或离心选矿机；干式磁选设备主要是振动式强磁选机（永磁或电磁），湿式磁选设备与前述软质高岭土相同。

在部分硬质高岭土，尤其是我国储量极为丰富的煤层共伴生高岭岩（目前统称为"煤系高岭土"）中含有一定量的煤泥或炭质。这些炭质或煤泥严重影响高岭土的白度。目前去除这些炭质的主要工艺是煅烧。通过煅烧不仅可以有效去除炭质，显著提高煤系高岭土的白度，同时可以脱除高岭石中高达14％左右的结晶或结构水，变成一种新的功能粉体材料——煅烧高岭土。高岭土的煅烧工艺将在后面做专门介绍。

(2) 超细粉碎　除了白度、纯度等理化指标外，对于铜版纸、涂布纸及纸板以及高档涂料、塑料和橡胶制品等应用领域，粒度及其分布是高岭土产品至关重要的质量指标，因此，部分优质高岭土，尤其是硬质高岭土或高岭岩，还要进行超细粉碎加工。

高岭土的超细粉碎加工有干法和湿法两种。干法大多用于硬质高岭土或高岭岩的超细粉碎，特别是用于直接将高岭石加工成满足用户要求的超细粉，产品细度一般是 $d_{90} \leqslant 10\mu m$，加工设备大多采用机械冲击式的超细粉磨机、球磨机、干法搅拌磨等。为了控制产品粒度分布，尤其是最大颗粒的含量，常需要配置精细分级设备，目前一般配置涡轮式的空气分级机，如 LHB 型、ATP 型、MS 型及 MSS 型。湿法大多用于软质高岭土和砂质高岭土除砂和除杂后的超细粉碎，特别是用于加工 $d_{80} \leqslant 2\mu m$ 或 $d_{90} \leqslant 2\mu m$ 的造纸颜料和涂料级高岭土产品，也是工业上用硬质高岭土或高岭石加工 $d_{80} \leqslant 2\mu m$ 或 $d_{90} \leqslant 2\mu m$ 的涂料级高岭土产品所必须采用的超细粉碎方法。

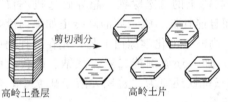

图 4-3　叠层状高岭土磨剥成薄片状高岭土示意图

(3) 剥片与纳米化　由于高岭石为片状晶形，因此，高岭土的湿式超细粉碎又称为剥片（图 4-3），即将图 4-3 所示的较厚的叠层状高岭土剥分成较薄的小薄片。剥片的方法有湿法研磨法、挤压法和化学浸泡法。

研磨法是借助于研磨介质的相对运动，对高岭土颗粒产生剪切、冲击和磨剥作用，使其沿层间剥离成薄片状微细颗粒。常用的设备是研磨剥片机、搅拌磨、砂磨机等。研磨介质常用玻璃珠、氧化铝珠、刚玉珠、氧化锆珠、天然石英砂等，粒径 0.8～3mm。

挤压法使用的设备为高压均浆机。其工作原理是：通过活塞泵使均浆器料筒内的高岭土料浆加压到 20～60MPa，高压料浆从均浆器的喷嘴以大于 950m/s 的线速度相互磨挤喷出。由于压力突然急剧降低，使料浆内高岭土晶体叠层产生"松动"，高速喷出的料浆射到常压区的叶轮上，突然改变运动方向，产生很强的穴蚀效应。松动了的晶体叠层在穴蚀作用下达到沿层间剥离。

化学浸泡法是利用化学药剂对高岭土进行浸泡，当药剂浸入到晶体叠层以氢键结合的晶面间时，晶面间的结合力变弱，晶体叠层出现松解现象，此时再施以较小的外力，即可使叠层的晶片剥离。化学浸泡法使用的药剂有尿素、联苯胺、乙酰胺等。化学浸泡法也是高岭土的插层改性方法之一，是目前生产大径厚比二维（片状）纳米高岭土的主要技术方法。

未经插层改性的高岭土的液相剥片主要为机械力所导致，固态或半固态环境中不含有类似液相环境下的自由空间，难以制备纳米高岭土。2000 年以来，兴起了高岭土纳米片和纳米卷制备技术。这种技术包括插层和液相剥离两个过程。其工艺步骤如图 4-4 所示，具体如下。

① 制备高岭石-脲、高岭石-二甲基亚砜、高岭石-甲基甲酰胺等直接插层复合物的前驱体。

② 醇、醚等液相环境下针对内表面的改性修饰。

③ 烷基胺、季铵盐、脂肪酸类等较大分子的插层和高岭石片层在液相环境下的剥离。

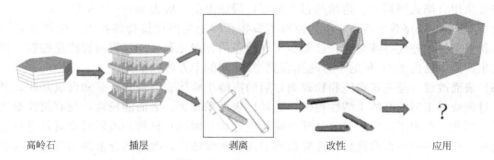

高岭石　　　插层　　　　剥离　　　改性　　　应用

图 4-4　高岭石纳米片和纳米卷制备过程示意图

(4) 煅烧　煅烧是高岭土的重要加工工艺之一。通过煅烧加工高岭土脱除了结构水或结晶水、炭质及其他挥发性物质，变成偏高岭石，商品名称为"煅烧高岭土"。煅烧高岭土具有白度高、容重小、比表面积和孔体积较大、吸油性、遮盖性和耐磨性好、绝缘性和热稳定性高等特性，广泛应用于涂料、造纸、塑料、橡胶、化工、医药、环保、高级耐火材料、混凝土等领域。因此，煅烧已成为高岭土加工的专门技术。高岭土在不同煅烧温度下的化学反应如下：

$$Al_2O_3 \cdot 2SiO_2 \cdot 2H_2O \xrightarrow{450\sim750℃} Al_2O_3 \cdot 2SiO_2 + 2H_2O$$
高岭石　　　　　　　　　　　　　　偏高岭石

$$2(Al_2O_3 \cdot 2SiO_2) \xrightarrow{925\sim980℃} 2Al_2O_3 \cdot 3SiO_2 + SiO_2$$
偏高岭石　　　　　　　　　　　　硅铝尖晶石

$$2Al_2O_3 \cdot 3SiO_2 \xrightarrow{1050℃} 2Al_2O_3 \cdot SiO_2 + 2SiO_2$$
硅铝尖晶石　　　　　　　　　　似莫来石

从 450℃开始，高岭土中的羟基以蒸汽状态逸出，到 750℃左右完成脱羟（不同类型的高岭土完成脱羟的温度略有不同），这时高岭石转变为偏高岭石，即由水合硅酸铝变成由三氧化二铝和二氧化硅组成的物质；煅烧温度在 925℃左右，偏高岭石开始转变为无定形的硅铝尖晶石，至 980℃左右完成硅铝尖晶石的转变；一般在 1050℃左右，硅铝尖晶石向莫来石相转化；当煅烧温度达到 1100℃以后，煅烧产品的莫来石特征峰已明显增强，其物理化学性质已发生变化；煅烧温度升至 1500℃后，偏高岭石已经莫来石化，是一种烧结的耐火熟料或耐火材料。

生产煅烧高岭土的关键技术是煅烧工艺和煅烧设备。在美国和英国等高岭土生产大国，一般采用大型动态立窑和隔焰式回转窑生产煅烧高岭土，原料一般是精选后的软质高岭土，产品白度 85%～95%。中国优质软质高岭土资源较少，但煤系共伴生高岭土质优量大，因此，中国大多用煤系高岭土为原料生产煅烧高岭土。主要生产设备有隔焰式回转窑（用柴油、煤气或天然气、电加热）、直焰式回转窑、立窑等。其中直焰式回转窑和隔焰式回转窑可以方便地调节气氛，温度可控性好，物料受热均匀，产品白度高且质量稳定，操作简便，已成为我国煤系高岭土煅烧的主要设备。

目前，优质煤系煅烧高岭土大多采用干、湿结合，先磨后烧的生产工艺。其生产工艺流程如下：

煤系高岭土 → 破碎 → 粉磨 → 调浆 → 超细研磨剥片 → 干燥 → 打散解聚 → 煅烧

包装 ← 分级 ← 打散解聚 ←

粉磨设备一般采用雷蒙磨、旋转筒式球磨机、大型湿法立式搅拌等；干燥一般采用离心喷雾干燥机或压力喷雾干燥机或多功能强力干燥机；湿式超细研磨一般采用搅拌磨或砂磨机。研

磨产品细度一般是 $d_{90} \leqslant 2\mu m$；打散解聚一般采用高速涡旋磨；分级一般采用涡轮式空气分级机。煅烧采用直焰式回转窑、连续动态立窑等，煅烧温度一般为 900~1050℃。

近 20 年来，以煤系硬质高岭土为原料的煅烧高岭土生产规模持续扩大，生产技术不断进步，装备更新换代速度持续加速，已基本实现装备的大型化和生产过程的智能化控制。单条生产线的生产能力已由 2000 年的一万吨提高到 2015 年的十万吨以上。

(5) 表面改性　经选矿提纯和粉碎剥片后的高岭土粉体表面带有羟基和含氧基团，具有酸性；经过煅烧加工后的高岭土酸性更强，而且比表面积较大、表面能较高，与有机高聚物的相容性差。因此，在用于高聚物基（如环氧树脂或乙烯基树脂）材料的填料时要对其进行表面改性。高岭土粉体经过表面改性后，能降低其表面能和吸油值，改善其分散性和与高聚物基料的相容性，可以提高塑料、橡胶等高聚物基复合材料综合性能，如在热塑性塑料中，改性高岭土对于提高塑料的玻璃化转变温度、拉伸强度和模量特别有效；在热固性塑料中，改性高岭土具有增强塑料制品和预防模压表面的"起霜"及纤维表露的作用；改性后的煅烧高岭土填充于电线电缆护套中，特别是绝缘胶料中，不仅可以提高胶料的模量和拉伸强度、改善耐磨性和抗切口延伸性，而且可获得稳定的在潮湿环境下的电绝缘性能，增大体积电阻率，是高性能电缆绝缘材料不可或缺的无机功能填料；表面改性后的高岭土填充于皮带，可改进皮带的耐磨性并增加抗撕裂强度；填充于鞋底可增加鞋底的挠曲寿命，提高耐磨性；大径厚比的超微细高岭土或纳米高岭土经表面改性后除了具有补强性能外，还可以提高橡胶轮胎的气密性。

高岭土的表面改性一般采用表面化学包覆的方法。常用的表面改性剂主要有硅烷偶联剂、有机硅（油）或硅树脂、表面活性剂及有机酸和有机胺等。用途不同，所选用的表面改性剂的品种和配方也有所不同。

硅烷偶联剂是高岭土填料最常用和最有效的表面改性剂。处理工艺比较简单，一般是将高岭土粉和配制好的硅烷偶联剂一起加入改性机中进行表面包覆处理。工艺可以连续进行，也可以批量进行。影响最终处理效果的因素主要是高岭土粉的粒度，比表面积及表面特性，硅烷偶联剂的品种、用量、用法，改性设备的性能以及表面改性处理的时间、温度等。

用于电线电缆绝缘材料的高岭土填料除了硅烷偶联剂之外，还常用硅油进行表面改性。这种用硅油进行表面改性的高岭土大多是超细煅烧高岭土。改性工艺过程和设备与用硅烷偶联剂相似。

采用不饱和有机酸（如乙二酸、癸二酸、二羧酸等）也可用于胺化后的高岭土粉体的表面改性，这种改性高岭土可用于尼龙 66 等的填料。

无机表面改性剂（二氧化钛、氧化锌等）也可以用于煅烧高岭土的表面改性。二氧化钛改性方法有物理法和化学法两种。化学法是以硫酸氧钛或四氯化钛为前驱体，采用水解沉淀反应方法将水合二氧化钛包覆于高岭土颗粒表面，然后经洗涤、过滤、干燥和煅烧转变成锐钛型或金红石型二氧化钛包覆层，即得表面二氧化钛包覆改性的煅烧高岭土或二氧化钛/高岭土复合粉体材料。物理法是采用超细研磨复合法或机械力化学方法，通过在超细研磨过程中调节浆液的 pH 值以及二氧化钛（钛白粉）与煅烧高岭土的粒度和表面性质（如表面电性），使呈高度分散的超细二氧化钛粒子吸附于高岭土颗粒表面，通过脱水和干燥予以固定。二氧化钛表面包覆改性的煅烧高岭土主要用于代替纯钛白粉用于塑料、橡胶、造纸和涂料的颜料；纳米二氧化钛和氧化锌包覆改性的煅烧高岭土还可以用于防止紫外线的化妆品，如防晒霜。

4.4　膨润土

4.4.1　矿石性质与矿物结构

膨润土（bentonite）是以蒙脱石为主要矿物成分的黏土岩，是含少量碱金属和碱土金属的层状水铝硅酸盐矿物。膨润土矿常伴生伊利石、高岭石、沸石、长石和方解石等矿物，一般呈白色、灰色、粉红色、黄色、褐黑色等多种颜色；具有油脂、蜡状光泽；断口为贝壳状或锯齿状；其形态常呈土状隐晶质块体，有时呈细小鳞片状、球粒状；莫氏硬度 $2\sim2.5$；密度 $2\sim2.7g/cm^3$；性软有滑感，吸水膨胀。

膨润土的主要化学成分为 SiO_2、Al_2O_3、H_2O，次要化学成分为 FeO、Fe_2O_3、CaO、Na_2O、K_2O、TiO_2 等，理论分子结构式为 $[(1/2)Ca,Na]_x(H_2O)_4\{(Al_{2-x}Mg_x)[Si_4O_{10}](OH)_2\}$。

蒙脱石的单元结构是两层硅氧四面体片和一层夹于其间的铝（镁）氧（羟基）八面体片构成的 2∶1 型层状硅酸盐（见图 4-5），属于单斜晶系，$a_0=0.5nm$，$b=0.906nm$，c_0 变化较大，无水时为 0.96nm；当层间阳离子为 Ca^{2+} 时，可含两层水分子，$c_0\approx1.55nm$；当层间阳离子为 Na^+ 时，可含单层水分子，也可含两层或三层水分子，c_0 可增加到 $1.8\sim1.9nm$，当其吸附有机分子时，c_0 可达到 4.3nm。硅氧四面体中的 Si^{4+} 常被 Al^{3+} 置换，铝氧八面体中的 Al^{3+} 可被 Mg^{2+}、Fe^{2+} 等低价阳离子置换，使晶体层（结构层）间产生多余的负电荷（永久性负电荷）。为了保持电中性，晶层间吸附了大半径的阳离子（如 K^+、Na^+、Ca^{2+}、Mg^{2+}、Li^{2+}、H^+ 等），这些阳离子以水化状态出现，可相互交换，使蒙脱石族矿物具有离子交换等一系列特性。

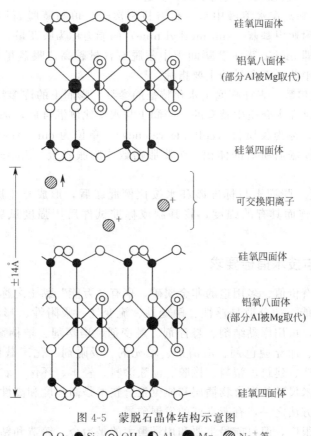

图 4-5 蒙脱石晶体结构示意图

○ O；● Si；◎ OH；◐ Al；● Mg；▨ Na^+ 等

根据膨润土中所含的可交换阳离子的种类、含量和结晶化学性质等，可将膨润土分为钙基膨润土、钠基膨润土等类型。根据国家标准（GB/T 20973—2007）按 $(\sum Na^+ + \sum K^+)/(\sum Ca^{2+} + \sum Mg^{2+})$ 进行划分，$(\sum Na^+ + \sum K^+)/(\sum Ca^{2+} + \sum Mg^{2+})\geqslant1$ 为钠基膨润土，$(\sum Na^+ + \sum K^+)/(\sum Ca^{2+} + \sum Mg^{2+})<1$ 为钙基膨润土。钠基膨润土比钙基膨润土有更高的

膨胀性和阳离子交换容量，在水中的分散性好，而且胶质价高，黏性、润滑性及热稳定性俱佳。此外，触变性、热湿拉强度和干压强度也较好，所以钠基膨润土性能更好，利用价值更大。

膨润土的物理特性如下。

① 吸湿性　能吸收自身体积8～15倍的水量。

② 吸水膨胀　体积膨胀数倍至30倍。

③ 分散悬浮性　在水介质中能分散呈胶体悬浮液。

④ 黏滞性、触变性和润滑性　与水、泥或砂等细的碎屑物质的掺和物有可塑性和黏结性。

⑤ 离子交换能力和吸附能力　较强的阳离子交换能力以及吸附能力。

⑥ 较大的比表面积　最大可达800m^2/g。

评价膨润土物化性质或性能的主要指标如下。

① 离子交换容量（CEC）　包括层间的阳离子（K^+、Na^+、Ca^{2+}、Mg^{2+}、Li^+、H^+）和晶体边缘断键，两者的总和即为阳离子交换容量。天然蒙脱石在pH为7的水介质中的阳离子交换容量（CEC）为0.7～1.4mmol/g。蒙脱石晶体端面所吸附的离子也具有可交换性，但在总交换容量中所占的比例极小。影响膨润土交换容量大小的主要因素是蒙脱石的含量、结合能、介质pH、粒度、温度及可交换离子的种类等。

② 吸蓝量　亚甲基蓝在水溶液中呈一价有机阳离子，可与蒙脱石层间阳离子进行交换。膨润土在水溶液中吸附亚甲基蓝（sub-methyl-blue）的能力称为吸蓝量，以每克膨润土吸附亚甲基蓝的物质的量，即mol/g表示。膨润土中蒙脱石含量越高，吸蓝量就越大，因此吸蓝量可以作为评价膨润土中蒙脱石含量的主要指标。

③ 胶质价与膨胀倍数　表征膨润土水化特征的参数。膨润土的许多特性，如分散、膨胀、触变、可塑等性能都是在水介质中特有的。膨润土与水按比例混合后，加一定量氧化镁，使其凝聚形成胶体的体积，称为胶质价（colloide valency），单位为cm^3/g；而膨润土与水混合后再与盐酸溶液混匀、膨胀后所占的体积，为膨胀倍数或膨胀容量（dilatation capacity），单位为mL/g。

④ 湿态抗压强度　膨润土与标准砂和水按比例混碾后，形成黏土膜将砂粒包裹，砂粒彼此间被黏土膜所粘连而具有的强度，将其制成标准试件后用强度试验机测得的湿态抗压强度。

4.4.2　应用领域与技术指标要求

膨润土是一种极有价值、多用途的非金属矿，享有"万能"黏土之称。膨润土及其加工产品具有优良的工艺性能，如分散悬浮性、触变性、流变性、吸附性、膨润性、可塑性、黏结性、阳离子交换性等，可用作黏结剂、悬浮剂、触变剂、增塑剂、增稠剂、润滑剂、絮凝剂、稳定剂、催化剂载体、净化脱色剂、澄清剂、填充剂、吸附剂、化工载体等，广泛应用于石油、化工、冶金、铸造、建筑、塑料、橡胶、油漆涂料、轻工、环保、农业等。利用蒙脱石层状晶体结构和层间纳米尺度的聚合物插层和原位聚合技术是高强度和高性能纳米塑料或纳米高分子材料的主要制备方法之一，有着良好的发展前景。

膨润土虽然用途很广，但目前最主要和用量最大的是冶金、铸造和钻井泥浆三个领域，约占膨润土总量的70%。膨润土及其制品的主要用途详见表4-28。

表4-28　膨润土及其制品的主要用途

应用领域	主要用途	所用膨润土种类
铸造	型砂黏结剂	钠基膨润土或钙基、镁基膨润土
	水化型砂的黏结剂、表面稳定剂	有机膨润土

应用领域	主要用途	所用膨润土种类
冶金	铁精矿球团黏结剂	钠基膨润土为主
钻井泥浆	配制具有高流变和触变性能的钻井泥浆悬浮液	钠基膨润土或钙基、镁基膨润土
	钻机解卡剂	有机膨润土
食品	动植物油的脱色和净化、葡萄酒和果汁的澄清、啤酒的稳定化处理、糖化处理、糖汁净化	活性白土(漂白土)、钠基膨润土、其他膨润土
石油	石油、油脂、石蜡油(煤油)的精炼、石蜡脱色和净化;	活性白土(酸化膨润土)
	石油裂化的催化剂载体	钙基、镁基膨润土
	制备焦油-水的乳化液	钠基膨润土(人工钠化或天然)
	沥青表层的稳定剂、润滑油(油脂)的稠化剂	有机膨润土
农业	土壤改良剂、混合肥料的添加剂、饲料添加剂(吸附霉菌毒素)和兽药、黏合剂、动物圈垫土(去味消毒)	各种膨润土,其中饲料添加剂和兽药要求高纯度膨润土
化工	催化剂、农药和杀虫剂的载体	活性白土(漂白土)
	橡胶和塑料制品的填料	钠基膨润土(人工钠化或天然)
	干燥剂、过滤剂、洗涤剂、香皂、牙膏等日化品添加剂	锂基、镁基膨润土
	涂料、油墨的触变增稠剂,涂料、油墨的防沉降助剂	有机膨润土
环保、生态建设	工业废水处理、垃圾填埋场防渗材料、食品工业废料处理、放射性废物的吸附处理剂、水土保持、固沙	活性白土、钠基膨润土(人工钠化或天然)等
建筑	防水和防渗材料、水泥混合材料、混凝土增塑剂和添加剂等	钠基膨润土(人工钠化或天然)、钙基膨润土等
造纸	复写纸的染色剂、颜料、填料、助留剂等	活性白土,钙基、钠基、镁基膨润土
纺织印染	填充、漂白、抗静电涂层、代替淀粉上浆及做印花糊料	活性白土,钠基膨润土(人工钠化或天然)
陶瓷	陶瓷原料的增塑剂(提高陶瓷坯体的抗压强度)	各种膨润土
医药、化妆品	药物的吸着剂和药膏药丸的黏结剂、止泻药、化妆品底料	高纯度镁基、钙基、锂基、钠基膨润土
机械	高温润滑剂	有机膨润土

膨润土的技术指标或质量要求因应用领域不同而异。中国于2007年发布了膨润土的国家标准(GB/T 20973—2007)。该标准规定了用于铸造、冶金球团和钻进泥浆用膨润土的术语和定义、分类、标记、要求、试验方法等。表4-29～表4-31分别为铸造用膨润土、冶金球团用膨润土和钻井泥浆用膨润土的质量指标要求。

表 4-29 铸造用膨润土质量指标

项目		一级品	二级品	三级品	四级品
湿压强度/kPa	≥	100	70	50	30
热湿拉强度/kPa	≥	2.5	2.0	1.5	0.5
吸蓝量/(g/100g)	≥	32	28	25	22
过筛率(75μm,干筛,质量分数)/%	≥	85			
水分(105℃,质量分数)/%		9～13			

注:铸造用钙基膨润土热湿拉强度不作要求。

表 4-30 冶金球团用膨润土质量指标

项 目		钠基膨润土			钙基膨润土		
		一级品	二级品	三级品	一级品	二级品	三级品
吸水率(2h)/%	≥	400	300	200	200	160	120
吸蓝量/(g/100g)	≥	30	26	22	30	26	22
膨胀指数/(mL/2g)	≥	15			5		
过筛率(75μm,干筛,质量分数)/%	≥	98	95	95	98	95	95
水分(105℃,质量分数)/%		9～13			9～13		

表 4-31　钻井泥浆用膨润土质量指标

项　目		钻井膨润土	未处理膨润土	OCMA 膨润土
黏度计读数(600r/min)/mPa·s	≥	30		30
屈服值/塑性黏度	≤	3	1.5	6
滤失量/cm³	≤	15.0		16.0
过筛率(75μm,干筛,质量分数)/%	≤	4.0		2.5
分散后的塑性黏度/mP·s	≥		10	
分散后的滤失量/cm³	≤		12.5	
水分(105℃,质量分数)/%				13.0

中国国家卫生和计划生育委员会于 2015 年发布了食品添加剂用膨润土的国家标准（GB 1886.63—2015），食品添加剂用膨润土质量指标见表 4-32。

表 4-32　食品添加剂用膨润土质量指标

项　目	指标	项　目	指标
pH(20g/L 悬浮液)	4.5~10.5	总砷(以 As 计)/(mg/kg)　≤	15.0
细度(通过 0.075mm 试验筛,质量分数)/%　≥	70.0	铅(Pb)/(mg/kg)　≤	35.0
干燥减量(质量分数)/%　≤	12.0		

中国建材行业标准（JC/T 2054—2011）规定天然钠基膨润土原料性能要求为 0.2~2.0mm 颗粒含量≥80%，膨胀指数≥22mL/2g，膨胀指数变化率≥80%，滤失量≤18mL。

4.4.3　加工技术

目前，膨润土的加工技术主要是提纯、改型、活化、改性（有机土制备）、交联（柱撑蒙脱石）及复合等。

(1) 提纯　膨润土的选矿提纯方法可分为三种，即拣选、风选（干法）和水选（湿法）。

拣选主要用于原矿蒙脱石含量较高的膨润土。拣选一般在采矿场进行，人工将矿石中的废石挑选出来。也可以根据应用领域的技术指标要求分地段、层位采矿，分别堆放，单独加工。目前国内多用人工拣选，工艺流程如下：

原矿→ 碎矿 → 干燥 → 拣选 → 磨粉 →包装

第一步，将大块膨润土矿石破碎到 20mm 左右，软质膨润土不需破碎。第二步将矿石干燥，使水分降到 6%~12% 以下。可以加热干燥，也可以自然干燥，还可以向磨粉机中通热风在磨粉中脱水干燥。第三步进行人工拣选，在晾干过程中用人工挑出 20mm 以上的废石，也有些矿山用振动筛筛出大于 20mm 的大块。第四步进行磨粉，通常采用雷蒙磨，产品细度一般为 200 目。

风选是国内外普遍采用的提纯方法。一般入选品位（蒙脱石含量）大于 70%。风选的原则流程如下：

原矿→ 干燥 → 磨粉 → 风选分级 →包装

干燥一般分两段进行，先将矿石堆放在料场上进行自然干燥，使原矿水分从 40% 降到 25% 以下，然后进行粗破碎，破碎产品粒度为 30~40mm。将破碎产物进一步干燥，一般采用热空气干燥和流态化干燥。采用的干燥设备主要有流态化干燥机、回转百叶窗式干燥机、闪蒸式干燥机、回转干燥机等。干燥温度一般控制在 250℃ 以下，产品水分控制在小于 6%~12%。干燥温度过高或干燥时间过长都会影响产品质量，甚至失去胶性。磨粉一般采用雷蒙磨，产品细度根据用户要求而定，一般为 100~325 目。磨粉后的产品用旋风器式分级机或叶轮式分级机进行分级除砂（杂）后即得最终产品。

欲获得高纯度膨润土或蒙脱石，并且开发利用蒙脱石含量为 30%～60% 的中低品位膨润土资源，要采用湿选或湿法提纯工艺。

膨润土的湿法提纯工艺流程如图 4-6 所示。将膨润土原矿破碎至小于 5mm，加水搅拌制成浓度在 25% 左右的矿浆，然后用螺旋分级机、水力旋流器或其他水力分级机分离出粒度较粗的砂粒和碳酸盐矿物，剩余的悬浮液进入高速旋转的离心沉降分离机，如卧式螺旋卸料沉降式离心机或离心选矿机，进一步分离细粒碳酸盐和石英、长石等杂质，得到粒度小于 5μm，膨胀倍数在 20 以上的高纯度蒙脱石或膨润土浆料或悬浮液，将这种浆料过滤、干燥和打散解聚后即得到高纯度膨润土产品。离心分离后的沉降物除了少部分细粒碳酸盐和长石等杂质外，还含有能够满足活性白土生产要求的膨润土，因此，可以将其与纯度较高的膨润土掺和生产活性白土。

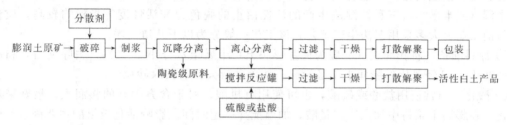

图 4-6　膨润土湿法提纯工艺流程

另一种湿法提纯方法是**重偏磷酸盐法**。该法是将膨润土矿浆加入到含有工业纯六偏磷酸钠的稀溶液中，使杂质矿物与膨润土完全分散并迅速沉淀后再进行分离。具体工艺过程如下：首先将膨润土制成矿浆，液固比为 1.5～2，然后将矿浆打入计量器计量混合，同时加入六偏磷酸钠溶液，用量为膨润土质量的 0.5% 左右。为使膨润土迅速沉降，六偏磷酸钠溶液浓度不宜过浓。混合好的矿浆进入沉淀器沉淀，沉砂即为杂质，悬浮物进一步分离、净化、干燥、解聚，即可获得高纯度膨润土。可重复采用多次沉淀，最终可得到蒙脱石含量 90% 以上的高纯度膨润土精矿。

(2) 改型　膨润土的改型是通过离子交换改变蒙脱石层间可交换阳离子的种类，达到改善或提高膨润土物化性能，尤其是钙基膨润土物化性能的目的。

钠基膨润土的物理性能优于钙基膨润土，所以钠基膨润土比钙基膨润土具有更高的应用价值和经济价值。然而，在自然界或膨润土矿床中钙基膨润土占主导地位，所以膨润土的钠化改型已成为膨润土的主要加工技术之一。

对钙基膨润土进行钠化的原理是：用 Na^+ 将蒙脱石晶层中可置换的阳离子 Ca^{2+} 或 Mg^{2+} 置换出来，将钙基膨润土转换成钠基膨润土，一般方法是在钙基膨润土中加入钠盐（通常是 Na_2CO_3），进行离子交换反应，主要有悬浮液法、堆场钠化（陈化）法和挤压法等。其中悬浮液法称为湿法，堆场钠化法和挤压法称为干法。

① 悬浮液法　在配浆的同时向水中加入钙基膨润土和 Na_2CO_3，长时间预水化，并混合均匀。

② 堆场钠化法　将 2%～5% 的 Na_2CO_3 撒在含水量大于 25% 的膨润土原矿中，翻动拌和，混匀碾压，老化 7～15d，然后干燥粉碎成产品。

③ 挤压法　将膨润土粉碎至一定粒度后，加入一定量的 Na_2CO_3 充分混合和挤压，然后进行干燥和磨粉。有轮碾挤压、双螺旋挤压、阻流挤压、对辊挤压等。

膨润土钠化过程中，为了提高钠化效果，可加入少量助剂，如单宁酸等。

锂基膨润土能够在有机溶剂中成胶，代替有机膨润土，有较高的应用价值。但天然锂基膨润土的储量很少。因此，人工锂化是制备锂基膨润土的主要方法之一。

用锂离子置换蒙脱石层间可交换 Ca^{2+} 或 Mg^{2+} 等阳离子，可将钙基膨润土改型为锂基膨润土。用碳酸锂和氯化锂进行改型的反应机理为：

$$Ca(Mg)\text{-膨润土}+Li_2CO_3 \longrightarrow 2Li\text{-膨润土}+Ca(\text{或 }Mg)CO_3 \downarrow$$

$$Ca(Mg)\text{-膨润土}+2LiCl \longrightarrow 2Li\text{-膨润土}+Ca(\text{或 }Mg)Cl_2 \downarrow$$

反应后 Li^+ 置换了蒙脱石层中的 Ca^{2+}、Mg^{2+}，使钙蒙脱石变成锂蒙脱石。

制备锂基膨润土常用的锂盐为碳酸锂。制备工艺为：提纯膨润土加水制成膏浆→加酸活化→加改型剂（碳酸锂溶液）→混碾→陈化→过滤→干燥（温度低于 $120℃$）→磨粉包装。

(3) 活化（制备活性白土）　天然膨润土吸附能力较差，为提高其吸附性能必须进行活化，以满足食品、化工、环保、石油等应用领域的要求。经活化后的膨润土称为活性白土，颜色为灰白色、粉红色或白色。产品种类有粉状活性白土和粒状活性白土等，生产工艺有湿法、干法、半湿（或半干）法三种。湿法生产的活性白土的脱色力和活性度等指标均较高，质量稳定。目前工业上大多采用湿法生产工艺。该工艺一般分为以下几道工序。

① 原料准备　将膨润土（一般为钙基膨润土）干燥至水分小于 15%，去除夹石，粉碎至 $100\sim200$ 目，已经风化的膨润土不必粉碎。如含砂量大，需去除砂粒。

② 酸化　通常使用盐酸或硫酸，也可使用有机酸，对于含方解石的膨润土，最好采用盐酸活化。在膨润土浆料中加入一定量酸，加温搅拌一定时间。影响活化效果的主要因素是酸的用量、矿浆浓度、活化时间、温度以及搅拌条件等。酸的用量一般为 $300\sim600kg/1000kg$ 膨润土；水土比通常为 $(0.8\sim1):1$，活化温度 $50\sim100℃$；反应时间视反应温度和操作条件而定，一般为 $2\sim8h$；活化时需要不断搅拌。

③ 洗涤　活化完毕，要多次洗涤直到洗液呈中性为止。由于膨润土粒度细，不易沉降，为加速沉降，可加入适量高效絮凝剂。

④ 过滤　采用压滤或真空吸滤工艺脱除洗涤后的活性白土浆液中的大部分水分。

⑤ 干燥　通常要求干燥后产品的水分小于 8%。

⑥ 磨粉　一般使用雷蒙磨、涡旋磨、振动磨等将干燥后的活性白土磨细至 200 目。如果干燥后的产品为粉体产品，则可以不要再磨粉。

活性白土质量指标主要有活性度、脱色率或脱色力、游离酸、粒度、水分、机械夹杂物等。活性度反映了可交换 H^+ 和游离酸的量；脱色力反映了吸附作用的大小。目前对活性白土的脱色能力有两种表示方法，即脱色率和脱色力。

(4) 改性（制备有机膨润土）　以上讲的改型是用钠离子或锂离子置换蒙脱石中可交换的钙离子，活化实际上是用 H^+ 置换蒙脱石中可交换的钙离子或其他阳离子。改性是指用有机长链季铵盐阳离子置换蒙脱石结构单元层间的可交换阳离子和水分子，插入层间，使其结构改变，层间距扩大。这种置换插层后的膨润土称为有机膨润土。有机长链季铵盐阳离子置换蒙脱石中的可交换阳离子，堵塞水的吸附中心，使其失去吸水的作用，变成疏水亲油的有机膨润土络合物。因此，有机膨润土在有机溶剂中也能显示出优良的分散、膨胀、吸附、黏结和触变等特性，广泛应用于涂料、石油钻井、油墨、灭火剂、高温润滑剂等领域。

用有机长链季铵盐改性膨润土制备有机膨润土的原理是：

$$\text{膨润土 }X+\left[R^1-\overset{\overset{\displaystyle R^2}{|}}{\underset{\underset{\displaystyle R^3}{|}}{N}}-R^4\right]Y \longrightarrow \text{膨润土}\left[R^1-\overset{\overset{\displaystyle R^2}{|}}{\underset{\underset{\displaystyle R^3}{|}}{N}}-R^4\right]+XY$$

式中，X 为 Na^+、Ca^{2+}、H^+；Y 为 Cl^-（Br^-）；R^1、R^2、R^3、R^4 为含 $1\sim25$ 个碳的烷基，R^4 可为芳香基。

蒙脱石结构单元层间的金属离子（如 Na^+、K^+、Ca^{2+} 等），既可被其他金属离子（如 Cu^{2+}、Ru^{2+}、Fe^{3+} 等）交换，也能与有机阳离子（如长链季铵盐离子）发生离子交换反应，将这些有机阳离子引入蒙脱石层间。有机阳离子的引入，使蒙脱石层间距增大。图 4-7 所示为有机膨润土制备原理示意图。

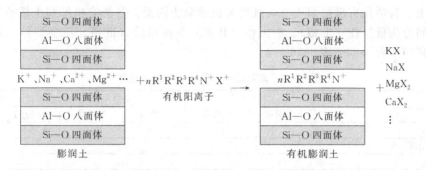

图 4-7　有机膨润土制备原理示意图

有机膨润土的制备工艺可分为三种，即湿法、干法和预凝胶法。

湿法制备有机膨润土的原则工艺流程如下：

原土 → 粉碎 → 制浆 → 提纯 → 改型或活化 → 有机插层 → 过滤 → 干燥 → 打散解聚 → 包装

现将主要工序分述如下：

① 制浆　将膨润土加水充分分散，并且除去砂粒和杂质。为使膨润土良好分散，可边加料、边搅拌，同时加入分散剂。

② 提纯　如原土纯度不够，要进行预先提纯。

③ 改型或活化　从原理上讲，各种黏土矿物都可作为有机膨润土原料，但以钠基膨润土和锂基膨润土为好。作为有机膨润土原料，可交换阳离子的数量应尽可能高。为提高原土的阳离子交换容量，对于钙基膨润土和阳离子交换容量较低的钠基膨润土，必须首先进行改型处理，以增强膨润土与有机季铵盐的作用。

④ 有机插层置换　将矿浆浓度 5% 左右的矿浆，加温到 38～80℃，在不断搅拌下，徐徐加入有机插层剂，再连续搅拌 30～120min，使其充分反应。

反应完毕，停止加热和搅拌，将悬浮液洗涤、过滤、干燥和打散解聚，即得有机膨润土产品。

干法生产有机膨润土的原则工艺流程如下：

精选钠基膨润土 → 加热混合 → 挤压 → 干燥 → 解聚 → 有机膨润土

将含水量 20%～30% 的精选钠基膨润土与有机插层剂直接混合，用专门的加热混合机混合均匀，再加以挤压，制成含有一定水分的有机膨润土。可将该含水有机膨润土进一步干燥和打散解聚为粉状产品，也可以将其直接分散于有机溶剂中，制成凝胶或乳胶体产品。

预凝胶法制备有机膨润土的工艺流程如下：

原土 → 粉碎 → 分散制浆 → 改型提纯 → 有机插层 → 抽提水分 → 加热脱水 → 预凝胶产品

将粉碎后的原土进行分散制浆、改型提纯，然后进行有机插层置换。在有机置换过程中，加入疏水有机溶剂（如矿物油），将已完成置换反应的疏水的有机膨润土产物萃取进入有机相，分离出水相，再蒸发除去残留水分，直接制成膨润土预凝胶。

制备有机膨润土常用的有机插层剂是长链季铵盐，如甲基苄基二氢化牛脂氯化铵、甲基苄基椰子油酸氯化铵、二甲基双十八烷基氯化铵、三甲基十八烷基氯化铵、十八烷基二甲基苄基氯化铵、十六烷基三甲基溴（氯）化铵等。

有机膨润土的主要技术性能指标是粒度、颜色、黏度、水分等。2012年报批的有机膨润土国家标准（GB/T 27798—2011）将有机膨润土按功能和组分分为高黏度有机膨润土、易分散有机膨润土、自活化有机膨润土和高纯度有机膨润土四类。各类有机膨润土按插层剂亲水亲油平衡值不同分为低极性（Ⅰ型）、中极性（Ⅱ型）和高极性（Ⅲ型）三个型号。其主要质量指标要求分别列于表4-33～表4-36。

表4-33 高黏度有机膨润土的质量指标

试验项目		Ⅰ型		Ⅱ型		Ⅲ型	
		一级品	二级品	一级品	二级品	一级品	二级品
表观黏度/Pa·s	≥	2.5	1.0	3.0	1.0	2.5	1.0
通过率(75μm,干筛)/%	≥	95					
水分(105℃)/%	≤	3.5					

表4-34 易分散有机膨润土的质量指标

试验项目		Ⅰ型	Ⅱ型	Ⅲ型
剪切稀释指数	≥	5.5	6.0	5.0
通过率(75μm,干筛)/%	≥	95		
水分(105℃)/%	≤	3.5		

表4-35 自活化有机膨润土的质量指标

试验项目		Ⅰ型		Ⅱ型		Ⅲ型	
		一级品	二级品	一级品	二级品	一级品	二级品
胶体率/%	≥	70	60	98	95	95	92
分散体粒度(D_{50})/μm	≤	8	15	8	15	8	15
通过率(75μm,干筛)/%	≥	95					
水分(105℃)/%	≤	3.5					

表4-36 高纯度有机膨润土的质量指标

项目		Ⅰ型		Ⅱ型		Ⅲ型	
		一级品	二级品	一级品	二级品	一级品	二级品
物相		X射线衍射分析中不得检出除有机蒙脱石、石英和方英石以外其他矿物成分					
表观黏度/Pa·s	≥	2.5		3.0		2.5	
石英含量/%	≤	1.0	1.5	1.0	1.5	1.0	1.5
方英石含量/%	≤	1.0	1.5	1.0	1.5	1.0	1.5
通过率(75μm,干筛)/%	≥	95					
水分(105℃)/%	≤	3.5					

影响有机膨润土质量指标的主要因素有：膨润土的质量（类型、纯度、阳离子交换容量等），有机插层剂的结构、用量、用法，制备工艺条件（矿浆浓度、反应温度、反应时间等）。

有机膨润土原料要求含砂量小、阳离子交换容量高，通常阳离子交换容量和纯度成正比关系。此外，可交换阳离子的种类也对有机膨润土的质量有很大影响。一般来说，应选用纯度高、交换容量大、可交换钠离子数量多的优质钠基膨润土作为有机膨润土的原料。但是，天然产出的膨润土不同程度地存在杂质，因此，提纯工艺对有机膨润土的质量有重要影响。另外，同一膨润土原料在插层置换前用不同改型剂或活化剂处理，也对膨润土的阳离子交换容量及活性产生重要影响，从而影响有机膨润土的质量。

有机插层剂的结构、用量、用法直接影响有机膨润土的质量。有机插层剂的结构类型和碳链长度不同，亲油性有明显差别，因而直接影响有机膨润土的应用性能和用途。有机铵盐对蒙脱石的亲和力和其分子量有关，分子量越大，越易为蒙脱石吸附，这是因为高级铵盐除和蒙脱石中的可交换阳离子交换反应外，还兼有分子吸附作用。因此，制备有机膨润土选用的季铵盐，其长链烷基碳原子数一般应大于12。研究表明，混合使用两种以上的插层剂，在某些性能和用途方面较使用单一覆盖剂的效果要好。

有机膨润土悬浮液的稳定性和插层剂用量有很大关系。当插层剂用量和蒙脱石的阳离子交换容量相等时，可交换阳离子全部被有机铵盐离子交换出来，此时悬浮液的黏度最大，如继续增加有机覆盖剂的用量，悬浮液黏度变小。因此，插层剂用量应适当，以满足阳离子交换容量为原则。

制备有机膨润土时，矿浆浓度以膨润土的充分分散为最佳，过高浓度导致膨润土分散不开，影响其与有机铵盐离子的置换反应；过低浓度虽有助于分散，但耗水量大，使生产成本增加。

温度是影响有机铵盐阳离子与膨润土中可交换阳离子进行置换反应的重要因素，因此，温度一定要适当。一般最佳温度为65℃左右。

反应时间一般与矿浆浓度、反应温度等有关，从0.5h至数小时不等，适宜的反应时间最好在其他工艺条件确定的基础上通过试验来确定。

(5) 交联（制备柱撑蒙脱石）柱撑黏土（pillared clays，PILC）作为一种新型的离子-分子筛、催化剂载体，在石油、化工、环保等中有良好的应用前景。

所谓柱撑黏土就是柱化剂（或称交联剂）在黏土矿物层间呈"柱状"支撑，增加了黏土矿物晶层间距，具有大孔径、大比表面积、微孔量高、表面酸性强、耐热性好等特点，是一种新型的类沸石层柱状催化剂。在柱撑研究中，对蒙脱石的柱撑研究相对较多。

自1997年用羟基铝作为柱化剂成功研制出柱撑蒙脱石（Al-PILC）以来，先后研制出Zr-PILC（以羟基锆作柱化剂）、羟基铬、羟基钛、羟基Al-Cr、羟基Al-Zr、羟基Al-M（M为过渡金属阳离子）、羟基Al-Ga、羟基Nb-Ta等作为柱化剂的柱撑黏土。至今，Al-PILC的热稳定性最好，并且有较强的酸性。

合成柱撑蒙脱石的工艺流程为：

原料 → 浸泡 → 提纯 → 改型 → 交联 → 洗涤 → 干燥 → 焙烧 → 成品

柱撑蒙脱石的合成利用了蒙脱石在极性分子作用下层间距所具有的可膨胀性及层间阳离子的可交换性，将大的有机或无机阳离子柱撑剂或交联剂引入其层间，像柱子一样撑开黏土的层结构，并牢固地连接在一起。

作为新型的耐高温的催化剂及催化剂载体——柱撑蒙脱石必须在一定温度下保持足够的强度，即高温下，"柱子"不"塌陷"，也就是热稳定性好，这是衡量柱撑蒙脱石质量的重要指标。柱撑蒙脱石经焙烧后，水化的柱撑体逐渐失去所携带的水分子，形成更稳定的氧化物型大阳离子团，固定于蒙脱石的层间域，并形成永久性的空洞或通道。

目前研究开发的柱撑膨润土产品主要有钛交联膨润土和羟基锆交联膨润土。

(6) 复合复合是指以膨润土为主要原料与有机聚合物或聚合物单体反应形成复合功能材料，目前已经工业化和正在进行工业化的主要是防水毯和防水板及聚合物/蒙脱土纳米复合材料。

① 防水毯和防水板 膨润土防水毯（GCL）或防水衬垫是将天然钠基膨润土填充在聚丙烯织布和非织布之间，将上层的非织布纤维通过膨润土用针压的方法连接在下层的织布上制备而成的。由于用针压方法做成的防水毯有许多小的纤维空间，其中的膨润土颗粒不能向一个方向流动，因此能形成均匀的防水层。这种材料广泛用于地铁、隧道、人工湖、机场、地下室、地下停车场、水处理池、垃圾填埋场等的防水和防渗漏。

　　膨润土防水板是将天然钠基膨润土和高密度聚乙烯（HDPE）压缩成型的具有双重防水性能的高性能防水材料。这种防水板广泛用于各种地下工程的防水。

　　② 聚合物/蒙脱土纳米复合材料　聚合物/蒙脱土纳米复合材料是以聚合物材料为基体，纳米级层状结构蒙脱土颗粒为填料或分散相的高分子复合材料。但这种高分子材料不是简单地在聚合物中添加蒙脱土填料颗粒进行混合而制得，而是通过聚合物单体、聚合物溶液或熔体在有机物改性后的蒙脱土矿物的结构层间插层聚合、聚合物插层或剥离作用，使蒙脱土形成纳米尺度的基本单元并均匀分散于聚合物基体中而制成的。按其复合的形式，聚合物/蒙脱土纳米复合材料可分为插层型纳米复合材料（intercalated nano-composite）和剥离型纳米复合材料（exfoliated nano-composite）。在插层型纳米复合材料中，聚合物插入膨润土颗粒的硅酸盐片层间，层间距因大分子的插入而明显增大，但片层之间仍存在较强的范德华吸引力，片层与片层的排列仍是有序的，因此，插层型纳米复合材料具有各向异性。在剥离型纳米复合材料中，聚合物分子大量进入膨润土硅酸盐片层间，黏土片层完全剥离，层间相互作用力消失，叠层结构被完全破坏，硅酸盐片层以单一片层状无序而均匀地分散于聚合物基体中，因此，剥离型复合材料具有较强的增强效应，是强韧性材料。

　　目前，制备聚合物/蒙脱土纳米复合材料主要采用插层法。插层法制备聚合物/蒙脱土纳米复合材料分为原位插层聚合法和聚合物插层法。

　　经有机化处理的膨润土，由于体积较大的有机离子交换了原来的 Na^+，层间距离增大，同时因片层表面被有机阳离子覆盖，黏土由亲水性变为亲油性。当有机化膨润土与单体或聚合物作用时，单体或聚合物分子向有机膨润土的层间迁移并插入层间，使膨润土层间距进一步增大，得到插层复合材料。

　　原位插层聚合法是利用有机物单体通过扩散和吸引等作用力进入膨润土片层，然后在膨润土层间引发聚合，利用聚合热将黏土片层打开，形成纳米复合材料；聚合物插层法是聚合物分子利用溶剂的作用或通过机械剪切等物理作用插入膨润土的片层，形成纳米复合材料，这种方法又分为溶液插层和熔融插层。

　　聚合物/蒙脱土纳米复合材料的物理化学性能显著优于相同组分常规材料，甚至表现出常规材料所不具有的纳米效应，因此已成为当前材料科学研究开发的热点之一。近年来，对聚合物/蒙脱土纳米复合材料的研究日益广泛和深入，并且已经有一些成功的实例，如聚酰胺（PA）/蒙脱土纳米复合材料、聚丙烯（PP）/蒙脱土纳米复合材料、聚苯乙烯（PS）/蒙脱土纳米复合材料等。

　　③ 蒙脱石基复合光催化材料　利用蒙脱石对污染物良好的吸附能力与光催化材料的催化降解作用，建立一种高效吸附-降解协同体系，是环境治理的一种可行途径。目前，蒙脱石基复合光催化材料以负载纳米 TiO_2 研究最为广泛，但由于负载的均是纯 TiO_2，存在太阳光的利用率低、电子-空穴对容易复合等问题，限制了该材料的实际应用。近年来，如何在易于产业化的温和工艺条件下提高蒙脱石基复合光催化材料的可见光光催化性能成为研究热点。

　　类石墨氮化碳（$g-C_3N_4$）是一种不含金属、与石墨具有类似层状结构的窄带隙（2.7eV）非金属半导体材料，可见光下具有良好的光催化性能。$g-C_3N_4$/蒙脱石复合光催化材料是以蒙脱石为载体，利用湿化学及煅烧两步法，利用载体与 $g-C_3N_4$ 纳米片层尺寸的差异，进行了微米/纳米片片体系组装，使得 $g-C_3N_4$ 纳米片与蒙脱石片层建立了紧密的界面结合。该材料无论是对罗丹明 B 还是盐酸四环素都具有优异的可见光光催化性能，相比于单一的 $g-C_3N_4$，可见光光催化性能得到了较大幅度的提升。

　　(7) 无机凝胶　膨润土基矿物凝胶是一种非常重要的触变性凝胶产品，其具有独特的层状镁铝硅酸盐结构，分散在水溶液中可形成一种特有的"卡房式"结构，表现为优异的悬浮性、流变特性和胶体特性等。由于其耐酸碱、稳定性好、成本低、无毒、无刺激而被广泛用于牙膏、化妆品、涂料、医药等领域。膨润土矿物凝胶的制备工序主要包括分选提纯、钠化改型、磷化改性及胶化等。其作用机理如下：在蒙脱石晶格内部，因为各离子之间存有类质同相取代的现象，故晶片表面带永久性负电荷，可吸附环境中的 Na^+、K^+、Ca^{2+}、Mg^{2+} 等阳离子。在层间域里，阳离子周围存在水分子对晶片的作用和阳离子自身的水化作用，将会促使晶片在 c 轴的方向发生膨胀，这样蒙脱石就得以在水中分散充分。当添加钠化改型剂后，层间阳离子之间的交换作用促使蒙脱石的内部电荷有改变，导致其层与层之间的作用力减小而易于拆散，形成端面正电荷层面负电荷的薄片。这些薄片在水中借助静电作用，"端-面"相接或与高价阳离子（如 Ca^{2+}）结合形成凝胶结构，最终形成一种具有一定强度的矿物凝胶。

4.5　伊利石

4.5.1　矿石性质与矿物结构

伊利石（illite）是一种层状硅酸盐云母类黏土矿物，又称水白云母，含有结构水和较多的吸附水，化学式为 $K_{<1}Al_2[(Al,Si)Si_3O_{10}(OH)_2 \cdot nH_2O]$。

伊利石的晶体结构与蒙脱石类似，主要区别在于晶格取代作用多发生在四面体中，铝原子取代四面体的硅。晶格取代作用也可以发生在八面体中，典型的是 Mg^{2+} 和 Fe^{2+} 取代 Al^{3+}，其晶胞平均负电荷比蒙脱石高。蒙脱石晶胞的平均负电荷为 $0.25\sim0.6$，而伊利石的平均负电荷为 $0.6\sim1.0$，产生的负电荷主要由 K^+ 来平衡。伊利石的晶格不易膨胀，水不易进入晶层之间，这是因为伊利石的负电荷主要产生在四面体晶片中，离晶层表面近，K^+ 与晶层的负电荷之间的静电引力比氢键强，水也不易进入晶层间。另外，K^+ 的大小刚好嵌入相邻晶层间的氧原子网络形成的空穴中，起到连接作用，周围有 12 个氧与其配位。因此，K^+ 通常是联结非常牢固的，是不能交换的。然而在其颗粒的外表面上却能发生离子交换。因此，其水化作用仅限于外表面，水化膨胀时，其体积增加的程度比膨润土小得多。

伊利石多呈鳞片状块体，颜色为白色、灰白色、浅灰石色、浅黄绿色；新鲜矿石莫氏硬度为 1，采出后多变为 $1.5\sim2$；油脂光泽，微半透明，贝壳状断口，密度为 $2.6\sim2.9g/cm^3$，不具膨胀性及可塑性，耐热程度不高，在 $500\sim700℃$ 失去化合水，$750℃$ 全脱水，伊利石晶体结构遭破坏。

伊利石黏土矿石中主要矿物为伊利石（含量最高可达 90%），其次为石英、绢云母、地开石、高岭石、锐钛矿、黄铁矿及褐铁矿等矿物。

4.5.2　应用领域与技术指标要求

伊利石目前主要应用于陶瓷、化工、塑料、造纸和农业等，其主要用途见表 4-37。

表 4-37　伊利石的主要用途

应用领域	主要用途
陶瓷	釉面砖、地砖、马赛克、电瓷等的原料和配料
化工	钾钙肥、钾明矾、氯化钾、氯化铝、硫酸铝等的原料
塑料、橡胶	增量填料和半补强填料
造纸	配料、填料和涂料
农业	土壤调节剂、钾钙肥

我国各主要用途的伊利石的质量要求列于表 4-38。

表 4-38　伊利石产品质量要求

品级	Al_2O_3/%	K_2O/%	SiO_2/%	$TiO_2+Fe_2O_3$/%	自然白度/%	粒度	备注
陶瓷级	≥26	≥4		<0.8	≥84	<10μm	
造纸级	≥34	≥8		<1.2	≥85	<5μm	
化肥级	≥26	≥7		<0.8			
出口级	≥32	≥6	<54	<1.0	≥85	>2cm	外贸协议

4.5.3　加工技术

伊利石的选矿方法主要有人工拣选、浮选等。

伊利石含量较高的原矿一般根据矿石油脂光泽的强弱、颜色和白度的差异进行人工拣选。对于含黄铁矿的伊利石可以用浮选方法分离。在原矿破碎之后进行捣浆，加入适量分散剂使伊利石分散，然后用黄药类捕收剂捕收黄铁矿。如果伊利石中含有褐铁矿等染色杂质矿物，可用漂白法增加其白度，具体方法是用草酸作为 pH 调整剂，以硫代硫酸钠（保险粉）作为还原剂。

伊利石提纯的关键是与大量的石英分离。虽然伊利石与石英的密度相近，但它们的粒径和粒形相差较大。伊利石为片状，石英为粒状；伊利石颗粒均在 0.2mm 以下，而石英颗粒主要分布在 0.2～2mm 之间。因此，可以利用沉降速度的不同达到伊利石和石英分离的目的。

伊利石精矿矿浆在弱碱性条件下呈悬浮状态，在弱酸性条件下才自然沉降。通过擦洗-离心法对伊利石矿物原料进行选矿提纯，首先在弱碱性环境下利用水流及颗粒之间的机械剪切力使不同矿物颗粒间及矿物颗粒表面铁质薄膜、有机质等杂质相互解离，然后在层流离心力场中分离，实现窄粒级矿物颗粒的分选。使伊利石品位由 23.0% 提高到 89.5%，Al_2O_3 含量由 14.62% 提高到 27.67%。工艺流程图见图 4-8。

图 4-8　伊利石选矿提纯工艺流程

伊利石粉体用于塑料和橡胶的填料时，还要根据不同的聚合物体系进行表面改性，以提高其与高聚物基料的相容性。伊利石的表面一般呈酸性，因此，多选用硅烷偶联剂进行表面改性。

伊利石黏土性质稳定，具有一定的离子交换特性和吸附能力，可通过生物质水热法在矿物表面均匀沉积纳米碳球，形成纳米碳/伊利石复合材料。该复合材料表面由于纳米碳球存在而含有大量活性含氧基团，使原非金属矿物材料表面疏水性、荷电情况、表面官能团等发生改变，在静电吸引、范德华力、氢键作用下具有选择吸附性，在染料废水、重金属废水、有机废水处理方面具有广阔的应用前景。

以伊利石为载体、葡萄糖为碳源，经水热碳化法制备出伊利石负载纳米碳复合材料，该复合材料对溶液中 Cr(Ⅵ) 的饱和吸附量达 149.25mg/g；并采用低温热处理法对伊利石负载纳米碳复合材料进行氧功能化改性，从而制备氧功能化碳/伊利石复合材料。该复合材料对溶液中刚果红和亚甲基蓝的饱和吸附量达 238.40mg/g 和 215.28mg/g。工艺流程图见图 4-9。

图 4-9　纳米碳/伊利石复合材料制备工艺流程

4.6　滑石

4.6.1　矿石性质与矿物结构

滑石（talc）属于层状硅酸盐，是一种含水硅酸镁矿物。理论化学式为 $Mg_3[Si_4O_{10}](OH)_2$ 或 $3MgO \cdot 4SiO_2 \cdot H_2O$。其理论化学组成为 MgO 31.68%；SiO_2 63.47%；H_2O 4.75%。天然质纯的滑石矿较少，大多数伴生有其他矿物杂质，常见的伴生矿物有绿泥石、蛇纹石、菱镁矿、透闪石、白云石等。

滑石属于单斜晶系，晶体结构及电荷分布如图 4-10 所示，为 TOT 型（两层硅氧四面体层夹一层氢氧镁层）。八面体由 $[MgO_4(OH)_2]$ 八面体组成，属于三八面体结构。结构单元层内电荷是平衡的，层间域无离子填充，结构单元层之间为微弱的分子键。

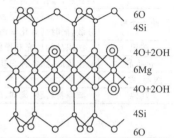

图 4-10　滑石的晶体结构及结构单元层内的电荷分布

滑石常为白色、浅绿色、微带粉红色、浅灰石色，含杂质越多颜色越深，乃至深灰色、黑色。矿石常呈片状、纤维状以及致密块状，珍珠光泽或油脂光泽，莫氏硬度 1，密度 2.7g/cm³ 左右，有滑感。滑石受热时有明显的热效应，在 120～200℃时失去吸附水，600℃时失去部分结构水，直到 1050℃时结构水全部脱出。

滑石具有以下特性。

① 电绝缘性能　滑石本身不导电，当滑石中不含导电性矿物（如菱铁矿、黄铁矿、磁铁矿等）时，其绝缘性能良好。以滑石为原料制成滑石瓷，具有高度绝缘性。温度升高时，块滑石瓷的介电损耗比普通电瓷低得多，也慢得多。

② 耐热性　滑石既耐热又不导热，耐火度高达 1490～1510℃。滑石经煅烧，其机械强度和硬度增高，但收缩率很低，膨胀率也很小，是一种耐高温矿物材料。

③ 化学稳定性　滑石与强酸（硫酸、硝酸、盐酸）和强碱（氢氧化钾、氢氧化钠）一般都不起作用。滑石粉在 400℃的高温下和其他物质混合，不起化学变化。

④ 吸油性和遮盖力　滑石粉对油脂、颜料、药剂和溶液里的杂质有极强的吸附能力。超细滑石粉，由于其分散性好，表面积大，涂在物体表面遮盖面积大，可形成一层均匀的防火、抗风化薄膜。

⑤ 润滑性　滑石质软，具滑腻感，摩擦系数在润滑介质中小于 0.1，是优良的润滑材料。滑石岩随滑石含量的增高，润滑性能也增强。

⑥ 硬度可变性　如把滑石逐步加温至 1100℃，约两 h 后再慢慢冷却，它的外形不变，但硬度却增大，主要是因为此时的滑石已相变为斜顽辉石。

⑦ 机械加工性　机械加工性能好。用滑石碎块或滑石粉加上黏合剂，采用半干压法、湿压法、挤压法或可塑法等进行加工成型，产品性能不变。

4.6.2　应用领域与技术指标要求

由于滑石具有良好的电绝缘性、耐热性、化学稳定性、润滑性、吸油性、遮盖力及机械加工性能，被广泛应用于造纸、塑料、橡胶、电缆、陶瓷、涂料、建材等工业领域。表 4-39 为滑石的主要用途。

滑石的理化性能指标因应用领域不同而异。中国国家标准（GB 15341—2012）规定了化妆品块滑石和工业原料滑石的理化性能要求（表 4-40 和表 4-41）。

表 4-39　滑石的主要用途

应用领域	主　要　用　途
造纸	各类纸张及纸板的填料及木沥青的控制剂和再生纸的脱墨剂、铜版纸涂料。超细滑石粉能够与高岭土、碳酸钙、二氧化钛颜料一起用于控制纸张的亚光性、着墨性、光泽、亮度及不透明性
塑料、橡胶、电缆	用于聚丙烯、尼龙、聚氯乙烯、聚乙烯、聚苯乙烯和聚酯类等塑料的填料；橡胶填料和塑料制品防黏剂；电缆橡胶增强剂和隔离剂。改善塑料、橡胶的抗酸碱性、耐热性、抗冲击强度、热导率、拉伸强度、抗蠕变能力及电绝缘性能，同时改善橡胶的加工性能
陶瓷及耐火材料	用于电瓷、无线电瓷、各种工业陶瓷、建筑陶瓷、日用陶瓷的配料和釉料，作为配料能有效控制陶瓷坯体的热膨胀性，作釉料的配料能够提供廉价的氧化镁来源；滑石块还可直接加工成板材，作为炉衬、窑衬等
油漆涂料	填料和颜料，用于各类水基、油基、树脂工业涂料、底漆、保护漆等；滑石在极性和非极性基质中均能较好分散，同时具有化学惰性和较高的吸油率
纺织	纺织品的填充和增白剂、润滑剂
化妆品	化妆品，如各种润肤粉、美容粉、爽身粉等
医药、食品	医药片剂、糖衣、痱子粉和中药方剂、食品的添加剂、隔离剂等
其他	减摩材料、隔离剂、脱膜剂、油毡、防水油膏、农药及化肥的载体、工艺美术品等

表 4-40　化妆品块滑石的理化性能要求

理化性能			一级品	二级品	三级品
白度/%		≥	90.0	85.0	80.0
二氧化硅/%		≥	61.0	58.0	57.0
氧化镁/%		≥	30.0	29.0	28.0
全铁(以 Fe_2O_3 计)/%		≤	0.50	1.00	1.30
三氧化二铝/%		≤	1.00	1.50	1.20
氧化钙/%		≤	0.80	1.00	1.50
烧失量(700℃)/%			6.50	7.50	8.00
酸溶物/%	化妆品用块	≤	2.00	2.50	4.00
	医药食品用块	≤	2.00		
水溶物/%		≤	0.10		
铁盐			不即时显蓝色		
砷/(mg/kg)		≤	3		
铅/(mg/kg)	化妆品用块	≤	20		
	医药食品用块	≤	10		
石棉矿物			闪石类石棉不得检出		

表 4-41　工业原料滑石的理化性能要求

理化性能		大块滑石、中块滑石			小粒滑石	
		一级品	二级品	三级品	1 号	2 号
白度/%	≥	90.0	85.0	75.0	80.0	75.0
二氧化硅/%	≥	60.0	57.0	45.0	54.0	45.0
氧化镁/%	≥	30.0	29.0	23.0	27.0	23.0
全铁(以 Fe_2O_3 计)/%	≤	0.80	1.00	1.50	1.50	2.50
三氧化二铝/%	≤	1.20	2.00	3.00	2.00	3.00
氧化钙/%	≤	1.00	1.80	5.00	2.50	5.00
烧失量(700℃)/%	≤	7.00	9.00	18.00	—	—

　　中国国家标准（GB 15341—2012）规定了化妆品用滑石粉（表 4-42）、医药和食品用滑石粉（表 4-43）、涂料用滑石粉（表 4-44）、造纸用滑石粉（表 4-45）、塑料用滑石粉（表 4-46）、橡胶用滑石粉（表 4-47）、电缆用滑石粉（表 4-48）、陶瓷用滑石粉（表 4-49）、防水材料用滑石粉（表 4-50）及通用滑石粉（表 4-51）的理化性能要求。

表 4-42　化妆品用滑石粉的理化性能要求

理化性能		一级品	二级品	三级品
白度/%	≥	90.0	85.0	80.0
细度		明示粒径相应试验筛通过率≥98.0%		
水分/%	≤	0.5		1.0
铁盐		不即时显蓝色		
水溶物/%	≤	0.1		
酸溶物/%	≤	3.0	3.5	4.0
烧失量(1000℃)/%	≤	6.5	7.00	7.50
重要理化性能	砷/(mg/kg) ≤	3		
	铅/(mg/kg) ≤	20		
	微生物	菌落总数不得大于500CFU/g;霉菌和酵母菌总数不得大于100CFU/g;每克不得检出大肠杆菌、铜绿假单胞菌和金黄色葡萄球菌		
	石棉矿物	不得检出		

表 4-43　医药和食品用滑石粉的理化性能要求

理化性能		一级品	二级品	三级品
白度/%	≥	90.0	85.0	80.0
细度		明示粒径相应试验筛通过率≥98.0%		
水分/%	≤	0.5		1.0
烧失量(700℃)/%	≤	5.0		
性状		无臭、无味,无砂性颗粒,有润滑感		
重要理化性能	酸溶物/% ≤	2.0		
	水溶物/% ≤	0.1		
	酸碱性	石蕊试纸呈中性反应		
	铁盐	不即时显蓝色		
	砷/(mg/kg) ≤	3		
	铅/(mg/kg) ≤	10		
	重金属(以铅计)/% ≤	40		
	微生物	菌落总数不得大于1000CFU/g;霉菌和酵母菌总数不得大于100CFU/g;每克不得检出大肠埃希菌		
	石棉矿物	不得检出		

表 4-44　涂料用滑石粉的理化性能要求

理化性能		一级品	二级品	三级品
白度/%	≥	80.0	75.0	70.0
细度	磨细滑石粉	明示粒径相应试验筛通过率≥98.0%		
	微细滑石粉	小于明示粒径的含量≥97.0%		
	超细滑石粉	小于明示粒径的含量≥90.0%		
水分/%	≤	0.5		1.0
吸油量/(g/100g)	≥	20.0		
烧失量(1000℃)/%	≤	7.0	8.0	18.00
水溶物/%	≤	0.5		

注：其他质量要求，如刮板细度等，由供需双方确定。

表 4-45　造纸用滑石粉的理化性能要求

理化性能		一级品	二级品	三级品
白度/%	≥	90.0	85.0	80.0
细度	磨细滑石粉(45μm通过率)/% ≥	98.0	96.0	95.0
	微细滑石粉	小于明示粒径的含量≥97.0%		
	超细滑石粉	小于明示粒径的含量≥90.0%		
水分/%	≤	0.5		1.0

理化性能		一级品	二级品	三级品
尘埃/(mm²/g)	≤	0.4	0.6	1.0
水萃取液 pH		8.0～10.0		
烧失量(800℃)/%	≤	6.0	10.0	18.00

注：其他质量要求，如沉降速度等，由供需双方确定。

表 4-46 塑料用滑石粉的理化性能要求

理化性能		一级品	二级品	三级品
白度/%	≥	90.0	85.0	75.0
细度	磨细滑石粉	明示粒径相应试验筛通过率≥98.0%		
	微细滑石粉	小于明示粒径的含量≥97.0%		
	超细滑石粉	小于明示粒径的含量≥90.0%		
水分/%	≤	0.5		1.0
二氧化硅/%	≥	60.0	57.0	45.0
氧化镁/%	≥	30.0	29.0	23.0
全铁(以 Fe_2O_3 计)/%	≤	0.80	1.00	1.50
三氧化二铝/%	≤	1.00	2.00	3.00
氧化钙/%	≤	1.00	1.50	4.50
烧失量(1000℃)/%	≤	7.0	9.0	18.0
体积密度/(g/mL)	≤	0.55		
表观密度/(g/mL)	≤	0.95		

注：其他质量要求，如湿白度等，由供需双方确定。

表 4-47 橡胶用滑石粉的理化性能要求

理化性能		一级品	二级品	三级品
细度	磨细滑石粉	明示粒径相应试验筛通过率≥98.0%		
	微细滑石粉	小于明示粒径的含量≥97.0%		
	超细滑石粉	小于明示粒径的含量≥90.0%		
水分/%	≤	0.5		1.0
烧失量(1000℃)/%	≤	7.0	9.0	18.0
水萃取液 pH		8.0～10.0		
酸溶物/%	≤	6.0	15.0	20.0
酸溶铁(以 Fe_2O_3 计)/%	≤	1.00	2.00	3.00
铜/(mg/kg)	≤	50		
锰/(mg/kg)	≤	500		

表 4-48 电缆用滑石粉的理化性能要求

理化性能		一级品	二级品	三级品
细度	磨细滑石粉	明示粒径相应试验筛通过率≥98.0%		
	微细滑石粉	小于明示粒径的含量≥97.0%		
	超细滑石粉	小于明示粒径的含量≥90.0%		
水分/%	≤	0.5		1.0
酸不溶物/%	≥	90.0	87.0	85.0
酸溶铁(以 Fe_2O_3 计)/%	≤	0.20	0.50	1.00
烧失量(1000℃)/%	≤	7.00	9.00	18.00
磁铁吸出物/%	≤	0.04	0.07	0.10

表 4-49 陶瓷用滑石粉的理化性能要求

理化性能		一级品	二级品	三级品
白度/%	≥	90.0	85.0	75.0
细度	磨细滑石粉	明示粒径相应试验筛通过率≥98.0%		
	微细滑石粉	小于明示粒径的含量≥97.0%		
	超细滑石粉	小于明示粒径的含量≥90.0%		
二氧化硅/%	≥	60.0	57.0	45.0
氧化镁/%	≥	30.0	29.0	23.0
三氧化二铝/%	≤	1.00	2.00	4.00
氧化钙/%	≤	0.50	1.00	1.50
全铁(以 Fe_2O_3 计)/%	≤	0.50	1.00	1.50
氧化钾和氧化钠/%	≤	0.4		0.5
烧失量(1000℃)/%	≤	6.00	7.00	13.00
酸溶钙(以 CaO 计)/%	≤	1.00		

表 4-50 防水材料用滑石粉的理化性能要求

理化性能		二级品	三级品	理化性能		二级品	三级品
白度/%	≥	75.0	60.0	二氧化硅和氧化镁/%	≥	77.0	67.0
细度(75μm 通过率)/%	≥	98.0	95.0	烧失量(1000℃)/%	≤	15.00	18.00
水分/%	≤	0.5	1.0	水萃取液 pH	≤	10.0	—

表 4-51 通用滑石粉的理化性能要求

理化性能		一级品	二级品	三级品
白度/%	≥	90.0	85.0	75.0
细度	磨细滑石粉	明示粒径相应试验筛通过率≥98.0%		
	微细滑石粉	小于明示粒径的含量≥97.0%		
	超细滑石粉	小于明示粒径的含量≥90.0%		
水分/%	≤	0.5	1.0	
二氧化硅+氧化镁/%	≥	90.0	80.0	65.0
全铁(以 Fe_2O_3 计)/%	≤	0.80	1.00	—
三氧化二铝/%	≤	1.20	2.00	—
氧化钙/%	≤	1.0	1.8	—
烧失量(1000℃)/%	≤	7.00	10.0	20.00

4.6.3 加工技术

(1) 选矿提纯 滑石的选矿方法如下。

① 浮选 由于滑石的天然可浮性好，因此烃类油作为捕收剂即可浮选。常用的捕收剂是煤油，浮选油作为起泡剂。甲基异丁基甲醇（MIBC）生成的泡沫较脆，容易获得优质精矿。滑石浮选流程比较简单，只需一次粗选、一次扫选、2～4 次精选就可获得最终精矿。

② 人工拣选 人工拣选是根据滑石和脉石矿物的滑腻性不同用人工进行挑选。滑石具有良好滑腻性，品位越高，滑腻性越好，凭手感极易鉴别。国内大部分滑石矿山常用人工拣选生产高级滑石块。

③ 静电选矿 滑石矿中除滑石外，还含有菱镁矿、磁铁矿、黄铁矿、透闪石等矿物，嵌布粒度为 0.5mm 左右。在静电场中滑石带负电荷，菱镁矿带正电荷，而磁铁矿和黄铁矿均为良导体，因而在电场中很容易将上述矿物分开。

④ 磁选 滑石精矿除要求具有一定的细度外，还要具有一定的白度。由于矿石中染色铁矿物的存在，有时用上述方法还不够，需要用磁选除去含铁矿物。采用湿式磁选可使滑石精矿含铁量从 4%～5%降到 1%以下。

⑤ 光电拣选　光电拣选是利用滑石和杂质矿物表面光学性质的不同而分选的方法。光电分选机包括以下几个部分：准备机构（矿仓、给矿机、皮带输送机）、辐射源和探测器（传感器）、电子控制回路、执行机构等。

另外，利用滑石在紫外线照射下发出白色荧光的特征，可利用光电分选机拣选出较纯净的滑石。一般采用索特克斯 621 型光选机，如美国塞浦路斯滑石公司用此法将滑石含量仅为 30% 的贫矿富集到滑石含量达 69%，最后磨细到 200 目进行浮选，获得品位达 99% 的化妆品级滑石。

⑥ 选择性破碎和筛分　利用滑石和脉石矿物在选择性破碎和形状方面的差异，采用冲击破碎和交替使用矩形筛和方形筛连续筛分的方法，能够分离出大部分伴生的石英和一半以上的碳酸盐矿物。

（2）细磨与超细磨　滑石最终都是以粉体状态应用的，因此，细磨和超细磨是滑石所必需的加工技术之一。

滑石的莫式硬度为 1，天然可碎性和可磨性好。滑石的细磨，国内一般采用各种型号的雷蒙磨（即悬辊磨）和摆式磨粉机，主要生产 200 目和 325 目的产品，但如果设置精细分级设备，也可以生产 500~1250 目的产品。

超细滑石粉是当今世界用量较大的无机超细粉体产品之一，广泛应用于造纸、塑料、橡胶、涂料、化妆品、陶瓷等。

目前超细滑石粉的加工主要采用干法工艺。湿法粉碎虽有研究，但工业上很少使用。干法生产设备主要有机械冲击磨、气流磨、涡旋磨以及搅拌磨和塔式磨等。除了气流磨外，为了满足用户对粒度分布的要求，其他粉碎设备一般还需设置精细分级设备，常用的精细分级设备是各种涡轮式空气分级机，如 MS 型、MSS 型、ATP 型、LHB 型等。

滑石的气流粉碎原则工艺如下：

滑石块 → 粗碎 → 干燥 → 中碎 → 细磨（雷蒙磨）→ 超细粉碎（气流磨）→ 旋风集料 → 包装

滑石块首先由给料机送入锤式或反击式破碎机进行破碎；破碎后的物料经斗式提升机和振动给料机进入立式干燥机中干燥；干燥后的物料再经破碎机破碎后进入雷蒙磨细磨；细磨后的滑石粉进入气流磨进行超细粉碎。最终产品细度可达到 500~5000 目（$d_{97}=3~30\mu m$）。

工业上使用的气流磨包括流化床对喷式气流磨、圆盘式气流磨、循环管式气流磨等。

滑石的机械冲击磨超细粉碎工艺流程如下：

滑石块 → 破碎（锤式破碎机）→ 机械冲击超细磨机 → 涡轮式精细分级机 → 旋风集料 → 包装

一般是将滑石块破碎到 8mm 以下直接给入超细粉碎机，粉碎后的产物通过涡轮式精细分级机分级后用旋风集料器收集。分级后的粗粒级产品可以返回磨机，也可单独作为一种产品。

（3）表面改性　滑石粉广泛用于聚丙烯、聚乙烯、尼龙等高聚物基复合材料的增强填料。对其进行表面改性可有效地改善滑石粉与聚合物的亲和性和滑石粉在高聚物基料中的分散状态，从而提高复合材料的物理性能。

滑石粉表面改性使用的表面改性剂主要有各种表面活性剂、石蜡、钛酸酯和锆铝酸盐偶联剂、硅烷偶联剂、磷酸酯等。

改性主要采用干法改性工艺。改性机主要有连续式的流态化改性机、连续涡旋式粉体表面改性机（SLG 型）以及间歇式高速加热混合机等。

（4）煅烧　我国江西等地蕴藏有丰富的黑滑石资源。这些滑石矿中含有较多的有机碳。为了开发利用这些黑滑石资源，煅烧是必需的加工工艺。煅烧温度一般为 600~1200℃，在此温度范围内，温度越高，煅烧后滑石的白度越高，煅烧白度最高可达 90% 以上。目前大多采用回转窑、梭氏窑和隧道窑。

4.7 叶蜡石

4.7.1 矿石性质与矿物结构

叶蜡石（pyropHylite）是一种含水的铝硅酸盐；化学式为 $Al_2[Si_4O_{10}](OH)_2$，其中 Al_2O_3 的理论含量为 28.3%，SiO_2 为 66.7%，H_2O 为 5.0%；莫氏硬度 1.25；密度 2.65g/cm³；熔点 1700℃；颜色呈白色、灰白色、浅绿色、黄褐色等颜色；珍珠光泽或油脂光泽；性韧、有滑腻感；条痕白色；不透明或半透明；结构为片状、放射状集合体。

自然界纯叶蜡石矿物集合体很少见，一般都由类似的矿物集合体产出，也有土状和纤维状的。叶蜡石的主要共生矿物是石英、高岭石、水铝石；其次是黄铁矿、玉髓、蛋白石、绢云母、伊利石、明矾石、水云母、金红石、红柱石、蓝晶石、刚玉、地开石等。

在化学组成上，叶蜡石和高岭土族矿物很相似，都是含水的铝硅酸盐。但叶蜡石在水中无膨胀性和可塑性，吸水性差，结构稳定；而高岭石族矿物吸水性强，具有膨胀性和可塑性。

叶蜡石是典型的二八面体层状硅酸盐矿物，其晶体结构是每一单元层由两层硅氧四面体中间夹一层铝氧（氢氧）八面体组成（图 4-11），每个硅氧四面体的顶端活性氧都指向结构单元层中央而与八面体所共有。此种结构单元层沿 a 轴和 b 轴方向无限铺展，同时沿 c 轴方向以一定间距重叠起来，构成叶蜡石晶体结构。在叶蜡石的八面体层中，铝填充于八面体空隙中，配位数为 6，即被四个氧原子和两个氢氧根离子所包围，八面体层中有六个位置可以安置 Al，但实际上在叶蜡石的晶体结构中只有四个三价铝，即只有占 2/3 的位置已达到电价平衡（图 4-12）。叶蜡石和滑石一样，其结构单元层的层间在理想情况下没有层间物，相邻层以范德华力相联结，联系力弱。

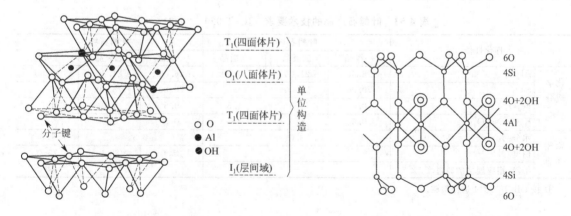

图 4-11 叶蜡石的晶体结构　　　　　图 4-12 叶蜡石晶体结构单元层内的电荷分布

4.7.2 应用领域与技术指标要求

叶蜡石有多种用途。我国最早将其用于雕刻工业品，例如用于印章、石笔等。随着现代工业的发展，叶蜡石用于生产耐火材料、陶瓷以及用于造纸、农药、橡胶、塑料等工业的填料以及玻璃纤维原料、白水泥原料、合成金刚石模具及 A 型分子筛等。表 4-52 列出了叶蜡石的主要用途及质量要求。

表 4-52　叶蜡石的主要用途及质量要求

应用领域	主 要 用 途	质 量 要 求
雕刻工艺品	香炉、烟具、佛珠、印章、花瓶、装饰品、石俑、石笔、宝石等	色彩艳丽,光彩夺目,无裂缝,强度大,硬度适中,透明度好,少杂质或杂质嵌布有特点
陶瓷	陶瓷面砖(釉面砖)、日用陶瓷器皿、卫生陶瓷、电瓷、无线电零件、灯座、瓦斯喷嘴、气焊嘴等	$Al_2O_3 > 14\% \sim 27\%$;SiO_2 65%~75%;$Fe_2O_3 < 0.5\%$;$K_2O + Na_2O < 0.6\% \sim 1.2\%$;泥浆流动性、渗透性好,坯体干燥收缩小,不变形,烧成裂隙小,烧成白度 90%~96%
耐火材料	叶蜡石质耐火砖和叶蜡石质耐火泥,用于盛钢桶的衬砖、铸造化铁炉衬砖、坩埚等	Al_2O_3 15%~30%;SiO_2 75%~85%;$Fe_2O_3 < 0.5\% \sim 2.0\%$;$MgO < 1.0\%$;$CaO < 1.0\%$;耐火度 1650~1690℃;用于盛钢桶衬砖要求含石英少,$Fe_2O_3 < 1.0\%$,耐火度 1670℃;坩埚用叶蜡石要求耐火度 >1690℃,$Al_2O_3 > 25\%$,$Fe_2O_3 < 0.5\%$
玻璃	无碱玻璃球、中碱性玻璃球的原料。无碱玻璃球用于拉丝成无碱玻璃纤维或制成耐酸碱或高温的玻璃布等	$Al_2O_3 > 25\%$;$SiO_2 < 70\%$;$Fe_2O_3 < 0.4\%$,$K_2O < 1.0\%$;不含着色金属和杂质,颜色要浅
橡胶	填料,填充于各种橡胶制品,特别是汽车密封胶的功能填料	叶蜡石含量 80%~85%;$Fe_2O_3 < 1.0\% \sim 1.5\%$;烧失量 <8.0%;水分<0.5%,细度 $-45\mu m > 98\%$
塑料	填料,填充于各种塑料制品	白度 70%~80%;叶蜡石含量 80%~85%;$Fe_2O_3 < 1.0\% \sim 1.5\%$;烧失量 <8.0%;水分<0.5%,细度 $-45\mu m > 98\%$
造纸	用于填料,增加纸张的密度、平滑性、均整性、柔软性等,片状结构的叶蜡石可用作铜版纸和涂布纸板的涂料	填料要求细度 $-45\mu m$,白度 ≥90;涂料要求 $-2\mu m \geqslant 80\%$,白度 ≥90
人造金刚石	高压合成金刚石的固体传压介质和密封材料	叶蜡石含量 80%~85%;$Al_2O_3 > 30\%$;$Fe_2O_3 < 1.0\%$
其他	催化剂及载体、农药载体、白水泥、低尘碳钢电焊条等	—

2003 年发布的中国建材行业标准（JC/T 929—2003）将叶蜡石产品分为叶蜡石块和叶蜡石粉两类,一级品、二级品、三级品三种规格,详见表 4-53。

表 4-53　叶蜡石产品的技术要求（JC/T 929—2003）

理化性能		叶蜡石块			叶蜡石粉		
		一级品	二级品	三级品	一级品	二级品	三级品
化学成分/%	Al_2O_3 ≥	26.00	21.00	17.00	26.00	21.00	17.00
	SiO_2 ≤	70.00	75.00	—	70.00	75.00	—
	Fe_2O_3 ≤	0.5	1.0	1.5	0.5	1.0	1.5
	$K_2O + Na_2O$ ≤	0.5	1.0		0.5	1.0	
物理性能	水分/%		3.0			0.5	1.0
	白度/%		—		85.0	80.0	75.0
	细筛,相应规格的通过率/%[①]		—			99.5	99.0

① 按 GB/T 15344 进行检测。

4.7.3　加工技术

(1) 选矿提纯

① 破碎与磨矿　叶蜡石的破碎与磨矿有两个目的:一是为选矿提纯作业准备叶蜡石与杂质矿物单体解离的粉体原料;二是对于纯度能够满足应用领域要求的叶蜡石直接加工叶蜡石粉体产品。叶蜡石常用的破碎机有颚式破碎机、锤式破碎机、反击式破碎机、辊式破碎机等;常用的磨矿(粉)设备主要有雷蒙磨、球磨机、冲击磨等。由于叶蜡石矿中常含有较硬的杂质(刚玉类),而叶蜡石较柔软,因此,选矿时采用选择性粉碎工艺设备是非常重要的。

② 拣选　叶蜡石内在组成的差异，反映在外观较明显，主要有光性及色泽等信息。因此，可用人工拣选出大块杂质矿石。也可采用光电拣选机（色选机）拣选。

③ 重选　叶蜡石与杂质矿物的密度差异不大，但经过磨矿，尤其是选择性磨矿，不同矿物的原生粒度有差异，硬度差异更明显，硬矿物常在较粗的粒级中分布。根据这些特性可采用分散和分级的方法进行选别。

④ 磁选　叶蜡石矿石中大部分矿物磁性不明显，含铁杂质磁性较弱，除破碎和磨矿过程中混入的机械铁可用弱磁选机或悬吊式除铁器外，一般要用强磁选机或高梯度磁选机。

⑤ 浮选　当铁矿物杂质为硫化物时，可用黄药作为捕收剂浮选除铁；铁杂质为氧化物时，用石油磺酸盐作为捕收剂浮选除铁。叶蜡石和石英的分离也可采用浮选方法。一般在碱性矿浆中用脂肪酸作为捕收剂，在酸性介质中用长链胺类作为捕收剂。

⑥ 化学提纯　对于白度较差，物理选矿方法难以达到质量指标要求的矿石，可采用化学提纯方法。一般采用还原漂白工艺。

(2) 超细粉碎　叶蜡石在用于造纸、塑料、橡胶、高性能耐火材料等领域时，要对其进行超细粉碎加工。目前，叶蜡石的超细粉碎有干法和湿法两种工艺。干法工艺主要采用球磨机、精细分级机以及气流粉碎机；湿法主要采用研磨剥片机和搅拌磨。

(3) 表面改性　用于橡胶、塑料、胶黏剂等高聚物或树脂填料的叶蜡石粉须进行表面改性处理。目前叶蜡石粉的表面改性一般采用硅烷、钛酸酯偶联剂及硬脂酸等。

叶蜡石是一种层状硅酸盐矿物，结构单元为两个硅氧四面体和一个铝氧（羟基）八面体组成的 2:1 型结构，两个结构单元层间不含水及阳离子。单元层间仅靠微弱的范德华力连接，故很容易解理成薄晶片。叶蜡石晶体内四面体和八面体同晶置换程度低，晶体结构有序度高。叶蜡石具有两种表面特性：一为结构中的上下表面层，为不活泼表面，具有惰性和疏水特征；二为 Al—Si 晶体端面，由于在粉碎过程中价键断裂，呈不饱和状态，具有亲水特性，表面呈 Al—OH 和 Si—OH 结构。叶蜡石的表面改性，实质上是为了降低叶蜡石端面的亲水性，改善与橡胶和塑料的浸润性和化学亲和性，改进填充材料或制品的性能。

叶蜡石粉体的表面改性有干法和湿法两种。干法改性是指叶蜡石粉体在改性机内高速运动状态下，直接加入改性剂，通过一定时间混合，得到表面改性叶蜡石粉体产品。改性设备主要有 SLG 连续式粉体表面改性机、无重力粒子混合机、犁刀型高效混合机、高速加热混合捏合机等。

湿法改性是指表面改性剂（偶联剂、硬脂酸、低聚物等）通过皂化、介质乳化或水解后，加入一定液固比例的悬浮液中，在适宜的温度和机械搅拌条件下进行一定时间的改性处理，然后过滤、干燥、解聚，得到改性叶蜡石粉。

将叶蜡石原矿用雷蒙磨粉碎至 99% 以上通过 325 目，在搅拌池内加入一定量水，将叶蜡石粉加入并搅拌制浆，边搅拌边加入一定比例的偶联剂进行改性处理，完成改性后用离心机浓缩脱水，并用转筒烘干机干燥后再用粉磨机粉碎，即为活性叶蜡石粉。

(4) 人工合成金刚石用叶蜡石块　用于高压合成金刚石的固体传压介质主要有叶蜡石、滑石、白云石等。由于叶蜡石具有化学惰性，耐高温、高压、极好的电热绝缘性，且叶蜡石分子层间易于滑动产生蠕变，本身硬度和抗剪强度较低，具有理想的内摩擦性能和固体传压性能，因而成为超硬材料工业中最重要的超高压传压和密封材料。人工合成金刚石用叶蜡石块制造工艺流程如图 4-13 所示。

叶蜡石使用前先清除立方体内的粉尘，然后将钢圈装入孔内，再按一片合金片、一片碳片的次序装入孔内，共装入 7 片合金片、6 片碳片，装好后送入合成机，在 0.5~1MPa 压力、1000~2000℃高温条件下合成金刚石颗粒。将合成块破碎后，经化学提纯，用王水去除金属，用高氯酸去除石墨，用碱除掉叶蜡石，再经整形、筛分、分级选型、测强等，最后得到所需人造金刚石。

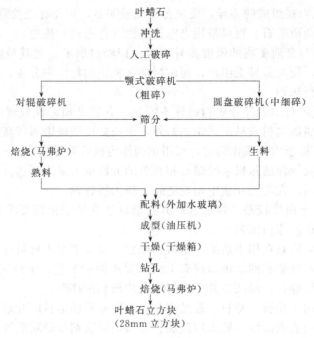

图 4-13　叶蜡石块制造工艺流程

4.8　绿泥石

4.8.1　矿石性质与矿物结构

绿泥石（chlorite）为绿泥石族矿物的总称，是滑石或叶蜡石单元结构层中间充填氢氧镁石或氢氧铝石八面体的含水的层状硅酸盐矿物。

绿泥石的化学成分十分复杂，存在广泛的类质同象置换现象。由于铁的存在，使这类矿物呈现深浅不同的颜色，从而得名绿泥石。其主要成分为 SiO_2、MgO、Al_2O_3，FeO 和 Fe_2O_3 含量因绿泥石变种的不同而差异较大。其一般的化学结构式可表示为：

$$[(Mg,Fe^{2+})_{6-n}(Al,Fe^{3+})_n][Al_nSi_{4-n}]O_{10}(OH)_8$$

式中，$n=0.6\sim2$ 或 $0.8<n<1.6$。

绿泥石的晶体结构是由滑石层和氢氧镁石层作为基本结构层交替排列而成的三层结构（图 4-14）。滑石层中的两层 $[SiO_4]$ 四面体层的活性氧相对排列，并且彼此沿 a 轴错动 $a/3$ 距离，中间所形成的八面体空隙层为阳离子 Mg、Fe、Al 所充填。$[SiO_4]$ 四面体层并不形成规则的正六方网，因为 $[SiO_4]$ 基底的氧朝向相邻氢氧镁石层中最近的 OH 转动一个角度（平均 $5°\sim6°$），而距滑石层和氢氧镁石层中的阳离子较远，因而使六方网层成为复三方网层。

晶体结构中，氢氧镁石中的 Mg^{2+} 被 Al^{3+} 取代时，为了使电荷平衡，须有相同数目的 Al^{3+} 取代滑石层中的 Si^{4+}。按这种取代关系的程度不同，分为表 4-54 所列的几种组成的绿泥石。

绿泥石集合体呈片状、鲕状或致密状，莫式硬度 $2\sim3$，由于铁含量的不同，颜色由淡绿色到暗绿色，甚至黑绿色；铁含量越高，颜色越深。密度随铁含量的不同而变化，一般为 $2.60\sim2.96g/cm^3$。

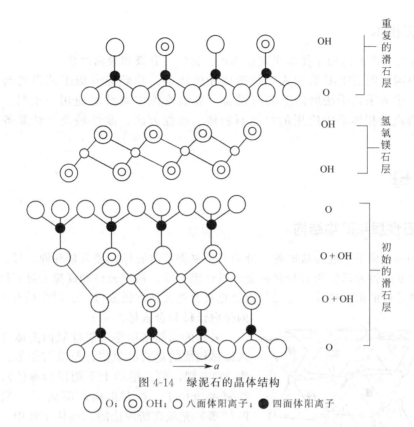

图 4-14 绿泥石的晶体结构

◯ O；◉ OH；○ 八面体阳离子；● 四面体阳离子

表 4-54 绿泥石种类与组成

种类	分子式	结构式	化学组成/%			
			MgO	SiO$_2$	Al$_2$O$_3$	H$_2$O
正绿泥石	11MgO·Al$_2$O$_3$·7SiO$_2$·8H$_2$O	(OH)$_{16}$Mg$_{11}$Al(AlSi$_7$O$_{20}$)	39.94	37.90	9.18	12.97
淡斜绿泥石	10MgO·2Al$_2$O$_3$·6SiO$_2$·8H$_2$O	(OH)$_{16}$Mg$_{10}$Al$_2$(Al$_2$Si$_6$O$_{20}$)	36.26	32.45	18.34	12.96
鲕绿泥石	9MgO·3Al$_2$O$_3$·5SiO$_2$·8H$_2$O	(OH)$_{16}$Mg$_9$Al$_3$(Al$_3$Si$_5$O$_{20}$)	32.43	27.00	27.47	12.94
镁绿泥石	8MgO·4Al$_2$O$_3$·4SiO$_2$·8H$_2$O	(OH)$_{16}$Mg$_8$Al$_4$(Al$_4$Si$_4$O$_{20}$)	28.83	21.60	36.63	12.94

4.8.2 应用领域与技术指标要求

绿泥石的用途与滑石及叶蜡石有相同的用途，颜色较浅的绿泥石粉体可以用于造纸、塑料、橡胶、涂料等的填料；色泽艳丽的绿泥石可以作为无机颜料；矿石中色泽艳丽、质地致密细腻坚韧、块度较大者可用于玉雕材料，如绿泥石玉、绿冻石、仁布玉、果日阿玉、海底玉等；绿泥石还可作为耐火材料或陶瓷的原料，如用于合成堇青石或堇青石-莫来石。

中国建材行业标准（JC/T 927—2003）规定了工业用绿泥石产品的理化性能（见表 4-55）。

表 4-55 绿泥石产品的理化性能要求（JC/T 927—2003）

理化性能			绿泥石块			绿泥石粉		
			一级品	二级品	三级品	一级品	二级品	三级品
化学成分/%	SiO$_2$	≤	40.00		50.00	40.00		50.00
	Al$_2$O$_3$＋MgO	≥	40.00		35.00	40.00		35.00
	Fe$_2$O$_3$	≤	3.00	4.00	5.00	3.00	4.00	5.00
物理性能	水分/%	≤	1.0	1.0	2.0	0.5	0.5	1.0
	白度	≥	3.0			88.0	80.0	70.0
	细度（相应规格的通过率）/%	≥	—			99.5		99.0

4.8.3　加工技术

工业用绿泥石产品的加工技术主要是选矿、粉碎、分级和表面改性。

目前，中国绿泥石主要采用人工拣选或光电拣选。粉碎与分级工艺设备与滑石、叶蜡石大体一致，主要采用干法磨矿工艺与设备。表面改性主要针对应用于塑料、橡胶、涂料等高聚物基料或油相体系中应用的绿泥石粉体。改性方法、改性剂及改性装备与滑石相同或相近。

4.9　云母

4.9.1　矿石性质与矿物结构

云母（mica）属于铝硅酸盐矿物，分为三个亚类：白云母、黑云母和锂云母。白云母包括白云母和较少见的钠云母；黑云母包括金云母、黑云母、铁黑云母和锰黑云母；锂云母是富含氧化钾的各种云母的细小鳞片。金云母因氧化镁含量大又称镁云母。云母中最有工业应用值价的是白云母和金云母。

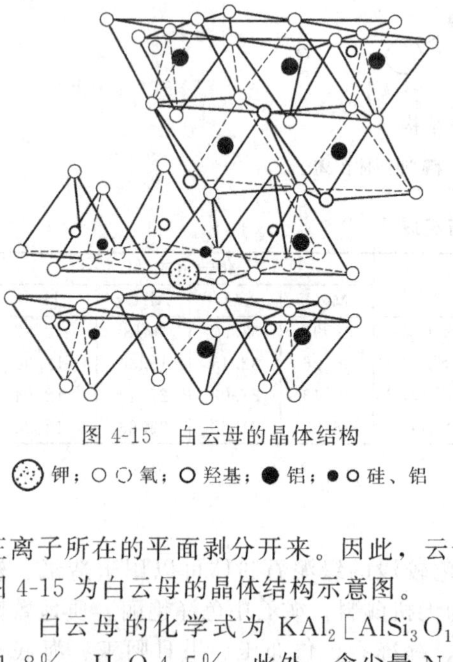

云母的结晶结构是两层硅氧四面体夹着一层铝氧八面体构成的复式硅氧层，与滑石相似，结构单元层为 TOT 型，单元层的上下两层四面体六方网层的活性氧及（OH）上下相向，阳离子（Al^{3+}、Mg^{2+}、Fe^{3+} 等）充填在所形成的八面体空隙中，结成八面体配位的阳离子层。这种两层六方网层中间夹一层八面体层的结构称为云母结构层，与滑石结构层的区别在于硅氧四面体中约有 1/4 的 Si^{4+} 被 Al^{3+} 取代，结果引起正电价不足，硅氧四面体带负电，由正离子（如 K^+）补充，以平衡电荷。一般来说，硅氧四面体和铝氧八面体本身结合是很牢固的，而补充电价的正离子层在两个复式硅氧层之间的联结是较微弱的，以极其微弱的离子键结合，这样的云母晶体很容易沿这些

图 4-15　白云母的晶体结构

⊙钾；○○氧；○羟基；●铝；●●硅、铝

正离子所在的平面剥分开来。因此，云母沿正离子所在平面（001）方向具有极完全解理性。图 4-15 为白云母的晶体结构示意图。

白云母的化学式为 $KAl_2[AlSi_3O_{10}][OH]_2$，其中 SiO_2 45.2%，Al_2O_3 38.5%，K_2O 11.8%，H_2O 4.5%。此外，含少量 Na、Ca、Mg、Ti、Cr、Mn、Fe 和 F。

金云母的化学式为 $KMg_3[AlSi_3O_{10}][F,OH]_2$，其中 SiO_2 38.7%～45%，Al_2O_3 10.8%～17%，K_2O 7%～10.3%，MgO 21.4%～29.4%，H_2O 0.3%～4.5%。此外，含少量 Na、Ti、Mn、Fe 和 F。

云母可以剥分，理论上白云母能剥分成 1.0nm 左右，金云母可剥分成 0.5nm 或 1.0nm 左右厚度的薄片。

白云母薄片一般无色透明，但往往染有绿色、棕色、黄色和粉红色等色调，玻璃光泽，解理面呈珍珠光泽。金云母通常呈黄色、棕色、暗棕色或黑色，玻璃光泽，解理面呈珍珠光泽或半金属光泽。

白云母的透明度为 71.7%～87.5%，金云母为 0～25.2%。

白云母的莫氏硬度为 2～2.5，金云母为 2.78～2.85。白云母的弹性系数为（1475.9～

2092.7)×10^6Pa，金云母为（1394.5～1874.05)×10^6Pa。

　　白云母生于花岗岩、正长岩、伟晶岩、片麻岩及片岩内，常与石英、长石、电气石、绿柱石、锂辉石、氟石、磷灰石共生，偶尔有石榴子石、蓝晶石，虽含稀有金属，但不常见。金云母常与方解石、方柱石、角闪石、蛇纹石、石墨、金刚石、透辉石、磷灰石共生，产于结晶石灰岩、白云母岩、蛇纹岩内。

　　云母的光学性质列于表4-56。

表 4-56　云母的光学性质

折射率	n_g	n_m	n_p	ZV(—)
白云母	1.580～1.599	1.582～1.599	1.552～1.573	3°～43°
金云母	1.618～1.590	1.610～1.589	1.552～1.562	3°～12°

　　云母的电学性质见表4-57。云母的机械强度列于表4-58。

表 4-57　云母的电学性质

试样	0.015mm 厚的云母片		0.025mm 厚的云母片	
	电压/kV	介电强度/(kV/mm)	电压/kV	介电强度/(kV/mm)
白云母	2.2	146.5	4.0	160
金云母	1.8	120	3.2	128

表 4-58　云母的机械强度

项　目		白云母	金云母
机械强度/MPa	抗拉	166.7～353.0	156.906～205.939
	抗压	813951～1225831(8300～12500)	294.199～588.399
	抗剪	210843～296063(2150～3019)	82.768～135.332
密度/(g/cm³)		2.7～2.88	2.7～2.9

4.9.2　应用领域与技术指标要求

　　白云母具有较高的绝缘强度和较大的电阻、较低的电介质损耗和耐电弧、耐电晕等优良的介电性能，而且具有质地坚硬、机械强度高、耐高温和耐温度急剧变化以及耐酸碱等良好的物化性能；劈分性好（能沿解理面剥分成薄片），并有很好的弹性和挠曲性，可以进行冲、切、粘、卷等机械加工，因而在工业上有广泛的用途。金云母的各主要性能稍次于白云母，但耐热性高，是一种良好的耐热绝缘材料。

　　片状云母一般用于无线电工业的电子管投料片、冲制零件，航空工业及电容器生产部门用的零件规格片、电容器芯片，电机制造用的云母薄片，日用电器装置、电话，照明等使用的各种规格片。

　　碎片云母是指采出的细云母和加工剥片后的废渣以及零件加工后边角料的总称。主要用于生产各种云母纸、云母板，作绝缘材料，广泛应用于电气工业中；生产各种云母粉，用于工程塑料和橡胶、涂料、油毡等屋面材料、电缆包裹层、电焊条、云母陶瓷、珠光云母颜料、云母熔铸制品等。

　　中国建材行业标准（JC/T 49—2017)工业原料云母按云母晶体任一面最大内接矩形面积和最大有效矩形面积及另一面应达到的有效矩形面积分为五个型号，详见表4-59。表面要求平坦，斑污占有效面积的比值≤25％；各级云母晶体内不允许有易于脱落的云母存在，不允许有凸出于云母晶体表面的非云母矿物；边缘上的非云母矿物，径向不得超过4mm。凹入角内的非云母矿物，其深度不得超过7mm。

表 4-59　工业原料云母的分类

型号	尺　寸				
	任意面之最大/cm²		另一面/cm²	厚度/mm	
	内接矩形面积	有效矩形面积	有效矩形面积	板状	楔形
特型	≥200	≥65	≥20		
Ⅰ型	100～200	≥40	≥10		
Ⅱ型	50～100	≥20	≥6	≥0.1	最厚端的厚度<10
Ⅲ型	20～50	≥10	≥4		
Ⅳ型	4～20	≥4	≥2		

中国建材行业标准对碎云母质量指标的要求（JC/T 815—2017）列于表 4-60。

表 4-60　碎云母的质量指标要求

类别		Ⅰ	Ⅱ	Ⅲ
7.1mm 筛网筛下物/%	≤	7.0	7.0	—
2.0mm 筛网筛下物/%		—	—	4.0
厚度/mm		≤1.5	≤4.0	不限
外来夹杂物/%	≤	0.50	0.50	0.50
风化大于 0.5mm 的非云母矿物及风化碎云母片/%	≤	3.50	3.50	3.50
黑斑点碎云母片/%	≤	5.0	不限	不限
黄白色水锈片/%	≤	10.0	15.0	15.0

干磨云母粉和湿磨云母粉的质量指标要求列于表 4-61 和表 4-62。

表 4-61　干磨云母粉质量指标要求（JC/T 595—2017）

规格	粒度分布					磁铁吸出物/×10⁻⁶ ≤	含砂量/% ≤	松散密度/(g/cm²) ≤	含水量/% ≤	白度/% ≥
900μm	μm	+900	+450	+300	−300	400	1.0			45
	%	<2	65±5	<10	—					
450μm	μm	+450	+300	+150	−150			0.36		
	%	<2	45±5	—	<10					
300μm	μm	+300	+150	+75	−75	800	1.5		1.0	
	%	<2	50±5	—	<10					
150μm	μm	+150	+75	+45	−45					50
	%	<2	40±5	—	<30					
75μm	μm	+75				400	1.0	0.34		
	%	<2								
45μm	μm	+45								
	%	<2								

表 4-62　湿磨云母粉质量指标要求（JC/T 596—2017）

规格	筛余量/%	含砂量/% ≤	烧失量/% ≤	松散密度/(g/cm³) ≤	含水量/% ≤	白度/% ≥
38μm	75μm,≤0.1	0.5	5.0	0.25	1.0	70
	38μm,≤10					
45μm	112μm,≤0.1		5.0		1.0	70
	45μm,≤10					
75μm	150μm,≤0.1	0.6	5.0	0.28	1.0	65
	75μm,≤10					
90μm	180μm,≤0.1		5.0	0.28	1.0	65
	90μm,≤10	1.0				
125μm	250μm,≤0.1		5.0	0.30	1.0	65
	125μm,≤10					

4.9.3　加工技术

（1）选矿提纯　云母的选矿提纯方法依云母的性质和种类而异。片状云母一般采用人工拣选、摩擦选矿、形状选矿等；碎云母则采用风选和浮选。

① 人工拣选　在采矿工作面或坑口矿石堆上，拣选已单体分离的云母；云母与脉石的连生体用手锤破碎，再拣选出其中的云母。

② 摩擦选矿　根据成片状云母的滑动摩擦系数与浑圆状脉石的滚动摩擦系数的差别，从而使云母和脉石分离。所用设备之一为斜板分选机。该机是由一组金属斜板组成，每块斜板长1350mm、宽1000mm，其下一块斜板的倾角大于上一块斜板的倾角。每块斜板的下端都留有收集云母的缝隙，其宽按斜板排列顺序依次递减。缝隙前缘装有三角堰板。在选别过程中，大块脉石滚落至废石堆；云母及较小脉石块经堰板阻挡，通过缝隙落到下一块斜板。依次在斜板上重复上述过程，使云母与脉石逐步分离。

③ 形状选矿　根据云母晶体与脉石的形状不同，在筛分中透过筛子缝隙或筛孔能力的不同，使云母和脉石分离。选别时，采用一种两层以上不同筛面结构的筛子，一般第一层筛筛网为方形，当原矿进入筛面后，由于振动或滚动作用，片状云母和小块脉石可以从条形筛缝漏至第二层筛面，因第二层是格筛，故可筛去脉石留下片状云母。

碎片云母的选矿提纯方法主要有以下两种。

① 浮选　矿石经破碎、磨矿，使云母与脉石单体解离，在浮选药剂作用下，使云母成为泡沫产品而与脉石分离。目前有两种浮选工艺：一是在酸性介质中，用胺类捕收剂浮选云母，pH 值控制在 3.5 以下，浮选前需要脱泥，矿浆固含量为 30%～45%；二是在碱性介质中，用阴离子捕收剂进行浮选，pH 值控制在 8～10.5，入选前也需要脱泥。云母浮选工艺中需经过多次精选。

② 风选　云母风选多通过专用设备来实现。其工艺过程一般为：破碎→筛分分级→风选。矿石经过破碎之后，云母基本上形成薄片状，而脉石矿物长石、石英类呈块状颗粒。据此，采用多级别的分级把入选物料预先分成较窄的粒级，按其在气流中悬浮速度的差异，采用专用风选设备进行分选。

（2）剥片　将生料云母剥分成各种规格的云母片称为云母剥片。目前剥片方法有手工剥片、机械剥片和物理化学剥片三种，主要用于加工各种片云母，如厚片云母、薄片云母、电子管云母等，大部分是手工操作。

（3）细磨和超细磨　云母的细磨和超细磨，即云母粉的生产有干法和湿法两种。

云母的干式细磨和超细磨设备主要有球磨机、棒磨机、振动磨、搅拌磨、气流磨、高速机械冲击式粉碎机等。在生产超细云母粉时，一般还需配置干法分级设备（涡轮式空气离心分级机）；在生产较粗的云母粉时一般采用平面摇动筛、悬吊筛、振动筛等进行分级。

湿磨云母粉的主要设备有轮碾机、砂磨机、搅拌磨、高压均浆机等。湿磨云母粉具有质地纯净、表面光滑、径厚比大、附着力强等优点。因此，湿磨云母粉的性能更好，应用面更广，经济价值更高。尤其是作为珠光云母基料的云母粉一般要求湿磨云母粉。湿磨技术是微细云母粉生产的主要发展趋势。

（4）表面改性　云母粉的表面改性可分为有机表面改性和无机表面包覆（膜）改性两种工艺。

① 有机表面改性　有机表面改性主要针对用于聚烯烃、聚酰胺和聚酯等高分子材料增强填料的云母粉。目的是提高云母粉与高聚物基料的相容性，改善其应用性能。常用的表面改性剂为硅烷偶联剂、丁二烯、锆铝酸盐、有机硅（油）等。云母粉经表面处理后，可提高材料的

机械强度，并且降低模塑收缩率。

有机表面改性工艺有干法和湿法两种，目前工业上大多采用干法工艺，只有部分湿式研磨的超细云母粉采用湿法改性工艺。

② 无机表面包覆（膜）改性　无机表面改性主要针对用于涂料、油墨、人造革、化妆品、塑料、橡胶、玩具、印刷装潢、造纸等的云母颜料。目的是赋予云母粉良好的光学效应和视觉效果，使制品更富色彩和更显高雅，从而提高云母粉的应用价值。常用的表面改性剂是氧化钛、氧化铬、氧化铁和氧化钴等。这种表面改性后的云母粉的商品名称为"珠光云母"和"着色云母"。原料是薄片状的湿式细磨云母粉。

在云母表面包覆二氧化钛及其他氧化物以制备珠光云母和着色云母的方法是在水溶液中进行的沉淀反应。以包覆二氧化钛为例，常用的方法有四氯化钛加碱法、有机酸钛法、热水解法和缓冲法等。常用的包覆剂是可溶性钛盐（四氯化钛和硫酸氧钛）。利用钛盐易水解的特点，在控制温度和 pH 条件下使钛盐均匀地水解出水合氧化钛沉淀在云母片上，形成水合氧化钛包覆层，然后经洗涤、干燥、焙烧，成为金红石型二氧化钛包覆的云母珠光颜料。

表征珠光云母质量的主要指标是光泽（反射率和折射率）、表面包覆率以及包覆层中二氧化钛的晶形等。

影响云母珠光颜料质量的因素很多，主要有云母的粒度、形状、比表面积、表面的污染程度、水解反应的温度、时间、pH、浓度，焙烧的温度、气氛、时间和升温方式，钛盐的用量和用法等。

着色云母是在云母片状颗粒包覆了二氧化钛的基础上再用着色剂进行表面包覆处理的，因此，较之云母钛的制备工艺影响因素更多。

（5）云母绝缘纸及制品　云母纸是以碎云母或云母粉为原料，经制浆、抄造、成型、压榨等工艺制成的可代替天然片云母作为工业电气绝缘材料的云母制品。它具有许多优良性能，如质地与厚度均匀、介电强度波动小、电晕起始电压高而且稳定、导热性好、耐高温及低温性能好。

云母纸的制备工艺包括云母纸浆的制备（简称制浆）和抄造。其中关键在于云母纸浆的制备。目前制备云母纸浆的方法主要有煅烧化学制浆法、水力制浆法、胶辊粉碎法和超声波粉碎法，工业上以前两种方法应用较多。

云母纸制品包括粉云母带、柔软粉云母板、塑料粉云母板、换向器粉云母板、衬垫粉云母板、粉云母箔以及新型耐热云母纸制品等。生产云母纸制品的原材料除了前述云母纸外，还需采用各种黏结材料和补强材料。不同云母纸制品的具体生产工艺有所不同，原则上包括配料、黏结成型、固化和裁剪等工序。

4.10　石棉

4.10.1　矿石性质与矿物结构

石棉（asbestos）是一种可剥分为柔韧的细长纤维的硅酸盐矿物的总称。按其成分和内部结构，通常分为蛇纹石石棉和角闪石石棉两大类。蛇纹石石棉又称温石棉，是一种纤维状含水硅酸镁矿物，矿物学上称之为纤维蛇纹石。其理论化学成分为 $Mg_3Si_2O_5(OH)_4$ 或 $2SiO_2 \cdot 3MgO \cdot 2H_2O$，主要成分含量为：$SiO_2$ 43.37%；MgO 43.64%；H_2O 12.99%。但天然产出的纤维蛇纹石石棉总是偏离其理想化学成分而含有杂质。石棉矿物种类及典型性质见表 4-63。

表 4-63　石棉矿物种类及典型性质

矿物名称		化学组成	理化性质
蛇纹石石棉(温石棉)		$Mg_3Si_2O_5(OH)_4$，其中 SiO_2 43.37%，MgO 43.64%，H_2O 12.99%	白色、灰白色、浅黄色、浅绿色；丝绢光泽；莫氏硬度2~2.5；密度2.49~2.53 g/cm³；轴向抗张强度>3000MPa
角闪石石棉	蓝石棉(青石棉或斜闪石石棉)	$Na_2Fe_5[(OH)Si_4O_{11}]_2$	浅紫色；密度3.2~3.3 g/cm³；轴向抗张强度>3000MPa；吸附性很强，且有防化学毒物及净化放射性微粒污染性能，耐酸性强
	直闪石石棉	$(Mg,Fe)_7[Si_8O_{22}](OH)_2$	耐酸性最强，吸附性中等
	透闪石、阳起石石棉	$Ca_2Mg_5[Si_4O_{11}]_2(OH)_2$	耐酸性最强，吸附性中等
	铁石棉	$(Mg,Fe^{2+})3Fe_2^{3+}Si_7O_{20}\cdot 10H_2O$	轴向拉伸强度3000MPa

　　蛇纹石属于层状结构。理想结构由复合层组成，属三八面体型。每一复合层即结构单元层。由一个硅氧四面体层或称鳞石英层和一个水镁石层构成，但常出现偏离简单结构形式的情况，导致结构和形态上的差异。

　　纤维蛇纹石的晶体结构比较特殊，它是由蛇纹石层卷曲成的圆柱结构，四面体层在卷曲的蛇纹石层的内侧，八面体层在外侧。在纤维蛇纹石中蛇纹石层的卷曲可以导致同心圆状的圆柱结构，也可以导致卷状的圆柱结构（图4-16）。卷曲的圆柱结构可以由一个蛇纹石层卷曲而构成，也可以由两个、三个或更多的蛇纹石层卷曲而成。细软纤维丝状纤维蛇纹石石棉的纤维管内径一般为2~20nm，外径为100~500nm。

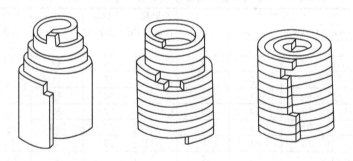

图 4-16　蛇纹石层同心圆状和卷状的圆柱结构

　　各类石棉均能劈成很细的纤维，具有可纺性，并且有较好的隔热、低温、耐酸、耐碱、绝缘、防腐等特性。其中，温石棉的工艺性能最好，应用最为广泛；蓝石棉具有防化学毒物及净化放射性微粒污染空气的特性。

4.10.2　应用领域与技术指标要求

　　20世纪80年代以后，由于安全使用等方面的原因，闪石类石棉已经不再使用（在工业发达国家和我国已禁止使用）。目前工业上应用的主要是纤维蛇纹石石棉，即温石棉。温石棉主要用于生产石棉纺织制品、制动制品、密封制品、建筑或水泥制品、保温制品、石棉沥青制品和石棉增强塑料制品等。在机械、交通、化工、冶金、建筑、电力等工业中广泛用于制动、密封、衬垫、隔热、保温、防火、防热、绝缘、防腐及建筑材料、路面材料和填料等。在国防和航天工业中也有许多用途。表4-64是温石棉的主要用途。

表 4-64　温石棉的主要用途

主要用途	应用领域
石棉纱(线、绳、布、带、被、手套)、热绝缘石棉板、衬垫石棉纸板、保温石棉板、石棉硅酸钙板、碳酸镁石棉管、泡沫石棉、石棉硅酸盐复合涂料等石棉保温、隔热制品	化工、建筑、电力、冶金、轻工、石油等
垫片(石棉橡胶板、耐油石棉橡胶板、增强石棉橡胶板、石棉乳胶板、缠绕式垫片、金属包垫片、钢架石棉复合板、气缸密封垫片、石棉钢片、石棉橡胶铜丝布、石棉石墨铜丝布、四氟复合垫片等)、垫圈(波形垫圈、自密封垫圈、石棉橡胶垫圈、石棉纤维环、旋塞衬套、石棉护门圈、四氟石棉垫圈等)、盘根(油浸石棉盘根、橡胶石棉盘根、抗腐蚀石棉盘根、铅片盘根、绒片石棉盘根等)等石棉密封制品	机械、化工、电力、冶金、轻工、石油、航空航天、建材等
载重汽车用制动器衬片、客车(乘用车)用制动器衬片、轿车用盘式制动器衬片、石油钻机闸瓦、火车用合成闸瓦、飞机用刹车片、刹车带、汽车和拖拉机用离合器面片、油中用纸基摩擦材料等石棉制动制品	汽车、火车、拖拉机、飞机等交通工具
绝缘材料用石棉绝缘带、电绝缘石棉板、绝缘石棉橡胶板、石棉绝缘套管、电解槽用隔膜石棉布、石棉绒;化学试剂用烧碱石棉、酸洗石棉、酸洗石棉粉、铂石棉;石棉辊轮;无菌过滤石棉纸、石棉纱罩线、石棉隔膜布等石棉特种制品	机械、化工、电力、冶金、轻工、石油、航空航天、建材、轻工等
石棉水泥瓦、钢丝网石棉水泥波瓦、石棉水泥平板、纤维增强低碱度水泥建筑平板、石棉硅酸钙板、石棉水泥管等石棉水泥制品	建筑、化工、电力、冶金等
无机增强或补强填料	塑料、橡胶等

2008 年颁布的中国国家标准 (GB/T 8017—2008) 将机选温石棉按主体纤维含量 1～7 级分为七个等级。1～6 级产品代号由级别识别数字 (一位数字) 和主体纤维含量识别数字 (两位数字) 组成。7 级机选温石棉的产品代号由数字 7 和松散密度数值组成。其主要质量要求见表 4-65 和表 4-66。

表 4-65　1～6 级机选温石棉质量要求 (GB/T 8071—2008)

级别	产品代号	干式分级/% +12.5mm ≥	+4.75mm ≥	+1.4mm ≥	-1.4mm ≤	松解棉含量/% ≥	+1.18mm纤维含量/% ≥	-0.075mm粉尘量/% ≤	纤维系数	砂粒含量/% ≤	夹杂物/% ≤
1	1-70	70	93	97	3	—	50	40		0.3	0.04
	1-60	60	88	96	4		47	44			
	1-50	50	85	95	5		43	46			
2	2-40	40	82	94	6		37	50			
	2-30	30	82	93	7		32	54			
	2-20	20	75	91	9		28	58			
3	3-80	—	80	93	7	50	10	38	1.3	0.3	0.04
	3-70		70	91	9			40	1.2		
	3-60		60	89	11			42	1.1		
	3-50		50	87	13		9	43	1.0		
	3-40		40	84	16			44	0.9		
4	4-30		30	83	17	45	8	46	0.7	0.4	0.03
	4-20		20	82	18		7	49	0.6		
	4-15		15	80	20		6	52	0.5		
	4-10		10	80	20		6	52	0.5		
5	5-80			80	20	40	4	54	0.40	0.5	0.02
	5-70			70	30		3	56	0.35		
	5-60			60	40		1.5	58	0.30		
	5-50			50	50		1	60	0.25		
6	6-40			40	60			66		2.0	—
	6-30			30	70			68			
	6-20			20	80			70			

表 4-66　7 级机选温石棉质量要求

级别	产品代号	松散密度/(kg/m³)　≤	0.045mm 微分含量/%　≤	砂粒含量/%　≤
7	7-250	250	50	0.05
	7-350	350	50	0.1
	7-450	450	60	0.1
	7-550	550	70	0.1

4.10.3　加工技术

(1) 选矿　石棉选矿一般采用干式风选，包括风力选矿法和摩擦选矿法，其中干式风力分选在温石棉选矿中占有主导地位。个别情况下也有采用湿式分选，如用逆流（反流）水筛分选。

石棉选矿工艺流程分为矿石准备和选别两大部分。

矿石准备部分包括破碎、筛分、干燥及预先富集等作业。目的是为选别作业提供符合入选粒度和湿度的矿石。一般采用两段破碎，用旋回式或颚式破碎机进行粗碎，用圆锥式破碎机、反击式破碎机或锤式破碎机进行中碎，破碎到小于 30mm 或 50mm 的矿石进入干燥机干燥，使水分小于 2%。一般采用卧式圆筒干燥机或立式干燥炉。干燥后的矿石进入储矿仓。矿石的预先富集通常采用筛分方法，即除去低品位的粒级。有些矿山利用石棉矿石和其他矿石的磁性差异通过磁选丢弃部分废石。

选别工艺流程包括破碎揭棉、粗选（回收石棉粗精矿）、粗精矿解棉与精选以及除尘、除砂及纤维分级等作业。

为了有效保护石棉纤维的自然长度，多选出长棉和最大限度地回收石棉纤维，一般采用多段破碎揭棉和多次分选。对于横纤维石棉矿石需要 3～4 段破碎揭棉，纵纤维矿石需要 4～5 段破碎揭棉。破碎揭棉设备一般采用冲击式破碎机，如立轴锤式破碎机、反击式破碎机、笼式破碎机等。有些矿山前几段采用冲击式破碎机，后几段采用轮碾机。每段破碎揭棉后，采用筛分吸选、反流筛分选或空气通过式分选机分选。

粗精矿的除尘、除砂作业往往是相互联系在一起的，作业段数视纤维性质而不同、纵纤维石棉一般需要 6～8 段，横纤维石棉需要 4～6 段。采用的设备通常有平面摇动筛、振动空气分选机、锥筒除尘筛、高方筛、小平筛等。纤维的分级一般采用筛孔从大到小的分级顺序，即先分出高级棉，后分出低级棉。也有采取从小到大分级顺序的。分级设备通常采用平面摇动筛。分级后经检验合格的纤维进行包装。石棉纤维为轻泡物料，为便于运输要进行预压缩和加压包装。

(2) 表面改性　石棉是用于塑料地板之类产品的传统增强填料，这种地板要求材料能耐高温，经久耐用。

表面改性剂主要选用硅烷偶联剂。这种改性产品曾用来改善有机硅树脂及橡胶的性能。温石棉的局部脱羟基化反应可提高与酚醛树脂和间苯二酚树脂的作用，用 EDTA（乙二胺四乙酸）除去水镁石层，可使二氧化硅层暴露，以便使用硅烷进行表面改性。

温石棉表面改性的关键是要使其外硅酸层暴露，以便与硅烷偶联剂水解后的硅醇基作用。这种改性后的石棉纤维可用于聚烯烃类、橡胶及其他高聚物基复合材料的填料，使复合材料具有较高的机械强度及良好的耐热性和耐湿性。

考虑到石棉纤维对人体健康有害这一问题，在加拿大、欧洲及美国等工业发达国家和地区曾研究通过对其进行表面改性消除石棉纤维的生理活性，确保其应用安全，但最终因成本问题没有实现商业化。

(3) 石棉尾矿综合利用　目前在我国每选出 1000kg 成品石棉要产生 25～27t 的石棉尾矿，每年新增尾矿 1000 多万吨；此外，20 世纪 50 年代中期至 80 年代末期，四川省石棉县曾经是我国主要的石棉产区，累计堆存在大渡河两岸沟壑中的石棉尾矿达上亿吨。这些存量和新增的石棉尾矿造成巨大的环保压力。石棉尾矿的主要矿物成分是蛇纹石，主要化学成分是 MgO、SiO_2 和少量 FeO、Fe_2O_3 及极少量 Ni。近年来，通过采用物理和化学相结合的方法综合回收利用尾矿中的化学组分生产超细氢氧化镁、超细白炭黑、多孔二氧化硅、氧化镍、氧化铁以及多孔二氧化硅/纳米 TiO_2 复合环保材料、氢氧化镁/碳酸钙/硫酸钙复合阻燃材料、高温固碳材料等方面取得了显著进展。2005 年在主要石棉产区的甘肃省阿克塞哈萨克自治县完成了石棉尾矿综合利用中试。该中试集成化学浸取和分离技术、粉体表面处理技术和产品粒度及形貌控制技术，用石棉尾矿作原料制取了平均粒度 $1\sim3\mu m$、$Mg(OH)_2 \geqslant 98\%$ 的超细氢氧化镁及比表面积 $\geqslant 190m^2/g$、干基 SiO_2 含量 $\geqslant 99\%$ 的超细二氧化硅和纳米二氧化硅以及比表面积 $\geqslant 100m^2/g$、SiO_2 含量 $\geqslant 85\%$ 的多孔二氧化硅。

此外，以提取氧化镁以后的多孔二氧化硅为载体，以四氯化钛为前驱体，采用低温水解沉淀方法和控温煅烧净化工艺可以制备纳米 TiO_2/多孔二氧化硅复合光催化材料。这种材料不仅对甲醛有持续光催化降解功效，而且可以将废水中的六价铬还原为三价铬，在环保和健康领域展现出良好的发展前景。

4.11 硅灰石

4.11.1 矿石性质与矿物结构

硅灰石（wollastonite）是一种钙的偏硅酸盐矿物，化学分子式为 $CaSiO_3$，理论化学成分为 CaO 48.3%，SiO_2 51.7%，其中的 Ca 常被 Fe、Mg、Mn、Ti、Sr 离子置换，形成类质同象体，故自然界纯净的硅灰石较罕见。硅灰石有三种同质多象变体：两种低温象变体，即三斜晶系硅灰石和单斜晶系副硅灰石，一种高温象变体，通称假硅灰石。自然界常见的硅灰石主要是低温三斜链状结构的 TC 型硅灰石，其他两种象变体很少见。在 TC 型硅灰石结构中，钙以六次配位与氧形成八面体，这些钙八面体共边形成链，三个钙氧八面体链又形成带。同样，硅以四次配位与氧形成硅氧四面体，硅氧四面体共顶角形成链。这些链结构以每单位晶胞三个硅氧四面体为基础重复而成，这种重复的单元可以看成是两个对等连接的硅氧四面体基团（Si_2O_7）与一个硅氧四面体（其中一边与链方向平行）组成。两个这样的硅氧链也形成一个带。硅氧带中的硅氧四面体与钙氧带中的钙氧八面体的棱相连，或与钙氧八面体的氧相连。钙

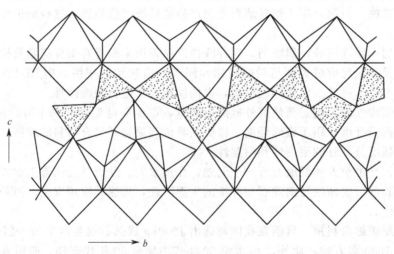

图 4-17 TC 型硅灰石的晶体结构

氧八面体带和硅氧四面体带的延长方向都平行于 b 轴。相邻的钙氧八面体带和硅氧四面体带沿 b 轴方向错动 $b/4$ 大小，沿 c 轴方向错动 $0.11c$ 大小，这样便产生了具有三斜对称的 TC 型的硅灰石结构。该结构沿 b 轴的投影是交互排列的钙氧八面体层和硅氧四面体层（图 4-17）。

低温三斜晶系硅灰石晶体常沿 Y 轴延伸成板状、杆状和针状；集合体呈放射状、纤维状块体，甚至微小的颗粒仍保持纤维状的习性（图 4-18）；常呈白色和灰白色，玻璃光泽到珍珠光泽；密度 $2.78\sim$ $2.91g/cm^3$，莫氏硬度 $4.5\sim5$，熔点 $1544℃$，溶于

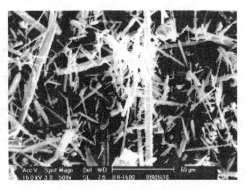

图 4-18　硅灰石的颗粒形貌

酸，加盐酸煮沸可生产絮状硅胶，热膨胀系数小，烧失量低，有良好的助熔性。

4.11.2　应用领域与技术指标要求

由于硅灰石具有针状或纤维状颗粒形态及较高的白度和独特的物理化学性能，广泛应用于陶瓷、涂料、塑料、橡胶、冶金、化工、造纸、电焊条以及作为石棉代用品、磨料黏结剂、玻璃、玻璃纤维和水泥的配料等。表 4-67 为硅灰石目前的主要用途。

表 4-67　硅灰石的主要用途

应用领域	主要用途
陶瓷	釉面砖、卫生瓷、日用瓷、美术瓷、电瓷、高频低损耗无线电瓷、化工陶瓷、釉料、色料等
化工	涂料、颜料、橡胶、塑料制品、树脂的填料等
冶金	冶金（铸钢）保护渣、辅料、隔热材料等
建筑	替代石棉的辅助建筑材料，白水泥和耐酸、耐碱微晶玻璃的原料，玻璃的助熔剂等
电子	电子绝缘材料，荧光灯、电视机显像管、X 射线荧光屏涂料
机械	优质电焊材料、磨具黏合材料及铸造模具
造纸	填料及代替部分纸浆（纤维）
汽车	离合器、制动器、车门把、保险杠等工程塑料制品的填料
农业	土壤改良剂和植物肥料
其他	过滤介质、玻璃熔窑的耐火材料

中国建材行业硅灰石标准（JC/T 535—2007）将硅灰石产品按粒径分为 5 类（表 4-68）；各类硅灰石又按产品矿物含量分为优等品、一级品、二级品和合格品，其物化性能要求见表 4-69 的规定。

表 4-68　硅灰石产品按粒径分类（JC/T 535—2007）

类别	块粒	普通粉	细粉	超细粉	针状粉
粒径	$1\sim250mm$	$<1000\mu m$	$<38\mu m$	$<10\mu m$	长径比$\geqslant8$

表 4-69　硅灰石产品的物化性能要求（JC/T 535—2007）

检测项目		技术要求			
		优等品	一级品	二级品	合格品
硅灰石含量/%	$\geqslant$	90	80	60	40
二氧化硅含量/%		$48\sim52$	$46\sim54$	$41\sim59$	$\geqslant40$
氧化钙含量/%		$45\sim48$	$42\sim50$	$38\sim50$	$\geqslant30$
三氧化二铁含量/%	$\leqslant$	0.5	1.0	1.5	
烧失量/%	$\leqslant$	2.5	4.0	9.0	
白度/%	$\geqslant$	90	85	75	—

检测项目		技术要求			
		优等品	一级品	二级品	合格品
吸油量/%		18～30(粒径小于5μm,18～35)			—
水萃液碱度/mL	≤	46			—
105℃挥发物含量/%	≤	0.5			
细度	块状,普通粉筛余量/% ≤	0.5			
	细粉,超细粉大于粒径含量/% ≤	8.0			

4.11.3　加工技术

(1) 选矿　国内外硅灰石选矿的主要方法是拣选、单一磁选、单一浮选、磁选-浮选（或电选）联合流程。选矿的主要目的是降低铁含量及分离方解石。

① 拣选　人工拣选:采矿场人工拣选富矿块或破碎后在输送带上人工拣选富硅灰石矿块;光电拣选:采用色选机拣选颜色较深（杂质含量较高）的颗粒或连生体。

② 单一磁选　硅灰石矿中伴生的透辉石和石榴子石等属于弱磁性矿物,而硅灰石基本不显磁性,故可用干法或湿法强磁选技术使硅灰石与之相互分离,即可除去大量含铁矿物,提高产品纯度。

③ 单一浮选　根据硅灰石与方解石矿物表面物理化学性质的差异,用浮选法可有效地使之相互分离,从而提高硅灰石产品的纯度。

④ 磁选-浮选联合工艺　适用于低品位硅灰石的选矿。首先用干式或湿式磁选,将弱磁性矿物分离出来;然后用浮选法将硅灰石与方解石、石英等矿物分开。浮选分离硅灰石与方解石、石英等矿物主要有两种工艺流程。

a. 阴离子捕收剂反浮选方案　方解石为碳酸盐类矿物,硅灰石与石英同属硅酸盐类矿物。据此,根据两者表面电性差异,通过改变矿浆的pH,采用调整剂抑制硅灰石,浮选分离出方解石;然后再浮选分离石英和硅灰石。一般用氧化石蜡皂作方解石的捕收剂,硅酸钠作为硅灰石和石英的抑制剂。

b. 阳离子捕收剂正浮选方案　此法主要是通过调节硅灰石与方解石矿粒表面电性,使其带异号电位,从而用阳离子捕收剂通过静电吸附作用,优先浮出硅灰石,而方解石则作为尾矿留于浮选槽中。浮选作业分为两段:第一段用胺类捕收剂将硅灰石与硅酸盐矿物作为泡沫产品一起浮出,方解石则留于槽中;第二段用胺离子与阴离子混合捕收剂浮选硅酸盐杂质,而硅灰石作为槽中产品回收。

(2) 粉碎与针状硅灰石的加工　硅灰石粉是一种短纤维状的无机粉体。在某些应用领域,如陶瓷、微晶玻璃、冶金保护渣及辅料等只对其成分和粒度有要求,对颗粒的长径比没有明确或具体的要求。但对于石棉代用品、纸浆代用品、塑料和橡胶的增强填料以及部分涂料填料等,则不仅对其成分以及粒度大小和粒度分布有要求,而且还对其纤维状颗粒的长径比有要求。高长径比（>10）硅灰石粉体可以代替石棉纤维、造纸纤维以及塑料和橡胶等高聚物基复合材料的增强填料,有较大的应用价值和经济价值。因此,高长径比硅灰石针状粉的加工技术是硅灰石的主要深加工技术之一。

目前,≤400目（筛余≤3%）的普通硅灰石粉大多采用雷蒙磨和球磨机进行加工,国内主要采用雷蒙磨。这种设备在第2章中已做了详细介绍,此节不再赘述。为了确保大颗粒的含量不超标,可增设分级或筛分设备。这种生产工艺大多采用干法。

高长径比硅灰石和超细硅灰石的主要生产设备有机械冲击磨机、旋磨机、流态化床式气流粉碎机等。其中,机械冲击磨、旋磨机等一般适用生产200～1250目（$d_{97} \geqslant 10 \sim 75 \mu m$）的高长径比硅灰石针状粉；流态化床式气流粉碎机适用于生产 1500 目（$d_{97} \leqslant 10\mu m$）的超细针状硅灰石粉。上述两类设备都是干法生产。如果硅灰石在湿法提纯（浮选或湿式强磁选）后再进行超细粉碎加工，可采用湿法工艺，湿法粉碎到要求的产品细度后，再进行脱水（过滤和干燥）。

（3）表面改性 硅灰石的表面改性可以分为有机表面改性和无机表面改性。

① 有机表面改性 针状硅灰石粉体可用于塑料、橡胶、尼龙等高聚物基复合材料的无机增强填料。但未经表面有机处理的硅灰石粉与有机高聚物的相容性差，难以在高聚物基料中均匀分散。必须对其进行适当的表面有机改性，以改善其与高聚物基料的相容性，提高填充增强效果。用硅烷偶联剂处理的硅灰石填充尼龙后，可显著提高材料的拉伸强度、弯曲强度、弹性模量和弯曲模量。表面改性的硅灰石纤维填充到聚乙烯中，能改善其强度和电绝缘性能；填充聚丙烯，与未改性的硅灰石填料相比，在填充量相同条件下，材料的拉伸强度、弯曲强度等显著提高。

硅灰石粉体的表面有机改性主要采用表面化学包覆方法。常用的表面改性剂有硅烷偶联剂、钛酸酯和铝酸酯偶联剂、表面活性剂及甲基丙烯酸甲酯等。

a. 硅烷偶联剂改性 硅烷偶联剂改性是硅灰石粉体常用的表面改性方法之一。一般采用干法改性工艺。偶联剂的用量与要求的覆盖率及粉体的比表面积有关，用量一般为硅灰石质量的 0.5%～1.5%。

b. 表面活性剂改性 硅烷偶联剂改性生产成本较高。因此，在某些应用条件下，可用较便宜的表面活性剂，如硬脂酸（盐）、季铵盐、聚乙二醇、高级脂肪醇聚氧乙烯醚（非离子型表面活性剂）等对硅灰石粉进行表面改性。这些表面活性剂通过极性基团与颗粒表面的作用，覆盖于颗粒表面，可增强硅灰石填料与高聚物基料的亲和性。

c. 有机单体聚合反应改性 有机单体在硅灰石粉体/水悬浮液中的聚合反应试验结果表明，其聚合体可以吸附于颗粒表面，这样既改变硅灰石粉体的表面性质，又不影响其粒径和白度。将此硅灰石粉体作为涂料的填料，可降低涂料的沉降性和增强分散性。目前选择在硅灰石粉体/水悬浮液中进行聚合反应的单体是甲基丙烯酸甲酯。

d. 铝酸酯和钛酸酯偶联剂改性 选用适当品种的铝酸酯和钛酸酯偶联剂对硅灰石纤维进行改性，可显著提高填充材料的弹性模量、弯曲模量和弯曲强度，并改善拉伸强度和冲击强度。

② 无机表面改性 无机表面改性的技术背景是：作为高聚物填料的硅灰石往往导致填充材料的色泽变深，而且磨耗值较大，易磨损加工设备；对其进行无机表面包覆改性可以改善硅灰石纤维填充高分子材料的色泽和降低其磨耗值。目前硅灰石矿物纤维的无机表面改性主要是采用化学沉淀法在表面包覆纳米硅酸钙、二氧化硅和纳米碳酸钙。纳米硅酸钙表面包覆改性的硅灰石显著提高硅灰石填充 PP 和尼龙等复合材料的力学性能，尤其是抗冲击性能；纳米碳酸钙表面包覆改性的硅灰石显著降低硅灰石在造纸中大规模应用时对造纸设备的磨损。

利用硅灰石优良的填充增强性能，通过无机表面改性优化和赋予其新功能方面这些年也取得进展，如表面包覆三氧化二锑使硅灰石具有一定的协效阻燃性能，表面包覆氧化锡使硅灰石具有良好的抗静电性能等。

4.12 透辉石和透闪石

4.12.1 矿石性质与矿物结构

透辉石（diopsite）、透闪石（tremolite）都是含钙镁链状硅酸盐矿物。其矿石性质与矿物特征详见表4-70。

表 4-70   透辉石、透闪石的矿石性质与矿物特征

矿物		透辉石	透闪石
化学式		$CaMg(Si_2O_6)$	$Ca_2Mg_5(Si_4O_{11})_2(OH)_2$
主要化学成分/%	SiO_2	53~62	55~59
	MgO	11~16	15~28
	CaO	15~16	13~23
	Al_2O_3	2~9	0.1~4
	Fe_2O_3	1.2~1.6	0.2~0.8
	TiO_2	<1	<1
	MnO	<1	<1
矿物成分		主要为透辉石,常含部分透闪石或硅灰石,并含有少量石英、长石、方解石、白云石、磷灰石、蛇纹石、滑石、绿泥石、金云母、石榴子石、橄榄石、磁铁矿及黄铁矿等	主要为透闪石,常含少量方解石、石英、白云石、滑石、绿帘石及蛇纹石等
晶体结构		单斜晶系,呈柱状,横切面近于正方形,通常呈柱状、棒状或放射性集合体	单斜晶系,呈长柱状或针状,通常呈放射状或纤维状集合体
颜色		浅绿色或浅灰色	白色或浅灰色
光泽		玻璃光泽	玻璃光泽或丝绢光泽
莫氏硬度		5~6	5.5~6
密度/(g/cm³)		3.3~3.4	2.9~3.0
解理		平行柱面(110)中等,有时具有平行(100)或(001)的解理	平行柱面(110)中等

4.12.2 应用领域与技术指标要求

透辉石、透闪石具有低熔点、易于干燥、烧成温度低及吸水率低等特点,还可一次挂釉,速烧成型,是一类节约能源、降低成本的新型陶瓷原料。因此,目前透辉石和透闪石主要用于陶瓷、微晶玻璃及铸石的生产。此外,透闪石和透辉石粉碎后类似硅灰石的针状或柱状粒形以及良好的化学稳定性,还用于塑料和橡胶的增强填料及油漆涂料的填料和颜料。

透辉石和透闪石是一种有待进一步开发利用的非金属矿物。目前为止,国家有关部门尚未制定统一的产品质量标准,技术指标以用户的要求而定。一般来说,白度较高、杂质较少(尤其是 Fe_2O_3 含量低于1.5%的透辉石和低于1.0%的透闪石)的产品利用价值较高,应用领域较广。

4.12.3 加工技术

目前透辉石和透闪石的加工一般是原矿经手选后直接磨成200目、325目、400目、500~600目,甚至更细的粉体。400目以下的透辉石和透闪石粉体加工设备主要采用雷蒙磨(悬辊式盘磨机),500目以上的细粉和超细粉采用雷蒙磨、高速机械冲击式磨机和球磨机等,同时配置相应的分级设备。大多采用干法粉碎工艺。

透辉石或透闪石与方解石、云母、黄铁矿等的分离可采用反浮选工艺。实验结果表明,用浮选方法可得到高质量的透辉石精矿。但浮选方法目前在工业上还很少采用。另外,对于含有强磁性矿物杂质,如磁铁矿及弱磁性矿物杂质,如石榴子石、橄榄石、黄铁矿等的原矿,粉碎至一定粒度后可采用磁选方法去除。

4.13　蓝晶石、红柱石、硅线石

4.13.1　矿石性质与矿物结构

蓝晶石（cyanite）、红柱石（andalusite）、硅线石（sillimanite）统称为蓝晶石类矿物，三者为同质多相变体，化学式均为 Al_2SiO_5。理论化学成分：含 Al_2O_3 62.93%，含 SiO_2 37.07%。

蓝晶石属三斜晶系，晶体常呈扁平柱状，蓝色或蓝灰色，玻璃光泽，解理面呈珍珠光泽。在（100）晶面上，平行晶体延长方向的莫氏硬度为5.5，而垂直晶体延长方向的莫氏硬度则为6.5~7，差异显著，故有二硬石之称。密度 3.56~3.68g/cm^3。

红柱石属斜方晶系，晶体呈柱状，横切面近正方形，有的在柱的四角和中心可见有黑色炭质包裹物，在断面上排列成规则的十字形；集合体呈放射状，形似菊花，俗称菊化石；灰白色、褐色或红色，玻璃光泽，莫氏硬度7，密度 3.1~3.2g/cm^2。

硅线石属斜方晶系，晶体呈针状，通常呈放射状和纤维状集合体，灰褐色或灰绿色，玻璃光泽，莫氏硬度7，密度 3.23~3.27g/cm^3。

蓝晶石族矿物在高温下煅烧转变为富铝红柱石（$Al_2O_3 \cdot 2SiO_2$，又称莫来石）和二氧化硅（方石英）的混合物，并发生体积膨胀。蓝晶石转变为富铝红柱石的温度为1100~1500℃，体积膨胀率为16%~18%；硅线石的转化温度为1500~1650℃，体积膨胀率为5%~8%；红柱石的转化温度为1350~1450℃，体积膨胀率为5%左右。

表 4-71 所示为蓝晶石族矿物的基本性质。

表 4-71　蓝晶石族矿物的基本性质

矿物性质		蓝晶石	红柱石	硅线石
化学式		Al_2SiO_5		
化学成分/%		Al_2O_3 62.93，SiO_2 37.07		
晶系		三斜	斜方	斜方
结构		岛状	岛状	链状
晶形		柱状、岛状或长条状集合体	柱状或放射状集合体	长柱状、针状或纤维状集合体
颜色		青色、蓝色	红色、淡红色	灰色、白褐色
密度/(g/cm^3)		3.56~3.68	3.23~3.27	3.10~3.20
莫氏硬度		5.5~7	7~7.5	7~7.5
解理		沿(100)解理完全，(010)解理良好	沿(110)解理完全，(100)解理良好	沿(010)解理完全
光性		(—)	(—)	(—)
比磁化系数		1.13	0.23	0.29~0.03
电泳法零电点(pH)		7.9	7.2	6.8
莫来石效应	开始温度	1100℃左右	1400℃左右	1500℃左右
	体积变化	16%~18%	5%左右	5%~8%

蓝晶石和硅线石主要产于绢云母、白云母或云母石英片岩和石英岩、云母绿泥石片岩、石榴蓝晶长英黑云母片岩、十字蓝晶石榴黑云母片岩、石榴或含石墨斜长片麻岩或变粒岩、变质岩系中的石英脉和伟晶岩脉变粒岩等中。红柱石主要赋存于富铝的泥质或泥质岩石与中酸性侵入体接触变质的角岩、板岩、片岩或次生石英岩中。因此，蓝晶石类矿物一般伴生有黑云母、白云母、绢云母、石英、石墨、斜长石、石榴子石、绿泥石等矿物。

4.13.2　应用领域与技术指标要求

由于蓝晶石类矿物具有很高的耐火度、化学稳定性和机械强度，是优质耐火材料的原料，因此广泛用于生产耐火材料、高级陶瓷、铝硅合金及耐火纤维等领域。

耐火材料是蓝晶石类矿物的主要应用领域，主要应用在以下四个方面。

① 以蓝晶石类原料为主体，直接制砖，以红柱石砖最有代表性。

② 以蓝晶石类原料为添加物，改善耐火制品的高温性能，如提高其抗蠕变性能和抗热震性能等。

③ 用于不定形耐火材料，最常用的是蓝晶石作为膨胀剂来补偿高温下的收缩，防止结构剥落。

④ 以蓝晶石为原料合成莫来石。

蓝晶石类矿物还用来生产高铝蓝晶石水泥，这种水泥的耐火度高达 1650℃。

对于蓝晶石类矿物，因为各种矿物原料的性能差异、用途和应用工艺水平的不同，所以对精矿质量的要求也不同。中国冶金行业标准（YB/T 4032—2010）按氧化铝含量对蓝晶石、硅线石、红柱石精矿进行分类，表 4-72 列出各类产品的理化性能指标要求。我国宝山钢铁公司（生产耐火材料）对蓝晶石类精矿的质量指标要求列于表 4-73。

表 4-72　蓝晶石类产品理化指标要求（YB/T 4032—2010）

项目		指　　标						
		蓝晶石		硅线石		红柱石		
		LJ-58	LJ-55	GJ-58	GJ-54	HJ-58	HJ-55	HJ-52
Al_2O_3/%	≥	58	55	58	54	58	55	52
Fe_2O_3/%	≤	0.8	1.5	1.0	1.5	1.0	1.5	2.0
TiO_2/%	≤	1.5	2.0	1.0	1.0	1.0	1.0	1.0
K_2O+Na_2O/%	≤	0.3	0.5	0.5	1.0	0.5	0.8	1.2
耐火度/℃	≥	1790		1790	1750	1790		1750
水分/%	≤	1						
灼减/%	≤	1.5						
线膨胀率(1500℃)/%		必须进行此项检验，将实验数据在质量证明书中注明						

表 4-73　蓝晶石类精矿的质量指标

用户	矿种	化学成分/%				耐火度/℃
		SiO_2	Al_2O_3	Fe_2O_3	TiO_2	
上海宝山 钢铁公司	硅线石 A	14～20	72～78	≤2	≤4	>1825
	硅线石 B	≥53		≤1	≤2	>1790
	红柱石	35～41	56～62	≤2	≤0.5	
	蓝晶石	≥60		≤1.5	≤2.0	>1825

4.13.3　加工技术

(1) 选矿提纯　蓝晶石族矿物的选矿方法和工艺流程主要取决于矿物的嵌布特性。根据该类矿物的嵌布特性，一般分为三种类型：细粒嵌布型、粗粒嵌布型和混合嵌布型。

细粒嵌布型，由于蓝晶石族矿物的粒度差和密度差不大，故一般情况下不考虑重选，采用浮选法可获得合格的蓝晶石精矿。

粗粒嵌布型，包括粗粒和细粒结核状矿石，常用的选矿工艺是重选或重-浮联合流程。如美国艾特浩蓝晶石矿，首先将磨矿后的矿物分成粗细两个粒级，粗粒级（＋65 目）用摇床选别，细粒级（－65 目）用浮选法回收。

混合嵌布型，包括不同比例粗粒嵌布和细粒嵌布两种类型矿石。通常采用重-浮联合工艺或分级-浮选工艺。河南隐山蓝晶石矿即属该类型，选择磨矿-分级脱泥-浮选的工艺路线。该类型蓝晶石矿浮选过程中的主要影响因素是磨矿细度和分级脱泥效率。分级脱泥的作用是去除影响浮选效果的矿泥，同时提高入选矿石的品位。

① 浮选 浮选是蓝晶石类矿物的主要选矿方法，但一般需要与其他方法联合选别才能达到工业指标要求。常采用重选脱泥后浮选或磁选后浮选。主要影响因素是磨矿细度、脱泥效果、药剂制度和矿浆 pH。

a. 磨矿细度 对于晶粒较粗的蓝晶石类矿物，−200 目级别含量一般占 30％～40％；对于细粒嵌布型和混合型，−200 目级别含量一般占 70％～90％。

b. 脱泥效果 由于矿泥质量小、比表面积大、影响浮选的选择性和消耗浮选药剂等，因此必须先将矿泥脱除。脱泥作业一般要进行 2～3 次，可在磨矿或擦洗之后采用螺旋分级机、滚筒筛、水力旋流器和水力分级机等分级脱泥设备。脱泥的粒度上限一般为 20～30μm。

c. 药剂制度和矿浆 pH 浮选介质一般为酸性或中性和弱碱性。在酸性介质中浮选蓝晶石可采用石油磺酸钠作为捕收剂，用量一般为 500～1000g/t。其 pH 可用硫酸调节，最佳 pH 为 3.5～4.5；在中性或弱碱性矿浆中，最佳 pH 为 6.0～8.0，捕收剂选用脂肪酸及其盐类，如油酸、氧化石蜡皂、癸酸等，抑制剂采用水玻璃、乳酸或蚁酸等。

② 重选 对于粗粒嵌布型和混合嵌布型蓝晶石类矿物多采用重选法处理。采用的重选设备有摇床、风力摇床、旋流器、重介质旋流器等。

③ 磁选法 是蓝晶石选矿中不可缺少的手段，一般用于入选原料的准备作业，以便回收或脱除磁性产品，或者用于精矿再处理作业，以便脱除铁杂质等，提高精矿品位。

（2）合成莫来石 以蓝晶石类原料合成莫来石的工艺有两种：一是将蓝晶石类原料直接煅烧，形成中铝莫来石熟料（Al_2O_3 54％～60％）；二是以蓝晶石矿粉添加铝矾土、工业氧化铝、锆英石等，在高温下煅烧形成莫来石或锆莫来石熟料，此工艺对于利用蓝晶石族原料选矿厂的大量细粉精矿具有现实意义，也是将蓝晶石类矿物深加工的一条重要途径。

图 4-19 是用硅线石生产莫来石及其制品的工艺流程。

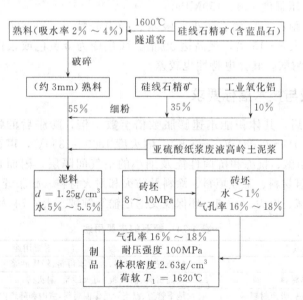

图 4-19 硅线石生产莫来石及其制品的工艺流程

美国蓝晶石矿产公司（Kyanite Mining Corporation）是世界上生产煅烧蓝晶石（中莫来石）的主要厂家之一，它是将蓝晶石精矿在 1650℃的温度下煅烧，使其完全转化为莫来石，主要成分为：Al_2O_3 54.17％～60.06％，SiO_2 43.73％～37.48％，Fe_2O_3 0.16％～0.94％，TiO_2 0.67％，CaO 0.03％，MgO 0.01％，$K_2O＋Na_2O$ 0.42％；密度 2.9～3.1g/cm³；产品的粒度级别主要有 35 目、48 目、100 目、200 目及 325 目，广泛用于陶瓷和耐火材料行业。

4.14　蛭石

4.14.1　矿石性质与矿物结构

蛭石（vermiculite）是一种层状结构的含镁的水铝硅酸盐次生变质矿物，外形似云母，通常由黑（金）云母经热液蚀变作用或风化而成，因其受热失水膨胀时呈挠曲状，形态酷似水蛭，故称蛭石。

蛭石属于成分结构复杂的含水铝镁硅酸盐矿物，由于其变化不定，用单一的化学式表达是困难的。一般来说，蛭石的化学分子式为$(Mg,Ca)_{0.7}(Mg,Fe^{3+},Al)_{6.0}[(Al,Si)_{8.0}](OH)_4 \cdot 8H_2O$。通常含$SiO_2$ 37%～42%，Al_2O_3 9%～17%，Fe_2O_3 5%～18%，MgO 11%～23%，H_2O 5%～11%，；Ca、Na、K含量不定。但因水化程度不同，氧化作用不一，即使同为蛭石，其化学成分也难以相同。

蛭石的晶体结构与滑石相似，不同的是有四次配位的Si被Al代替，结构单元层间有Mg来平衡电荷（也可被Ca、Na、K、Rb、Cs、Ba、Li、H_3O所代替），也有部分电荷由八面体层中三价阳离子代替Mg来中和。层间水分子量可达两层水分子的水量，其间为交换性阳离子所联结，每个水分子以氢键与单元层表面的一个氧联结，同一个水分子层内以弱的氢键联结。蛭石的这种结构使其具有灼热时体积膨胀并弯曲的特性。

蛭石呈鳞片状和片状或单斜晶系的假晶体，鳞片重叠，在0.54cm厚度内可叠100万片；颜色显金黄色、褐色（珍珠光泽）、褐绿色（油脂光泽）、暗绿色（无光泽）、黑色（表面暗淡）及杂色（多种光泽）；密度2.2～2.8g/cm^3，莫氏硬度1～1.5，松散密度1.1～1.2g/cm^3，熔点1320～1350℃，抗压强度100～150MPa。

蛭石具有隔热、耐冻、抗菌、防火、吸水、吸声等特性，在800～1000℃下焙烧0.5～1min，体积可迅速增大8～15倍，最高达30倍。颜色变为金黄色或银白色，生成一种质地疏松的膨胀蛭石，但不耐酸，其介电特性也较差。

4.14.2　应用领域与技术指标要求

蛭石经高温焙烧后，其体积能迅速膨胀数倍至数十倍，膨胀后的蛭石平均容重为100～130kg/m^3，热导率0.047～0.081W/(m·K)，耐火度1300～1350℃，声音频率512Hz的吸声性0.53～0.63，并具有耐碱、抗冻和抗菌性能及细小的空气间隔层，因而是一种优良的保温、隔热、吸声、抗冻蚀建筑材料、工业填料、涂料及防火和耐火材料。膨胀蛭石广泛应用于建筑、冶金、化工、轻工、机械、电力、石油、环保及交通运输等领域。表4-74为蛭石的主要用途。

表 4-74　蛭石的主要用途

应用领域		主要用途
建筑	轻质材料	轻质混凝土骨料、轻质墙粉料、轻质砂浆
	防火耐热材料	壁面材料、防火板、防火砂浆、耐火砖
	保温、隔热、吸声材料	地下管道、温室管道保温材料、室内和隧道内装、公共场所的墙壁和天花板
机械	填料	摩擦材料、刹车片等
冶金	钢架包覆材料、制铁、铸造除杂	高层建筑钢架的包覆材料、蛭石散料
农林渔及园林	园林	高尔夫球场草坪、种子保存剂、土壤调节剂、湿润剂、植物生产剂、饲料添加剂等
	海洋捕捞业	钓饵
	其他方面	吸附剂、助滤剂、化学制品和化肥的活性载体、污水处理、海水油污吸附、香烟过滤嘴、炸药密度调节剂

蛭石的用途还与其片径大小有关。不同片径大小蛭石的用途列于表 4-75。

表 4-75 不同片径大小蛭石的用途

+20 目	20～40 目	40～120 目	120～270 目	-270 目
房屋绝缘器材、家用冷藏器、汽车减声器、隔声灰泥、保险箱和地窖衬里管道、锅炉的护热衣、炼铁厂的长柄勺、耐火砖绝缘水泥等	汽车绝缘器材、飞机绝缘器材、冷藏库绝缘器材、客车绝缘器材、墙板水冷却塔、钢材退火、灭火器、过滤器、冷藏库等	油地毡、屋顶板、檐板、介元闸板等	糊墙纸印刷、户外广告、涂料(增加黏度)、照相软木板用的防火卡片纸等	金黄色和古铜色油墨、涂料的外补充剂等

中国建材行业标准（JC/T 810—2009）将蛭石产品按照粒度分为 1 号、2 号、3 号、4 号、5 号五个型号（见表 4-76）；按膨胀后容重等指标分为 Ⅰ 级品、Ⅱ 级品、Ⅲ 级品、Ⅳ 级品、Ⅴ 级品五个等级。各等级蛭石产品的技术要求列于表 4-76。

表 4-76 各等级蛭石产品的技术要求

型号	项目	Ⅰ 级	Ⅱ 级	Ⅲ 级	Ⅳ 级	Ⅴ 级品
1 号	膨胀后容重/(kg/m³)	70～95	80～110	88～135	120～160	140～200
	含杂率/%	<7	<9	<10	<12	<15
	混级率/%	<10	<15	<15	<15	<20
	水分/%	<6				
2 号	膨胀后容重/(kg/m³)	70～95	80～110	95～135	120～160	140～200
	含杂率/%	<7	<9	<10	<12	<15
	混级率/%	<10	<15	<15	<15	<20
	水分/%	<6				
3 号	膨胀后容重/(kg/m³)	80～95	90～120	105～130	120～145	140～200
	含杂率/%	<7	<9	<10	<12	<15
	混级率/%	<10	<15	<15	<15	<20
	水分/%	<6				
4 号	膨胀后容重/(kg/m³)	95～110	105～125	120～140	130～180	150～200
	含杂率/%	<7	<9	<10	<12	<15
	混级率/%	<10	<15	<15	<15	<20
	水分/%	<6				
5 号	膨胀后容重/(kg/m³)	120～145	130～150	145～180	160～200	180～240
	含杂率/%	<7	<9	<10	<12	<15
	混级率/%	<10	<15	<15	<15	<20
	水分/%	<6				

中国建材行业标准（JC/T 441—2009）将膨胀蛭石根据颗粒级配分为 1 号、2 号、3 号、4 号、5 号五个类别和不同粒级的混合料。按密度分为 100kg/m³（优等品）、200kg/m³（一等品）、100kg/m³（合格品）三个等级。表 4-77 规定了不同类别膨胀蛭石的累积筛余；表 4-78 规定了膨胀蛭石的物理性能指标。

表 4-77 不同类别膨胀蛭石的累积筛余

类型	各方孔筛累计筛余/%						
	9.5mm	4.75mm	2.36mm	1.18mm	600μm	300μm	150μm
1 号	30～80	—	80～100	—	—	—	—
2 号	0～10	—	—	90～100	—	—	—
3 号	—	0～10	45～90	—	95～100	—	—
4 号	—	—	0～10	—	90～100	—	—
5 号	—	—	—	0～5	—	60～98	90～100

注：用户如需不分粒级的混合料，可由供需双方协商确定，其物理性能指标必须符合表 4-77 的规定。

表 4-78　膨胀蛭石的物理性能指标

项目		优等品	一等品	合格品
密度/(kg/m³)	≤	100	200	300
热导率(平均温度 25℃±5℃)/[W/(m·K)]	≤	0.062	0.078	0.095
含水率/%	≤	3	3	3

4.14.3　加工技术

(1) 选矿　蛭石原矿中通常夹杂有辉石、方解石、金云母、黑云母、长石、石英、蛇纹石等脉石矿物。因此，一般要进行选矿提纯才能满足用户的要求。

蛭石的选矿方法可分为人工拣选、干法和湿法三种。干法一般采用风选，因为膨胀后蛭石的容重较脉石矿物低。湿法包括水选、浮选等。

① 拣选　根据蛭石的外观特征和颜色进行选别，包括人工拣选和光电拣选。一般用于较大颗粒脉石和矿物的分选。

② 风选　膨胀蛭石的容重较脉石矿物低，因此风选是常用的选矿提纯方法。风选又可分为扬场法和旋风分离法两种。扬场法是利用自然风力进行选别的方法，是我国目前蛭石选矿常用的方法之一；旋风分离法是利用机械产生的旋转风力场进行选别的方法。常用的设备为扬场机、旋风分离器或空气分级机等。矿石在风选前需要破碎到一定粒度，一般采用冲击式的破碎设备，如锤式破碎机、反击式破碎机等配以振动筛、回转筛等筛分设备，入选粒度一般为 2～15mm，蛭石厚度在 1mm 左右。

③ 水选　利用自然和人工河床分离膨胀蛭石和脉石矿物。一般工艺过程是：先将粉碎至一定粒度后的矿石焙烧，然后将焙烧后的矿石倾入河床内，脉石沉入河底，蛭石顺流而下，再在下游拦住蛭石、打捞晾干。这种方法所得的蛭石品位较高，生产成本也较低。

④ 浮选　对于细粒嵌布的脉石矿物，特别是夹杂有蛇纹石时，用前述人工拣选、风选等方法很难得到高纯度的蛭石产品，可采用浮选方法。

(2) 膨胀蛭石生产工艺　蛭石原料虽然可以产品出售，但真正在工业上使用的是膨胀蛭石。膨胀蛭石是一种以蛭石为原料，经烘干、破碎、煅烧（850～1000℃）或化学方法在短时间内急剧膨胀约 20 倍，由许多薄片组成的、层状结构的松散颗粒。

膨胀蛭石的生产工艺一般可分为三个工序，即预热（烘干）、煅烧、冷却。

① 预热　目的是确保蛭石原料的含湿（水）量，因为原料含水量过大影响膨胀蛭石产品的质量。一般采用烘干的方式进行预热。

② 煅烧　煅烧是生产膨胀蛭石的关键工序。煅烧工艺直接影响膨胀蛭石的产品质量，从而影响其应用性能。经过预热后的蛭石原料在煅烧窑内急剧煅烧时的煅烧温度一般为 850～1000℃。常用的煅烧设备主要是立窑、管式窑和回转窑。

③ 冷却　蛭石经煅烧膨胀后进行自然冷却的作用类似于金属热处理后的油冷和水冷。一般从煅烧窑出来的膨胀蛭石应急速脱离高温环境进行冷却，才能保持膨胀蛭石的强度而不变脆。

煅烧（热物理）法是目前广泛采用的方法。除此之外，还有化学膨胀法或剥分法。所谓化学膨胀法是利用蛭石的阳离子交换性能，用含一定阳离子的溶液处理，使其膨胀。这种方法可使蛭石的原体积膨胀 30～40 倍。

膨胀蛭石一方面可以与各类黏合剂黏合制成各种制品，如水泥膨胀蛭石制品、水泥蛭石保温材料、水玻璃膨胀制石制品、沥青膨胀蛭石制品、石棉蛭石制品、蛭石防火板、膨胀蛭石灰浆等；另一方面可以继续深加工，如过滤剂、炸药密度调节剂、环境治理材料等。

4.15　珍珠岩、黑曜岩、松脂岩

4.15.1　矿石性质与矿物结构

珍珠岩（perlite）是一种火山喷发的酸性熔岩经急剧冷却而成的玻璃质岩石。珍珠岩族矿物包括珍珠岩、黑曜岩（pitchstone）和松脂岩（obsidian）。三者的区别在于珍珠岩具有因冷凝作用形成的圆弧形裂纹，称为珍珠岩结构，含水量 $2\%\sim6\%$；松脂岩具有独特的松脂光泽，含水量 $6\%\sim10\%$；黑曜岩具有玻璃光泽与贝壳状断口，含水量一般小于 2%。

珍珠岩呈黄白色、肉红色、暗绿色、灰色、褐棕色、黑灰色等颜色，以灰白色至浅灰色为主；断口呈参差状、贝壳状、裂片状，条痕白色，碎片及薄的边缘部分透明或半透明；莫氏硬度 $5.5\sim7$；密度 $2.2\sim2.4\text{g/cm}^3$；耐火度 $1300\sim1380℃$；折射率 $1.483\sim1.506$；膨胀倍数 $4\sim25$。

珍珠岩矿石的一般化学成分为：SiO_2 $68\%\sim74\%$，Al_2O_3 $11\%\sim14\%$，Fe_2O_3 $0.5\%\sim3.6\%$，CaO $0.7\%\sim1.0\%$，K_2O $2\%\sim3\%$，Na_2O $4\%\sim5\%$，MgO 0.3% 左右，H_2O $2.3\%\sim6.4\%$。

珍珠岩、黑曜岩、松脂岩的矿物组成见表 4-79。

表 4-79　珍珠岩、黑曜岩、松脂岩的矿物组成

矿石类型	矿物组成
珍珠岩	主要成分为块状、多孔状、浮石状珍珠岩,含少量透长石、石英的斑晶、微晶及各种形态的雏晶、隐晶质矿物、角闪石等
黑曜岩	主要成分为黑曜岩、黑曜斑岩和水化黑曜岩,含少量石英、长石斑晶及极少量不透明的磁铁矿、刚玉等
松脂岩	主要成分为松脂岩,水解松脂岩和水化松脂岩,含少量透长石和白色凝灰物质,呈不规则分布

4.15.2　应用领域与技术指标要求

珍珠岩的主要工艺性能是其膨胀性。因此，珍珠岩的用途主要是膨胀珍珠岩的用途。膨胀珍珠岩是珍珠岩经焙烧后的制品，具有容重小、热导率低、耐火性强、隔声性好、孔隙微细、化学性质稳定、无毒、无味等特性，广泛应用于建筑、化工、轻工、冶金、农林、环保等工业领域。表 4-80 是膨胀珍珠岩的主要用途。

表 4-80　膨胀珍珠岩的主要用途

应用领域	主要用途
建筑	混凝土骨料;轻质、保温、隔热吸音板;防火屋面及轻质防冻、防震、防火、防辐射等高层建筑工程墙体的填料、灰浆等建筑材料;各种工业设备、管道的绝热层;各种深冷、冷库工程的内壁;低沸点液体、气体的储罐内壁和运输工具的内壁等
轻工、化工、石油、环保	制备分子筛、助滤剂、吸附剂等,用于酿酒、果汁、饮料、糖浆、醋等食品工业以及化工、冶金等领域过滤微细颗粒、藻类、细菌等;净化各种液体和水;化工工业塑料、喷漆业去毒,净化废油;石油脱蜡、分馏烷烃;油井灌浆混合剂、化学反应中的催化剂载体;塑料、橡胶的填料等
机械、冶金、电力	隔热保温材料、矿棉、玻璃、陶瓷等制品的配料
农林园艺	调节土壤板结、防止农作物倒伏、控制肥效释放、杀虫剂和除草剂的稀释剂和载体
其他	精致物品及污染物品的包装材料;宝石、彩石、玻璃制品的磨料;炸药密度调节剂等

珍珠岩、黑曜岩、松脂岩——膨胀珍珠岩原料的工业价值大小的确定主要是依据其在高温下焙烧后的膨胀倍数和堆积密度（松容重）。

膨胀倍数 K_0 要求大于 $7\sim10$（黑曜岩大于 3）。由于实验室测定膨胀倍数的高温马弗炉与工业上焙烧用的立式炉或卧式炉的加热方式、焙烧条件不同，所以膨胀倍数相差较大。应将实验室测定的膨胀倍数 K 换算成工业生产的膨胀倍数，经验换算公式为：

$$K_0 = 5.2(K-0.8)$$

堆积密度要求为 $\leqslant 70 \sim 250 kg/m^3$。

中国建材行业标准（JC/T 809—2012）规定了生产膨胀珍珠岩用矿砂的技术性能要求（表4-81）；建材行业标准（JC/T 809—2012）将膨胀珍珠岩产品按堆积密度分为70号、100号、150号、200号、250号五个标号，各标号产品按物理性能分为优等品、一等品和合格品三个等级（表4-82）。其化学成分要求：SiO_2 70%左右，$Fe_2O_3 + FeO < 1.5\%$（优质）。

表 4-81　膨胀珍珠岩用矿砂的性能要求

指标名称		性能要求	
		优等品	合格品
化学成分(质量分数)/%	SiO_2	$\geqslant 68.0$	
	Fe_2O_3	< 1.50	—
烧失量/%		$3.0 \sim 9.0$	
质量含水率/%		$\leqslant 2.0$	
杂质(包括斑晶、夹石)含量/%		< 3.0	$3.0 \sim 8.0$
实验室膨胀倍数/倍		> 5.0	$3.5 \sim 5.0$

表 4-82　膨胀珍珠岩产品的标号及质量指标

标号	堆积密度/(kg/m³)	质量含水率/%	粒度/%			热导率[平均温度(298±5)K]/[W/(m·K)]	
			4.75mm 筛孔筛余量/%	0.15mm 筛孔通过量/%			
				优等品	合格品	优等品	合格品
70 号	$\leqslant 70$					$\leqslant 0.047$	$\leqslant 0.049$
100 号	$> 70 \sim 100$					$\leqslant 0.052$	$\leqslant 0.054$
150 号	$> 100 \sim 150$	$\leqslant 2$	$\leqslant 2$	$\leqslant 2$	$\leqslant 45$	$\leqslant 0.058$	$\leqslant 0.060$
200 号	$> 150 \sim 200$					$\leqslant 0.064$	$\leqslant 0.066$
250 号	$> 150 \sim 250$					$\leqslant 0.070$	$\leqslant 0.072$

表4-83是中国建材行业标准（JC/T 1020—2007）规定的低温装置绝热用膨胀珍珠岩的物理性能。

表 4-83　低温装置绝热用膨胀珍珠岩的物理性能（JC/T 1020—2007）

序号	项目		技术要求	
			CEP50	CEP60
1	体积密度/(kg/m³)		$\leqslant 50$	$50 \sim 60$
2	振实密度/(kg/m³)		$\leqslant 65$	$\leqslant 75$
3	粒度	1mm 筛孔筛余量/%	$\leqslant 8$	$\leqslant 10$
		0.15mm 筛孔筛余量/%		
4	质量含水率/%		$\leqslant 0.5$	
5	安息角		37°	
6	热导率(热面温度293K,冷面温度77K时的平均值)/[W/(m·K)]		$\leqslant 0.023$	$\leqslant 0.025$

4.15.3　加工技术

(1) 膨胀珍珠岩　膨胀珍珠岩的工艺流程为：原料→破碎→筛分→预热→焙烧→包装。原矿经破碎机2~3段破碎后进行筛分分级。常用的破碎设备有颚式破碎机（粗碎）、锤式破碎机、反击式破碎机、辊式破碎机、笼式破碎机、锥式破碎机（中细碎）等；筛分设备有手动筛、自定中心振动筛、偏心振动筛等。破碎筛分后的粒度一般为 0.15~1mm。粉碎分级后的原料进行预热，目的是脱除裂隙水，并将结合水含量控制在 2%~4%，预热温度一般控制在

$400\sim450℃$，预热时间在 10min 左右，一般采用逆流式回转炉或烘干机。预热后的物料直接给入焙烧炉中进行焙烧，焙烧温度 $1250\sim1300℃$，焙烧时间 $1\sim3s$，常用的焙烧设备是卧式回转窑、卧式窑和立窑等。

中国珍珠岩领域技术人员研发的球形闭孔生产技术，改进膨胀珍珠岩生产工艺，显著提高膨胀珍珠岩的绝热性能和使用性能。

影响膨胀珍珠岩产品质量的主要因素是原料的质量（矿石类型、纯度、粒度、含水量等）与焙烧工艺（焙烧温度和焙烧时间等）。

（2）膨胀珍珠岩制品　膨胀珍珠岩制品是以膨胀珍珠岩为骨料，掺入适量的水、水泥、水玻璃、磷酸盐等胶结剂，经搅拌、成型、干燥、焙烧或养护而成的具有一定形状和功能的产品，如板、管、瓦、砖等。各种制品通常按所用的胶结剂分类和命名，如水泥膨胀珍珠岩制品、水玻璃膨胀珍珠岩制品、沥青膨胀珍珠岩制品、磷酸盐膨胀珍珠岩制品、石膏膨胀珍珠岩制品等。

膨胀珍珠岩制品生产工艺主要是根据其制品的性能要求，如容重、热导率、机械强度、耐酸碱性、吸声性、防水性等，选择合适的胶结剂，确定最优的配合比、成型方法、烧成和养护条件来制备的。

膨胀珍珠岩制品原、辅材料及质量要求见表 4-84。

表 4-84　膨胀珍珠岩制品原、辅材料及质量要求

原料类别	作用	质量要求	备注
膨胀珍珠岩（骨料）	制品的主体材料	容重（堆积密度）$60\sim120\ kg/m^3$，粒度 $0.05\sim1.5mm$，（其中 $<0.5mm$ 的质量 $<10\%$）	也可用蛭石等其他骨料
辅料（胶结剂）	黏结松散的膨胀珍珠岩颗粒，便于加工成一定的形状和使其具有一定的机械强度	在该制品的使用条件下性能稳定，如高温不熔；在水或潮湿环境下不水解；在酸碱条件下不腐蚀等	常用的胶结剂为无机（如水泥、水玻璃等）和有机（如沥青、聚合物胶液等）胶结剂

膨胀珍珠岩制品的主要生产设备列于表 4-85。

表 4-85　膨胀珍珠岩制品的主要生产设备

工序	作用	主要生产设备
搅拌	使原、辅材料充分、均匀混合	强力（强制式）搅拌机
成型	控制压缩比和制品形状，提高制品强度	模具、夹板锤等
烧成或养护	使制品性能稳定和强度提高	窑或一定温度和湿度的养护场所

（3）珍珠岩助滤剂　珍珠岩助滤剂是珍珠岩粉的一种深加工产品，具有容重小、过滤速度快等特点，广泛用于化工、食品、酒类、石油、制药、污水处理等领域。

中国建材行业标准（JC 849—2012）将珍珠岩助滤剂按相对流率分为快速型（K）、中速型（Z）、慢速型（M）三类，主要性能指标见表 4-86。其中，应用于食品类的卫生指标见表 4-87。

表 4-86　珍珠岩助滤剂的性能指标

项目	型号		
	K	Z	M
堆积密度/(g/cm^3)	<0.15	<0.20	<0.25
滤液流量/(mL/s)	$\geqslant3.0$	$\geqslant1.5$	$\geqslant0.5$
渗透率/Darcy	$10\sim2$	$2\sim0.5$	$0.5\sim0.05$
悬浮物/%	$\leqslant15$	$\leqslant4$	$\leqslant1$
$102\mu m$ 筛余物/%	$\leqslant50$	$\leqslant7$	$\leqslant3$

注：$1Darcy=9.8697\times10^{-9}cm^2$。

表 4-87 珍珠岩助滤剂的卫生指标

项目		指标	项目		指标
水可溶物/%	≤	0.2	烧失量/%	≤	2.0
盐酸可溶物/%	≤	2.0	pH		6~10
砷(As)/(mg/kg)	≤	3.0	Fe_2O_3/%	<	2.0
铅(Pb)/(mg/kg)	≤	3.0			

珍珠岩助滤剂生产工艺流程如下：

原料 → 预热 → 焙烧 → 分离(旋风分离器) → 磨细 → 包装 → 成品

预热一般采用直接预热回转炉，预热温度 250~300℃；焙烧采用 Vs-450-P 型焙烧炉，焙烧温度 950℃左右；细磨作业一般采用雷蒙磨。

(4) 炸药密度调节剂 膨胀珍珠岩炸药密度调节剂是一种载气的固体颗粒，大量封闭气孔中微气泡的存在相对稳定，在炸药凝胶储存过程中微气泡变化甚小，所制成的炸药密度易于控制而且稳定。

膨胀珍珠岩炸药密度调节剂要求膨胀珍珠岩原料多孔，孔壁薄而硬，不透水，黏度适宜，颗粒直径为 100~200μm，最大颗粒直径在 300μm 左右，而且不溶于氧化剂类。为降低岩粉的吸水性，需要进行防水处理。

水胶炸药密度调节剂所用膨胀珍珠岩的生产工艺有如下三种。

① 烘干→焙烧→冷却→防水处理，膨胀珍珠岩粒径小于 3mm。

② 重力分级→膨胀珍珠岩产品→防水处理，膨胀珍珠岩粒径小于 1mm。

③ 筛分→膨胀珍珠岩产品→防水处理，容重小、膨胀性好的颗粒。

膨胀珍珠岩在水胶密度调节剂中使用时，一般需经憎水、憎油处理，常用的处理方法见表 4-88。

表 4-88 水胶密度调节剂用膨胀珍珠岩的处理方法

方法	处理工艺	备注
焙烧法	先将膨胀珍珠岩在水玻璃中浸渍，然后投入焙烧窑中进行二次焙烧	工艺复杂、能耗较大，现已不用
有机硅液相法	直接将水溶性有机硅防水剂喷涂在膨胀珍珠岩表面	憎水剂可用固含量 33% 的甲基硅酸钠水溶剂或水溶性有机硅建筑防水剂
气相化学处理法	在膨胀珍珠岩表面直接喷涂憎水剂	

4.16 沸石

4.16.1 矿石性质与矿物结构

沸石 (zeolite) 是沸石族矿物的总称，是一族架状含水的碱金属或碱土金属铝硅酸盐矿物的总称，种类较多。到目前为止，世界上已发现天然沸石 40 多种，以斜发沸石 (clinoptilolite)、丝光沸石 (mordenites)、菱沸石 (chabazite)、毛沸石 (erionite)、方沸石 (analcite)、片沸石 (heulandite) 等为常见。另外，还有人工合成的沸石 125 种。中国已发现的天然沸石有斜发沸石、丝光沸石、碱菱沸石、钙十字沸石等十多种。已被大量应用的天然沸石是斜发沸石和丝光沸石。

沸石的密度为 1.92~2.80g/cm³，莫氏硬度 5~5.5，无色，有时为肉红色和其他浅色。

沸石的化学组成十分复杂，因种类不同有很大差异。一般化学式为 $A_mB_pO_{2p} \cdot nH_2O$，

结构式为 $A_{x/q}[(AlO_2)_x(SiO_2)_y]\cdot nH_2O$，其中，A 为 Ca、Na、K、Ba、Sr 等阳离子；B 为 Al 和 Si；q 为阳离子电价；m 为阳离子数；n 为水分子数；x 为 Al 原子数；y 为 Si 原子数；在不同的沸石矿物中，硅和铝的比值（y/x）不一样；（$x+y$）是单位晶胞中四体体的个数。例如，斜发沸石的化学式为：$(Na，K，Ca)_{2\sim3}[Al_3(Al，Si)_2Si_{13}O_{36}]\cdot 12H_2O$，丝光沸石的化学式为：$Na_2Ca[AlSi_5O_{12}]_4\cdot 12H_2O$。

　　沸石的结构一般由三维硅（铝）氧格架组成，硅（铝）氧四面体是沸石骨架中最基本的结构单元，四面体中每个硅（或铝）原子周围有四个氧原子形成四面体配位。硅氧四面体中的硅可被铝原子置换而构成铝氧四面体。为了补偿电荷的不平衡，一般由碱金属或碱土金属离子来补偿，如 Na、Ca、Sr、K、Ba、Mg 等金属离子。沸石的结构水和一般结构水（OH）不同，由于其作为水分子存在，故在特定温度下加热、脱水后结构不破坏，原水分子的位置仍留有空隙，形成海绵晶格一样的结构，具有将水分子和气体再吸入空隙的特性。

　　构成沸石骨架的最基本单位硅氧四面体（SiO_4）和铝氧四面体（AlO_4）被称为"一级结构"，这些四面体通过处于其顶角的氧原子互相联结起来形成的在平面上显示的封闭多元环，称为"二级结构"，而由这些多元环通过桥氧在三维空间联结成的规则多面体构成的孔穴或笼，如立方体笼、β 笼和 γ 笼等被称为"晶穴结构"，如图 4-20 所示。

　　沸石的独特结构使其具有独特的物化特性，主要有离子交换性、吸附分离性（如选择性吸附性能）、催化性（可作为催化剂及催化剂载体）、化学稳定性（天然沸石具有良好的热稳定性、耐酸性）、可逆的脱水性、导电性等。另外，沸石还有一种包胶气体的特性，即温度升高时沸石空腔变大而进入分子，冷却时进入的分子被截留，截留的组分以很高的密度长期保存，直到加热释放。

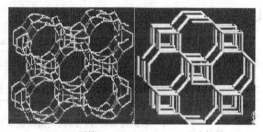

(a) 八面笼　　　　　(b) 六方柱笼

图 4-20　沸石的八面笼和六方
柱笼晶穴结构示意图

　　沸石的孔道结构使其具有很大的内比表面积，脱水后因孔道结构的连通和空旷而具有更大的内比表面积。巨大的内比表面积形成沸石高效的吸附性能。常见几种沸石的内比表面积为：A 型沸石 $1000m^2/g$（计算值），菱沸石 $750m^2/g$，丝光沸石 $440m^2/g$，斜发沸石 $400m^2/g$。选择性吸附与分子筛效应是沸石吸附性能的一个重要特征。沸石中的孔道和孔穴一般大于晶体总体积的 50%，而且大小均匀，有固定尺寸，有规则的形状，一般孔穴直径为 0.66～1.5nm，孔道为 0.3～1.0nm。显然，直径小于沸石孔穴的分子可进入孔穴，而大于孔穴的分子则被拒之孔外，因而沸石具有被称为分子筛效应的筛选分子作用。

　　沸石的离子交换性源于因平衡沸石结构中 Al^{3+} 替代 Si^{4+} 后引起的电价不平衡而存在于沸石孔道中的可交换性阳离子，如 K^+、Na^+ 和 Ca^{2+} 等。沸石的离子交换性表现出明显的选择性，例如方沸石中的 Na^+ 易被 Ag^+、Ti^{4+}、Pb^{2+} 等交换，而被 NH_4^+ 交换的量较低。影响离子交换性的主要因素是：沸石结构中孔穴形状及大小、Al/Si 比以及阳离子的位置等。利用阳离子的交换性能可人为调整沸石的有效孔径。如用离子半径较小的阳离子进行交换，则因交换后的阳离子对孔道的屏蔽减小而相对地增大了沸石的有效孔径，可达到增加有效孔径的目的；反之，则可达到减小沸石有效孔径的效果。

　　沸石具有很高的催化活性，且耐高温、耐酸，有抗中毒的性能，是优良的催化剂及其载体。沸石呈现催化性质的机理主要是由其晶体结构中的酸性位置、孔穴大小及其阳离子交换性能所决定的。沸石中的 Si 被 Al 置换，使格架中的部分氧呈现负电荷。为中和 $[AlO_4]$ 四面体所出现的负电荷而进入沸石中的阳离子，由此形成沸石局部高电场和格架中酸性位置的产生；格架中的 Si、Al、O 和格架外的金属离子一起构成催化活性中心。这些金属离子处于高度分散状态，因而沸石的活性和抗中毒性能优于一般金属催化剂。许多具有催化活性的金属（如 Cu、Ni、Ag 等）离子，可以通过离子交换进入沸石孔穴，随反应还原为金属元素状态或转化为化合物。

天然沸石一般不能直接作为催化剂。但天然沸石作可以作为载体，承载具有催化活性的金属（如 Bi、Sb、Ag、Cu 及稀土等），通过金属作用表现出良好的催化性能。

沸石的耐热稳定性主要取决于其中 Si+Al 与平衡阳离子的比例。在其组成变化范围内，一般 Si 含量越高，热稳定性越好。沸石的平衡阳离子对热稳定性也有明显影响。天然沸石的阳离子组成是可变的，因而其分解温度不是一个确定值。如菱沸石的分解温度是 $600\sim865℃$，钙十字沸石为 $260\sim400℃$，浊沸石则为 $345\sim800℃$。

天然沸石具有良好的耐酸性，在低于 100℃下与强酸作用 2h，其晶格基本不受破坏，丝光沸石在王水中也能保持稳定。因此，天然沸石常用酸处理方法进行活化、再生利用和其他目的的利用。

沸石的耐碱性不如耐酸性好，这是由于沸石晶体格架中存在酸性位置所造成的。当将其置于低浓度强碱性介质中，沸石结构即遭破坏。

4.16.2　应用领域与技术指标要求

由于沸石具有独特的结构和物理化学特性，在石油、化工、轻工、环保、建材、农牧业等领域得到了广泛应用。表 4-89 所列为其主要应用领域和用途。

表 4-89　沸石的主要用途

应用领域	主要用途
建材	水泥掺和料、轻骨料、轻质高强硅钙板、轻质陶瓷制品、轻质建材砌块、建筑灰膏、建筑石料、无机发泡材料、多孔混凝土、混凝土固化剂等
化工	干燥剂、吸附分离剂、分子筛（对气体、液体进行分离、净化和提纯）、石油的催化、裂化和催化剂载体等
环保	废水、废气和放射性废物的处理、除氟改良土壤、硬水软化、海水淡化、海水提钾等
农牧业	土壤改良剂（保持肥效）、农药和化肥的载体和缓释剂、饲料添加剂等
其他	造纸、塑料、涂料等的无机填料

各用途对沸石产品的理化性能要求包括沸石的种类、矿物组成、化学组成、孔径分布和孔体积、比表面积、离子交换能力、热稳定性、耐酸性、吸附性、白度等。但由于沸石品种繁多，到目前为止国家及有关部门尚未制定统一的天然沸石产品标准。对天然沸石的质量要求因用途而异，其主要几项工业要求如下。

目前水泥及混凝土，一般以斜发沸石、丝光沸石等高硅沸石为主，沸石含量要求大于40%。其他工业用途一般要求沸石含量为 50%～70%。一般将含量低于 60% 的沸石定为低品位沸石矿。

沸石种类不同，对 SO_2 和 CO_2 等分子的吸附能力不同。如 X 型分子筛，虽然吸附量大，但耐酸性差；合成丝光沸石虽耐酸性好，但对 SO_2 的吸附性小；天然丝光沸石耐酸、耐高温，适于酸性介质中使用，对 SO_2 和 CO_2 等有较高的吸附能力。缙云丝光沸石对 SO_2 的饱和吸附量为 $200mg/g$，对 CO_2 的饱和吸附量为 $81.3mg/g$。

对化学成分的要求主要是 SiO_2 和 Al_2O_3 等，因 SiO_2 和 Al_2O_3 的含量及比值直接影响沸石的离子交换能力和物理性质。

4.16.3　加工技术

天然沸石加工的目的是提高沸石的纯度、孔体积、比表面积、吸附性能和离子交换能力、热稳定性、白度等，以满足应用领域的需要。目前采用的加工技术主要有粉碎分级、选矿、焙烧、改型和化学处理等。

天然沸石矿的选矿提纯比较困难，主要原因是：①沸石矿物结晶粒度细小，一般为 0.001～0.05mm；②沸石与其伴生矿物（蒙脱石、绢云母、石英、玉髓、蛋白石、长石、绿泥石等）在嵌布粒度及物理化学性质上极为接近。因此，尽管已经进行了大量的选矿研究，但真正在工业上实施的很少。一般是通过人工拣选后直接进行破碎、筛分和磨矿分级后出售。但这种简单加工后的产品很难取代人工合成沸石分子筛用于石油、化工、原子能工业等需要高纯度和特定孔径、孔体积、可交换离子种类等的领域。因此，要提高天然沸石的应用价值和经济价值，选矿提纯和进一步的深加工是十分必要的。

在天然沸石的选矿提纯方面，国内外已进行了大量研究，使用的方法包括浮选、重选、磁选、选择性絮凝等。

对于原矿主要由钙型丝光沸石（50%～55%）、钙型斜发沸石（20%～25%）、石英类（10%～15%）、钙型蒙脱石（3%～7%）和长石（2%～4%）组成，嵌布粒度为 0.005～0.03mm 的矿石，采用预先分级脱除（$-9\mu m$）矿泥→摇床除去石英、长石及其他脉石矿物→细磨（$-38\mu m$）→分级脱除（$-9\mu m$）矿泥→浮选（回收丝光沸石）的工艺流程，可得到丝光沸石含量达 80% 左右的精选沸石。

焙烧方法主要用来提高沸石的离子交换容量和吸附能力。工艺过程是：首先对沸石原矿（以丝光沸石为主的矿石）进行干燥、选矿和粉碎，然后给入焙烧炉中进行焙烧，焙烧温度不超过 500℃，之后用水急骤冷却，最后进行干燥。

天然沸石脱水后能大量吸附气体，因而可用于气体载体。但由于沸石内部结构的特点，不是所有的天然沸石都能作为气体载体。改型技术就是通过化学处理使不能载气或载气性能较差的沸石变成氢型、铵型和混合型，以提高其载气量。改型方法是先将沸石原料进行焙烧，冷却后加入盐酸（氢型）、氯化铵（铵型）或盐酸与氯化铵的混合溶液进行煮沸或加热浸泡，然后进行洗涤，洗至中性后再进行过滤和干燥。

精选后的天然沸石具有较大的吸附能力和离子交换容量，经过适当化学处理后，其性能可显著提高。例如，将沸石粉碎至 5～80 目，用酸（盐酸和硫酸）处理 10～20h，再中和及用水煮沸，然后进行干燥和焙烧，最后再粉碎到 30～50 目。经这样处理过的沸石对气相和液相物质的吸附能力可以达到甚至超过活性炭。另外，将天然沸石用稀无机酸（HCl、H_2SO_4、HNO_3、$HClO_4$ 等）处理，使 H^+ 交换率提高到 20% 以上，成型后在 90～110℃ 温度下干燥，最后用 350～600℃ 温度加热活化成 H 型沸石，具有更高的吸附能力和离子交换容量。

将天然沸石用过量的钠盐溶液（NaCl、Na_2SO_4、$NaNO_3$ 等）处理，使钠离子交换率达到 75% 以上，成型后干燥加工制成 Na 型沸石，能显著提高对气体的吸附能力。

以沸石为载体，通过交换吸附银、铜等抗菌组分制备无机抗菌型除味剂，工艺流程如下：

天然沸石细磨→与抗菌组分溶液离子交换→脱水→二次颗粒孔分布改造→干燥→解聚打散→热处理活化→抗菌组分稳定固化→高强吸湿剂复配→产品

这种以沸石为载体制备的无机抗菌型除味剂对大肠杆菌、金黄色葡萄球菌等有良好的抗菌效果；对氨气、苯、硫化氢、甲醛等各类有害气体有一定的吸附去除功能。

(1) 纳米 TiO_2/辉沸石复合光催化材料　以辉沸石为载体，采用简单的化学沉淀法制备的纳米 TiO_2/辉沸石复合材料同时具备良好的吸附性能和光催化降解性能，能够将环境污染物很好地富集在纳米 TiO_2 光催化剂表面，实现对污染物高效、彻底地光催化降解。实验表明，纳米 TiO_2 颗粒均匀地分散在辉沸石表面上，并且以化学键相结合，300W 紫外灯下照射 2h，苯酚降解率也可达到 85% 以上；而且复合材料对甲醛具有较好的降解性能，在模拟光源 32W 紫外灯下照射 6h，2g 复合材料对甲醛的降解率可达 83% 以上，其原则制备工艺流程如图 4-21 所示。

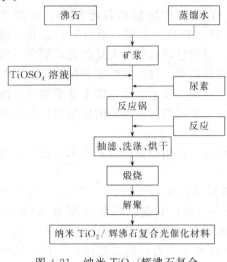

图 4-21 纳米 TiO₂/辉沸石复合
光催化材料制备工艺流程

（2）纳米 ZnO/辉沸石复合材料 纳米半导体材料 ZnO 是一种直接宽禁带半导体材料，不仅具有很好的光催化性能，能够降解很多难降解的污染物，而且本身还具有较强的化学活性，对金黄色葡萄球菌、大肠杆菌、沙门菌属等致病菌具有极强的灭活作用，是一种良好的抗菌材料。

用辉沸石负载纳米 ZnO 制得的纳米 ZnO/辉沸石复合材料，很好地解决了纳米 ZnO 在实际应用中易团聚、难回收等问题，而且可以降低生产成本；对环境污染物具有较强的捕收和光催化降解作用，在有光或黑暗条件下均具有较强的灭菌性能。实验表明，300W 紫外灯照射 2h，对亚甲基蓝的降解率可达 96.73%；黑暗条件下，2h 对金黄色葡萄球菌的灭菌率达 90% 以上，而且具有较好的稳定性和重复使用性，其原则生产工艺流程如图 4-22 所示。

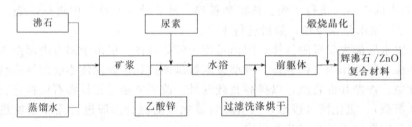

图 4-22 纳米 ZnO/辉沸石复合材料制备工艺流程

4.17 海泡石

4.17.1 矿石性质与矿物结构

海泡石（sepiolite）是一种富镁纤维状硅酸盐黏土矿物。根据其产出形态特征，大体可分为土状海泡石（或称为海泡石黏土）和块状海泡石。该矿物在自然界中分布不甚广，常与凹凸棒石、蒙脱石、滑石等共生。

海泡石的矿物结构与凹凸棒石大体相同，都属链状结构的含水铝镁硅酸盐矿物。在链状结构中也含有层状结构的小单元，属 2:1 层型，所不同的是这种单元层与单元层之间的孔道不同（详见图 4-23）。海泡石的单元层孔洞宽为 0.38～0.98nm，最大者可达 0.56～1.1nm，即可容纳更多的水分子（沸石水），使海泡石具有比凹凸棒石更优越的物理化学性能和工艺性能。这就是海泡石成为该族矿物中具有广泛用途的原因所在。同时，又因它的三维立体键结构和 Si—O—Si 键将细链拉在一起，使其具有一向延长的特殊晶形，故颗粒呈棒状，微细颗粒则呈纤维状。结构中的开式沟枢与晶体长轴平行，因而这种沟枢的吸附能力较强。

海泡石属于斜方晶系或单斜晶系；颜色多变，一般呈淡白色或灰白色；具有丝绢光泽，有时呈蜡状光泽；条痕呈白色，不透明，触感光滑且黏舌；莫氏硬度一般在 2～2.5 之间；质地轻，密度为 1～2.2g/cm³，收缩率低，可塑性好，溶于盐酸。

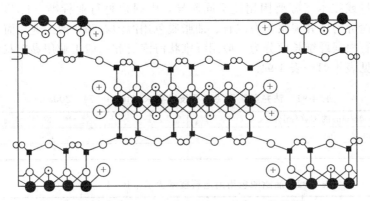

图 4-23　海泡石单位晶胞在 (001) 面的投影

■ Si；● Mg；⊕ H_2O；○ O；⊙ OH

海泡石的化学成分较为简单，主要为硅（Si）和镁（Mg），其化学式为 $Mg_8(H_2O)_4[Si_6O_{16}]_2(OH)_4 \cdot 8H_2O$，其中 SiO_2 含量一般在 54％～60％之间，MgO 含量多在 21％～25％范围内，并且有少量可置换阳离子，如 Mg^{2+}，可为 Fe^{2+} 或 Fe^{3+}、Mn^{2+} 等置换。其电荷主要由四面体中的 Al^{3+} 和 Fe^{3+} 对 Si^{4+} 的类质同象置换所产生，故能产生变种海泡石。

由于海泡石具有特殊的孔道结构，因而比表面积和孔体积很大（理论比表面积可达 900m^2/g，孔体积 0.385mL/g），故有较强的吸附、脱色和分散等性能。在常温常压下，海泡石吸附的水比其本身重量大 2～3 倍。

海泡石的热稳定性好，在 400℃以下结构稳定，400～800℃脱水为无水海泡石，800℃以上才开始转化为顽火辉石和α-方英石；耐高温性可达 1500～1700℃，造型性及绝缘性好，抗盐度高于其他黏土矿物。

由于海泡石的针状颗粒易在水中或其他极性溶剂中分解而形成杂乱的包含该介质的格架。这种悬浮液具有非牛顿流体特性。这种特性与海泡石的浓度、剪切应力、pH 等多种因素有关。

4.17.2　应用领域与技术指标要求

由于海泡石独特的结构和物理化学性能，广泛用于钻井泥浆、吸附剂、脱色剂、净化剂、除臭剂、催化剂载体、涂料及化妆品等的增稠剂和触变剂、饲料添加剂、香烟过滤嘴原料、玻璃珐琅原料、杀虫剂载体、过滤剂等。据有关资料统计，海泡石的用途已达 100 多种，已成为世界上用途最广泛的矿物原料之一。表 4-90 为海泡石的主要用途。

表 4-90　海泡石的主要用途

应用领域	主要用途
石油、化工	抗盐、抗高温的特殊钻井泥浆，吸附剂、脱色剂、漂白剂、过滤剂，催化剂和催化剂载体，分子筛、离子交换剂，悬浮剂、抗胶凝剂、增稠剂和触变剂等
轻工、医药、食品	制糖、酿酒等的脱色剂，蔬菜汁和果汁的澄清剂，过滤剂，干燥剂，净化剂，除臭、除毒剂，吸附剂，香烟过滤嘴，化妆品的增稠剂和触变剂，医药载体等
环保	硫化物、氮化物等废气和各种工业和生活污水的处理，吸附除去各种有机和无机(重金属离子)污染物，室内空气净化，水净化等
机械	型砂黏结剂，电焊条药皮等
非金属材料	隔声、隔热材料；特殊耐高温涂层材料，玻璃珐琅、特种陶瓷，代替石棉用于摩擦材料等
塑料、橡胶	功能填料
农业	农药、化肥、杀虫剂的载体，饲料添加剂、黏结剂和载体，动物药剂，牲畜垫材和圈舍净化

海泡石的质量或技术指标要因用途不同而异，中国建材行业标准（JC/T 574—2006）将海泡石产品按用途分为钻井泥浆用海泡石、油脂脱色用海泡石和一般工业用海泡石三类。其中一般工业用海泡石根据纤维长度分为一般用纤维状海泡石和一般工业用黏土状海泡石两种。其技术指标要求详见表 4-91～表 4-94。

表 4-91 钻井泥浆用海泡石技术要求（JC/T 574—2006）

悬浮体性能，黏度计 600r/min 的读数/mPa·s	≥	30
筛余量（孔径 0.125mm 筛）/%	≤	2.0
水分/%	≤	10.0

表 4-92 油脂脱色用海泡石技术要求（JC/T 574—2006）

		I 类	II 类	III 类
脱色力	≥	300	220	115
活性度/%	≥		80.0	
游离酸（以 H_2SO_4 计）/%	≤		0.20	
筛余量（孔径 0.075mm 筛）/%	≤		5.0	
水分/%	≤		10.0	
有害矿物含量/%	≤		3	

表 4-93 一般工业用纤维状海泡石技术要求（JC/T 574—2006）

项 目		I 类			II 类			III 类		
规格		4mm	3mm	2mm	4mm	3mm	2mm	4mm	3mm	2mm
外观		呈白色、浅灰色、乳白色、浅黄色								
干式分级/%	+4.0mm	5	—	—	5	—	—	5	—	—
	+3.0mm	40	30	—	40	30	—	40	30	—
	+2.0mm ≥	60	50	30	60	50	30	60	50	30
	+1.0mm	80	60	60	80	60	60	80	60	60
	+0.25mm	90	85	80	90	85	80	90	85	80
	−0.25mm	10	15	20	10	15	20	10	15	20
海泡石含量/%	≥	75			65			55		
水分/%	≤	3.0								
含砂量/%	≤	3.0								
烧失量/%	≤	24.00								
有害矿物含量/%	≤	3								

表 4-94 一般工业用黏土状海泡石技术要求（JC/T 574—2006）

项目		I 类			II 类			III 类		
规格		4mm	3mm	2mm	4mm	3mm	2mm	4mm	3mm	2mm
外观		呈白色、浅灰色、乳白色、浅黄色								
海泡石含量/%	≥	40			25			10		
孔径筛余量/%	≤	5.0								
水分/%	≤	3.0								
含砂量/%	≤	10.0								
烧失量/%	≤	24.00								
有害矿物含量/%	≤	3								

4.17.3 加工技术

（1）选矿提纯 天然优质海泡石矿不多，目前我国发现的海泡石矿大多是中低品位矿石。由于海泡石越纯，其物理化学性能及工艺性能就越佳，使用属性就越容易控制，使用范围就越广。因此，选矿提纯不仅可以充分利用中低品位海泡石矿，而且可以提升海泡石的应用性能和应用价值，进一步开拓海泡石的应用领域。

海泡石的选矿提纯方法有湿法和干法两种，但大多数采用湿法。湿法选矿提纯工艺以解聚分散、重力和离心力及选择性絮凝分离等物理方法为主，辅之以利于分离的化学药剂的综合选矿提纯工艺。海泡石含量为 21.8%～35% 的黏土状海泡石原矿经选矿提纯后可将海泡石含量富集到 80% 以上。采用擦洗分散和离心分选方法可使得海泡石与杂质矿物首先解离且被稳定分散，然后在层流离心力场中分离，从而实现海泡石与伴生石英、方解石、水云母的有效分选。实验结果表明，原矿品位为 56.0% 的海泡石经擦洗分散和离心分选提纯后精矿品位为 89.2%，产率为 47.30%，回收率为 75.34%，具体工艺流程如图 4-24 所示。

图 4-24　海泡石精选提纯工艺流程

(2) 纤维束解离　将海泡石的纤维束分离、撕开，以增加其孔隙体积和比表面积，达到提高黏度、脱色和过滤能力的目的。具体加工过程是：将已粉碎和提纯的海泡石与水混合，经过挤压机挤压后送入干燥机进行干燥。干燥温度视海泡石的用途而异，但不能过高。海泡石经挤压后，黏度、脱色力和过滤能力均有较大提高。其中在淡水中的黏度能提高 50% 以上，在 3% NaCl 溶液中能提高 30% 以上；在低水分和高压力挤压下，脱色力一般可提高 35% 左右，当挤压力达到 7.309kgf/cm^2（1kgf/cm^2＝98.0665kPa）时，脱色力可显著提高；当压力超过此界限后，提高反而变缓；用于过滤时滤液的澄清度可提高 50% 左右。

(3) 研磨　将干燥后的海泡石黏土根据用途和对产品细度要求的不同，选用不同类型的粉碎机和分级机进行加工。细粒吸附级产品的研磨常用辊式磨，如悬辊磨和涡旋磨等磨机；胶体级超细粉体的加工一般采用气流磨和高速机械式冲击磨机。

(4) 活化和表面处理　加热和酸处理所得到的效果大体相当，均可提高产品的脱色力和漂白性能。但酸化处理还能除去杂质。因此，海泡石用于脱色剂和漂白剂时，还需酸化处理和热处理。

酸化处理的目的有两个：一是除去杂质；二是以 H$^+$ 取代吸附于内外表面的可交换性阳离子，并且溶出八面体中的 Al^{3+}、Mg^{2+} 和 Fe^{3+}，以增大晶层间距，疏通孔道，提高吸附能力，并能降低膨胀性，从而提高过滤速度。但酸处理会造成大量的酸性废水，必须进行处理后才能排放。

热处理一般是用热空气在滚筒干燥机内快速焙烧。热处理后的海泡石的性质取决于焙烧温度、失水与相变等。在 100～300℃ 加热，可以提高海泡石的吸附能力，而加热到 300℃ 以后，海泡石的吸附能力下降。

表面处理的药剂有两类：一是无机表面处理剂，如钙和其他金属的木质素磺酸盐、氢氧化钠、焦磷酸钠、六偏磷酸钠以及作为载体表面负载纳米 TiO$_2$ 等；二是表面活性剂，如四元胺盐、脂肪胺磺酸盐、红油、脂肪族硫酸酯、烷基芳基磺酸盐、烷醇胺及其他脂肪胺和胺类衍生物、甘醇等。

(5) 纳米 TiO$_2$/海泡石复合材料　海泡石是一种具有独特纳米结构孔径的含镁多孔链状硅酸盐矿物。这种矿物的孔体积和比表面积大、吸附能力强、质轻、化学稳定性好，并且其自身存在大量的酸碱中心，故以海泡石为载体制成的纳米 TiO$_2$/海泡石复合材料，可以产生很好的协同催化作用，利用海泡石较好的吸附能力可以提高目标污染物与光催化剂 TiO_2 的接触频率，从而有效地提高 TiO_2 的光催化活性。实验表明：300W 的紫外灯下，照射 1h 对罗丹明 B 溶液的降解率便可达到 95% 以上；对孔雀石绿的降解率也可达到 92% 以上；同时 2h 后甲醛气体浓度由初始的 4.347mg/m^3 降至 0.100mg/m^3，去除率可达到 98%，其生产工艺流程如图 4-25 所示。

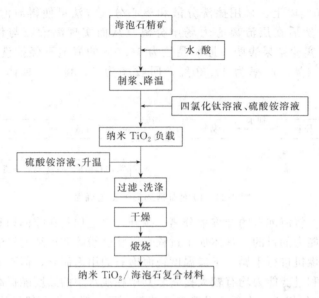

图 4-25　纳米 TiO_2/海泡石复合材料生产工艺流程

4.18　凹凸棒石

4.18.1　矿石性质与矿物结构

凹凸棒石（attapulgite）是一种具有链层状结构的含水富镁硅酸盐黏土矿物。

凹凸棒石为单斜晶系，晶体结构属于 2:1 型黏土矿物，即两层硅氧四面体夹一层镁（铝）八面体，其四面体与八面体排列方式既类似于角闪石的双链状结构，又类似云母、滑石、高岭石类矿物的层状结构。在每个 2:1 层中，四面体边角顶隔一定距离方向颠倒，形成层链状结合特征。在四面体条带间形成与链平行的通道。据推测，通道横断面约为 $0.37 \times 0.63\text{nm}$，通道中被水分子所填充。这些水分子的排列，一部分是平行纤维的沸石水，另一部分是与水镁石片中镁离子配位的结晶水。其晶体形态为针状，与角闪石系石棉十分相似，由细长的中空管所组成（图 4-26、图 4-27）。

凹凸棒石的化学式为 $Mg_5(H_2O)_4[Si_4O_{10}]_2(OH)_2$，化学成分理论值为：MgO 23.83%，$SiO_2$ 56.96%，H_2O 19.21%。自然界中的凹凸棒石常有 Al^{3+}、Fe^{3+} 等类质同象置换，富 Al^{3+}、Fe^{3+} 的变种称为铝凹凸棒石和铁凹凸棒石。

凹凸棒石黏土的颜色视杂质的污染情况可呈现白色、浅灰色、浅绿色或浅褐色。沉积成因的凹凸棒石一般为致密块状或土状。热液成因的凹凸棒石产于岩石的裂隙中，呈皮革状外貌，质地柔软。凹凸棒石黏土在含水的情况下具有高的可塑性，在高温和盐水中稳定性良好，密度小，一般为 $2.05 \sim 2.30\text{g/cm}^3$，莫氏硬度 2~3。

凹凸棒石独特的晶体结构，使之具有良好的吸附和脱色性能。凹凸棒石黏土的脱色率和凹

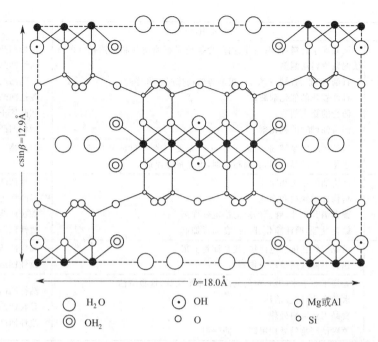

图 4-26　凹凸棒石晶体结构 [100] 投影图

凸棒石含量有关，含量越高，脱色力越强，经酸活化处理后的脱色力明显提高。凹凸棒石另一个重要特性是具有很强的吸水性。

凹凸棒石黏土的吸蓝量一般小于 24g/100g，胶质价一般在 40～50cm³/15g，膨胀容一般为 4～6 cm³/g，可交换钙离子量为 7.5～12.5mmol/100g，可交换镁离子量为 2.5～7.5mmol/100g。经活化处理后，可交换阳离子量显著提高。

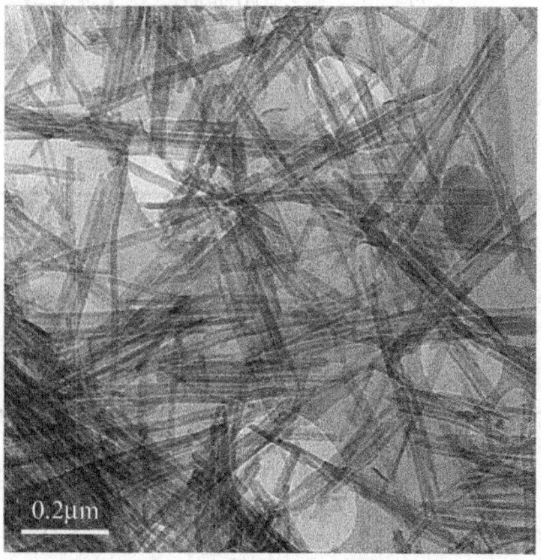

4.18.2　应用领域与技术指标要求

由于凹凸棒石黏土具有独特的物理化学性质，在石油、化工、建材、造纸、医药、农业、环保等领域都得到了广泛应用，表 4-95 是其主要用途。

图 4-27　凹凸棒石晶体形貌的 TEM 照片

表 4-95　凹凸棒石的主要用途

应用领域	主要用途	适用产品
农业	土壤改良剂、复混肥料的添加剂、黏结剂、着色剂，制作干燥、稳定的钾肥和氨肥，种子包衣剂 动物饲料的添加料、黏合剂、载体，提高饲料利用率 水产饲料的添加料、黏合剂净化水质 禽畜、宠物、动物圈垫料，消毒去味，净化环境防病治病	白云石凹凸棒土 高黏凹凸棒土 活性凹凸棒土 凹凸棒土黏结剂 颗粒凹凸棒土
化工	催化剂载体，用于去除石油中的水分、硫等杂质的吸附剂 杀虫剂、杀真菌剂、除草剂、植物生长调节剂的载体等 橡胶和塑料的填料、改良剂、鞣革，不可食用油脂的脱色和净化 分子筛干燥剂、过滤剂、洗涤剂等，日用化工助剂、添加剂	高黏凹凸棒土 活性凹凸棒土 凹凸棒洗涤助剂 凹凸棒分子筛 颗粒凹凸棒土

应用领域	主要用途	适用产品
石油	钻井泥浆材料,深海钻井、内陆含盐地层石油钻井和地热钻井的优质泥浆原料堵漏剂	抗盐凹凸棒黏土
		活性凹凸棒土
	石油、油脂、石蜡、石蜡油、煤油等的精炼脱色和净化	高黏凹凸棒土
	石油裂化的催化剂载体	改性凹凸棒土
	沥青的稳定剂	凹凸棒土
	润滑油(脂)的稠化剂	颗粒凹凸棒土
冶金	铁精矿球团黏结剂,铸造涂料,电焊条皮,增强型砂的黏合剂	凹凸棒石粉
	水化型砂的黏结剂,表面稳定剂,水煤浆悬浮剂	
食品	动物油的脱色和净化	活性凹凸棒土
	植物油的脱色和净化	凹凸棒土
	葡萄酒和果汁、啤酒的澄清稳定处理剂	颗粒凹凸棒土
	糖化处理,糖汁净化、脱色,食品添加剂	改性凹凸棒土
纺织印染	填充、漂白、抗静电涂层、代替淀粉上浆	高黏凹凸棒土
	代替海藻酸钠做印花糊料	改性凹凸棒土
环保	处理工业废水(液),空气的净化,冰箱除味,地板清洁	活性凹凸棒土
	水的净化,防沙治沙	颗粒凹凸棒土
	食品工业废料处理	改性凹凸棒土
	放射性废物的处理吸附剂,防辐射	
建材工业	新型墙体材料,矿棉吸声板的黏结剂,高镁耐火材料的耐高温涂层	高黏凹凸棒土、白云石凹凸棒土
	泥浆槽的悬浮液、土层的稳定剂、打夯的润滑剂	
	混凝土的增塑剂和添加剂,颜料,涂料悬浮剂,增稠剂	颗粒凹凸棒土
	水泥混合材料,水下混凝土的外加剂,地下工程防渗漏	改性凹凸棒土
造纸	复合纸的染色剂、颜料填料压敏复写纸、印刷纸、复写接受纸,活性染料印刷基板,成色影像复合材料,油墨,纸张填料等	活性凹凸棒土
		改性凹凸棒土
陶瓷工业	增塑剂,提高陶瓷坯体的抗压强度,釉料及搪瓷	高黏凹凸棒土
医药、化妆品	药物的吸着剂	活性凹凸棒土
	药膏、药丸的悬浮剂、黏结剂	高黏凹凸棒土
	化妆品的底料,缓释放香剂,蚊香添加剂	改性凹凸棒土
机械工业	高温润滑剂	高黏凹凸棒土

凹凸棒石制品的技术指标要求因应用领域不同而异,2014 年中国工业和信息化部发布了凹凸棒石制品的建材行业标准 (JC/T 2266—2014)。该标准规定了凹凸棒石黏土吸附脱色剂、凹凸棒石黏土干燥剂、凹凸棒石黏土黏结剂、涂料用凹凸棒石黏土、填料用凹凸棒石黏土、宠物垫料用凹凸棒石黏土、凹凸棒石黏土复合助留剂、高黏凹凸棒石黏土、凹凸棒石废水处理吸附剂、提纯凹凸棒石、纳米凹凸棒石、凹凸棒石无机凝胶 12 种凹凸棒石黏土加工产品的定义、分级和质量要求,详见表 4-96～表 4-107。

表 4-96　凹凸棒石黏土吸附脱色剂质量要求

检验项目	产品类别		
	1	2	3
筛余量(+0.075mm)/%	≤15.0		
水分/%	≤10.0		
堆积密度/(g/cm³)	0.30～1.00		
游离酸(以硫酸计)/%	≤0.20		
脱色率/%	≥80.0	≥75.0	≥70.0
铅/(mg/kg)	≤30.0		
砷/(mg/kg)	≤2.0		

表 4-97　凹凸棒石黏土干燥剂质量要求

检验项目		质量要求
外观		球形颗粒
水分/%		≤2.0
球形颗粒合格率/%		≥90.0
堆积密度/(g/cm³)		≥0.70
静态吸附量(25℃,18.5%硫酸溶液,RH90%)/%		≥22.0
pH		5.5～9.5
抗压强度/(N/颗)	Φ2.0～4.0 mm	≥10.0
	Φ3.0～5.0 mm	≥20.0

表 4-98　凹凸棒石黏土黏结剂质量要求

检验项目		产品级别		
		1	2	3
湿压强度/kPa		≥35.0		
水分/%		≤15.0		
筛余量/%	+0.075mm	≤15.0	—	—
	+0.100 mm	—	≤15.0	—
	+0.150mm	—	—	≤10.0

表 4-99　涂料用凹凸棒石黏土质量要求

检验项目		产品类别	
		1	2
筛余量/%	+0.045mm	≤5.0	—
	+0.075mm	—	≤5.0
水分/%		≤15.0	
白度/%		≥70.0	

表 4-100　填料用凹凸棒石黏土质量要求

检验项目		产品类别	
		1	2
筛余量/%	+0.045mm	≤5.0	—
	+0.075mm	—	≤5.0
水分/%		≤10.0	
白度/%		≥70.0	

表 4-101　宠物垫料用凹凸棒石黏土质量要求

检验项目	质量要求	检验项目	质量要求
外观	不规则颗粒或球形颗粒	堆积密度/(g/cm³)	0.50～1.00
筛余量/%	供需双方商定	结块强度	2%的氯化钠溶液(20mL),结块由15cm高度自由落下分散
水分/%	≤10.0		
吸水率/%	≥120		

表 4-102　凹凸棒石黏土复合助留剂质量要求

检测项目		产品级别	
		1	2
筛余量/%	+0.075mm	≤5.0	—
	+0.150mm	—	≤5.0
白度/%		≥72.0	≥68.0
水分/%		≤15.0	
pH		5.5～9.5	
视黏度(黏度计600r/min读数)		≥3.0	≥1.5
含沙量/(g/cm³)		≤2.0	
堆积密度/(g/cm³)		0.605～0.80	0.705～0.90

表 4-103　高黏凹凸棒石黏土质量要求

检测项目	质量要求	检测项目	质量要求
外观	不规则状或球形颗粒	堆积密度/(g/cm³)	0.50～1.00
筛余量/%	供需双方商定	结块强度	2%氯化钠溶液(20mL)，结块由 15cm 高度自由下落不散
水分/%	≤10		
吸水率/%	≥120		

表 4-104　凹凸棒石废水处理吸附剂质量要求

检测项目		质量要求
水分/%		≤10.0
pH(0.2%水溶液)		5.0～8.0
吸附量/(mg/g)	氨态氮	≥18
	亚甲基蓝	≥500
	铅离子	≥200

表 4-105　提纯凹凸棒石质量要求

检测项目	产品类型			
	1	2	3	4
凹凸棒石矿物含量/%	≥98	≥95	≥92	≥80
白度/%	≥85.0	≥80.0	≥75.0	≥70.0
pH	8.0～10.0			
水分/%	≤15.0			
视黏度(黏度计 600r/min 读数)	≥30.0	≥25.0	≥20.0	≥10.0
铅/(mg/kg)	≤20.0			
砷/(mg/kg)	≤2.0			

表 4-106　纳米凹凸棒石质量要求

检测项目		产品类别		
		1	2	3
凹凸棒石矿物含量/%		≥98	≥95	≥90
粒度/nm	直径	20～70		
	长度	≤2000		
白度/%		≥75.0		
视黏度(黏度计 600r/min 读数)		≥20.0		
pH		6.0～10.0		
水分/%		≤10.0		
堆积密度/(g/cm³)		0.05～0.20		

表 4-107　凹凸棒石无机凝胶质量要求

检测项目	产品级别		
	1	2	3
水分/%	≤15.0		
pH	7.05～10.0		
筛余量(+0.25mm)/%	≤10.0		
动力黏度/mPa·s	≥3000	≥2500	≥1800
屈服值	≥30.0	≥25.0	≥20.0
胶体率/%	≥95	≥95	≥75
铅/(mg/kg)	≤30.0		
砷/(mg/kg)	≤2.0		

凹凸棒土钻井泥浆级产品，一般要求造浆率＞17.5m³/t，200 目筛余≤8%，水分≤15%；活性凹凸棒土产品，一般要求脱色力≥150（高效活性凹凸棒土≥200），其他指标要求因用途

不同而异，详见表 4-108。

表 4-108 活性凹凸棒土各种用途的技术要求

技术指标	石油精炼	防止粒状肥料凝固	农药载体	黏结和作黏结剂
平均粒度/μm	2.9	5.3	1.8	0.14
其中:10μm 以下/%	95	73	28	
0.2μm 以下/%				65
烧失量(982℃)/%	6	6	6	22
水分(982℃)/%	1	2	1	12
密度/(g/cm³)	2.47	2.47	2.47	2.56
比表面积/(m²/g)	125	127	125	210
pH		7.5～9.5		

用于纺织印染，涂料，水煤浆、液体肥料的悬浮剂等凹凸棒土产品的技术指标要求如表 4-109 所示。

表 4-109 用于纺织印染，涂料，水煤浆、液体肥料的悬浮剂等凹凸棒土产品的技术要求

规格 指标	GEL-1	GEL-2	GEL-3
分散黏度/mPa·s	≥3000	≥2500	≥2000
湿筛余(325 目)/%	0～10	0～10	0～10
水分/%	10～19	10～19	10～19
pH	8～10	8～10	8～10
松容重/(g/cm³)	0.54～0.65	0.54～0.65	0.54～0.65

用于宠物垫料（猫砂）的凹凸棒石黏土的技术指标要求为：粒度 10～30 目、20～40 目，吸水率≥180%，吸油率≥70%，水分≤15%，成团时间≤5s，吸氨量≥85%，压坯强度≥700g；具有保持动物圈（窝、棚、厩）干燥，吸除异味，动物排粪便后即成团，去除团块等功能。

用于农药载体：粒状（0.5～4mm）要求水分≤10%，吸油率≥60%；粉状（150 目、200 目、325 目）要求水分≤15%，吸油率≥85%，吸水率≥180%。

用于饲料载体：粒度-30～+80 目（+30 目含量≤2%，-80 目含量≤10%），水分≤15%。

用于肥料黏结剂：100 目、120 目、150 目，水分≤15%，颜色分灰白色、红色。

用于饲料黏结剂：120 目、150 目、200 目，水分≤15%。

用于铸造型砂黏结剂：粒度 100 目、150 目、200 目，含水量≤15%，湿压强度≥34.3Pa。

用于建材、化工、精细化工填料的白云石凹凸棒石黏土粉的技术指标要求为：白度≥70，水分≤10%，粒度 100～325 目，化学成分见表 4-110。

表 4-110 白云石凹凸棒石黏土粉的主要化学成分

成分	SiO$_2$	Al$_2$O$_3$	Fe$_2$O$_3$	Na$_2$O	K$_2$O	CaO	MgO	灼减
含量/%	20.75～24.62	4.75～5.90	1.57～1.95	0.14～0.30	0.37～0.59	18.25～22.17	13.53～14.20	29.0～35.0

4.18.3 加工技术

(1) 选矿提纯 由于凹凸棒石黏土矿床生成环境的影响，在凹凸棒矿石中常伴生有白云石、方解石、蒙脱石、蛋白石、石英及少量的重矿物。此外，高纯度的凹凸棒石黏土矿储量较少，中低品位矿石居多，因此，一般在应用之前要进行选矿提纯，才能满足用户的要求。选矿

提纯方法有干法和湿法两种。

① 干法工艺　凹凸棒石经粉碎、分级，加工成不同粒度的产品出售。干法选矿加工流程为：原矿→手选→干燥→破碎→磨矿→分级→包装。产品主要用于化工、橡胶、塑料等行业作填料或载体用。

干法加工的主要作业是磨粉和分级。200～325 目产品一般采用悬辊式磨粉机（雷蒙磨）磨粉，用旋风集料器组进行分级。凹凸棒石中常含有一些硬矿粒，不易磨碎，可通过旋风集料器将凹凸棒石黏土中的石英除去。由于干法选矿提纯工艺的选别效果有限，所以这种方法只适用于原矿质量较好或对产品质量要求不甚高的情况。

② 湿法工艺　用湿法工艺加工处理的凹凸棒石黏土，能用于纯度要求较高的领域，如洗涤助剂、纸张填料涂料、人造革填料、肥皂助剂、牙膏摩擦剂、钙塑材料、分子筛、染料、高级涂料、印花糊料、干燥剂、助滤剂、催化剂载体、杀虫剂、化妆品、蚊香等。湿法选矿提纯主要包括捣浆分散、分级提纯、脱水干燥等工序。

凹凸棒石是一种结晶很细的矿物，在进行提纯之前，必须将原矿制备成矿浆或分散良好的悬浮液，使凹凸棒石和杂质矿物的颗粒在水中充分分散。在制浆过程中一般要加入适量分散剂，并施以高剪切力的搅拌。只有充分分散，分离杂质才有明显的效果。

常用的分级提纯设备是水力旋流器、卧式离心机、摇床等设备。

黏土矿物与非黏土矿物的分离是比较容易的。而不同黏土矿物之间的分离则难度较大。例如，蒙脱石常与凹凸棒石共生，由于这两种矿物的密度和嵌布粒度相近，要使其分离必须采用非常规的分离方法。

(2) 煅烧　凹凸棒石加热到 200℃ 以前，失去吸附水；在 200～400℃ 下煅烧一定时间，可显著提高凹凸棒石的吸附性能。其机理是凹凸棒石在低温下煅烧后，矿物内部纤维间的吸附水和结构孔道内的沸石水被脱除，从而增大比表面积。研究结果表明，开始时随着煅烧温度的升高，凹凸棒石的比表面积显著提高，在 250℃ 左右比表面积最大，此后随着温度的升高，比表面积反而急剧下降。凹凸棒石黏土的比表面积与煅烧温度的关系列于表 4-111。

表 4-111　凹凸棒石黏土的比表面积与煅烧温度的关系

煅烧温度/℃	未烧	130	200	250	320	400
失水/%	0	8.5	10.0	12.5	16.7	18.9
比表面积(BET)/(m²/g)	71.1	217	268	320	282	241

(3) 酸处理　天然凹凸棒石的脱色力不高，经酸处理后可提高其脱色力。所用的酸主要为无机酸，如盐酸、硫酸，或单独使用，或者混用。盐酸的活化效果优于硫酸，但硫酸使用方便，所以工业上常用硫酸。

影响凹凸棒石黏土活化效果的主要因素是矿物的纯度、粒度、化学成分以及酸的浓度、液固比、活化时间等。

(4) 表面改性　对于用于橡胶和塑料制品，如丁腈橡胶、环氧树脂、聚酯树脂等填料的凹凸棒石产品，要对其进行适当的表面有机改性处理，以改善其与高聚物基料的相容性，提高填充材料的综合性能。对凹凸棒石进行表面改性所使用的药剂种类是根据用途或应用对象的不同而选择的，常用的表面改性剂有硅烷偶联剂、钛酸酯偶联剂、表面活性剂（如十八烷基胺）等。有机表面改性方法有干法和湿法两种。对于干法选矿和粉磨的产品一般采用干法改性工艺，改性设备主要有高速加热混合机以及连续式粉体表面改性机。湿式提纯和粉碎后的产品一般在干燥之前进行湿法表面改性，然后再进行干燥。湿法表面改性一般采用反应釜或可控温反应罐。

(5) N 掺杂纳米 TiO_2/凹凸棒石复合材料　以凹凸棒石为载体，$TiCl_4$ 为前驱体，NH_4^+

为氮源，采用水解沉淀法可制备 N 掺杂纳米 TiO_2/凹凸棒石复合光催化剂。表 4-112 为凹凸棒石包覆 TiO_2 前后的孔径及孔体积。可见包覆后凹凸棒石孔径不变，孔体积减小。

表 4-112 凹凸棒石包覆 TiO_2 前后的孔径及孔体积

样品	孔体积/(mL/g)	孔径/nm
凹凸棒石	0.073	0.573
N 掺杂 TiO_2/凹凸棒石	0.046	0.573

表 4-113 为白炽灯照射下，环境温度为 20℃，相对湿度为 80%，降解时间为 48h 时，不同初始浓度下 N 掺杂 TiO_2/凹凸棒石复合材料去除甲醛的降解率。在不同的甲醛浓度下，N 掺杂 TiO_2/凹凸棒石复合材料都可以对甲醛产生持续降解作用，使甲醛浓度降到对人体无害的限定值以下。

表 4-113 不同初始浓度降解甲醛的最终浓度

初始浓度/(mg/m³)	0.86	1.63	2.43	3.21
甲醛降解率/%	91.3	95.8	95.2	96.5
最终浓度/(mg/m³)	0.070	0.076	0.078	0.081

4.19 锆英石

4.19.1 矿石性质与矿物结构

锆英石（zircon）为正硅酸锆，分子式为 $ZrSiO_4$，是含锆矿物中最常见的一种。自然界中纯的锆英石不多见，大多含有铬、铁、铝、钙等杂质，其物理及化学性质见表 4-114。

表 4-114 锆英石的物理及化学性质

物理性质	化学性质
密度:$4.6\sim4.7g/cm^3$;莫氏硬度:$7\sim8$;晶体结构:正方晶系，柱状晶形;熔点:2430℃;热导率(1000℃):3.7W/(m·K);比热容:0.63J/(℃·g);颜色:普遍为棕色或浅灰色、红色、黄色、绿色等;金属光泽或玻璃光泽;折射率:$n_0=7.923\sim7.960$,$n_c=2.950\sim2.968$	化学组成:ZrO_2 67.2%、SiO_2 32.8%;杂质为 Fe_2O_3、TiO_2、CaO、Al_2O_3、HfO_2、ThO_2 化学特性:不溶于酸、碱，由于伴生含 Hf、Th、U 等矿物而有放射性

锆英石矿床可分为脉矿和砂矿两种类型。砂矿又可分为冲积砂矿、残积砂矿和海滨砂矿，其中海滨砂矿具有工业价值。

海滨砂矿矿砂颗粒均匀，呈浑圆状，有用矿物大部分已单体解离。大部分重矿物为锆英石、钛铁矿、独居石、金红石、锡石等，有时还有微量贵金属。脉石矿物以石英、长石为主，其次是电气石、绿帘石、角闪石、辉石和石榴子石等。粒度大多数小于 200 目。

4.19.2 应用领域与技术指标要求

锆英石的主要应用价值在于其高熔点、耐酸碱和高硬度以及制备氧化锆微粉的原料。氧化锆微粉是高技术陶瓷和高级耐火材料的一种重要原料。

锆英石主要用于耐火材料、陶瓷、玻璃和铸造行业。现在耐火材料、陶瓷行业的锆英石用量不断增加，而铸造行业的消费量则在不断下降。在耐火材料工业中，锆英石的用途主要有三个方面：一是制造锆英石质耐火材料，如玻璃窑的锆英石砖，盛钢桶用锆英石砖、捣打料和浇注料等；二是添加到其他材料中来改善其性能，如合成堇青石中添加锆英石可拓宽堇青石的烧结范围而又不影响其热震稳定性，在高铝砖中添加锆英石制造抗剥落高铝砖，热震稳定性显著提高；三是用于提取 ZrO_2。在陶瓷、玻璃工业中，锆英石主要用于建筑陶瓷和卫生洁具等的釉料、含锆陶瓷、含锆玻璃以及玻璃和陶瓷工业中的添加剂和遮光剂等。

我国冶金行业标准（YB 834—1987）规定了海滨砂矿经选矿提纯而获得的锆英石精矿的技术指标要求，适用于提取锆的化合物、锆铪分离、制造合金以及耐火材料、陶瓷、玻璃、铸造和制造合金等行业所用的锆英石精矿（表 4-115）。

表 4-115　锆英石精矿的技术要求

品级	化学成分/%					
	$ZrO_2 + HfO_2$	TiO_2	Fe_2O_3	P_2O_5	Al_2O_3	SiO_2
特级品	≥65.50	≤0.30	≤0.10	≤0.20	≤0.80	≤34.00
一级品	≥65.00	≤0.50	≤0.25	≤0.25	≤0.80	≤34.00
二级品	≥65.50	≤1.00	≤0.30	≤0.35	≤0.80	≤34.00
三级品	≥63.00	≤2.50	≤0.50	≤0.50	≤1.00	≤33.00
四级品	≥60.00	≤3.50	≤0.80	≤0.80	≤1.20	≤32.00
五级品	≥55.00	≤8.00	≤1.50	≤1.50	≤1.50	≤31.00
其他要求	水分含量应小于 0.2%；不得混入外来杂质；应全部通过 $425\mu m$ 的筛孔；放射性物质含量按国家有关规定执行；对产品有特殊要求时由供需双方确定					

中国建材行业标准（JC/T 1094—2009）规定了陶瓷用硅酸锆的技术要求：目视为白色粉末，不得有异物；含水率≤0.5%；颗粒分布 $d_{50} \leq 2.0\mu m$，$d_{98} \leq 10.0\mu m$；化学成分氧化锆与氧化铪≥63.5%，氧化铁（Fe_2O_3）≤0.15%，氧化钛（TiO_2）≤0.15%；放射性核素 ^{40}K 要求 $1 \times 10^5 Bq/kg$，^{226}Ra（长期平衡中的母核及其子体）$1 \times 10^4 Bq/kg$，天然 Th（包括 ^{232}Th）$1 \times 10^3 Bq/kg$。

4.19.3　加工技术

(1) 选矿提纯　锆英石海滨砂矿中含有较多脉石矿物和其他伴生矿物，必须将其中的锆英石精选出来，才能满足应用领域的要求。一般在选别锆英石时，也将钛铁矿、金红石和其他重矿物加以回收。

锆英石伴生矿物的性质各不相同，需要采用重选、磁选、浮选、电选等各种选矿方法。具体选矿工艺流程与伴生的有益矿物种类有关，其工艺流程见表 4-116。

表 4-116　锆英石选矿的工艺流程

伴生的有益矿物	选矿原则工艺流程	伴生的有益矿物	选矿原则工艺流程
金红石、锆英石	电选→磁选→浮选	锡石、独居石、金红石、锆英石	磁选→摇床→电选→摇床→电选→磁选
独居石、锆英石	磁选→摇床→磁选		

锆英石与其他重矿物的选矿分离通常包括两个工艺阶段——湿法选矿和干法分离。砂矿首先过筛以得到适合于湿法重力选别的矿粒尺寸，通常大于 2mm 的粗颗粒均被剔除（重矿物一般都在 0.3mm 以下）。湿法重选的目的就是最大限度地减少有用矿物的损失而得到重矿物富集物（粗精矿）。常用的重选设备是圆锥选矿机或螺旋选矿机。钛铁矿通常在粗精矿中含量最高，它与金红石、锆英石的最大不同是具有较强的磁性。在有些选矿厂，采用强磁选机将其分离；而在另一些选矿厂，也有将粗精矿先干燥，然后再用带式磁选机将钛铁矿分离。剩下的都是锆英石和金红石等非磁性矿物，利用它们的电性差异再将它们分离（锆英石无导电性，而金红石具有较强的导电性），通常采用高压电选机分离出锆英石、金红石和独居石。选矿提纯工艺的流程段数或复杂程度取决于粗精矿中各种矿物的含量和对精矿产品的技术要求。

(2) 超细粉碎　用于陶瓷釉料、高级耐火材料及特种陶瓷原料的锆英石（硅酸锆）还须进行超细粉碎加工。例如，用于陶瓷釉料的锆英石粉一般要求 $d_{50} \leqslant 1.5 \sim 2 \mu m$，$d_{97} \leqslant 5 \sim 6 \mu m$；某些用途使用的高性能超细硅酸锆要求 $d_{50} < 1.2 \mu m$，$d_{97} \leqslant 3 \mu m$，最大粒径 $\leqslant 5 \mu m$。

锆英石的莫氏硬度较高，对设备或研磨介质的磨耗较大，而且产品要尽量避免铁质污染，因此要选择磨耗低的超细粉碎设备和非铁质的研磨介质。

锆英石的超细粉碎工艺有湿法和干法两种。湿法工艺一般采用旋转筒式球磨机和搅拌磨或砂磨机。

当今较大规模的锆英石超细加工厂大多采用湿式球磨机生产工艺或搅拌磨生产工艺，在要求产品粒度达到 $d_{50} < 1.2 \mu m$，$d_{97} \leqslant 3 \mu m$ 时需要采用球磨机＋搅拌磨生产工艺。球磨机生产工艺流程是：锆英石精矿→球磨→离心分级→絮凝→浓缩→喷雾干燥。一般采用瓷衬球磨机和莫氏硬度 7.5 左右的高硅鹅卵石或钇稳定氧化锆作研磨介质，这种研磨介质因磨耗而混入超细锆英石粉中的少量氧化硅或氧化锆不会影响最终产品的质量；球磨机研磨后的矿浆经过卧式螺旋卸料沉降式离心机分级后，细粒级产品进入絮凝和浓缩工序，然后用喷雾、流化床式或闪蒸式干燥机进行干燥；离心分级后的粗粒级产品或与新给料一起返回球磨机研磨或单独用球磨机进行超细研磨；球磨机的运转或操作方式为批量式。

用搅拌磨加工超细锆英石粉一般采用间隙式或循环式和串联式。与球磨机不同的是，搅拌磨加工工艺设定好研磨浓度、分散剂用量和合适的介质尺寸、配比和研磨时间等工艺条件后可不设离心分级工艺。有些加工厂在搅拌磨之前用球磨机或振动磨进行预磨，以缩短搅拌磨的研磨时间和提高生产效率和产量。用搅拌磨或砂磨机加工超细锆英石粉一般采用高硬度和不会污染最终产品的钇稳定氧化锆研磨珠。

近年来，干法工艺主要采用球磨机＋分级机工艺。球磨采用非金属耐磨内衬和硅酸锆或天然石英质高硅鹅卵石。气流磨生产工艺由于单机生产能力较低和单位生产成相对较高，一般已不再采用。

4.20 石榴子石

4.20.1 矿石性质与矿物结构

石榴子石（garnet）是一组物理性质和结晶习性相同的石榴子石族矿物的统称。石榴子石是一种岛状结构的铝（钙）硅酸盐矿物，在矿物学上分为氧化铝系和氧化钙系两大类。

石榴子石属于立方晶系，结晶良好的石榴子石呈菱形十二面体及偏方三八面体，实际矿物常是这两种晶形的混合体。石榴子石晶体结构由孤立的 [SiO_4] 四面体为三价阳离子的八面体（如 [AlO_6] 八面体、[FeO_6] 八面体或 [CrO_6] 等）所联结，其间形成一些较大的十二面体空隙，这些空隙实际上可视为畸变的立方体。它们的每个顶角都由 O^{2-} 离子所占据，中心位置为二价金属离子（Ca^{2+}、Fe^{2+}、Mg^{2+} 等）。每个二价离子为八个阳离子所包围，如图 4-28 所示。其常见单形为菱形十二面体、四角三八面体及两者的聚形。

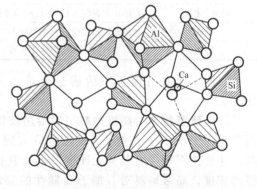

图 4-28　钙铝石榴子石的晶体结构

石榴子石的化学成分变化较大，一般化学式为 $A_3 B_2 [SiO_4]_3$。其中，A 代表二阶钙、镁、铁、锰等阳离子，B代表三价铝、铁、铬、锰等阳离子。石榴子石族矿物的典型性质见表4-117。同一名称的石榴子石产地不同，其化学组分也有差异。

表 4-117　石榴子石族矿物的典型性质

系别	矿物名称	化学式	晶形	莫氏硬度	密度/(g/cm³)	折射率	熔点/℃	颜色
氧化铝系	铁铝石榴子石	$Fe_3Al_2[SiO_4]_3$	四角三八面体	7~7.5	4.32	1.830	1180	褐红色、棕红色、粉红色、橙红色
	镁铝石榴子石	$Mg_3Al_2[SiO_4]_3$	四角三八面体	7.5	3.58	1.714	1260~1280	紫红色、血红色、橙红色、玫瑰色
	锰铝石榴子石	$Mn_3Al_2[SiO_4]_3$	四角三八面体	7~7.5	4.19	1.800	1200	褐红色、橘红色、深红色
氧化钙系	钙铝石榴子石	$Ca_3Al_2[SiO_4]_3$	菱形十二面体	6.5~7	3.59	1.734	1180	黄褐色、黄绿色、红褐色
	钙铁石榴子石	$Ca_3Fe_2[SiO_4]_3$	菱形十二面体与四角三八面体聚形	7	3.86	1.887	1170~1200	褐黑色、黄绿色
	钙铬石榴子石	$Ca_3Cr_2[SiO_4]_3$	晶体较少	7.5	3.90	1.860		鲜绿色

石榴子石一般呈大小不等的结晶颗粒，具有硬度适中、熔点较高、韧性好、化学稳定性好等特点。

4.20.2　应用领域与技术指标要求

石榴子石硬度适中，韧性好，边角锋利、磨削力大，粒度均匀，粒形均匀，粒形均一，磨件光洁度好，是很好的天然研磨材料。在光学、电子、机械、仪器、仪表、印刷、建筑、冶金地质等工业得到广泛应用。此外，石榴子石在珠宝、石油、化工以及激光和计算机等高新技术领域也得到应用。石榴子石的主要用途见表4-118。

表 4-118　石榴子石的主要用途

应用领域	主要用途
光学	光学仪器、仪表、玻璃以及显像管和显示屏的磨料，合成镓钇石榴子石激光材料等
电子、计算机	研磨硅、锗、锂等半导体材料，制造计算机存储元件
机械	零部件、工具、刃具、量具等的磨料和抛光材料，结晶好的晶体可作为仪表的轴承
建筑	打磨各种高级地坪、人造大理石板、水磨石及陶瓷制品；高铁水泥原料，彩色米、彩砂或涂料填料
石油、化工	石油钻井泥浆加重剂，橡胶和涂料的填料等
交通	利用其抗风化能力和摩擦时不产生游离二氧化硅的特性，建造机场跑道和高速公路的防滑路面
其他	宝石原料，自来水、游泳池水及工业用水的过滤净化，地质实验室金相样品的磨料，印版磨料等

不同用途对石榴子石的质量要求也有所不同，几种主要用途的石榴石的质量要求如下。

(1) 研磨材料　高级磨料一般要用铁铝石榴子石制作，要求莫氏硬度不小于7.5，石榴石含量大于93%，石榴子石的粒度应大到足以在破碎筛分之后产生各种大小锐利角状的颗粒；还要求石榴子石新鲜无蚀变，不含其他杂质，解理不要太完全，否则颗粒就不会有需要的韧度。高级磨料对石榴子石韧性的要求是在一定压力下，既能破碎产生新刃，又不会很快碎成粉末而失去研磨效率。喷砂级磨料一般要求石榴子石含量75%~80%，对其颗粒大小以及加工成磨料后是否有圆面无一定要求。不同应用领域对石榴子石的技术要求见表4-119。

表 4-119 不同应用领域对石榴子石的技术要求

用途	产品规格	技术要求	加工方法
锯切大理石板材	1.2～0.71mm(14～24目)	粒度和粒形均匀、棱角晶体、边缘锋利	机械加工 筛选分级
玻璃制品磨制、中粗磨	0.25～0.18mm(60～80目)	粒度和粒形均匀、棱角晶体、边缘锋利，纯度在90%以上	机械加工 筛选分级
玻璃制品磨制、中细磨	0.075～0.063mm(200～220目)	粒度和粒形均匀、棱角晶体、边缘锋利，纯度在90%以上	机械加工 筛选或沉降分级
显像管磨料	W_2～W_5 0～10μm，<15%；10～16μm，<30%；16～20μm，>25%；20～25μm，>20%；25～32μm，>5%；>32μm，<1%	成分：SiO_2 44.34%，Fe_2O_3 12.55%，FeO 9.72%，Al_2O_3 20.36%，MgO 12.35%；莫氏硬度≥7.5；水分<2%；纯度在98%以上	机械加工 化学处理 沉降分级

(2) 过滤介质 一般要求是铁铝石榴子石，纯度在98%以上，粒径范围是0.25～5mm。要求石榴子石结构一致，颗粒遇水不崩解且溶于酸的物质不超过2%，粒形要求圆形和棱角形。控制其质量的标准指标是有效粒度和一致性系数。

有效粒度是指要求粒度的最大和最小的平均数，具体指标是小于有效粒度的砂（以质量计）不超过10%。通常有效粒度的范围是0.35～0.65mm。一致性系数是指占60%以上的砂的粒度中，大的颗粒对有效粒度的比率。一致性系数一般为1.25～1.80，平均是1.55～1.60。

(3) 宝石原料 要求石榴子石色彩鲜艳，洁净透明，结晶粗大而完好。一般以红色、玫瑰色、紫色、绿色最佳。深紫色透明度较高的铁石榴子石，莫氏硬度在7以上者是一种比较名贵的名为"紫牙乌"的宝石。

(4) 钟表及精密仪器的轴承 要求石榴子石纯度高、结晶好、硬度大及耐热性好。

2012年中华人民共和国工业和信息化部颁布的石榴子石磨料的国家机械行业标准（JB/T 8337—2012）规定了石榴子石磨料的粒度、粒度组成、化学成分、颗粒密度、磁性物允许含量等质量技术指标。

在粒度组成方面，研磨、抛光和固结磨具用石榴子石磨料粒度及其组成应符合GB/T 2481.1和GB/T 2481.2的规定；涂附磨具用石榴石磨料粒度及其组成应符合GB/T 9258的规定；喷砂用石榴子石磨料粒度及其组成应符合表4-120的规定；水切割用石榴子石磨料粒度及其组成应符合表4-121的规定。石榴子石磨粒密度应不小于3.9g/cm^3。石榴子石化学成分应符合表4-122的规定，磁性物含量应符合表4-123的规定；矿物杂质含量及其允许最大颗粒尺寸应符合表4-124的规定。喷砂和水切割用的石榴子石磨料除满足上述技术要求外，还应满足表4-125的技术要求。

表 4-120 喷砂用石榴子石磨料粒度及其组成 (JB/T8337—2012)

粒度标记	最粗粒 筛孔尺寸 μm	最粗粒 筛上物 质量分数/%	粗粒 筛孔尺寸 μm	粗粒 筛上物 ≤ 质量分数/%	基本粒 筛孔尺寸 μm	基本粒 筛上物 ≥ 质量分数/%	细粒 筛孔尺寸 μm	细粒 筛上物 ≤ 质量分数/%
B12	3350	0	2360	10	1400	80	1400	10
B16	2360	0	2000	10	850	80	850	10
B20	1700	0	1400	10	850	80	850	10
B22	1400	0	1180	10	850	80	850	10
B24	1000	0	850	10	425	80	425	10
B36	850	0	600	10	250	80	250	10
B60	600	0	500	10	250	80	250	10
B70	500	0	425	10	212	80	212	10
B100	425	0	355	10	150	80	150	10
B120	250	0	212	10	125	80	125	10

表 4-121　水切割用石榴子石磨料粒度及其组成（JB/T8337—2012）

粒度标记	最粗粒		粗粒		基本粒		细粒	
	筛孔尺寸	筛上物	筛孔尺寸	筛上物 ≤	筛孔尺寸	筛上物 ≥	筛孔尺寸	筛上物 ≤
	μm	质量分数/%	μm	质量分数/%	μm	质量分数/%	μm	质量分数/%
J50	710	0	500	5	300	85	300	10
J60	500	0	425	15	250	75	250	10
J80	355	0	300	15	150	80	150	5
J90	300	0	250	15	150	80	150	5
J100	300	0	250	5	125	85	125	10
J120	250	0	180	15	125	75	125	10
J150	150	0	125	15	75	75	75	10
J180	125	0	106	15	63	75	63	10
J220	106	0	90	15	53	75	53	10

表 4-122　石榴子石化学成分要求（JB/T8337—2012）

化学成分	含量(质量分数)/%	化学成分	含量(质量分数)/%
SiO_2	34.0～43.0	FeO	21.0～36.5
Al_2O_3	18.0～28.0		

表 4-123　石榴石子磨料的磁性物含量（JB/T8337—2012）

粒度标记	磁性物含量(质量分数)/%	粒度标记	磁性物含量(质量分数)/%
F12～F30 P12～P30 B100～B120 J150～J220	≤0.090	F70～F120 P80～P120 B12～B22 J50～J80	≤0.140
F36～F60 P36～P60 B24～B70 J90～J120	≤0.120	F150～F220 P150～P220	≤0.155

表 4-124　矿物杂质含量及其允许最大颗粒尺寸（JB/T8337—2012）

粒度标记	矿物杂质含量/%		矿物杂质最大尺寸/μm
F4～F90 P12～P80	按颗粒数计算	≤6.0	—
F100～F220 P100～P220		≤7.0	
F280,P280	按重量计算	≤6.0	≤70
F320,P320			≤55
F400,P400			≤45
F600,P500		≤7.0	≤30
F800,P600			≤25
F1000,P800			≤20
F1200,P1000			≤18
P1200			≤17

表 4-125　喷砂和水切割用石榴子石磨料特殊要求（JB/T8337—2012）

项目	指标	项目	指标
莫氏硬度	≥6	水溶液氯离子含量	≤0.0025%
含水量	≤0.2%	水溶液电导率	≤250μS/cm
游离 SiO_2[①] 含量	≤1%	清洁度	≥90%

① 游离 SiO_2 含量是指石英、鳞石英、白石英的 SiO_2 含量。

4.20.3 加工技术

为了满足应用领域对石榴子石纯度、粒度及其分布的要求，需要对其进行选矿提纯、细磨、超细磨以及精细分级等加工。

重选、浮选、磁选以及化学选矿等方法均已在石榴子石的选矿提纯中得到应用。重选主要用于除去长石、云母、闪石、辉石、石英等低密度矿物，采用的重选设备主要有摇床、跳汰选矿机和重介质选矿机等；浮选主要用于分离出石英、绢云母、白钨矿和硅线石等；磁选主要用于除去磁性矿物，如磁铁矿、钛铁矿以及少量的长石、硅线石和石英等。化学选矿主要采用酸处理，目的是进一步除去石榴子石精矿中呈浸染式嵌布的含铁矿物。具体选矿方法和工艺流程的选择要依矿石类型、石榴子石及脉石和伴生矿物的种类和嵌布特性而定。工业生产中大多采用组合选矿提纯工艺或联合工艺流程，主要有以下几种联合选矿工艺流程。

① 磁选-重选-磁选工艺流程。
② 浮选-磁选工艺流程。
③ 重选-磁选-重选工艺流程。

为了生产高纯度细粒级和超细粒级磨料，石榴子石精矿还要进行细磨、超细研磨和化学处理。细磨和超细磨使用振动磨、球磨机和搅拌磨等设备。化学处理使用工业盐酸浸出。酸浸和水洗涤后的石榴子石精矿粉采用重力沉降法和淘洗法按粒度大小进行分级，最终可获得 $0.5 \sim 45 \mu m$ 的各级（号）磨料。

4.21 皂石与累托石

4.21.1 矿石性质与矿物结构

(1) 皂石 皂石（saponite，soapstone）是一种具有滑腻感、质软、色浅的镁铝硅酸盐矿物组成的矿石，属于蒙皂石（smectite）族。晶体为单斜晶系。其结构单元与蒙脱石相同，是由两层硅氧四面体夹一层铝（镁）氧八面体构成的 2:1 型层状含水硅酸盐矿物。其化学组成为 $(Ca, Na)_{0.33}(Mg, Fe)_3(Si, Al)_4 O_{10}(OH)_2 \cdot 4H_2O$。皂石以成分中含二价的 Ca^{2+}、Mg^{2+}、Fe^{2+}、Na^+ 为主与成分中含三价的 Al^{3+} 为主的蒙脱石相区别。蒙皂石族矿物的一个重要特征是结构单元层间充填了水分子和可交换性的阳离子，并且能吸附有机分子。皂石常呈肥皂状的块体，并且伴生有石英、方石英、长石、云母、褐铁矿等杂质。颜色呈白色或浅黄色、浅灰绿色、浅红色、浅蓝色。柔软可塑，可切割，有滑感，干燥时性脆。解理完全。莫氏硬度 1 左右，密度 $2.24 \sim 2.60 g/cm^3$。

(2) 累托石 累托石（rectorite）是二八面体云母和二八面体蒙脱石 1:1 规则间层黏土矿物，是由类云母单元层和类蒙脱石单元层在特殊自然条件下有规则地交替堆积，但又不是两者的简单组合。其结构单元层有两个 2:1 层。它的蒙皂石层间含有可交换的 Ca^{2+}、Mg^{2+}、K^+、Na^+ 等可交换的阳离子和层间水，层间可膨胀；云母层间的阳离子被固定，不可交换，层间不可膨胀。因此，累托石既有蒙脱石的阳离子交换性、分散性、膨胀性、悬浮性和胶体性能，又有类似云母的热稳定性和耐高温性能。累托石的化学式为 $K_x(H_2O)_4 \{Al_2[Al_x Si_{4-x} O_{10}](OH)_2\}$，其化学组成为：$SiO_2$ 43%~54%，Al_2O_3 24%~40%，H_2O 8%~15%，三项之和约为90%，其他10%为 MgO、Fe_2O_3、FeO、Na_2O、CaO 和 K_2O。累托石多呈土状、细片状、席草状，有滑感，质地疏松，遇水膨胀，解离成泥糊状。一般粒度细小，小于 $5\mu m$ 居多，少数结晶好的可达 $0.01 \sim 0.1mm$；一般色浅，有灰白色、灰绿色、褐黄色等；具有珍珠-油脂光泽；密度随含水量变化，无水时为 2.8g/cm³，含水多时可低到 1.3g/cm³；莫氏硬度小于 1。不同产地的累托石外观性质变化大。

累托石是一种稀有非金属矿，在中国目前只在湖北省钟祥地区发现有开发价值的累托石资源。累托石矿物具有以下独特的物理特性。

① 高温稳定性　耐火度高达 1650℃，并且能在 500℃状态下保持结构稳定。

② 高分散性和高塑性　遇水极易分散，成膜平整，加入少量碱处理后，分散效果更佳并能长期保持悬浮；塑性指数可高达 50，易黏结成型，烘干或烧结不产生裂纹。

③ 吸附性和阳离子交换性　结构中蒙脱石层间的水化阳离子可以被大量其他无机、有机阳离子交换，如钠、铝、硅及季铵盐等单一或复合离子，能吸附各种无机离子、有机分子和气体分子，并且这种吸附和交换是可逆的。

④ 层间孔径和电荷密度可调控　累托石层间孔径在使用不同处理剂进行离子交换后，可形成 1.5～4nm 之间的大孔径层柱状二维通道结构，在大范围的酸碱、水热、温度条件下保持稳定性，其层间电荷密度可根据需要调整，以获得适当活性。

⑤ 阻隔紫外线性　具有良好的紫外线阻隔能力，对短波长光线或射线的吸收阻隔效果显著。

⑥ 结构层分离性　累托石是为数不多的易分离成纳米级微片的天然矿物材料之一，经适当处理，累托石间层结构可分离成类云母和类蒙脱石的纳米微粒，有望在纳米材料领域凸显特性。

4.21.2　应用领域与技术指标要求

(1) 皂石　皂石族矿物的主要工业用途是：石油提炼和纺织品工业的杂质吸附剂，橡胶、塑料、肥皂、化妆品、涂料及造纸填料或颜料，地质钻探和石油开采的泥浆材料，陶瓷原料等。表 4-126 是中国建材行业标准（JC/T 928—2003）规定的工业用皂石的物理化学性能。

表 4-126　皂石产品的理化性能要求（JC/T 928—2003）

理化性能			皂石块			皂石粉		
			一级品	二级品	三级品	一级品	二级品	三级品
化学成分/%	Al₂O₃	≥	40.00		50.00	40.00		50.00
	SiO₂	≤	40.00		35.00	40.00		35.00
	烧失量	≥	3.00	4.00	5.00	3.00	4.00	5.00
物理性能	白度/%	≥	90.0	85.0	75.0	90.0	85.0	75.0
	水分/%	≤	3.0			0.5		1.0
	细度（相应规格的通过率）/%	≥	—			99.5		99.0

(2) 累托石　主要用于钻井泥浆、席草保鲜、涂料、催化剂载体、动物饲料等方面。

累托石具有钻井泥浆材料所需要的优良的流变特性，如不需水化即可造出优质泥浆。一般采用含量大于或等于 70% 的累托石黏土，粉碎至 40 目，加入 4% 的碳酸钠（若采用钠化工艺，只需 2% 的碳酸钠），各项造浆技术指标可达到 API（美国石油学会）BA 标准。

利用无机聚合物与累托石交联合成的交联累托石载体是一种孔径大而稳定、比表面积大、热稳定好的石油催化剂载体，在反应过程中可抗 600～700℃的水蒸气，热稳定性好，抗重金属的污染性好。

累脱石吸光性好，附着于席草表面，能防日光紫外线辐射，使晒干的席草保持草绿色和清香气味，还可缩短晒干时间。累脱石用作席草染土，要求分散悬浮性好，易于薄层均匀地附着于席草上；pH 4～6，符合席草对浆液的酸度要求。

累托石在涂料中主要用于建筑内墙涂料、铸钢涂料以及电器、仪表、仪器等机械制造业中的金属防护涂料等的悬浮剂和耐高温填料。

累托石和插层改性后的累托石具有良好的吸附黄曲霉素、玉米赤霉烯酮、呕吐霉素等毒素的性能，可以添加到动物饲料中。

4.21.3　加工技术

(1) 皂石　皂石的加工主要包括选矿提纯、粉碎分级、超细粉碎、改型、表面改性与复合等。由于其矿石性质类似于膨润土，因此，其选矿方法与膨润土相同，一般高品位矿可以人工拣选或采用干法分选，低品位矿及纯度要求高的产品采用湿法选矿工艺；为了提高皂石的胶体性能，也要对其进行改型，即将结构单元层间的可交换性的二价阳离子 Ca^{2+}、Mg^{2+} 等改变为一价阳离子，主要采用钠盐法和酸法处理；磨粉一般采用雷蒙磨和机械冲击磨，超细粉碎目前一般采用干法机械磨-精细分级工艺，要求粒度很细（平均粒度 $1\mu m$ 以下）采用湿式搅拌珠磨机。用于塑料、橡胶等高聚物基复合材料填料的皂石填料要对其进行有机表面改性，一般采用硅烷、钛酸酯、铝酸酯等偶联剂或表面活性剂等改性剂和干法改性工艺；皂石的层状结构也可用来对其进行插层改性以制备有机和无机插层型复合材料。另外，用于化妆品的皂石除了必须进行精选提纯外，还须进行超细粉碎、精细分级和杀菌处理。

(2) 累托石　累托石的加工首先是选矿提纯，然后是深加工制备各种矿物材料，特别是利用其独特的层状结构和可交换离子以及多孔特性制备插层型环保和抗菌功能材料。

高纯度累托石原矿很少，因此，为生产高附加值产品必须对其进行选矿提纯。目前累托石的选矿提纯主要采用湿法重选。一般工艺过程是：先采用研磨、剪切擦洗等方法将累托石原矿进行分散制浆，使其充分单体解离，再进行严格分级和离心沉降分选，使累托石与其他脉石矿物（如石英、长石、叶蜡石、绿泥石等）分离。最后通过压滤、干燥得到累托石精矿。为了使累托石充分分散和单体解离，一般要在研磨或擦洗制浆过程中加入分散剂。常用的无机分散剂有水玻璃、六偏磷酸钠、焦磷酸钠等；有机分散剂主要是聚丙烯酸盐类。累脱石用干燥机干燥时，一般干燥温度不超过 $120℃$，因为温度过高将会降低累托石的性能。

累托石兼有云母和蒙脱石的某些特征。与蒙脱石一样，采用季铵盐（如二甲基十八烷基羟乙基季铵盐）与累托石进行阳离子交换反应可以合成有机累托石。经季铵盐复合处理后，累托石矿物中蒙脱石层间被有机阳离子覆盖，其面网间距 d（001）增大，并由亲水憎油性转变为憎水亲油性，能在有机溶剂中膨胀和分散。

实验室以钛酸正丁酯作为前驱物，通过溶胶-凝胶法制备钛柱撑液；然后按一定比例将该钛柱撑液加入累托石悬浮液中，使水合二氧化钛沉淀包覆在累托石颗粒表面，经干燥和 $500℃$ 煅烧后可制备 TiO_2/累托石复合材料。进一步采用乙酸铜作为改性剂，在碱性条件下反应，可制备累托石/TiO_2/Cu_2O 三元纳米复合光催化材料。

实验室以壳聚糖季铵盐为插层剂，采用溶液插层法将其插层进入有机累托石层间制备了插层复合材料。这种插层改性后的累托石层间距扩大，其层间域进一步被撑大，从而导致其吸附量和吸附范围扩大、吸附性能更好。试验检测结果表明，这种插层复合材料具有良好的环保功能和抗菌性能。

4.22　电气石

4.22.1　矿石性质与矿物结构

电气石（tourmaline）是一种以含硼为特征的铝、钠、铁、锂环状结构的硅酸盐矿物，化学式可简写为 $NaR_3Al_6[Si_6O_{18}](BO_3)_3(OH)_4$。其中，Na 可局部被 K 和 Ca 代替，但没有 Al 代替 Si 现象。R 位置同质多相广泛，主要有四个端员成分：R＝Mg，镁电气石，化学式为

$NaMg_3Al_6[Si_6O_{18}](BO_3)_3(OH)_4$；

R＝Fe，黑电气石，化学式为 $NaFe_3Al_6[Si_6O_{18}](BO_3)_3(OH)_4$；

R＝Li＋Al，锂电气石，化学式为 $Na(Li+Al)_3Al_6[Si_6O_{18}](BO_3)_3(OH,F)_4$；

R＝Mn，钠锰电气石，化学式为 $NaMn_3Al_6[Si_6O_{18}](BO_3)_3(OH,F)_4$。

镁电气石和黑电气石之间以及黑电气石和锂电气石之间形成两个完全类质同象系列；镁电气石和锂电气石之间为完全的类质同象。Cr^{3+} 也可以进入 R 的位置，铬电气石中 Cr_2O_3 可达 10.86％。

电气石晶体结构为硅氧四面体组成的复三方环，复三方单锥晶类。B 配位数为 3，组成平面三角形；Mg 配位数为 6（其中两个是 OH）组成八面体，与 $[BO_3]$ 共氧相联结。在硅氧四面体的复三方环上方的空隙中有配位数为 9 的一阶阳离子钠分布。环间以 $[AlO_6(OH)]$ 八面体相联结。晶体呈柱状。集合体呈棒状、放射状、束针状，也呈致密块状或隐晶质状。

电气石的颜色随成分不同而异：富含铁的电气石呈黑色；富含锂、锰和铯的电气石呈玫瑰色，也呈淡蓝色；富含镁的电气石常呈褐色和黄色；富含铬的电气石呈深绿色；莫氏硬度 7～7.5；密度 $3.03～3.25g/cm^3$，随着成分中铁、锰含量的增加，密度也随之增大；具有压电性和热电性。

4.22.2　应用领域与技术指标要求

电气石具有压电性和热电性等独特的物理化学性能，在温度或压力变化下能辐射远红外波和产生负离子。温度和压力等的变化能引起电气石晶体的电势差，使周围的空气发生电离，被击中的电子附着于邻近的水和氧分子并使它转化为空气负离子。产生的负离子在空气中移动，将负电荷输送给细菌、灰尘、烟雾微粒以及水滴等。电荷与这些微粒相结合聚集成球而下沉，从而达到净化空气的目的。电气石超细粉体可以作为功能化纤产品的填料，在涤纶熔体中添加电气石超细粉体后，可赋予涤纶纤维远红外保暖、除臭功能、释放负离子功能及一定的抗菌功能，可以用于医疗纺织品的内芯以及床上用品、汽车的座椅等；以棉型和中长型、毛型短纤维的形式纺成纱线，可用于室内装潢、服装等产品。

除了功能纤维之外，电气石还可以应用于以下领域。

① 抗菌除臭墙纸、地板、天花板、家具、内墙涂料和混凝土等。

② 抗菌保鲜包装材料，如塑料薄膜、箱体和包装纸及纸箱等。

③ 香烟过滤嘴填料。

④ 水体和空气净化材料。

⑤ 抗菌涂料或涂层材料，用于电子设备、家用电器和日用生活品等。

⑥ 抗菌、杀菌、除臭等复合功能陶瓷制品。

⑦ 宝石。

中国建材行业标准（JC/T 2012—2010）将电气石产品分为电气石块（TL）、电气石砂（TS）和电气石粉（TP）三类，每类含三种规格并规定了主要技术指标要求（表4-127）。

表 4-127　电气石产品的技术要求（JC/T 2012—2010）

项目	电气石块（TL）			电气石砂（TS）		电气石粉（TP）
	电气石单个晶体Ⅰ	电气石晶粒聚集体Ⅱ		A	B	C
	A	B	C			
电气石含量 w（质量分数）/%	≥95	$95>w≥85$	$85>w≥60$	≥95	$95>w≥85$	$85>w≥75$
电气石结晶度/%	≥95			≥95		
粒径/mm	c 轴≥10.0，垂直 c 轴的截面最小直径≥5.0	粒径≥5.0		5.0＞粒径＞0.15		按照客户要求
水分/% ≤	3.0					1.0

续表

项目		电气石块(TL)			电气石砂(TS)		电气石粉(TP)
		电气石单个晶体Ⅰ	电气石晶粒聚集体Ⅱ				
		A	B	C	A	B	C
放射性 ≤	内照射指数 $I_{\Lambda a}$	1.0					
	外照射指数 I_γ	1.3					
可溶性重 金属离子 /(mg/kg) ≤	铅 Pb	90					
	镉 Cd	75					
	铬 Cr	60					
	汞 Hg	60					

4.22.3　加工技术

(1) 选矿提纯　至今已发现的天然高纯度的电气石资源很少，高纯度结晶完好的电气石可用于宝石材料。多数电气石矿石中不同程度地含有石英、长石、石榴子石、云母等矿物。因此，在某些工业用途方面要对电气石进行选矿提纯。

电气石，尤其是黑电气石一般都具有磁性，因此可采用干式或湿式磁选的方法与石英、长石、白云母等矿物进行分离。由于目前市场的用量还较少，因此，主要以人工拣选为主，尚未大规模采用机械选矿工艺。

(2) 超细粉碎　绝大多数应用领域要求对电气石进行粉碎加工。在功能纤维、涂料或涂层材料等中应用的电气石必须进行超微细或超细加工。目前电气石的细磨（加工 150～325 目细粉）主要使用悬辊式盘磨机或摆式磨粉机（即雷蒙磨）。由于电气石的硬度高而且韧性大，超细粉碎主要采用湿法工艺，目前国内已建成的中试规模的湿式超细粉碎加工厂采用搅拌研磨机或砂磨机和循环研磨工艺。工艺流程如下：

电气石粉(200～325 目)→制浆→循环研磨(1～2 段)→表面处理→干燥打散→包装
　　　　　　　　　　　↑　　　　　　　　　　　↑
　　　　　　　　　　分散剂　　　　　　　表面处理剂

使用氧化锆珠作为研磨介质，最终研磨产品细度可达到 $D_{50} \leqslant 0.8\mu m$，$D_{97} \leqslant 2.0\mu m$，干燥后产品细度可达到 $D_{50} \leqslant 0.9\mu m$，$D_{97} \leqslant 2.5\mu m$。

(3) 表面改性与复合

① 有机表面改性　解决在化纤或树脂中应用时与基料的分散性和相容性，主要适用偶联剂类和硬脂酸类表面处理剂，湿法和干法工艺均可采用，对湿法超细研磨粉体的表面改性一般采用湿法工艺。

② 无机表面改性　主要解决电气石颜色较深、使用受限的问题，同时赋予电气石粉体材料新的功能，如光催化、遮盖率、抗紫外等。目前已开发表面 TiO_2 复合改性的电气石粉体材料。

发明专利 ZL02156763.8 公开了一种电气石粉体的表面 TiO_2 包覆改性增白方法：将电气石粉体加水制成浆，同时加酸调节 pH 值至 1.5～3.5，然后加入钛盐溶液和助剂，用碱溶液调节 pH 使钛盐水解产生 $TiO_2 \cdot H_2O$，并在电气石粉体表面进行沉淀反应，最后将沉淀反应产物进行过滤、洗涤、干燥和焙烧即得到表面 TiO_2 包覆改性增白的电气石粉体产品。该方法可显著提高电气石粉体的白度，同时增强电气石粉体的遮盖力和抗菌性能。

发明专利 ZL201010132845.8 将电气石粉体加水搅拌制浆，加酸调节 pH 后对浆料降温，然后依次加入 $TiCl_4$ 溶液、硫酸铵溶液进行反应；将反应物升至一定温度后加入碳酸铵溶液调节反应物的 pH 并陈化；最后将反应物过滤、洗涤、干燥和煅烧，制取电气石/纳米 TiO_2 复合功能材料。这种电气石/纳米 TiO_2 复合功能材料中电气石颗粒表面上负载复合了主要晶形为锐钛型的纳米 TiO_2 粒子，晶粒尺寸为 10～50nm。这种复合材料具有优良的光催化性能，紫外线下 20min 内对罗丹明 B 溶液的光催化降解率达到 90% 以上；日光灯下，24h 内对甲醛的降解去除率大于 80%；对甲苯的降解去除率大于 35%。

4.23 硅藻土

4.23.1 矿石性质与矿物结构

硅藻土（diatomite）是一种生物成因的硅质沉积岩，由古代硅藻遗骸经长期的地质作用形成。其主要化学成分主要是 SiO_2，含有少量 Al_2O_3、Fe_2O_3、CaO、MgO、K_2O、Na_2O、P_2O_5 和有机质。SiO_2 通常占 60% 以上，优质硅藻土矿可达 90% 左右。优质硅藻土的氧化铁含量一般为 1%～1.5%，氧化铝含量为 3%～6%。

硅藻土的颜色为白色、灰白色、灰色和浅灰褐色等。其主要物理特性是松散（堆积密度 0.3～0.5g/cm³)，质轻（莫氏硬度为 1～1.5，密度 2.0g/cm³)，多孔（孔隙率达 60%～80%，孔道有序或有规律分布，孔径分布从几纳米到上百纳米，氮吸附平均孔径 10nm 左右），比表面积 10～80m²/g，吸水和渗透性强（能吸收其本身重量 1.5～4 倍的水），热稳定性好（熔点 1650～1750℃)，化学稳定性好（除氢氟酸外，不溶于任何强酸，但能溶于强碱溶液中），而且是热、电、声的不良导体。

硅藻土有多达上百种的结构形态，主要有圆盘藻、圆筒藻、圆筛藻、圆环藻、球形藻、羽形藻、棒状藻等。图 4-29 所示为部分硅藻土的结构形态。图 4-30 所示为中国长白山硅藻精土和美国内华达硅藻土样品的颗粒形貌。

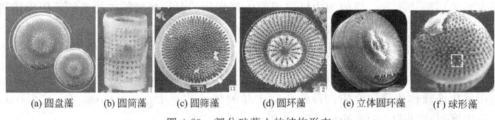

（a）圆盘藻　（b）圆筒藻　（c）圆筛藻　（d）圆环藻　（e）立体圆环藻　（f）球形藻

图 4-29　部分硅藻土的结构形态

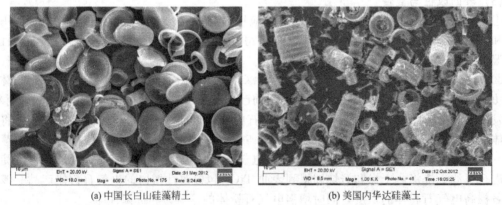

（a）中国长白山硅藻精土　　　　　　（b）美国内华达硅藻土

图 4-30　部分硅藻土的颗粒形貌

硅藻土的二氧化硅多数是非晶体。硅藻土越纯或硅藻含量越高，其非晶质二氧化硅含量就越高。非晶质二氧化硅加热到 800～1000℃ 时转变为晶质二氧化硅。

硅藻土的矿物成分主要是蛋白石及其变种，其次是黏土矿物——水云母、蒙脱石、高岭石和矿物碎屑。矿物碎屑有石英、长石、黑云母及有机质等；有机物含量从微量到 30% 以上。

根据矿石中各种矿物含量的不同，硅藻土矿可分为硅藻土、含黏土硅藻土、黏土质硅藻土、硅藻黏土等几种类型。

① 硅藻土 白色至灰白色及灰绿黄色，质轻，细腻，多孔隙，疏松，具有生物结构，块状构造及微细层理构造；不同形状硅藻含量大于80%，黏土含量5%左右，矿物碎屑1%～2%；干体堆积密度为0.35～0.5g/cm³。

② 含黏土硅藻土 硅藻含量大于65%，黏土含量15%～20%，矿物碎屑2%～4%；干体堆积密度为0.5～0.6g/cm³；其他特征与上述硅藻土相同。

③ 黏土质硅藻土 灰白色至灰黄色，较致密，黏性较强；硅藻含量40%～65%，黏土矿物25%～40%，矿物碎屑5%左右；干体堆积密度为0.6～0.7g/cm³。

④ 硅藻黏土 灰黄色至灰绿色，较致密，黏结性强；硅藻含量20%～40%，黏土矿物50%以上，矿物碎屑5%～10%；干体堆积密度大于0.7g/cm³。这种矿石常具有波状斜层理，多为硅藻土与黏土之间的过渡类型。

4.23.2 应用领域与技术指标要求

由于硅藻土特殊的硅藻结构，使其具有许多特殊的物理化学性能，较强的吸附性和较好的化学稳定性，隔声、耐磨、绝热、绝缘，并且有一定的强度，可用来生产助滤剂、吸附剂、催化剂载体、功能填料、水处理剂与空气净化剂、沥青改性剂等，广泛应用于轻工、食品、化工、建材、环保、石油、医药、高等级公路建设等领域。表4-128为硅藻土的主要用途和质量要求。

表4-128 硅藻土的主要用途和质量要求

应用领域	主要用途	技术要求
工业过滤	生产助滤剂，用于啤酒、饮料、炼油、油脂、化学试剂、药剂、水等液体的过滤	要求硅藻或非晶质SiO_2的含量大于80%，有适当的粒级和形态特征，有害微量元素含量不应超过规定标准
填料和颜料	涂料、橡胶、塑料、改性沥青(高等级公路路面材料)等	原矿硅藻含量较高的硅藻土或经过选矿提纯或煅烧和表面改性的硅藻精土
保温、隔热和轻质建材	轻质保温板、保温砖、保温管、微孔硅酸钙板等	要求硅藻或非晶质SiO_2的含量大于50%，其他杂质不起决定性作用
环保	工业废水和生活污水的处理、水体净化、有毒有害气体处理	要求纯度高、比表面积和孔体积大的硅藻土或硅藻精土
石油、化工	氢化过程镍催化剂、生产硫酸的钒催化剂及石油磷酸催化剂等的载体、光催化剂载体等	要求纯度高、比表面积和孔隙体积大的硅藻土或硅藻精土
化肥、农药	化肥、农药的载体和防结块剂	比表面积和孔体积越大越好
其他	精细磨料、抛光剂、清洗剂、气相色谱载体、清洗剂、化妆品、牙科填料、炸药密度调节剂等	要求纯度高、比表面积大、松散密度小的硅藻土或硅藻精土

中国建材行业标准(JC 414—2017)将硅藻土矿产品按硅藻含量分为一级品、二级品、三级品、四级品、五级品和六级品六个等级；其产品的理化性能应符合表4-129的规定。

表4-129 硅藻土矿产品的理化性能

项目			级别					
			I	II	III	IV	V	VI
硅藻含量(质量分数)/%		≥	75	70	55	40	30	20
主要化学成分	二氧化硅/%	≥	85	80	75	70	60	50
	三氧化二铝＋二氧化钛/%		供需双方协商确定					
	三氧化二铁/%		供需双方协商确定					
	氧化钙/%		供需双方协商确定					
	氧化镁/%		供需双方协商确定					
	烧失量/%		供需双方协商确定					
水分/%			供需双方协商确定					

续表

项目	级别					
	I	II	III	IV	V	VI
振实体积密度/(g/cm³) ≤	0.40	0.45	0.50	0.55	0.60	0.70
pH	6.0~8.0					
比表面积/(m²/g)	15.0~100.0					

4.23.3 加工技术

(1) 选矿提纯 天然高纯度的硅藻土矿很少见。多数硅藻土矿要进行选矿加工后才能满足应用领域的需要。硅藻土选矿的目的是除去石英、长石等碎屑矿物、氧化铁类矿物、黏土类矿物以及有机质，以富集硅藻。

选矿方法的选用以杂质矿物的种类、性质、产品的纯度要求而定。

对于主要含石英、长石类碎屑矿物、黏土含量很少、硅藻含量较高的硅藻原土，可采用简单的旋风分离法，即在干燥或中温煅烧和选择性粉碎后采用旋风分离器或空气离心分选机进行选别；也可以采用湿式重力沉降或离心沉降的方法进行选别，工艺流程是：硅藻原土→擦洗制浆→重力沉降或离心沉降→过滤→干燥。如果原土中含有铁质矿物，可在重力或离心沉降后增设磁选除铁作业。

含黏土硅藻土和黏土质硅藻原土的选矿提纯是硅藻土选矿的重点和难点所在，重点在于绝大多数的硅藻土矿床属于含黏土硅藻土和黏土质硅藻土，难点在于硅藻与黏土颗粒的解离和分选。目前在工业上应用的工艺是：擦洗制浆→稀释→沉淀分离→负压脱水→热风干燥→精细分级→硅藻精土。沉淀分离有两种工艺：一是重力沟槽沉降；二是离心沉降。

重力沉降工艺如下：首先用擦洗机将原土加水搅拌成浓矿浆，其矿浆浓度（固含量）为30%~45%；加水稀释矿浆至10%~20%的浓度后给入高速分散机内，同时按原土质量加入分散剂：茶碱0.003%~0.005%，模数大于3.2的水玻璃0.1%~0.2%；然后将矿浆以1~1.5m/min的流速依次送入初分离器、二次分离器、精分离器中沉淀分离，矿浆在各分离器中的浓度依次为10%~20%、10%~18%和5%~10%；收集湿硅藻精土进行过滤干燥后即得硅藻精土。

该工艺稀释作业加入的水玻璃成分可用六偏磷酸钠代替，其加入量是0.02%~0.04%；沉淀分离为流动与静止交叉进行，以便使黏土和碎屑矿物与硅藻彻底分离，获取高纯度硅藻精土。沉淀分离设备由三级分离器组成，其中初分离器由其内设有控制板的沉降沟池以及与该沟池粗砂池构成；二次分离器由其内设有控制板、底部设计为凹曲面的多条平行沟池组合而成；精分离器由其内设有控制闸板，两端各设有放浆沟和排泥沟的带多个拐角的沉降沟池构成。

该工艺可对各种不同硅藻含量的含黏土硅藻土和黏土质低品位硅藻原土进行精选，精土硅藻含量可达到80%以上。但是，这种沟槽式沉降方式，不但占地面积和劳动强度大，产品质量不稳定，而且只适用于在终年不冻的部分南方地区生产。

离心沉降工艺如下：硅藻原土经擦洗机擦洗并加入pH调整剂和分散剂制浆和充分分散后，采用振动筛筛除去石英、长石、碎屑等矿粒后，采用层流离心选矿机或卧式螺旋离心机进行分选，选择合适的离心分离因素，硅藻颗粒因为粒度较大沉淀到离心机内壁，黏土颗粒因为粒径细小（小于5μm）溢流而出；通过高压水或螺旋将沉淀的硅藻精土排出，进行过滤干燥，即得硅藻精土产品；溢流经固液分离后清水回用，黏土固体物可以综合利用。这种工艺不仅可以生产硅藻含量85%以上的较高纯度硅藻精土，而且硅藻的回收率高，产品质量稳定；整个生产过程全部采用机械化连续生产和自动控制，占地面积小，生产效率高，无论南方或北方地区均可适用。

上述两种选矿工艺均属于物理选矿方法，没有废水产生，对环境友好。这两种物理选矿工艺中国均具有自主知识产权。

对于纯度要求很高的硅藻精土，在用物理方法精选后还须采用化学方法进一步提纯。目前化学提纯主要采用酸浸法，一般使用硫酸和盐酸，也可适量添加氢氟酸，加温反应一定时间，使硅藻土中含 Al_2O_3、Fe_2O_3、CaO、MgO 黏土矿物杂质与酸作用，生成可溶性盐类，然后压滤、洗涤并干燥，即得到较高纯度的硅藻精土。酸浸法可将硅藻土的硅藻或无定形二氧化硅含量提高到 90% 以上，Al_2O_3 降低到 1% 以下，Fe_2O_3、CaO、MgO 均降低到 0.5% 以下。酸浸法的缺点是废酸水量较大，须经处理才能排放，因此，工业上规模化生产很少采用。

对于有机质含量较高的黏土质硅藻土，如我国云南寻甸硅藻土矿，采用煅烧工艺可以显著提高硅藻土的纯度。

(2) 生产硅藻土助滤剂 助滤剂是硅藻土的主要深加工产品之一，广泛应用于啤酒、饮料、食品、医药制剂等的过滤和澄清。

硅藻土助滤剂按生产工艺不同分为焙烧品（BS）和熔剂焙烧品（ZBS）两个系列，中国国家标准（GB/T 24265—2014）将硅藻土助滤剂产品的渗透率分为 15 个型号，如表 4-130 所示。

表 4-130 硅藻土助滤剂产品的型号

型号	10	20	35	50	70	100	150	200
渗透率/Darcy	0.05~0.10	0.11~0.20	0.21~0.35	0.36~0.35	0.51~0.70	0.71~1.00	1.00~1.50	1.51~2.00
型号	300	400	500	650	800	1000	1200	
渗透率/Darcy	2.01~3.00	3.01~4.00	4.01~5.00	5.01~6.50	6.51~8.00	8.01~10.00	10.01~12.00	

注：$1Darcy = 9.8697 \times 10^{-9} cm^2$。

① 焙烧品 将提纯净化、干燥、粉碎后的硅藻土原料给入回转窑，经 650~1200℃焙烧，然后粉碎、分级，即得焙烧品。焙烧呈粉红色、淡红褐色或淡黄色，当 Fe_2O_3 含量较高时，颜色较深。

② 熔剂焙烧品 经提纯净化、干燥粉碎后的硅藻土原料加入适量的助熔剂（碳酸钠、氯化钠）等，经 800~1200℃焙烧，粉碎和粒度分级配比后即得熔剂焙烧品。熔剂焙烧品的渗透率较高。熔剂焙烧品多呈白色，当 Fe_2O_3 含量高或助熔剂用量少时呈浅粉红色或淡红褐色。

硅藻土助滤剂目前主要采用干法工艺生产。其主要加工工序是：硅藻土预干燥→焙烧→粉碎分级→包装。干燥一般采用热风炉和旋分式干燥机，焙烧设备一般采用回转窑，用油和天然气作为燃料；焙烧后的产品用冲击式粉碎机粉碎后进行多段干式离心和旋风分级，得到不同等级和不同用途的硅藻土助滤剂。

表 4-131 和表 4-132 是中国国家标准（GB/T 24265—2014）规定的食品、医药用助滤剂和工业用硅藻土助滤剂的理化性能指标。

表 4-131 食品、医药用助滤剂的理化性能指标（GB/T 24265—2014）

指标名称	BS 系列	ZBS 系列
外观	淡黄色、红褐色	粉色、粉白色、白色
	粉末状，具有硅藻微孔结构	
气味	无异味	
渗透率/Darcy	0.05~0.5	>0.5~12.0
水分/%	≤0.3	≤0.5
水可溶物/%	≤0.2	≤0.5
pH(10%水浆值)	5.5~9.0	7.0~11.0
盐酸可溶物/%	≤3.0	
灼烧失重/%	≤2.0	
氢氟酸残留物/%	≤20.0	
振实密度/(kg/m³)	≤530	
w_{SiO_2}/%	≥85	
$w_{Fe_2O_3}$/%	≤1.5	
$w_{Al_2O_3}$/%	<5.0	

指标名称	BS 系列	ZBS 系列
$w_{CaO}/\%$	<0.5	
$w_{MgO}/\%$	<0.4	
可溶性铁离子①/(mg/kg)	≤50.0	
铅(以 Pb 计)/(mg/kg)	≤4.0	
砷(以 As 计)/(mg/kg)	≤5.0	

① 仅用于啤酒行业。

表 4-132　工业用助滤剂的理化性能指标 (GB/T 24265—2014)

指标名称	Ⅰ级	Ⅱ级	Ⅲ级
外观	BS 系列:淡黄色、红褐色;ZBS 系列:粉色、粉白色、白色;粉末状,具有硅藻微孔结构		
渗透率/Darcy	0.1～12.0		
水分/%	≤0.50		
水可溶物/%	≤0.5		
pH(10%水浆值)	5.5～11.0		
振实密度/(kg/m³)	≤530		
$w_{SiO_2}/\%$	≥85	≥82	≥80
$w_{Fe_2O_3}/\%$	≤1.5	≤2.0	≤2.5
$w_{Al_2O_3}/\%$	<5.0	<6.0	<7.0
$w_{CaO}/\%$	<0.5	<0.7	<0.9
$w_{MgO}/\%$	<0.4	<0.6	<0.8

　　中国食品安全国家标准（GB 14936—2012）规定了作为过滤酒类、饮料、食用油脂、糖类等液体食品助滤剂的理化指标（表 4-133）。

表 4-133　液体食品用硅藻土助滤剂的理化指标 (GB 14936—2012)

项目		指标	项目		指标
SiO₂ 含量/%	≥	75	灼烧失重/%	≤	0.5
pH		5～11	铅(以 Pb 计)/(mg/kg)	≤	4.0
水可溶物/%	≤	0.5	砷(以 As 计)/(mg/kg)	≤	5.0
盐酸可溶物/%	≤	3.0			

　　(3) 制备白炭黑和纳米二氧化硅　白炭黑是一种用途广泛的无机化工产品。传统生产工艺是将石英砂在高温下与纯碱或硫酸钠反应生成硅酸钠（水玻璃），再用酸析沉淀法生产白炭黑。

　　硅藻土是无定形或非晶质二氧化硅，主要化学成分是 $SiO_2 \cdot H_2O$，因此比晶质二氧化硅（石英等）更易于与 NaOH 反应生成硅酸钠（水玻璃），进而制得白炭黑。

　　其制备工艺流程如下：

```
硅藻土 → 碱溶 → 过滤 → 硅酸钠 → 酸析 → 陈化 → 洗涤过滤 → 干燥 → 白炭黑
           ↑        ↓            ↑
         NaOH     滤渣        H₂SO₄
```

　　控制好酸析和陈化工艺条件，同时采取适当的粒子表面处理技术还可用硅藻土制备纳米二氧化硅。用硅藻土制备白炭黑的优点是可在常压下和 100℃ 左右的温度下制备硅酸钠，不需要压力容器或高温，反应时间较短，能耗和生产成本较低。

　　(4) 生产硅藻土水处理剂　硅藻颗粒孔道贯通且有规律分布，比表面积达 $10m^2/g$ 以上，热稳定性和耐酸性好，表面有大量的自由羟基和缔合羟基，是良好的天然吸附和载体材料，可以广泛用于工业废水、生活污水的净化，而且使用过程和使用后对环境友好。

　　硅藻土表面为大量的硅羟基所覆盖并有氢键存在，这些—OH基团是使硅藻土具有表面活性、吸附性以及酸性的本质原因。利用其电负性，硅藻土可以有效吸附水中的重金属离子。研究表明，硅藻土对重金属的吸附速度很快，10min内就能达到吸附平衡。研究表明，通过无机改性（例如MnO_2、C等），可有效提高其表面电负性，进而增加其吸附能力。此外，利用离心旋转蒸发法将纳米尺度的零价铁固载到硅藻土上，赋予硅藻土还原功能，其对除草剂西玛津这类有机污染物的去除效率显著提升。

　　虽然硅藻土对金属阳离子有很好的吸附效果，但对带负电荷的有机物吸附效果有限。为了提高硅藻土有机废水与复杂废水的吸附性能，需要对其进行有机改性或物理复配改性，以提高其适用性。研究表明，以选矿硅藻精土为原料，通过复配改性技术，可以用于工业废水（高浓度医药化工含盐废水和油田采油废水）及城市污水处理。

　　(5) 制备微孔硅酸钙　微孔硅酸钙具有容重小、热导率低、强度高等特点，广泛用于绝热保温材料。微孔硅酸钙的主要原辅材料是硅藻土、石棉（也可用硅灰石和纤维海泡石）、石灰、硅酸钠（水玻璃）等。

　　微孔硅酸钙的生产方法，按水化硅酸钙形成原理可分为静态法、动态法和动态-静态联合法。

　　静态法工艺是将硅质原料和钙质原料在大气压静止状态下凝胶，用压制法或抄取法成型，然后送入高压釜内，在蒸压条件下形成水化硅酸钙，烘干后即得成品。用静态法生产的微孔硅酸钙，为托莫来石型，使用温度≤650℃。

　　动态法工艺与静态法工艺的主要区别在于水热反应是在带有搅拌装置的高温高压反应釜中进行，凝胶与结晶反应在同一釜中一次完成。水热反应是在搅拌的动态条件下进行的。用动态法生产的硅酸钙制品，可以是托莫来石型，也可以是硬硅钙石及混合型。

　　动态-静态联合法工艺流程是在上述两种工艺流程的基础上发展起来的，也称为二次反应法。

　　所谓静态法主要是指凝胶环节后在大气压静止状态下完成，水热反应是由凝胶物制成坯体，进入高压釜内（压力＞0.8MPa）的静止状态下生成水化硅酸钙结晶物。动态法完成水热反应，生成水化硅酸钙是在有压条件下（压力一般在0.8～2.5MPa）带搅拌装置的高压容器内、在不断搅动状态下完成的，其反应料浆经制坯、烘干后即为成品，不须再次进入高压釜蒸养。联合法兼具两者特点，料浆在有压搅动条件下，凝聚形成体积膨胀的非晶凝聚物和雏晶水化物（一次反应），制成坯体后，再进入高压釜内蒸养，在一次结晶的基础上重新结晶（二次反应），其特点是两次进入高压容器，两次水热反应，其中一次为动态（搅拌）凝胶与水热反应，另一次为静态蒸养水热反应。

　　(6) 纳米TiO_2/硅藻土复合光催化材料　20世纪70年代以来，纳米TiO_2已被证实是一种高效、无毒、性能较稳定的光催化材料。但实际使用中存在以下两个问题：第一，分散性差和难以回收重复使用；第二，自然光利用率不高。TiO_2是一种宽禁带半导体，其锐钛矿型TiO_2的禁带宽度为3.2eV，只有波长较短的太阳光中的紫外线（300～400nm）部分才能被其吸收，这部分光能只占到达地表的太阳光能的4%～6%，因此，其对太阳能和可见光的利用率很低。负载和掺杂是解决这两个问题的主要技术方法之一。

　　用硅藻土负载纳米TiO_2制备的纳米TiO_2/硅藻土复合材料兼具吸附捕捉性能与光催化降解性能；具有较高的比表面积和良好的透光性；在紫外线和太阳光下都有优良的光催化性能而且稳定性和重复使用性能好。实验表明，在日光灯照射下，48h甲醛降解率大于80%；在太阳光下，6h内苯酚的降解率达到99.18%；COD降解率95.59%。2013年这种新型复合光催化材料已实现进行产业化生产和应用，其生产工艺流程如图4-31所示。

　　为了进一步提高纳米 TiO_2/硅藻土复合材料的太阳光利用效率、光量子效率、反应活性与光稳定性，对负载的 TiO_2 进行表面掺杂修饰改性，进一步提高其光催化性能是十分必要的。研究表明，通过稀土元素（如铈、钒等）、非金属元素（如氟、碳、氮等）掺杂及异质结修饰（如 $g\text{-}C_3N_4/TiO_2$、$BiOCl/TiO_2$ 等）制备改性纳米 TiO_2/硅藻土复合光催化材料，均可以有效地拓展负载的纳米 TiO_2 光谱响应范围，提高其对太阳光的利用率。

　　(7) 硅藻土质多孔陶瓷　以硅藻土为主要原料，充分利用硅藻土中原有孔道的特点，采用低温烧结（950℃以下）和加入添加剂可制得孔径细小、分布均匀、比表面积大和有一定强度的多孔陶瓷材料，包括板、膜、管、载体、陶粒等。其核心技术包括原材料配方和烧成工艺。这种陶瓷材料具有调湿、绝热、抗菌、吸附等功能，可用于水处理、石油化工、空气净化、超精密过滤以及室内装饰等领域。

　　(8) 硅藻土基相变储能复合材料　相变储能材料是一种能自然感知环境温度变化并通过"相"态变化来自动进行封闭区域环境温度调节以达到调温、恒温目的的新型节能材料。相变材料的研究始于 20 世纪 80 年代的美国 Los Alamos，而后德国、瑞士、加拿大、澳大利亚等国也相继投入相变储能材料的研究。相变材料一般是有机物，要有一种载体容纳之，使其发生"相"态变化，如由固相因吸热变为液相时，液体不渗出；由液相因放热变为固相时，有空间容纳其体积膨胀。因此，实用性相变储能材料基本上是一种负载型的复合相变材料。目前复合相变材料需要解决的主要问题是：①提高相变潜热和优化相变温度；②改善或提高耐久性（相变材料易渗漏和储热性能下降）；③降低载体成本，提高经济性。

　　硅藻土的高比表面积、大孔体积可以提高相变材料的负载量，从而提高相变潜热；孔结构特性可以更好地吸附固定相变材料分子，从而改善和提高复合相变材料的耐久性；硅藻土是一种储量丰富、容易开采和加工的天然硅质矿物，来源较广泛，生产成本较低。因此，硅藻土基相变复合储能材料有望提高相变复合材料的储热性、耐久性和经济性。

　　以硅藻土为载体、有机固-液相变物质及其复配物等为相变体硅藻土相变储能复合材料已经进行了实验室制备和性能表征研究。其制备工艺如图 4-32 所示。相变点温度 16～30℃；相变潜热≥75J/g；耐久性良好。

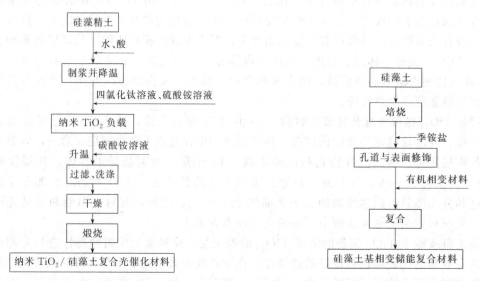

图 4-31　纳米 TiO_2/硅藻土复合光催化材料生产工艺流程　　图 4-32　硅藻土基相变储能复合材料制备工艺

4.24 蛋白土

4.24.1 矿石性质与矿物结构

蛋白土（opal）是由细粒蛋白石组成的轻质页岩，主要矿物成分为含水的无定形或非晶质二氧化硅；主要化学组成为 $SiO_2 \cdot H_2O$，含水量为 $1\% \sim 14\%$，还含有少量 Fe_2O_3、Al_2O_3、MgO、CaO、K_2O、Na_2O 和有机质等。除了结构特征与硅藻土不同之外，蛋白土的矿物成分和化学组成与硅藻土相同或相似。因此，在世界上某些国家和地区将蛋白土称为"硅藻岩"。

世界上蛋白石或蛋白土的主要产出国是巴西、美国、墨西哥、澳大利亚、日本等国家。中国黑龙江、新疆以及河南、陕西、云南、安徽等地也已发现蛋白土或蛋白石。蛋白土常伴生有石英、方石英、长石等矿物。1983 年中国黑龙江省嫩江地区发现的蛋白石轻质页岩主要由蛋白石、方石英、磷石英等组成。

图 4-33 和图 4-34 所示分别为黑龙江嫩江地区蛋白土页岩的 XRD 图和 SEM 图；表 4-134 为嫩江地区蛋白土化学成分。

表 4-134 嫩江地区蛋白土化学成分

项目	SiO_2	Al_2O_3	Fe_2O_3	FeO	MgO	CaO	Na_2O	K_2O	TiO_2	P_2O_5	MnO	H_2O	烧失量
含量/%	88.03	3.64	1.11	0.22	0.64	0.67	0.49	1.09	0.14	0.060	0.0063	2.22	1.95

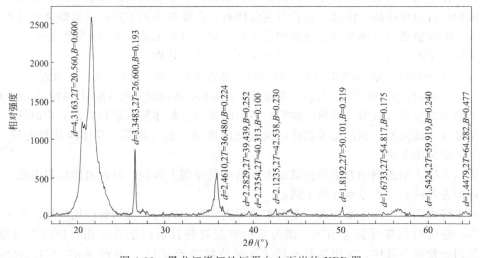

图 4-33 黑龙江嫩江地区蛋白土页岩的 XRD 图

蛋白土具有质轻（密度 $2.0 \sim 2.4 g/cm^3$，堆积密度 $0.66 \sim 0.8 g/cm^3$）、质地较硬（莫氏硬度一般为 $5 \sim 5.5$，含水量很少时，莫氏硬度可增至 6）、比表面积较高（一般为 $50 \sim 120 m^2/g$，比硅藻土大）、孔径小（氮吸附法平均孔径 $5 \sim 15 nm$，比硅藻土小）、孔体积较大（$0.2 cm^3/g$ 左右，其细孔孔容比硅藻土大）。

纯度较高的蛋白石呈白色，一般由于伴生其他矿物及吸附带色的离子，会呈现各种色调，如铁质混杂使蛋白石呈浅褐色或黄褐色，炭质混杂呈灰黑色。

4.24.2 应用领域与技术指标要求

蛋白土具有较发达的纳米级微孔和较大的孔体积和较高的比表面积，而且化学性质稳定，在化工、环保、轻工、食品、新材料等领域具有良好的应用前景。

图 4-34　黑龙江嫩江地区蛋
白土粉体的形貌（SEM 图）

蛋白土的性质在很多方面与硅藻土相似，因此，应用领域也与硅藻土相近，如生产工业液体、食品医药的助滤剂，工业废水处理剂，室内湿度调节（用于室内吸湿和放湿材料，如内墙涂料或壁材）和有害气体吸附材料，生产硅酸钠和白炭黑，塑料和橡胶的填料，催化剂载体，水泥混合料和混凝土掺和料，纸浆漂白稳定剂等。此外，质地坚硬、颜色艳丽、表面润泽、半透明的蛋白石可以作为宝石（名为欧珀）。天然欧珀分为白蛋白石（白欧珀），黑蛋白石（黑欧珀）和火蛋白石（火欧珀）三个种类，颜色有灰色、黑色、白色、褐色、粉红色、橙色、蓝色、绿色、无色等。

除了用于宝石"欧珀"的蛋白石外，蛋白土尚处于应用开发的初步阶段，目前尚未制定蛋白土产品的国家或行业标准。具体技术指标以用户的要求为准。

4.24.3　加工技术

蛋白土的加工技术主要是选矿、粉碎分级、超细粉碎、表面改性与复合。

蛋白土伴生的方石英、长石等矿物因嵌布粒度很细，很难用物理方法分选。目前，只是对蛋白石磨粉后进行简单的干法除去粗粒石英及碎屑。在添加助剂下进行高温煅烧可以提高其纯度和白度，但会造成其孔体积和比表面积的下降；要求纯度较高（SiO_2 含量大于 90%）的蛋白土，主要采用酸洗方法，该法需要对过滤洗涤废水进行处理。

蛋白土的细磨可以采用雷蒙磨（摆式磨粉机或悬辊式磨粉机）、球磨机、振动磨等；需要超细粉碎时可以采用搅拌磨、砂磨机、气流磨等设备并采用相应的精细分级机控制产品的粒度分布。

用于高聚物基复合材料（塑料、橡胶）填料的蛋白土粉体需要进行表面有机改性，改性剂主要采用硅烷、钛酸酯、铝酸酯等偶联剂及表面活性剂、低聚物等，具体因基料的种类而定，改性工艺一般采用干法。

用蛋白土生产助滤剂的方法与硅藻土生产助滤剂原则上相同，但在具体原料级配、焙烧温度和助剂配方等核心技术方面有所不同。

蛋白土可以用来生产废水处理、室内调湿和空气净化材料。在这些应用领域，除了纯度要求较高外，还要对其进行复合加工。作为室内调湿材料目前已配合应用在硅藻泥（壁材粉）中。以蛋白土粉体为载体，采用钛盐水解法沉淀负载纳米 TiO_2，并经 600℃ 左右焙烧晶化后制备的蛋白土负载纳米 TiO_2 复合材料与硅藻土负载 TiO_2 复合材料一样具有吸附捕捉和光催化降解室内甲醛、甲苯等有害气体的功能，而且具有高效和持续的特点。

采用碱溶法，以蛋白土为原料，采用水热碱溶法可制备不同模数的硅酸钠或水玻璃，进而采用酸析法可制备白炭黑。水玻璃通过浓缩可达到用户的质量要求，白炭黑也可以达到相应的国家标准。

利用蛋白土具有较发达的纳米级微孔、较大的孔体积和较高的比表面积且化学性质稳定的特性，实验室采用热熔复混法，以改性蛋白土为基体，石蜡为相变物质，可制备具有合适相变温度，较大相变潜热的复合储能复合材料。扫描电镜（SEM）、红外光谱和差示扫描量热（DSC）等方法分析结果表明：所制备的复合材料相变温度为 24.94℃，相变潜热为 62.09J/g；载体蛋白土和相变材料石蜡之间以分子间作用力的物理吸附结合，得到了稳定的复合相变材料。

第5章

硫酸盐矿

5.1 重晶石

5.1.1 矿石性质与矿物结构

重晶石（barite）是硫酸盐类矿物，其化学式为 $BaSO_4$，晶体常呈厚板状，集合体常呈粒状或晶簇，少数呈致密状、钟乳状和结核状。其主要性质列于表5-1。

表 5-1　重晶石矿物的主要性质

矿物名称	化学式	化学组成	密度/(g/cm³)	莫氏硬度	晶系	形状	颜色
重晶石	$BaSO_4$	BaO 65.7%；SO_3 34.3%	4.5	2.5～3.5	斜方	板状、柱状	灰白色

此外，重晶石难溶于水和酸，无毒、无磁性，能吸收 X 射线和 γ 射线。

根据矿床成因，重晶石矿可分为三种类型，即沉积型（含火山沉积型）、热液型、残积型。其主要矿石类型、特点及伴生矿物等列于表5-2。

表 5-2　重晶石的主要矿石类型、特点及伴生矿物

矿石类型	矿石特点	主要矿物及伴生矿物
沉积型	块状或条纹和豆粒状构造	重晶石、石英、黏土矿物、黄铁矿、菱铁矿、镜铁矿等
热液型	致密，灰色至白色	重晶石、黄铁矿、黄铜矿、方铅矿、闪锌矿、赤铁矿、萤石、毒重石等
残积型	易选，品位较高	重晶石、萤石、方解石、石英等

重晶石矿石按其矿物成分可分为六种类型。

① 单矿物重晶石矿　矿石含 $BaSO_4$ 80%～98%，极少伴生矿物。

② 石英-重晶石矿　这一类型的矿石主要由重晶石和石英组成。矿石中石英含量达30%～45%。石英的嵌布粒度在很大程度上影响矿石的质量，嵌布粒度越细，选别越困难。

③ 萤石-重晶石矿　重晶石和萤石是这类矿石的主要矿物；其他伴生矿物有石英和方解石。

④ 硫化矿-重晶石矿　这类矿石主要由重晶石与硫化铁、硫化铜、硫化锌和硫化铅等组成。其他伴生矿物有石英、方解石和萤石。

⑤ 铁矿-重晶石矿　主要由重晶石矿和铁矿物（磁铁矿、赤铁矿、针铁矿等）组成。其他

伴生矿物有石英和方解石。

⑥ 黏土质或砂质重晶石矿 这类矿石含有不同数量的黏土、岩石碎屑、单矿物重晶石碎屑等。

5.1.2 应用领域与技术指标要求

重晶石主要用于石油、化工、涂料、填料、建筑等工业部门，其中石油钻井泥浆加重剂是其最主要的用途。表5-3列出了其主要用途。

表5-3 重晶石的主要用途

应用领域	主要用途	备注
石油钻探	油气井旋转钻探中的环流泥浆加重剂	冷却钻头，带走切削下来的碎屑物，润滑钻杆，封闭孔壁，控制油气压力，防止油井自喷
化工	生产碳酸钡、氯化钡、硫酸钡、锌钡白、氢氧化钡、氧化钡等各种钡化合物	钡化合物广泛应用于试剂、催化剂、糖的精制、纺织、防火、各种焰火、合成橡胶的凝结剂、塑料、杀虫剂、钢的表面淬火、荧光粉、荧光灯、焊药、油脂添加剂等
玻璃	去氧剂、澄清剂、助熔剂	增强玻璃的光学稳定性、光泽和强度
橡胶、塑料、油漆	颜料、填料、增光剂、加重剂	
建筑	混凝土骨料和填料（钡水泥、重晶石砂浆和重晶石混凝土）、铺路材料	代替金属铅板屏蔽核反应堆和建造科研、医院防X射线的建筑物、X射线实验室等的屏蔽，延长路面的寿命以及重压沼泽地区埋藏的管道等

对重晶石产品质量的要求因应用领域或用途不同而异，一般是 $BaSO_4$ 的含量越高越好；SiO_2、Fe_2O_3 含量越低越好。

中国石油化工集团公司企业标准（Q/SH 0041—2007《石油钻井液用重晶石粉》）和国家标准（GB/T 5005—2010）规定了石油钻井液用重晶石粉的主要技术要求。该标准将石油钻井液用重晶石粉分为两级（表5-4），规定了密度、粒度、黏度及水溶性碱土金属等指标。

表5-4 石油钻井液用重晶石粉技术指标要求

项目			指标	
			一级	二级
密度/（g/cm³）		≥	4.20	4.00
水溶性碱土金属（以钙计）/（mg/kg）		≤	250	
75μm 筛余物（质量分数）/%		≤	3.0	
小于 6μm（质量分数）/%		≤	30	
黏土效应/mPa·s	加硫酸钙前	≤	130	150
	加硫酸钙后	≤		

中国化工行业标准（HG/T 3588—1999）规定了化工用重晶石的技术要求。该标准将化工用重晶石分为优等品、一等品和合格品三个等级，规定了硫酸钡含量、二氧化硅含量和爆裂度三项指标（表5-5）。

表5-5 化工用重晶石技术指标要求（HG/T 3588—1999）

项目		指标			
		优等品		一等品	合格品
		优-1	优-2		
硫酸钡（BaSO₄）含量/%	≥	95.0	92.0	88.0	83.0
二氧化硅（SiO₂）含量/%	≤	3.0		5.0	—
爆裂度/%	≥	60			

注：1. 各组分含量以干基计。

2. 合格品的二氧化硅及爆裂度按供需合同执行。

表 5-6、表 5-7 所列分别为涂料、橡胶填料、普通玻璃、锌钡白生产和国际贸易等对重晶石产品的质量要求。美国钻井泥浆级重晶石的技术指标要求见表 5-8。加拿大医药级重晶石的技术指标要求见表 5-9。

表 5-6　涂料、橡胶填料、普通玻璃、锌钡白生产用重晶石粉的质量要求

用途	要求指标				备注
	$BaSO_4$/%	$CaCO_3$/%	Fe_2O_3/%	通过粒度/目	
涂料	90~95		0.05	<325	要求白度高
橡胶填料	≥98	<0.36	微量	<325	不允许含有 Mn、Cu、Pb 杂质
普通玻璃	≥96	<0.1	<0.2	60	SiO_2<1.5%，Al_2O_3<0.15%
锌钡白	95~98		<1		SiO_2<1%，Al_2O_3 越少越好

表 5-7　国际贸易产品品级

级别	要求指标
钻井级	密度≥4.2g/cm³，$BaSO_4$≥92%，200 目筛余量小于 3%，325 目筛余量小于 5%
化工级	$BaSO_4$>95%，Fe_2O_3 或 $SrSO_4$ 含量不超过 1%，氧化硅和氧化钙只允许有微量
涂料级	白度高，细度至少通过 325 目

表 5-8　美国钻井泥浆级重晶石的技术指标要求

密度/(kg/m³)	$BaSO_4$/%	可溶碱土金属(Ca 含量)/10^{-6}	粒度(-45μm)/%
≥4200	≥92	≤250	95

表 5-9　加拿大医药级重晶石的技术指标要求

$BaSO_4$/%	重金属 Pb/%	硫化物/$\times10^{-6}$	砷/$\times10^{-6}$	600℃烧失量/%	-20μm 粒度/%	颜色	气味
≥97.5	≤0.001	≤0.1	<0.1		90	白色或接近白色	无味

中国国家标准（GB/T 50557—2010）规定，用于防射线砂浆及混凝土的重晶石要求硫酸钡（$BaSO_4$，按质量计）含量≥85%；0.075mm≤骨料≤4.75mm，重晶石粉，$BaSO_4$ 含量（按质量计）≥80%，粒径小于 75μm。

5.1.3　加工技术

(1) 选矿提纯　重晶石选矿方法的选择依矿石类型、原矿性质、矿山规模以及用途而定。目前采用的主要选矿提纯方法如表 5-10 所示。

表 5-10　重晶石的主要选矿提纯方法

选矿方法	选矿原理	应用范围
拣选	重晶石与伴生矿的颜色、密度等差别	选出块状或大颗粒重晶石
重选	重晶石与伴生矿物的密度差别	包括洗矿、脱泥、筛分、跳汰、摇床等工艺方法，多用于残积型矿石
浮选	重晶石与伴生矿物的表面物理化学性质的差异	常用于沉积型重晶石矿以及与硫化矿、萤石等伴生的热液型重晶石矿石
磁选	重晶石与氧化铁类矿物的磁性差异	主要用于除掉氧化铁类矿物杂质
化学提纯	重晶石与伴生矿物化学性质的差异	用于除碳及铁、锰、钒、镍等杂质

图 5-1～图 5-3 分别为残积型、沉积型和热液型重晶石矿的一般选矿工艺流程。图 5-4 为重晶石的化学提纯和超细粉碎工艺流程，经这种化学提纯和超细粉碎工艺加工后的重晶石粉的纯度（$BaSO_4$ 含量）可以达到 97%，白度可达到 95%，粒度可达到 10μm 以下，可满足涂料

和造纸颜料的需要。

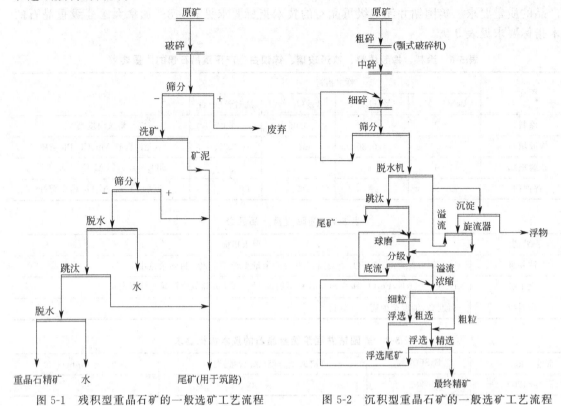

图 5-1　残积型重晶石矿的一般选矿工艺流程　　　　图 5-2　沉积型重晶石矿的一般选矿工艺流程

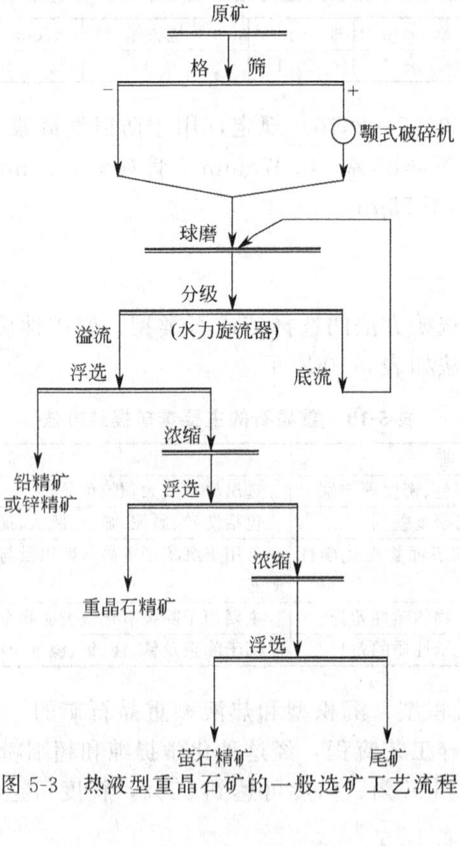

图 5-3　热液型重晶石矿的一般选矿工艺流程

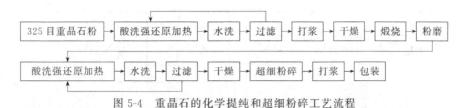

图 5-4　重晶石的化学提纯和超细粉碎工艺流程

（2）超细粉碎　用于涂料、塑料、橡胶等填料的重晶石粉及医药级重晶石产品，不仅纯度要高，而且粒度要细。因此，除了要进行选矿提纯外，还须进行超细粉碎加工。

重晶石莫氏硬度较低，而且密度大、脆性好，容易粉碎，因此，重晶石的超细粉碎大多采用干法工艺，常用的设备有气流磨、机械冲击磨、振动磨等。其中采用气流粉碎机可将重晶石粉碎到 $d_{97} \leqslant 3\mu m$。如果在湿式选矿提纯后接着进行超细粉碎加工，也可采用湿法超细粉碎工艺，设备可选用搅拌磨、砂磨机、振动磨、球磨机等。

（3）钡化合物的制备

① 硫化钡　硫化钡广泛用于制造其他钡盐、立德粉和发光涂料，也用于橡胶硫化剂、增重剂及皮革脱毛剂。在分析化学中用于产生硫化氢。粉碎加硫黄后可得硫钡粉，在农业上作杀螨剂及灭菌剂。

用重晶石制备硫化钡有煤粉还原法和氢气还原法两种工艺。

煤粉还原法生产硫化钡的主要原料为重晶石和煤粉。将重晶石（$BaSO_4 \geqslant 85\%$）和煤（固定碳 $>75\%$）按 $100:(25\sim27)$（以质量计）的配比混合，经粉碎、筛分后，连续加入转炉，在 $1000\sim1300℃$ 进行还原反应。其生产工艺流程如图 5-5 所示。主要反应式如下：

$$BaSO_4 + 4C \xrightarrow{1000\sim1300℃} BaS + 4CO$$

$$BaSO_4 + 2C \xrightarrow{600\sim800℃} BaS + 2CO_2$$

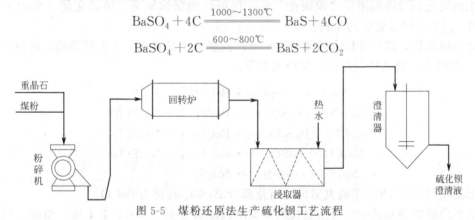

图 5-5　煤粉还原法生产硫化钡工艺流程

除上述反应外，硫酸钡主要被一氧化碳所还原，反应式如下：

$$BaSO_4 + 4CO \Longrightarrow BaS + 4CO_2$$

因此，在窑炉尾气中 CO_2 的含量高达 $20\% \sim 25\%$，可回收利用。

还原反应生成的硫化钡熔体在螺旋浸取器中，用热水逆流方式浸取。浸取稀液送至螺旋浸取器中部，调节热水和稀液的流量，使硫化钡溶液浓度达到 $220g/L$ 左右即可将溶液放入澄清器加热至 $85℃$ 以上，静置澄清。再经过滤、蒸发、清液结晶可得纯净的 $BaS \cdot 6H_2O$ 成品。但工业上多以澄清的 BaS 水溶液用于制备其他钡盐使用。洗泥或称钡渣，经水洗后排出，回收钡或作为建材用。

② 沉淀碳酸钡　沉淀碳酸钡是钡盐、光学玻璃、颜料、搪瓷、陶瓷、涂料、橡胶、焊条、焰火及电子工业的原料；还用于钢铁渗碳、净水剂、化学试剂及灭鼠剂等。

用重晶石制备碳酸钡一般采用碳化法，其工艺流程如图 5-6 所示。首先用碳将重晶石还原为硫化钡（原理详见硫化钡的制备），再以水浸取，二氧化碳碳化而得。

碳化过程分两步。第一步预碳化，将碳化过程中产生的硫化氢气体导入反应塔中，与硫化钡水解产物中的氢氧化钡反应，生成硫氢化钡，其反应式如下：

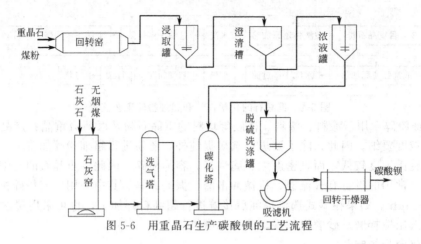

图 5-6 用重晶石生产碳酸钡的工艺流程

$$2BaS + 2H_2O \rightleftharpoons Ba(OH)_2 + Ba(HS)_2$$
$$Ba(OH)_2 + 2H_2S \longrightarrow Ba(HS)_2 + 2H_2O$$

直至硫化钡溶液全部转化为硫氢化钡为止。第二步主碳化，其反应式如下：

$$Ba(HS)_2 + CO_2 + H_2O \longrightarrow BaCO_3 \downarrow + 2H_2S \uparrow$$

同时也有下述反应发生：

$$BaS_n + CO_2 + H_2O \longrightarrow BaCO_3 \downarrow + H_2S \uparrow + S_{n-1} \downarrow$$

产生的硫化氢气体除用于"预碳化"外，也可作为制取硫黄、硫氢化钠（NaHS）、硫脲 $[SC(NH_2)_2]$ 和二甲基亚砜的原料。

碳化至终点后，借气体压力将碳酸钡浆液压入脱硫洗涤罐中，先去掉浮硫，再以直接蒸汽加热至 90℃ 以上，加入适量纯碱，反应式如下。

$$Na_2CO_3 + BaS \longrightarrow BaCO_3 \downarrow + Na_2S$$
$$Na_2CO_3 + BaSO_4 \longrightarrow BaCO_3 \downarrow + Na_2SO_4$$
$$Na_2CO_3 + BaS_2O_3 \longrightarrow BaCO_3 \downarrow + Na_2S_2O_3$$
$$Na_2CO_3 + BaSO_4 \longrightarrow BaCO_3 \downarrow + Na_2SO_3$$
$$Na_2S + (x-1)S \longrightarrow Na_2S_x$$

当 $BaSO_4$ 与 Na_2CO_3 溶液共煮时，可使部分 $BaSO_4$ 转化为 $BaCO_3$。

洗涤后的碳酸钡浆液送至真空过滤机，碳酸钡滤饼在温度 300℃ 下干燥，粉碎、包装即得成品。在干燥过程中还有如下反应：

$$S + O_2 \longrightarrow SO_2$$
$$BaCO_3 + SO_2 \longrightarrow BaSO_3 + CO_2$$
$$2BaSO_3 + O_2 \longrightarrow 2BaSO_4$$

因此，应尽量将硫除净以保证产品质量。

5.2 天青石

5.2.1 矿石性质与矿物结构

天青石（celestine）是自然界中最主要的含锶矿物。天青石的化学分子式为 $SrSO_4$，理论化学组成为 SrO 56.4%，SO_3 43.6%，但有时天青石的 Sr 为 Ca 或 Ba 部分代换，生成类质同象钙天青石或钡天青石。

天青石属于斜方晶系，单个晶体常呈板状或柱状，集合体呈粒状、纤维状、结核状等。纯净的天青石晶体呈浅蓝色或天蓝色，故称天青石，有时无色透明，当有杂质混入时呈黑色。天青石为玻璃光泽，解理面具有珍珠状晕影，条痕白色，性脆，莫氏硬度 $3\sim3.5$，密度 $3.97\sim4.0g/cm^3$。

天青石矿床主要是外生沉积而成，存在于沉积的白云岩、石灰岩和含石膏黏土的泥灰岩中，矿体呈瘤状、巢状或层状等。少数矿床属于低温热液成因，与金属硫化物共生，但规模不大。

我国已发现的天青山矿床主要位于四川、江苏、云南、青海等省。

5.2.2 应用领域与技术指标要求

天青石矿主要用于加工成锶的碳酸盐和硝酸盐。碳酸锶的最主要用途是生产彩色显像管的荧光屏玻璃，这是因为锶能吸收 X 射线；其次用于制造特种玻璃；在炼钢中作为脱硫、脱磷剂，可提高钢材质量；还可在冶炼永磁合金时作为难熔金属的还原剂和冶炼特种合金的脱铅剂、石油钻井泥浆填充剂、橡胶充填剂等。锶的硝酸盐是红色焰火和信号弹的着色剂。此外，锶化合物在润滑脂、陶瓷釉料、药品、牙膏、电容器、电焊条、肥皂、胶黏剂等方面都有应用。

我国目前多以天青石为原料生产碳酸锶，对天青石精矿质量尚无国家或行业标准。对出口的天青石精矿，中国五金矿产进出口公司有如下的暂行质量指标规定：$SrSO_4$ 不低于 92%，$BaSO_4$ 在 4% 以下，$CaSO_4$ 在 4% 以下，其他杂质在 2% 以下，要求磨碎至粉状，粒度为 200目筛余量不大于 6.5%。

美国对天青石精矿的质量要求为：$SrSO_4$ 不低于 96%，$CaSO_4$ 不大于 0.5%，$BaSO_4$ 在 2% 以下。美国用天青石制备的碳酸锶的规格列于表 5-11。

表 5-11 美国用天青石制备的碳酸锶的规格

化学成分	玻璃级/%	电子级/%	粒度分布	玻璃级/%	电子级/%
$SrCO_3$	>96	>96	1.7mm(10 目) 以上	0	
$BaCO_3$	<3	<1.5	1.18mm(14 目) 以上	<2	
$CaCO_3$	<0.5	—	0.15mm(100mm) 以上	70~85	无规格要求
S(SO_3)总量	<0.4	<0.4	0.106mm(150 目) 以上	>95	
Fe_2O_3	<0.01	—	通过 0.16mm(150 目)	<5	
Na_2CO_3	<1.0	—	—	—	

5.2.3 加工技术

(1) 选矿提纯 品位高的天青石矿床，开采后一般只需经过简单拣选后，即可达到商品天青石矿的要求（含 $SrSO_4$ 在 90% 以上），可以以块状物或直接磨粉后出售。

对于伴生有石膏、方解石、石英、褐铁矿和黏土矿的天青石矿，要进行选矿提纯。一般工艺是首先进行洗矿或擦洗，使黏土矿物碎解。由于天青石与脉石（以无水石膏为例，其密度为 $2.93g/cm^3$）的密度差较大，如果嵌布粒度又较粗，可以用重选方法（重介质振动溜槽、跳汰或摇床）选别。对于细粒嵌布的天青石矿或重选的中、尾矿内的天青石，一般可以用浮选方法回收。

(2) 锶化合物——碳酸锶的制备 碳酸锶是生产显像管、计算器显示器、工业监视器、电子元器件的重要原料，还广泛用于磁性材料、陶瓷、涂料等领域。产品用途涉及电子信息、化工、轻工、冶金及陶瓷等十多个行业，同时也是制取其他锶化合物（硝酸锶、氯化锶等）的原料。

用天青石制取碳酸锶的方法有三种：碳还原法、复分解法和转化法。

① 碳还原法 碳还原法制备工艺流程是首先将天青石精矿（$SrSO_4$>90%）与焦炭按一定比例（6:4）混合，在 $1160\sim1300℃$ 温度下焙烧，反应式如下：

$$SrSO_4 + 2C \longrightarrow SrS + 2CO_2 \uparrow$$

所得 SrS 白灰用水浸出，矿浆过滤后向滤液中加入 Na_2CO_3，使 SrS 碳酸化，产生 $SrCO_3$

沉淀，即：

$$SrS + Na_2CO_3 \longrightarrow Na_2S + SrCO_3 \downarrow$$

沉淀干燥后便得到 $SrCO_3$ 产品。

碳还原法的缺点是含硫废液污染环境，有些生产厂家用 CO_2 代替 $NaCO_3$ 对硫化锶溶液进行碳酸化，从而避免含硫废液的产生，其反应式如下：

$$SrS + CO_2 + H_2O \longrightarrow SrCO_3 \downarrow + H_2S$$

② 复分解法　复分解法制备碳酸锶的工艺流程如图 5-7 所示。

将天青石粉碎至 200 目，在反应器中与水搅拌混合，缓缓加入工业盐酸（30%），再通蒸汽搅拌以除去钙盐。然后倾析并洗涤至中性为止。

将洗后的料浆，再加水搅拌，加入纯碱，通入蒸汽加热，其反应式如下：

$$SrSO_4 + Na_2CO_3 \longrightarrow SrCO_3 + Na_2SO_4$$

将生产的碳酸锶，以水反复洗涤至中性，洗去 Na_2SO_4 及未反应的 Na_2CO_3。然后缓缓向其中加入 50% 的稀硝酸进行酸化，浆料 pH 达到 4～5 时，再通入蒸汽加热。其反应式为：

$$SrCO_3 + 2HNO_3 \longrightarrow Sr(NO_3)_2 + H_2O + CO_2$$

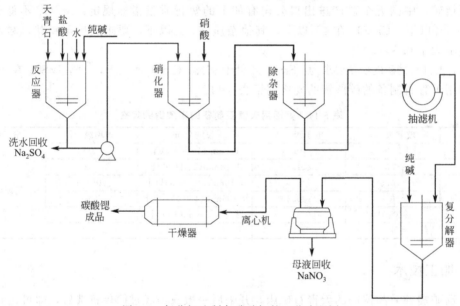

图 5-7　复分解法制备碳酸锶的工艺流程图

在反应液中，加入饱和 NaOH 溶液，使可溶性的钙、铁盐产生不溶性氢氧化物，经过滤而除去。此时 pH 值为 14。

在此溶液中加硝酸（50%）中和至 pH 值为 6 时，再加纯碱溶液进行复分解：

$$Sr(NO_3)_2 + Na_2CO_3 \longrightarrow SrCO_3 + 2Na_2NO_3$$

所得的浆状物料用离心机分离，滤饼在 150～180℃ 下干燥，即得成品。

硝酸钠及硫酸钠，可作为副产品回收。加硝酸酸化时，产生的一氧化氮，可用水洗、碱洗除去。

③ 转化法　将天青石矿粉与碳酸铵制浆后送入带搅拌器的反应器中，控制反应温度在 60～100℃，反应压力为 0.05～0.5MPa 进行复分解反应 0.5～5h。将反应液过滤分离，滤液经蒸发结晶得副产品硫酸铵。滤饼为粗碳酸锶。用铵盐转化剂在沸腾温度下反应 2.5～4h，粗碳酸锶转化成可溶性锶盐，同时将生成的碳酸铵送至复分解工序循环使用。过滤分离所得的锶盐溶液中再加入碳酸铵沉淀剂，沉淀物经过滤、干燥、粉碎，即得碳酸锶成品。

5.3 石膏

5.3.1 矿石性质与矿物结构

石膏（gypsum）和硬石膏（anhydrite）是两种天然的硫酸钙矿物。石膏是含水的硫酸钙；硬石膏是不含水的硫酸钙。石膏和硬石膏的矿物特征列于表 5-12，其物理化学性质列于表 5-13。

表 5-12 石膏和硬石膏的矿物特征

名称	成分	晶系	形态	颜色	光泽	解理	莫氏硬度	密度/(g/cm³)
石膏	Ca(SO₄)·2H₂O	单斜晶系	通常呈致密块状或纤维状,纤维状的称为纤维石膏	一般为白色,常因混入杂质而染成灰色、红色、褐色,晶体无色透明者称为透石膏	一般呈玻璃光泽,纤维石膏呈丝绢光泽,透石膏呈珍珠光泽	平行(010)完全,平行(100)和(011)中等	2.0	2.3
硬石膏	CaSO₄	斜方晶系	通常呈致密块状或粒状	白色、灰白色,常微带浅蓝色,有时带浅红色	玻璃光泽	平行(010)完全,平行(100)和(001)中等	3.0～3.5	2.8～3.0

表 5-13 石膏和硬石膏的物理化学性质

名称	化学分子式及理论成分含量/%	性质
硬石膏（又称无水石膏）	CaSO₄ 其中:CaO 41.19;SO₃ 58.81; 一般含有少量 SiO₂、Al₂O₃ 等杂质	白色,成晶体者无色透明,混有杂质时呈现各种颜色。易溶于HCl中,在水中难溶。烧之熔成白色珐琅质块体,火焰呈浅红黄色。硬石膏经水化作用容易变成石膏,转变后体积增大 30%以上
石膏（又称二水石膏或软石膏）	CaSO₄·2H₂O 其中:CaO 32.5;SO₃ 46.5;H₂O 20.9; 一般含有少量的钡、锶和可替代的钙	白色,成晶体者无色透明,混有杂质时呈现各种颜色。溶于 HCl 中不起泡。石膏在水中的溶解度较小,是热的不良导体,其热导率在16～46℃时等于 0.30W/(m·K),加热后溶解度为 2.5%～3%

石膏的矿石类型按产出状态可分为五种，即透石膏（也称透明石膏）、纤维石膏、雪花石膏、普通石膏和土状石膏；按硬石膏的产出形状分为块状硬石膏、泥质硬石膏、碳酸盐质硬石膏、白云质硬石膏和石膏质硬石膏。

5.3.2 应用领域与技术指标要求

石膏主要用于建筑材料、农业、化工及其他工业部门，表 5-14 所列为其主要用途。

表 5-14 石膏的主要用途

应用领域		主要用途
建筑材料	各种石膏建筑制品	石膏隔墙板、承重内墙板、外墙墙体砌砖、墙体覆面板、天花板、地面基层板、防火保护板、屋面板、楼板、地坪板、通风板、通风道砌块、各种复合板等
	各种水泥原料	普通硅酸盐水泥、硬石膏水泥、石膏矿渣水泥、快凝石膏矿渣水泥、石膏矾土膨胀水泥、石灰矿渣水泥、赤泥硫酸盐水泥、土水泥
	胶结材料的原料	建筑石膏及无水石膏胶结材料、高强建筑石膏、填料石膏、石灰质石膏胶结材料
农业		利用其中的钙、硫促进植物生长;代替硫酸铵及人粪尿等速效肥料以及促进植物早熟的肥料和土壤调整剂
化工		作为制造硫酸的原料
其他		造纸中的致密纸张填料;各种模型和雕塑艺术品的原料;医疗用石膏骨料、牙科模型、接骨等;日用化工中牙膏、雪花膏等的配料;各种陶瓷器的模具材料等

中国国家标准（GB/T 5483—2008）将天然石膏分为特级、一级、二级、三级、四级等五个级别，规定了各级石膏、硬石膏、混合石膏（以二水石膏和无水石膏存在，而且无水石膏的质量分数与二水石膏和无水石膏质量分数之和的比值小于 80% 的天然石膏）的品位（单位体积

或单位质量的矿石中有用组分或有用矿物的含量，见表 5-15）；同时规定天然石膏产品的附着水（吸附空气中的水分）含量（质量分数）不大于 4%。

表 5-15　天然石膏的分类及品位要求（GB/T 5483—2008）

级别	品位(质量分数)/%		
	石膏	硬石膏	混合石膏
特级	≥95	—	≥95
一级	≥85		
二级	≥75		
三级	≥65		
四级	≥55		

5.3.3　加工技术

(1) 选矿　目前我国绝大多数石膏矿山只采用简单的拣选，有的矿山不加选别，直接开采利用。特别是作为水泥缓凝剂用的石膏，对质量要求不十分严格，因此没有严格的选矿。而石膏的选矿主要用于薄矿体，因为薄矿体矿山生产的矿石类型复杂，既有纤维石膏和泥石膏，又有普通石膏和少量的硬石膏，必须经过选矿才能使各种产品满足用户的要求。

① 人工拣选

a. 初选

ⅰ. 地下开采矿山。初选在采矿工作面上进行。用人工将夹石拣出送去作为回填料，再将纤维石膏和泥质石膏分别选出。

ⅱ. 露天开采矿山。把矿石选出存放，矸石运到指定场地堆放。

b. 精选　将初选出来的矿石，用尖嘴钢锤或羊角镐剔除附在矿石上的夹石，然后按矿石品位进行分级存放。

② 光电拣选　光电拣选是根据石膏和脉石之间光性（颜色、反射率、荧光性、透明度、放射性等）的差异，利用光电效应原理而进行分选的一种选矿方法。石膏多呈白色，脉石多呈暗色，它们对自然光的反射性能不同，因此可以用光电选矿法来富集石膏。

③ 重选　重介质选矿法是国外石膏工业应用较广的一种选矿方法。英国苏塞克斯的洛贝茨勃里其矿和斯塔福特郡的福尔特矿，美国俄亥俄州的几个石膏矿都采用重介质选矿法分选石膏，用于排除其中的页岩、白云岩等杂质。

④ 浮选　用浮选法富集石膏，多使用油酸作为捕收剂，单宁和明胶作为抑制剂。日本用烷基硫酸盐和烷基磺酸盐作为捕收剂成功地浮选石膏。对含石英杂质的石膏矿石，研究过用反浮选法选别石膏。可用乙醇胺和高级脂肪酸的混合物、吡啶、十二烷基三甲基溴化铵等作为捕收剂。

⑤ 水洗分级　为除掉黏土杂质并减少石膏粉的损失，可采用水洗分级法，用螺旋分级机、水力旋流器等将黏土杂质除去，再用离心机浓缩，然后干燥。

(2) 熟石膏（建筑石膏）的加工　用天然二水石膏经过一定温度加热煅烧，使二水石膏脱水分解，得到以半水石膏（$CaSO_4 \cdot 1/2H_2O$）为主要成分的产品，即为建筑石膏（习惯上称为熟石膏）。生产建筑石膏的设备主要有回转窑、连续式或间歇式炒锅以及破碎机、磨粉机等。根据脱水分解时采用的温度和压力等条件不同，所制得的产品分为 β 型建筑石膏和 α 型建筑石膏。

β 型石膏和 α 型石膏在晶体结构上没有本质差别。这两类半水石膏的差别主要表现在结晶形态、晶粒分散度、水化热等方面。一般来说，α 型半水石膏是致密、完整的，晶体呈粗大颗粒；而 β 型半水石膏是片状和不规则的，由细小的单个晶粒组成的次生颗粒；β 型半水石膏的晶粒分散度比 α 型半水石膏大得多；α 型半水石膏完全水化为二水石膏时的水化热小于 β 型半水石膏。导致半水石膏 α 型和 β 型两种变体的主要原因在于它们的制备条件和制备过程。β 型半水石膏是在干燥的与大气相通的温度条件下制备的，而α型半水石膏则是在饱和蒸汽介质或在某些盐类中由二水石膏脱水制备而成。由于α型半水石膏的强度高于β型半水石膏，习惯上称它为高强石膏。

① β型半水石膏生产工艺　β型半水石膏（β-CaSO$_4$·1/2 H$_2$O）是建筑石膏的主要品种，其生产工艺可以概括为石膏（矿石）破碎、煅烧、粉磨三道主要工序。图5-8所示为β型半水石膏的回转窑生产工艺。其工艺流程简述如下：石膏矿石由铲斗车1送入下料斗2经板式给料机3均匀给入颚式破碎机4。出料粒度控制在50～60mm。破碎后的石膏矿石预均化后经给料机8均匀喂入锤式破碎机9，破碎成10～25mm的物料；该物料经斗式提升机10、料仓11、圆盘给料机12进入回转窑13进行煅烧脱水。煅烧后的熟石膏由密闭下料罩13b进入螺旋输送机15，也可经螺旋输送机14进入旁路储仓17内。螺旋输送机15将熟石膏送至斗式提升机19再进入选粉机20。经选粉机选出的合格熟石膏粉由螺旋输送机22、螺旋泵23送至熟石膏粉储仓24，不合格的物料送至磨粉机21磨细成粒度合格的熟石膏粉。粉磨过程中产生的粉尘由旋风收集器与袋式收尘器收集后，粉碎进入螺旋输送机22，除尘后的气体排入大气。旁路储仓17设置的目的是为了平衡回转窑与粉磨机的产量，也作为回转窑临时检修缓冲之用。

熟石膏粉一般需要在储仓24中储存7d，以便陈化而得到质量均匀稳定的建筑石膏。

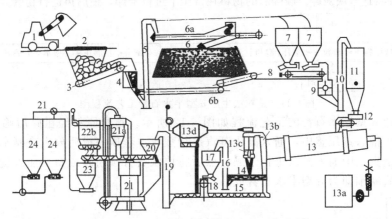

图5-8　β型半水石膏回转窑生产工艺流程

1—铲斗车；2—下料斗；3—板式给料机；4—颚式破碎机；5，10，16，19—斗式提升机；6—均化场；
6a—进料皮带；6b—地坑皮带；7—生料库；8—给料机；9—锤式破碎机；11—料仓；12—圆盘给
料机；13—回转窑；13a—能源供给器；13b—密闭下料罩；13c—旋风除尘器；13d—静电除尘器；
14，15，22—螺旋输送机；17—旁路储仓；18—螺旋铰刀；20—选粉机；21—磨粉机；21a—粉料收集器；
21b—袋式收尘器；23—螺旋泵；24—储仓

图5-9所示为炒锅生产半水石膏的工艺流程图。炒锅是一种加热煅烧设备，从形状上可分为立式和卧式两种。从燃料来分有燃煤炒锅、燃油炒锅和燃气炒锅。

石膏石 → 机械破碎 → 炒锅 → 输送设备 → 熟石膏库 → 磨粉机 → 输送设备 → 熟石膏粉库 → 包装

图5-9　炒锅生产半水石膏工艺流程

② α型半水石膏生产工艺　α型半水石膏是一种高强石膏，可以在蒸压釜的压力作用下，或者在1atm（1atm＝101325Pa）的酸或盐的水溶液中，于80～150℃范围内用湿法脱水方法制取。α型半水石膏和β型半水石膏在制备方式上的最大区别是前者以液相形式脱水或在蒸压釜中脱水，后者则在常压的干燥状态下脱水。α型半水石膏的制备方法可分为液相法、造粒法和块状法三种。

液相法生产α型半水石膏的工艺流程如图5-10所示。此法适用于粉状原料。粉状二水石膏、水和外加剂在泥浆混料器中按比例配料并搅拌均匀。三者的配料比是影响α型半水石膏质量的重要因素。常用的外加剂有CaCl$_2$、FeCl$_3$、KCl、纸浆废液等，也可以掺入阴离子表面活性剂。混合均匀后的石膏浆体在蒸压釜中130℃左右蒸压2～3h，然后对混合石膏浆体清洗、甩干，清洗温度 85～100℃，最后干燥粉碎。

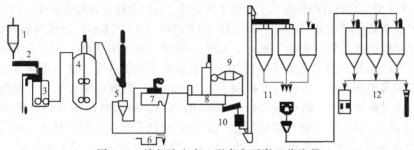

图 5-10　液相法生产 α 型半水石膏工艺流程

1—细粉状石膏原料仓；2—计量器；3—泥浆混料器；4—高压釜；5—甩干器；6—沉淀池；

7—压力过滤器；8—干燥器；9—蒸汽发生炉；10—细粉碎机；11—α 型石膏和 β 型石膏混料器；12—包装机

造粒法生产 α 型半水石膏的工艺流程如图 5-11 所示。石膏原料粉碎后加入少量水和晶形转化剂混合，然后用造粒机将其制成粒径 15mm 左右的球状颗粒，再装筐蒸压。蒸压后球状颗粒会结成块，因此，需要将这些块破碎。破碎后的物料在常压下进行干燥，最后再进行粉磨。

图 5-11　造粒法生产 α 型半水石膏工艺流程图

块状法生产 α 型半水石膏的工艺流程如图 5-12 所示。石膏原料经粗碎后筛分，将块状石膏装筐后用推车推入蒸压釜中，通入高压蒸汽进行蒸压。蒸压完成后放出冷凝水，打开蒸压釜的门，在蒸压釜夹层中通入蒸汽进行干燥，然后将块状石膏预粉碎成粉状加入旋转式高压釜中进行干燥，然后磨细即为 α 型半水石膏成品。

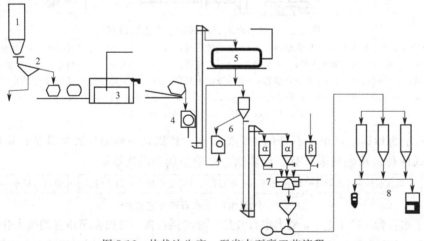

图 5-12　块状法生产 α 型半水石膏工艺流程

1—石膏原料仓；2—筛分机；3—卧式高压釜；4—预碎机；

5—旋转式高压釜；6—二级粉碎；7—α 型石膏和 β 型石膏混合；8—包装

用天然二水石膏制备 α 型半水石膏大多采用块状法生产工艺。为了获得特殊性能，常将 α 型半水石膏和 β 型半水石膏混合使用，于是发明了联合生产法，这种方法一步就可生产出 α 型和 β 型半水石膏的混合物。在这种生产方法中，α 型半水石膏在一台回转窑中干燥并用其煅烧制备 β 型半水石膏，然后将这两种类型的半水石膏混合。

5.4 明矾石

5.4.1 矿石性质与矿物结构

明矾石（alumstone）是一种含水的钾铝硫酸盐类矿物，化学式为 $KAl_3(SO_4)_2(OH)_6$。其中，钾常被钠置换。明矾石按成分可分为钾明矾石（alunite）和钠明矾石（natroalunite）两类，而较多见的是两种成分混合的钾钠明矾石。富含吸附水的胶状明矾石称为黄钾明矾石。明矾石的矿物特征见表5-16。

表 5-16 明矾石的矿物特征

晶体形态	化学成分/%	化学性质	物理性质
等轴晶系，晶体呈立方体、八面体、偏复方十二面体自然产出，通常呈细粒状、柱状、集合体致密块状、土状	K_2O 9.9；Al_2O_3 10.8；SO_3 3.8；H_2O 45.5	易溶于水和盐酸，在碱性溶液中完全分解	白色，含杂质呈浅灰色、浅黄色、浅红色、浅褐色。透明或半透明，油脂光泽。莫氏硬度 2～2.5。具有强烈的热电效应

明矾石一般由富钾铝成分的酸性火山岩及火山沉积岩经热液蚀变而成。矿石为灰色至灰黑色，含杂质为白色、紫灰色及杂色。矿石矿物组成以钾明矾石为主，约占85%；其次为钠明矾石。常伴有铜、镓、铀等金属元素。钾明矾石的理论化学成分为：K_2O 11.37%，SO_3 38.66%，Al_2O_3 36.92%，H_2O 13.05%。

5.4.2 应用领域与技术指标要求

明矾石是化学工业的重要矿物原料之一。主要用于提取明矾[$K_2SO_4 \cdot Al_2(SO_4)_3 \cdot 24H_2O$]和生产硫酸钾、硫酸及氧化铝等。明矾石的加工工艺和主要用途见表5-17。

表 5-17 明矾石的加工工艺和主要用途

应用领域	加工工艺	成品	用途
制造业 化学工业 食品业	加热法	明矾	印刷、造纸、制革、涂料；也可作为染布用的媒染剂、鞣料及胶片的硬化剂、合成氨的催化剂、制糖及水的澄清剂、选矿用的沉淀剂。此外，在医药、防火、食品等方面也有应用
农业 化学工业 环保卫生	还原热解法	硫酸钾 硫酸 氧化铝	钾肥、碳酸钾和硫酸铝钾等 化工原料 净化用水

大部分工业用明矾石要求含钾高，因此钾明矾石比钠明矾石的工业价值大。而用于提取氧化铝的明矾石钾含量的高低没有影响，因为钾明矾石和钠明矾石的氧化铝含量几乎相同。

5.4.3 加工技术

(1) 选矿提纯 因明矾石无特殊的磁性和导电性，故可采用浮选方法进行提纯。

明矾石的浮选以氧化钙作为明矾石的活化剂，水玻璃为脉石矿物的抑制剂，以黑脂酸皂或纸浆废液作为明矾石的捕收剂；采用一次粗选、一次扫选、一次或多次精选、中矿再选的原则工艺流程。

(2) 制备硫酸、硫酸钾等化工产品 明矾石经粉碎（95%通过60目筛）、焙烧脱水后，以水煤气或半水煤气（$CO+H_2$ 为主要成分）作为还原剂进行还原热解焙烧。明矾石中的硫酸铝即被还原热解，放出 SO_2（可作为制硫酸用）。然后将还原热解后的明矾石进行脱色（用空气将其中的硫化物转化成硫酸盐）、烧碱浸取、脱硅、分解（用空气搅拌水解）、蒸发、分离等步骤，即得粗硫酸钾。在脱硅、分解后还可获得氢氧化铝（用以制取氧化铝）。粗硫酸钾经过提纯（例如，加氯化钾使粗硫酸钾中硫酸钠转化为硫酸钾和氯化钠）即得精制硫酸钾成品。

第6章

碳质非金属矿

6.1 石墨

6.1.1 矿石性质与矿物结构

石墨（graphite）的化学成分为碳（C）。如图 6-1 所示，石墨矿物结晶属于六方晶系，具有层状构造。每一网层间距为 0.335nm，同一网层中碳原子间距为 0.142nm。上一层面网六边形的一个角正好位于下一层面网六边形的中心，如图 6-2 所示，网层间以分子键联结，易解离，具有天然疏水性。

石墨质软，有滑腻感，具有良好的导电性、导热性和耐高温性。石墨矿物晶体结构越完整、规则，这些特性就越明显。纯净晶体石墨的主要性质列于表 6-1。

表 6-1　石墨的主要性质

化学成分	密度/(g/cm³)	莫氏硬度	形状	晶系	颜色	光泽	条痕
C	2.1～2.3	1～2	六角板状、鳞片状	六方	铁黑色、钢灰色	金属光泽	光亮黑色

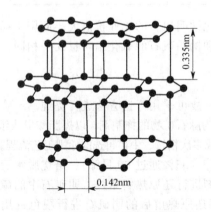

图 6-1　石墨晶体结构示意图

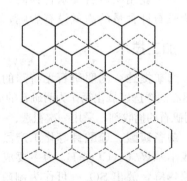

图 6-2　石墨晶体层间构造示意图

石墨具有以下物理化学特性。

① 耐高温性　石墨的熔点为(3850±50)℃，沸点为 4250℃，即使经超高温电弧灼烧，质

量损失和热膨胀系数也很小。石墨强度则随温度提高而增强，在2000℃时提高一倍。

②导电性与导热性　石墨的导电性比一般非金属矿高100倍。导热性超过钢、铁、铅等金属材料。热导率随温度升高而降低，甚至在极高的温度下，石墨呈绝热体。

③润滑性　石墨的润滑性取决于石墨鳞片的大小，鳞片越大，摩擦系数越小，润滑性越好。

④化学稳定性　石墨在常温下有良好的化学稳定性，能耐酸、耐碱和耐有机溶剂的腐蚀。

⑤可塑性　石墨的韧性很好，可碾成很薄的薄片。

⑥抗热震性　石墨在高温下使用时能经受住温度的剧烈变化而不致破碎，温度突变时石墨的体积变化不大，不会产生裂纹。

石墨矿石分为鳞片石墨和微晶石墨（亦称土状石墨或无定形石墨）两大类。

鳞片石墨矿石结晶较好，晶体粒径大于$1\mu m$，大的可达$5\sim10mm$，多呈集合体。矿石品位（固定碳含量）较低，一般为3%～13.5%。伴生的矿物有云母、长石、石英、透闪石、透辉石、石榴子石和少量硫铁矿、方解石等，有时还伴有金红石、钒云母等组分。鳞片石墨矿石按其所赋存岩石的岩性不同，分为片麻岩型、片岩型、透辉岩型、变粒岩型、混合岩型、大理岩型及花岗岩型七种。前六种矿石类型产于区域变质成因矿床中，后一种矿石类型产于岩浆热液成因矿床中。

微晶石墨一般呈微晶集合体，晶体粒径小于$1\mu m$，只有在电子显微镜下才能观察到其晶形。矿石呈灰黑色、钢灰色，一般光泽暗淡，具有致密块状、土状及层状、叶片状构造。矿石成分以石墨为主，伴生有红柱石、水云母、绢云母及少量黄铁矿、电气石、褐铁矿、方解石等。微晶石墨的矿石品位（固定碳含量）较高，一般为60%～90%，但矿石可选性差。微晶石墨的工艺性能不如鳞片石墨。

6.1.2　应用领域与技术指标要求

(1) 应用领域　由于石墨具有上述特性，所以在冶金、机械、石油、化工、电力、电子、能源、核工业、国防等领域得到广泛应用，其主要用途如下。

①耐火材料　在冶金工业中，用石墨制造石墨坩埚，冶炼有色金属、特种钢等贵重金属材料；钢锭的保护剂；冶炼炉内衬的镁碳砖。

②导电材料　在电器工业中，广泛采用石墨作为电极、电刷、电棒、碳管以及电视机显像管和真空管的涂料（胶体石墨乳）、电池阴极材料等。

③耐磨材料和润滑剂　在许多机械设备中，用石墨作为耐磨和润滑材料，可以在$-200\sim 2000℃$温度范围内以$100m/s$的速度滑动，不用或少用润滑油。石墨润滑剂的种类很多，常用的有油剂、水剂和粉剂胶体石墨、石墨润滑脂、石墨盘根等。水剂胶体石墨是金属钨、钼拔丝和金属压延的重要润滑剂；油基石墨是制造玻璃器皿、高速运转机械的润滑剂；粉剂胶体石墨是染料、火药的研磨剂；硅基胶体石墨是现代电子工业示波管和高真空阴极射线管外部的涂覆剂。

④密封材料　用柔性（膨胀）石墨作为离心泵、水轮机、汽轮机和输送腐蚀介质设备的活塞环垫圈、密封圈、轿车的汽缸垫等。

⑤耐腐蚀材料　用石墨制作器皿、管道和设备，如热交换器、反应槽、凝缩器、酸洗槽等，可耐各种腐蚀性气体和液体的腐蚀，广泛用于石油、化工、湿法冶金等行业。

⑥隔热、耐高温、防辐射材料　核反应堆中中子减速剂和防原子辐射的外壳以及火箭的喷嘴、导弹的鼻锥、宇航设备零件、隔热材料、防射线材料等。

⑦电池　锂离子电池及其他电池的阴极材料。

⑧其他　铸模涂料、铅笔、导致输电线路短路的石墨炸弹、橡胶的导电填料和补强填料、导电塑料的填料等。

（2）技术指标要求

① 鳞片石墨　中国国家标准（GB/T 3518—2008）将鳞片石墨按固定碳含量分为四类，即高纯石墨、高碳石墨、中碳石墨、低碳石墨，其固定碳含量范围及代号见表 6-2。产品牌号由分类代号、粒度、固定碳含量组合标记，如固定碳含量为 99.9% 的高纯石墨在筛孔直径为 300μm 的试验筛上筛分后筛上物质量≥80%，则标记为 LC300-99.9 –GB/T 3518；固定碳含量为 93% 的中碳石墨在筛孔直径为 150μm 的试验筛上筛分后筛下物质量≤20%，则标记为 LZ（一）150-93 –GB/T 3518。

表 6-2　石墨产品分类（GB/T 3518—2008）

名称	高纯石墨	高碳石墨	中碳石墨	低碳石墨
固定碳（C）/%	C 含量≥99.9	94.0≤C 含量<99.9	80.0≤C 含量<94.0	50.0≤C 含量<80.0
代号	LC	LG	LZ	LD

高纯石墨、高碳石墨、中碳石墨、低碳石墨产品的技术指标要求分别列于表 6-3～表 6-6。

表 6-3　高纯石墨的技术指标（GB/T 3518—2008）

牌号	固定碳/% ≥	水分/% ≤	筛余量/%	主要用途
LC300-99.99	99.99	0.20	≥80.0	柔性石墨密封材料
LC（一）150-99.99			≤20.0	代替白金坩埚，用于化学试剂熔融
LC（一）75-99.99				
LC（一）45-99.99				
LC500-99.9	99.90		≥80.0	柔性石墨密封材料
LC300-99.9				
LC180-99.9				
LC（一）150-99.9			≤20.0	润滑剂基料
LC（一）75-99.9				
LC（一）45-99.9				

表 6-4　高碳石墨的技术指标（GB/T 3518—2008）

牌号	固定碳/% ≥	挥发分/% ≤	水分/% ≤	筛余量/%	主要用途
LG500-99、LG300-99、LG180-99、LG150-99、LG125-99、LG100-99	99.0	1.0	0.50	≥75.0	填充料
LG（一）150-99、LG（一）125-99、LG（一）100-99、LG（一）75-99、LG（一）45-99	99.0	1.0	0.50	≤20.0	
LG500-98、LG300-98、LG180-98、LG150-98、LG125-98、LG100-98	98.0	1.0	0.50	≥75.0	润滑剂基料、涂料
LG（一）150-98、LG（一）125-98、LG（一）100-98、LG（一）75-98、LG（一）45-98	98.0	1.0	0.50	≤20.0	
LG500-97、LG300-97、LG180-97、LG150-97、LG125-97、LG100-97	97.0	1.2	0.50	≥75.0	润滑剂基料、电刷原料
LG（一）150-97、LG（一）125-97、LG（一）100-97、LG（一）75-97、LG（一）45-97	97.0	1.2	0.50	≤20.0	
LG500-96、LG300-96、LG180-96、LG150-96、LG125-96、LG100-96	96.0	1.2	0.50	≥75.0	耐火材料、电碳制品、电池原料、铅笔原料
LG（一）150-96、LG（一）125-96、LG（一）100-96、LG（一）75-96、LG（一）45-96	96.0	1.2	0.50	≤20.0	
LG500-95、LG300-95、LG180-95、LG150-95、LG125-95、LG100-95	95.0	1.2	0.50	≥75.0	电碳制品
LG（一）150-95、LG（一）125-95、LG（一）100-95、LG（一）75-95、LG（一）45-95	95.0	1.2	0.50	≤20.0	耐火材料、电碳制品、电池原料、铅笔原料

续表

牌号	固定碳/% ≥	挥发分/% ≤	水分/% ≤	筛余量 /%	主要用途
LG500-94、LG300-94、LG180-94、LG150-94、LG125-94、LG100-94	94.0	1.2	0.50	≥75.0	电碳制品
LG（一）150-94、LG（一）125-94、LG（一）100-94、LG（一）75-94、LG（一）45-94	94.0	1.2	0.50	≤20.0	

注：无挥发分要求的石墨，固定碳含量的测定可以不测挥发分。

表6-5　中碳石墨的技术指标（GB/T 3518—2008）

牌号	固定碳 /%≥	挥发分 /%≥	水分 /%≤	筛余量 /%	主要用途
LZ500-93、LZ300-93、LZ180-93、LZ150-93、LZ125-93、LZ100-93	93.0	1.5	1.00	≥75.0	坩埚、耐火材料、染料
LZ(一)150-93、LZ(一)125-93、LZ(一)100-93、LZ(一)75-93、LZ(一)45-93	99.0	1.5	1.00	≤20.0	
LZ500-92、LZ300-92、LZ180-92、LZ150-92、LZ125-92、LZ100-92	92.0	1.5	1.00	≥75.0	
LZ(一)150-92、LZ(一)125-92、LZ(一)100-92、LZ(一)75-92、LZ(一)45-92	92.0	1.5	1.00	≤20.0	
LZ500-91、LZ300-91、LZ180-91、LZ150-91、LZ125-91、LZ100-91	91.0	1.5	1.00	≥75.0	
LZ(一)150-91、LZ(一)125-91、LZ(一)100-91、LZ(一)75-91、LZ(一)45-91	91.0	1.5	1.00	≤20.0	
LZ500-90、LZ300-90、LZ180-90、LZ150-90、LZ125-90、LZ100-90	90.0	2.0	1.00	≥75.0	坩埚、耐火材料
LZ(一)150-90、LZ(一)125-90、LZ(一)100-90、LZ(一)75-90、LZ(一)45-90	90.0	2.0	1.00	≤20.0	电池原料、铅笔原料
LZ500-89、LZ300-89、LZ180-89、LZ150-89、LZ125-89、LZ100-89	89.0	2.0	1.00	≥75.0	坩埚、耐火材料
LZ(一)150-89、LZ(一)125-89、LZ(一)100-89、LZ(一)75-89、LZ(一)45-89、LZ(一)38-89	89.0	2.0	1.00	≤20.0	电池原料、铅笔原料
LZ500-88、LZ300-88、LZ180-88、LZ150-88、LZ125-88、LZ100-88	88.0	2.0	1.00	≥75.0	坩埚、耐火材料
LZ(一)150-88、LZ(一)125-88、LZ(一)100-88、LZ(一)75-88、LZ(一)45-88、LZ(一)38-88	88.0	2.0	1.00	≤20.0	电池原料、铅笔原料
LZ500-87、300-87、180-87、150-87、125-87、100-87	87.0	2.5	1.00	≥75.0	坩埚、耐火材料
LZ(一)150-87、LZ(一)125-87、LZ(一)100-87、LZ(一)75-87、LZ(一)45-87、LZ(一)38-87	87.0	2.5	1.00	≤20.0	铸造涂料
LZ500-86、LZ300-86、LZ180-86、LZ150-86、LZ125-86、LZ100-86	86.0	2.5	1.00	≥75.0	耐火材料
LZ(一)150-86、LZ(一)125-86、LZ(一)100-86、LZ(一)75-86、LZ(一)45-86	86.0	2.5	1.00	≤20.0	铸造涂料
LZ500-85、LZ300-85、LZ180-85、LZ150-85、LZ125-85、LZ100-85	85.0	2.5	1.00	≥75.0	坩埚、耐火材料
LZ(一)150-85、LZ(一)125-85、LZ(一)100-85、LZ(一)75-85、LZ(一)45-85	85.0	2.5	1.00	≤20.0	铸造涂料
LZ500-83、LZ300-83、LZ180-83、LZ150-83、LZ125-83、LZ100-83	83.0	3.0	1.00	≥75.0	耐火材料

牌号	固定碳/%≥	挥发分/%≥	水分/%≤	筛余量/%	主要用途
LZ(一)150-86、LZ(一)125-86、LZ(一)100-86、LZ(一)75-83、LZ(一)45-83	83.0	3.0	1.00	≤20.0	铸造涂料
LZ500-80、LZ300-80、LZ180-80、LZ150-80、LZ125-80、LZ100-80	80.0	3.0	1.00	≥75.0	耐火材料
LZ(一)150-80、LZ(一)125-80、LZ(一)100-80、LZ(一)75-80、LZ(一)45-80	80.0	3.0	1.00	≤20.0	铸造涂料

注：无挥发分要求的石墨，固定碳含量的测定可以不测挥发分。

表 6-6　低碳石墨的技术指标（GB/T 3518—2008）

牌号	固定碳/% ≥	水分/% ≤	筛余量/%	主要用途
LD(一)150-75、LD(一)75-75	75.00			
LD(一)150-70、LD(一)75-70	70.00			
LD(一)150-65、LD(一)75-65	65.00	1.00	≤20.0	铸造涂料
LD(一)150-60、LD(一)75-60	60.00			
LD(一)150-55、LD(一)75-55	55.00			
LD(一)150-50、LD(一)75-50	50.00			

② 微晶石墨　中国国家标准（GB/T 3519—2008）将微晶石墨按有无铁的要求分为两类：有铁要求者为一类，用 WT 表示；无铁要求者为一类，用 W 表示。产品代号由分类代号、固定碳含量、细度（μm）和标准号构成。例如，有铁要求的含碳量 96% 且在筛孔直径为 45 μm 的试验筛上筛分后筛上物质量≤15% 的微晶石墨，则标记为 WT96-45 –GB/T 3519；无铁要求的含碳量 90% 且在筛孔直径为 45μm 的试验筛上筛分后筛上物质量≤10% 的微晶石墨，则标记为 W90-45 –GB/T 3519。WT 牌号和 W 牌号微晶石墨的技术指标要求分别列于表 6-7 和表 6-8。

表 6-7　有铁要求的微晶石墨的技术指标要求（GB/T 3519—2008）

代号	固定碳/% ≥	挥发分/%	水分/%	酸溶铁/%	筛余量/%	用途
			≤			
WT99.99-45、WT99.99-75	99.99	—	0.2	0.005	15	电池、特种碳材料的原料
WT99.9-45、WT99.9-75	99.9					
WT99-45、WT 99-75	99	0.8	1.0	0.15		
LZ98-45、WT 98-75	98	1.0				
WT97-45、WT 97-75	97	1.5	1.5	0.4	15	
WT96-45、WT 96-75	96					
WT95-45、WT 95-75	95					
WT94-45、WT 94-75	94	2.0				铅笔、电池、石墨乳剂、石墨轴承的配料、电池碳棒的原料
WT92-45、WT 92-75	92					
WT90-45、WT 90-75	90			0.7		
WT88-45、WT 88-75	88	3.3	2.0	0.8	10	
WT85-45、WT 85-75	85					
WT83-45、WT 83-75	83	3.6				
WT80-45、WT 80-75	80					
WT78-45、WT 78-75	78	3.8		1.0		
WT75-45、WT 75-75	75					

表 6-8　无铁要求的微晶石墨的技术指标要求（GB/T 3519—2008）

代号	固定碳/% ≥	挥发分/%	水分/%	筛余量/%	用途
			≤		
W90-45、W90-75	90	3.0			
W88-45、W88-75	88	3.2			
W85-45、W85-75	85	3.4			
W83-45、W83-75	83	3.6			
W80-45、W80-75、W80-150	80		3.0	10	铸造材料、耐火材料、染料、电极糊等原料
W78-45、W78-75、W78-150	78	4.0			
W75-45、W75-75、W75-150	75				
W70-45、W70-75、W70-150	70	4.2			
W65-45、W65-75、W65-150	65				
W60-45、W60-75、W60-150	60				
W55-45、W55-75、W55-150	55	4.5			
W50-45、W50-75、W50-150	50				

6.1.3　加工技术

(1) 选矿提纯　石墨，尤其是天然石墨的可浮性较好。因此，石墨矿的选矿优先采用浮选方法。但是浮选法所选别的石墨的纯度是有限的，目前技术条件下，一般最高只能将其纯度（固定碳含量）提高到96%左右。要生产高碳石墨和高纯石墨还必须采用化学提纯方法。

① 浮选　鳞片石墨的浮选工艺过程是：原矿破碎→湿式粗磨→粗选→粗精矿再磨再选→精选→脱水干燥→分级包装等。浮选工艺流程采用多段磨矿、多段选别、中矿顺序或集中返回的闭路流程。多段再磨再选有三种形式，即精矿再磨、中矿再磨和尾矿再磨。鳞片石墨的选矿一般采用精矿再磨再选流程。

微晶石墨的原矿品位较高，但用物理选矿方法分选较困难，虽然也可采用浮选方法分选，但由于粒度细、回收率较低，采用较少。除了高纯度微晶石墨产品采用化学提纯方法外，一般是将开采出来的石墨矿石经拣选后，直接粉碎或磨粉加工。

石墨浮选药剂制度及工艺流程特征列于表6-9。

表 6-9　石墨浮选药剂制度及工艺流程特征

石墨类型	矿物成分	原矿品位/%	浮选药剂	工艺流程特征
鳞片石墨	石墨、斜长石、透闪石、透辉石、石英、云母、绿泥石、黄铁矿、方解石等	2.13～20	捕收剂：煤油、柴油、重油、有机磺酸盐、硫酸盐、酚类、羧酸类等 起泡剂：二号油、四号油、醚醇、丁醚油等 调整剂：石灰、碳酸钠，抑制剂为石灰、水玻璃	粗精矿多次再磨再选（3～5次再磨，4～9次精选），目的是尽可能保护和回收大鳞片石墨。中矿集中或顺序返回闭路浮选流程
微晶石墨	石墨、黏土、绢云母等	60～90	捕收剂：煤油、有机磺酸盐、硫酸盐、酚类、羧酸类等 起泡剂：二号油、四号油、醚醇、松油等 调整剂：石灰、水玻璃、氟硅酸钠	浮选精矿、尾矿同为产品

② 化学提纯　利用强酸、强碱或其他化合物处理浮选石墨精矿，使其中的杂质溶解，然后洗涤、除去杂质。化学提纯最终产品固定碳含量可达99%以上。以下介绍氢氧化钠高温熔融法、氢氟酸溶出法和混酸法（氢氟酸、硫酸和盐酸）。

a. 氢氧化钠高温熔融法　氢氧化钠高温熔融法是利用石墨中的硅质矿物在500℃以上的高温下与氢氧化钠发生反应，一部分生成溶于水的反应产物，被水浸出除去；另一些杂质，如铁的氧化物等，在碱熔后用盐酸中和，生成溶于水的氯化铁等，通过洗涤而除去。提纯过程的主要化学反应式如下：

$$SiO_2 + 2NaOH \longrightarrow Na_2SiO_3 + H_2O$$
$$Fe^{3+} + 3OH^- \longrightarrow Fe(OH)_3 \downarrow$$
$$Al^{3+} + 3OH^- \longrightarrow Al(OH)_3 \downarrow$$
$$Ca^{2+} + 2OH^- \longrightarrow Ca(OH)_2 \downarrow$$
$$Mg^{2+} + 2OH^- \longrightarrow Mg(OH)_2 \downarrow$$

加入盐酸后的反应如下：

$$Na_2SiO_3 + 2HCl \longrightarrow 2NaCl + H_2SiO_3$$
$$Fe(OH)_3 + 3HCl \longrightarrow FeCl_3 + 3H_2O$$
$$Al(OH)_3 + 3HCl \longrightarrow AlCl_3 + 3H_2O$$
$$Ca(OH)_2 + 2HCl \longrightarrow CaCl_2 + 2H_2O$$
$$Mg(OH)_2 + 2HCl \longrightarrow MgCl_2 + 2H_2O$$

SiO_2 与 $NaOH$ 反应生成的 Na_2SiO_3 可溶于水，在随后的水浸中大部分被除去。另外，在碱熔过程中，除了生成 Na_2SiO_3，还可能有 $Na[Al(OH)_4]$ 生成，它也可以溶于水，在水浸中除去。

氢氧化钠高温熔融法提纯石墨的工艺流程如图 6-3 所示。

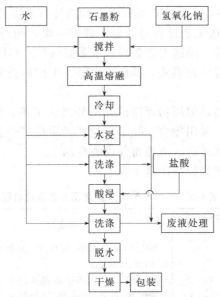

图 6-3　氢氧化钠高温熔融法提纯石墨的工艺流程图

原料采用经过筛分分级后的 $-100 \sim +200$ 目石墨浮选精矿。配料时，先将固体氢氧化钠配成浓度为 50% 左右的溶液，再与石墨按质量比 1:0.8 的比例混合，搅拌均匀后进入熔融作业，在高温下熔融 1h 左右，然后冷却到 100℃ 以下，加水浸取 1h 左右，然后进行洗涤。洗涤后再加入盐酸进行酸浸。盐酸加入量为石墨质量的 30%～40%，酸浸后用水洗涤至中性，再经固液分离和干燥后得到高碳石墨。

石墨与氢氧化钠的混合搅拌采用锚式搅拌机或螺旋输送机；熔融采用耐酸、碱的熔融炉；浸出采用螺旋桨搅拌机；洗涤采用 V 形洗涤槽；脱水采用刮刀式离心机；干燥一般采用圆筒干燥机。

该工艺适用于处理含云母较少的石墨精矿。用该工艺可以将品位大于 82% 的石墨精矿提高到 98% 以上。

b. 氢氟酸溶出法 当所处理的石墨中云母含量较高时，采用碱熔法效果不佳，这时可采用氢氟酸溶出法。其基本原理如下：石墨中的杂质主要是硅酸盐类，与氢氟酸发生反应生成氟硅酸（或盐），随溶液排除，从而获得高纯石墨。其化学反应式如下：

$$SiO_2 + 4HF \longrightarrow SiF_4 \uparrow + 2H_2O$$
$$SiF_4 + 2HF \longrightarrow H_2[SiF_6]$$

除了 SiO_2 外，铁也在酸性介质中溶解：

$$Fe_2O_3 + 6H^+ \longrightarrow 2Fe^{3+} + 3H_2O$$
$$Fe(OH)_3 + 3H^+ \longrightarrow Fe^{3+} + 3H_2O$$
$$Fe^{3+} + 6F^- \longrightarrow [FeF_6]^{3-}$$

如果石墨中的杂质仅为 SiO_2，还可以用干燥的 HF 气体进行处理，处理时将温度逐渐升高，使 SiO_2 转化为 SiF_4 气体逸出。反应式如下：

$$SiO_2 + 4HF(气) \longrightarrow SiF_4 \uparrow + 2H_2O$$

上述氢氟酸或气体 HF，对环境的污染都很严重。原子能工业用的石墨可用二氟化物法提纯。它是在常压下将石墨与二氟化物（如 NH_4HF_2）按一定比例混合，加热到 125℃左右（最高可达 140℃左右），然后冷却、洗涤，除去其他盐类。再用一定浓度的沸腾苏打水洗涤，除去残存的氟，即可得到纯度很高的石墨。采用二氟化物提纯石墨，具有以下特点。

ⅰ. 反应在常压下进行，反应温度不高（最高 140℃左右），在技术上比较容易达到。

ⅱ. 所用药剂的腐蚀性不是很强，而且操作过程中温度较低，容易操作。

ⅲ. 溶液可以循环使用数次，而且可以回收过剩的二氟化物。

ⅳ. 二氟化物本身不挥发，反应产生的 SiF_4 遇水后水解，故没有挥发物释放出来。

ⅴ. 二氟化物沸点不高，只需通过简单蒸馏，就可将其与水和不挥发杂质分离。

ⅵ. 反应在高于二氟化物的熔点下进行，可以通过调节温度和试剂浓度来缩短反应时间。

石墨的氢氟酸提纯法工艺流程为：将石墨和水按一定比例混合，根据石墨中灰分的含量加入适量的氢氟酸，并通入蒸汽加热，在特制的反应罐内浸 24h 左右，然后用 NaOH 溶液中和，经洗涤、脱水、干燥得到高纯石墨。

c. 混酸法 混酸法可用来生产含碳量 99.9% 以上的高纯石墨。采用固定碳含量 98%～99% 的高碳石墨为原料，工艺配方（质量份）为：石墨(1)＋HF(0.5～0.8)＋H_2SO_4(0.4～0.7)＋HCl(0.4～0.9)。工艺流程如图 6-4 所示。其工艺过程简述如下：在塑钢槽内，先后加入石墨、HF、H_2SO_4、HCl，每加入一种酸后都要充分搅拌，使其充分混合均匀和反应完全；反应完毕，排掉配制槽内少量废酸后，用工业清洁水反复清洗，直至中性（pH＝7 左右）；再用纯水清洗 2～5 遍；将石墨中的纯水滤去后，用离心机脱水，最后干燥、包装。

③ 高温煅烧提纯 这种提纯方法的基本原理是利用石墨耐高温的性质，将石墨置于特别的电炉中隔绝空气加热到 2500℃时石墨中的灰分杂质被蒸发出去，石墨则再结晶，从而使石墨的纯度显著提高。石墨的高温提纯是在特别的纯化炉中进行。该炉用耐火砖砌成，两端插入石墨电极，通入 45～70V 低压交流电，电流大小随炉子规格尺寸而定，一般都在 4000A 以上，由单相电炉变压器供给。炉内温度开始时直线上升，达到 2500℃时，保持 72h 左右。石墨在纯化过程中需要严格保温、绝缘并与空气隔绝，多用粒度小于 200 目的炭黑作为保温绝热材料，也有用石英和焦炭混合物（粒度 5～10mm）作为覆盖层。这种方法能将石墨提纯到 99.9% 以上。如果在纯化炉内通入氯气和氟气，最后通入氮气，可使杂质更容易挥发，可将石墨提纯到 99.99% 以上。

采用高温法提纯石墨，虽可得到光谱纯的石墨产品，但需消耗大量电能。

(2) 粉碎加工 各应用领域对石墨产品粒度大小和粒度分布要求的不同，如电碳石墨要求

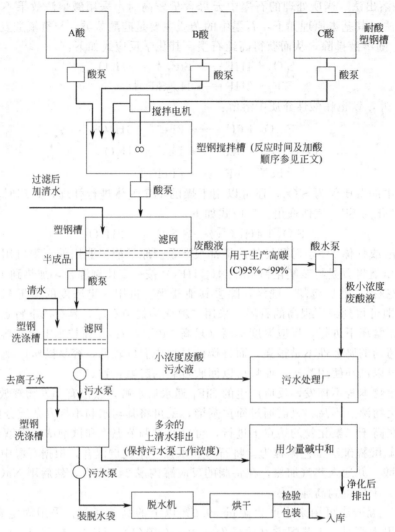

图 6-4　混酸法制备高纯石墨工艺流程

其粒度小于 $74\mu m$（通过 200 目筛），电池、铅笔、橡胶填料要求小于 $10\mu m$；胶体石墨、高温润滑剂等要求小于 $5\mu m$。因此，除了提纯外，为了满足用户的需求，还须对石墨进行粉碎加工。

对于 $d_{97} \geqslant 5\mu m$ 的石墨的加工，可采用干法加工工艺和相应的干式粉碎设备，如悬辊式磨粉机（雷蒙磨）、高速机械冲击磨、振动磨、搅拌磨、气流磨等。而对于 $d_{97} \leqslant 5\mu m$ 的超细石墨加工则一般需要采用湿法粉碎工艺和相应的湿式粉碎设备，如胶体磨、砂磨机、搅拌磨、振动磨等。以下重点介绍润滑用的胶体石墨和显像管用石墨乳的加工工艺。

① 胶体石墨　胶体石墨分为水基胶体石墨（锻造石墨乳）、油基胶体石墨和硅基胶体石墨等几种。水基胶体石墨是由高纯超细石墨粉（粒度小于 $1\sim4\mu m$）、水、高温黏结剂、悬浮液、分散剂和涂膜增强剂等组成。

其生产工艺如图 6-5 所示，可分为提纯、超细粉碎、配制、包装等工序。其生产过程简述如下：固定碳含量 99% 以上的石墨原料先经机械粉碎机粉碎，使其粒度小于 $10\mu m$，然后进入气流粉碎机进一步进行超细粉碎。为确保粒度达到要求，在生产中采用多次粉碎和分级使产品中大多数粒子达到 $3\mu m$ 以下。为了提高石墨的润滑性能，将气流粉碎后的产品置于振动磨中

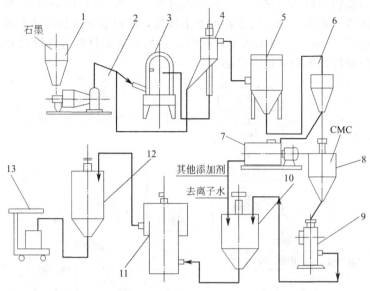

图 6-5 水基胶体石墨加工工艺流程

1—料仓；2—万能粉碎机；3—气流磨；4—精细分级机；

5—集尘器；6—料斗；7—振动磨；8，10—搅拌机；9—胶体磨；

11—分散机；12—成品罐；13—计量包装

处理（同时加入分散剂）。在振动磨中不仅粗颗粒得到进一步粉碎，而且超细石墨粒子边缘得到圆整。工艺流程中设置的胶体磨使胶体颗粒粉碎成微细颗粒并充分分散。

油基胶体石墨主要用于航空、轮船、高速运转机器的润滑剂以及金属压延、玻璃器皿制造的高温润滑剂。硅基胶体石墨要求 11.5%～14.5% 的二氧化硅，主要用于电子工业，如示波管、高真空阴极射线管等。这两种胶体石墨的生产工艺与水基胶体石墨基本相同。

② 石墨乳　石墨乳是将高纯超细石墨粉加入液体中制成稳定分散液。彩色显像管用石墨乳有五种规格，即外涂、锥体、管颈、黑底、销钉石墨乳。

石墨乳生产工艺大致可分为湿式粉碎和干式粉碎两种。湿式粉碎工艺主要生产黑底和管颈石墨乳；干式粉碎工艺主要生产外涂、锥体和销钉石墨乳。

黑底和管颈石墨乳的生产工艺如图 6-6 所示。加工过程简述如下：石墨和辅助材料按一定比例搅拌均匀后给入双筒振动磨中研磨，给料粒度为通过 200 目筛，研磨浆料浓度为 33%～36%；研磨 20h 后用隔膜泵送入粗分级；分级后的粗粒石墨返回再磨，细粒石墨再用精细分级机进行分级，其分离粒度上限为 $1\mu m$。分离出的小于 $1\mu m$ 的石墨浆液浓度很小。由于微细粒石墨带电，在水中呈分散状态，必须加酸使微细粒子放电进行凝聚，然后才能较快进行沉降。为了加速沉降，采用高速离心法，即用高速离心机捕集微细粒石墨。加酸凝聚后的微细粒石墨，在配制前加入碱性物质，使 pH 值达到 10 左右，进行解胶，并用振动磨进行强烈机械处理使微细粒石墨重新带电，恢复分散状态。一般来说，胶体石墨经解胶后即可成为最终产品，而用于显像管的涂料还需加入增黏剂和增强剂，并在搅拌机中进行较长时间的搅拌。

外涂、锥体和销钉石墨乳的生产工艺如图 6-7 所示，采用干法生产工艺。经过粉碎机粉碎后的微细石墨粒子，在连续的精细分级机中进行分级。细粉用旋风分离器和袋式收尘器收集，粗粉返回粉碎机再粉碎。将收集的超细石墨粉按比例在混合机中混合，使其粒度组成大部分小于 $10\mu m$，其中 $3～4\mu m$ 占 80% 以上。然后加入分散剂进行润湿处理，在搅拌机中加入防腐剂和增强剂配制成销钉石墨乳。锥体石墨乳是将粒度组成大部分小于 $10\mu m$，其中 $3～4\mu m$ 占

80％以上的超细石墨粉用振动磨进行强力机械处理使石墨粒子带电，最后在搅拌机中加入分散剂和增强剂配制而成。外涂石墨乳由于粒度要求较粗，所以经干式粉碎和旋风收集器收集的石墨原料，其粒度小于 $30\mu m$，直接加入搅拌机中，并加入辅助材料进行湿式处理，最后加入消泡剂和润湿剂进行搅拌，配制成最终产品。

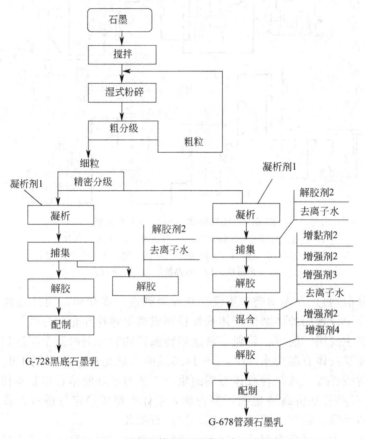

图 6-6　黑底和管颈石墨乳生产工艺流程

（3）石墨层间化合物　天然鳞片石墨在氧化剂的作用下，化学反应物质侵入层间，并在层间与碳原子键合，形成一种并不破坏石墨层状结构的化学键，这种化合物称为石墨层间化合物（简称 GIC）。

石墨经过化学处理制成的层间化合物，其性质优于石墨，具有耐高温、抗热震、防氧化、耐腐蚀、润滑性和密封性等优良性能或功能，是制备新型导电材料、电极材料、储氢材料、柔性石墨、密封材料的原料，广泛应用于冶金、石油、化工、机械、航空航天、原子能、新型能源等领域。

石墨层间化合物尚无统一分类，若按夹层剂的性质及石墨与夹层之间的作用力，可以分为以下三类。

① 离子型或传导型、电荷移动型层间化合物　夹层剂与石墨之间有电子得失，可引起石墨层间距离增大，但原来结构不变（碳原子的 sp^2 轨道不变）。离子型层间化合物又可分为供体型（n 型）和受体型（p 型）两种。供体型是夹层剂向石墨提供电子，受体型是夹层剂从石墨夺取电子，本身成为负离子。卤素、金属卤化物、浓硫酸和硝酸等属于此类。

② 共价型或非传导性层间化合物　夹层剂与石墨中碳原子形成共价键结合，碳原子轨道成 sp 杂化。由于共价键结合牢固，石墨失去导电性，成为绝缘体。石墨层发生变形，如石墨

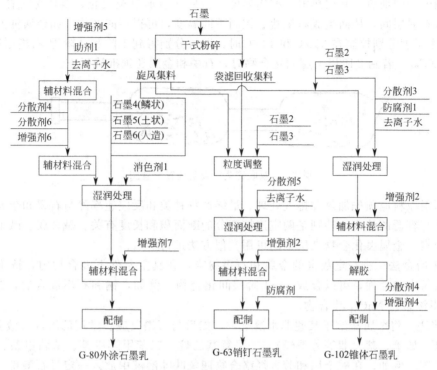

图 6-7　外涂、锥体和销钉石墨乳生产工艺流程

与氟或氧形成的层间化合物氟化石墨和石墨酸，都形成碳原子 sp 杂化轨道四面体结构。

③ 分子型　石墨与夹层剂间以范德华力结合，如芳香族分子与石墨形成的层间化合物。

综上所述，经化学物质处理所形成的石墨层间化合物，除石墨酸和氟化石墨外，大多都保持石墨原有的层状平面结构。层间化合物结构特点是沿着平行于石墨层平面方向，在层面间有规则地插入并有规则地排列，可用"阶"或"级"来表示夹层剂的量和插入方式不同时的结构特点。

1 阶：石墨层与夹层剂是一层相间，此时夹层剂插入量较大。

2 阶：每隔两层石墨层插入一层夹层剂。

3 阶：每隔三层石墨层插入一层夹层剂。

其他依次类推，至今已合成 10～15 阶层间化合物，阶数越高，夹层剂量越少。层间化合物的存在，使石墨层间距从 0.335nm 增大到几倍、十几倍甚至更大。

形成石墨层间化合物的夹层间可以是一种物质，也可以是多种物质。其阶数可以通过控制生成条件来获得。层间化合物的性质随其阶数、夹层物种类不同而不同。例如石墨与钾的一阶层间化合物 KC_8 呈金黄色，在极低温度下呈现超导作用；但 2 阶 KC_{24} 呈青色，无超导作用。因此，层间化合物种类繁多，性质各异，可供开发的领域广阔。

石墨层间化合物的制备方法可以分为两种：一种是用于制备离子型层间化合物，主要是碱金属离子插入法；另一种是用于制备共价型层间化合物，主要有电化学氧化法等。

① 离子插入法　主要包括碱金属、卤素及金属卤化物等离子与石墨作用生成的层间化合物。

a. 蒸汽吸附法　这是层间化合物的最经典方法，尤其适用于碱金属-石墨层间化合物的合成。合成钾-石墨化合物的装置（双联管）如图 6-8 所示。在一端（图中为 A 端）封闭的玻璃管中，从 D 端分别将金属钾和石墨加入管中 A 处和 C 处，从 D 端抽真空后密封，将该玻璃容器放在两组电炉中加热，并用热电偶控制温度。金属盐被加热至气化，金属蒸气被石墨吸收，钾离子进入石墨层间，从而生成石墨盐。控制不同温度，可得不同产物。如金属钾温度控制在300℃，石墨温度分别控制在308℃和435℃时，即可分别得到1阶和2阶钾-石墨层间化合物，即 KC_8 和 KC_{24}。若制2阶以上层间化合物时，石墨和金属还须准确配方。

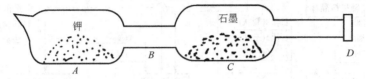

图 6-8　双联管蒸气吸附装置示意图

所用石墨原料应预先加热和排气处理。最终产物种类和反应速率除与石墨和金属钾的温度有关外，也与容器的结构，特别是两室连接部分的断面积和长度有关。碱金属、碱土金属、稀有金属及卤素、金属卤化物夹层剂均可用类似方法进行插层。

b. 粉末冶金法　将一定数量的金属和石墨粉末，在真空条件下混合均匀，挤压成型，然后在惰性气氛中热处理，可以合成1~4阶层间化合物。例如，钠和石墨混合后，在400℃加热1h，即得深紫色 NaC_{64} 化合物。

c. 浸溶法　将金属盐溶于某些非水溶剂中，然后与石墨反应。常用的溶剂有液氨、$SOCl_2$ 和有机溶剂（如苯、萘、菲等芳香烃）、二甲氧基乙烷、二苯甲酮甲萘、苄腈甲萘、甲胺、六甲基磷酰胺等。例如，在碱金属和芳香烃络合物四氢呋喃溶液中放入一定量石墨粉，可生成碱金属-石墨-有机物三元层间化合物。又如，将石墨粉加入 Li、Na 的六甲基磷酰胺（HNPA）溶液中浸泡，即能生成一种三元层间化合物 LiC_{32}（HNPA）和 NaC_{27}（HNPA），石墨层间距扩大到 0.762nm。

② 电化学氧化法（制备共价型层间化合物）

a. 强酸氧化法　用混合比例（1~9）∶1（质量比）的浓硫酸和浓硝酸混合浸泡石墨，可在石墨层间生成石墨氧化物。将这种石墨氧化物脱酸、洗净、干燥，即得产品。目前工业上广泛应用的可膨胀石墨（酸化石墨）即主要由此法制得。

b. 强氧化剂法　将石墨浸入浓硝酸、硝酸盐、铬酸钾、重铬酸钾、高氯酸及其盐类等氧化剂中，生成石墨层间化合物。经过脱酸、洗涤至中性并干燥后即得产品。

c. 过硫酸铵法　用过硫酸二铵盐类 $[(NH_4)_2S_2O_8]$（称为过硫铵）和浓硫酸的混合液，其混合质量比为(10∶90)~(40∶60)。硫酸波美度为66°Bé，密度为 1.856g/cm^3。将石墨粉浸入上述溶液中 10~60min，石墨层间化合物即可形成。经过脱液、水洗、过滤和干燥即得产品。

d. 电解氧化法　上述的强酸氧化法和强氧化剂法虽然工艺简单、处理量大，但存在酸性污染。电解氧化法则可以解决强酸问题。电解氧化法在特制的电解槽内进行。将石墨粉与含层间浸入剂的电解液放入电解槽中，将电极通以直流电，同时搅拌槽内溶液，石墨层间化合物即可形成。常用的电解液有硫酸、硝酸、高氯酸、三氯乙酸等。这种方法虽然仍使用强酸，但浓度低，因此污染较小。

(4) 可膨胀石墨（酸化石墨）　可膨胀石墨是由天然晶质鳞片石墨，经酸性氧化剂处理后得到的一种石墨层间化合物，亦称为石墨酸、酸化石墨、氧化石墨。将可膨胀石墨置于800~1000℃下数秒钟内，其体积迅速膨胀为一种蠕虫状物质，称为膨胀石墨。其膨胀倍数达100倍以上（20~500mL/g）。这种膨胀石墨仍然保持天然石墨的性质，具有良好的可塑性、柔韧延展性和密封性。膨胀石墨可进一步加工制成纸、箔等制品，具有不同于普通石墨的柔韧性，称为柔性石墨。

可膨胀石墨的这种膨胀特性与石墨的晶体结构有关。天然鳞片石墨在进行氧化反应时，氧原子侵入石墨晶格层面间，攫取了层间可自由活动的π电子，与碳原子相结合形成了层间化合物。它在受到高温加热时，由于高速脱氧作用，层间吸附物被迅速分解而产生一定能量（推力），这种推力足以克服范德华层间结合力，结果使石墨晶格层间的 C—C 键断裂，石墨的晶格层面沿 c 轴方向迅速膨胀。这时原来层叠比较紧密的鳞片状酸化石墨，变成纤絮型蠕虫状的膨胀石墨（见图 6-9）。因石墨六角形骨架未被破坏，所以膨胀后石墨原有的理化性能并未损坏。

目前，可膨胀石墨生产工艺主要有强酸浸渍工艺和电解氧化工艺。

① 强酸浸渍工艺　图 6-10 为强酸浸渍工艺流程。其工艺过程简述如下。

a. 原料选择　选用粒度 16～200 目、固定碳含量 90% 以上的鳞片石墨。

b. 浸渍　将石墨、浓硫酸和浓硝酸（或浓硝酸和磷酸）按一定比例混匀，浸泡一定时间（一般 30 min）。氧化介质（浓硫酸和浓硝酸）用量以浸没石墨为准，硫酸与硝酸的比例为 9∶1。常用高锰酸钾、重铬酸钾、高氯酸及其混合物、双氧水、三氟乙酸等作为氧化剂。

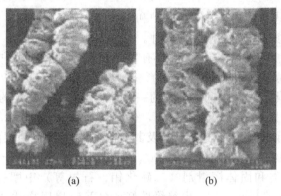

(a)　　　　　　　　(b)

图 6-9　膨胀石墨的电镜图

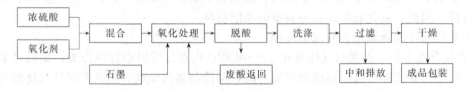

图 6-10　可膨胀石墨强酸浸渍法生产工艺流程

c. 洗涤　石墨经强酸浸渍后，需进行洗涤以除去大量的酸，保持石墨颗粒纯净，防止或减少加热时 SO_2 或 SO_3 对操作人员健康的危害，以及对有关设备的腐蚀。洗涤须反复进行，直至 pH 接近中性。

d. 过滤干燥　产品洗涤合格后，进行过滤和干燥。干燥温度小于 150℃。

影响产品质量的主要因素是原料的质量（结晶程度、粒度、固定碳含量）、酸及氧化剂的用量、酸处理时间以及残留化合物的含量等。

② 电解氧化工艺　图 6-11 为电解氧化工艺流程。在电解氧化工艺中，最关键的设备是电解氧化装置。一种间歇式电解装置是将石墨粉置于一个圆柱形容器中，至少在一个方向上施压，将其压紧在阳极板上，然后再装一个阴极，构成一个电解氧化装置。阳极和阴极之间是微孔陶瓷板，阳极是由带孔的白金或铅制成。由于石墨与阳极紧密接触，所以导电效果较好。但由于石墨被压实，使反应时电解液浸入内部及内部生成的气体排出都有一定困难。

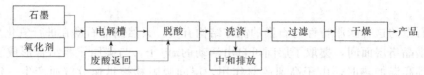

图 6-11 可膨胀石墨电解氧化工艺流程

(5) 膨胀石墨 前已述及，可膨胀石墨在一定的温度条件下可以迅速膨胀为膨胀石墨。膨胀石墨具有优良的化学稳定性、耐热性、密封性、自润滑性、防辐射性及高热导率等特性，被广泛应用于机械、石油、化工、冶金、航空航天、航海、交通等工业领域，是一种理想的高级密封材料。

膨胀石墨及其制品的生产工艺流程如图 6-12 所示，主要由加温膨胀、除渣、压延及制品工序组成。

图 6-12 膨胀石墨及其制品生产工艺流程

① 膨胀方法 膨胀方法按使用能源可分为电加热、气体燃料加热和微波、红外线、激光等热源加热膨胀法。

按膨胀炉型分为立式膨胀炉、卧式膨胀炉和微波膨胀炉。

按工作过程分为连续工作和间歇工作两种。

② 膨胀设备 目前采用的膨胀设备主要有以燃煤气为主的立式炉，以燃煤气为主的卧式炉以及以电加热为主的立式炉和卧式炉。

(6) 氟化石墨 氟化石墨是层间化合物的一种，它具有两种稳定的化合物，一种为聚单氟碳，化学式为 $(CF)_n$；另一种为聚单氟二碳，化学式为 $(C_2F)_n$。由于氟的原子半径小，电负性又高，其化合物显示独特性质，因而氟及其化合物插入到石墨层间制成的氟系层间化合物，具有其他层间化合物所不具有的独特性质。如热稳定性好（高于 500℃ 才有少量失重）；润滑性能好，是润滑脂类和固体润滑剂（二硫化钼、石墨等）中摩擦系数最低的，在 $27\sim$ 344℃ 内，摩擦系数仅为 $0.10\sim0.13$；电绝缘性好，$(CF)_n$ 电阻率达 $3\times10^3\ \Omega\cdot cm$ 以上；耐腐蚀，在常温下，即使是浓硫酸、浓硝酸、浓碱也不能腐蚀氟化石墨，只有在热酸、热碱中才有少量反应。因此，氟化石墨是一种新型的功能材料。

目前氟化石墨的合成工艺有以下几种。

① 直接合成工艺 石墨与气体氟在 $350\sim600$℃ 内在反应器中加热合成，是最早采用的合成方法。设备为立式振动反应器或氟化器，能自动控制加热温度、氟气和惰性气体的给入。

② 催化剂合成工艺 在石墨与氟的反应系统中加入微量金属氟化物（LiF、MgF_2、AlF_3 和 CuF_2）作为催化剂，合成可在 300℃ 以下进行。由于微量金属氟化物的加入，使氟化石墨性质有所改变，电导率提高一个数量级。要求石墨和氟气纯度均在 99.4% 以上，催化剂纯度大于 98%。所用设备与直接合成法相同。

③ 固体氟化物合成工艺 上述两种方法所用气体氟毒性和腐蚀剂极强，反应又需高温。固体合成工艺是用含氟固体聚合物（如四氟乙烯、六氟丙烯、聚乙酸乙烯树脂萤石和乙烯基萤石等制成的聚合物）与石墨混合，在氦、氖、氩、氮等惰性气氛下，加热至 $320\sim600$℃，在管式电炉中的石英管内制得氟化石墨。其工艺流程如图 6-13 所示。石墨与水悬浮液和聚四氟乙烯按 1:10 的比例混合后，经过滤干燥进入管式电炉加热，经 $0.5\sim1h$ 取出冷却。

图 6-13 氟化石墨固体合成工艺流程

④ 电解法合成工艺 用电解氟化的方法，将石墨在无水氢氟酸中电解，生成新的氟化石墨。即在电场中，在阳极和阴极之间，使石墨与氢氟酸进行循环电解生成氟化石墨。

电解装置由镍板制的阳极和阴极、循环管和循环泵、聚四氟乙烯制成的多孔隙隔板、排气管、直流电源等组成。在两电极的电解区内盛有石墨和氢氟酸悬浮液，在循环泵作用下成闭路循环流动。在悬浮液中，石墨固体含量 10%，氢氟酸含水 1%，在氩气氛电解槽内（温度 −20℃），施加电压 8V，平均电流密度 5A/cm²。两极板间距约 5mm，其间放置隔板后，阳极和阴极距隔板分别为 2mm 和 3mm，在隔板与隔板之间形成闭路循环。反应完毕，排出含石墨的氢氟酸悬浮液并过滤分离出氟化石墨，液体返回再用，边排放边加入新的待反应悬浮液。

(7) 石墨烯 石墨的层间作用力较弱，很容易互相剥离，形成薄薄的石墨片。当把石墨片剥成单层之后，这种只有一个碳原子厚度的单层就是石墨烯，如图 6-14 所示。

一个碳原子厚度的石墨烯是一种二维晶体。石墨烯与三维石墨结构上的差异是其厚度。石墨可视为石墨烯堆叠而成。当碳原子层数小于 10 层时，其电子结构与石墨有显著差别，因此，一般将 10 层以下碳原子层组成的碳材料称为石墨烯材料。

石墨烯的主要特性如下。

① 量子（霍尔）效应 电子在石墨烯里遵守相对论量子力学，在常温下能观察到量子（霍尔）效应。石墨烯中的电子不仅与蜂巢晶格之间相互作用强烈，而且电子和电子之间也有很强的相互作用。

② 高导电性 电子的运动速度可达到光速的

图 6-14 石墨烯

1/300。电阻率只有约 $10^{-6}\Omega\cdot cm$，比铜或银更低，为目前世上电阻率最小的材料。因为它的电阻率极低，电子迁移的速度极快，因此被期待用来发展出更薄、导电速度更快的新一代电子元件或晶体管。

③ 力学性能 高强度和在外力作用下具有高延展性或弹性，结构稳定性好；试验结果表明，需要施加 55N 的压力才能使 $1\mu m$ 长的石墨烯断裂。

④ 光电性能 光透性好。它几乎是完全透明的，只吸收 2.3% 的可见光。

⑤ 良好的导热性 热导率高达 5300W/(m·K)，高于碳纳米管和金刚石。

⑥ 吸附与脱附特性 石墨烯可以吸附和脱附各种原子和分子，而且化学稳定性好。

石墨烯的应用前景如下。

① 电子器件 超高频率的操作响应特性是石墨烯基电子器件的一个显著优势。

② 超级计算机 石墨烯是目前已知导电性能最出色的材料，其特性尤其适合于高频电路，被视为硅的替代品，能用来生产未来的超级计算机。

③ 光子传感器 用它制造的电板比其他材料具有更优良的透光性。

④ 基因电子测序 石墨烯有望实现直接、快速、低成本的基因电子测序技术。

⑤ 其他 光电电池、超轻型飞机、超坚韧的防弹衣等。

石墨烯的制备方法 目前主要有微机械剥离法和化学法两类。化学法又有晶膜生长法、加热 SiC 法、化学还原法与化学解理法等。

① 微机械剥离法 2004 年 Novoselov 等用这种方法制备出单层石墨烯，并且可以在外界

环境下稳定存在。典型制备方法是用另外一种材料膨化或者引入缺陷的热解石墨进行摩擦，体相石墨的表面会产生絮片状的晶体，在这些絮片状的晶体中含有单层的石墨烯。

② 晶膜生长法　利用生长基质原子结构"种"出石墨烯，如使碳原子在 1150℃ 下渗入钌，冷却到 850℃ 后，大量碳原子就会浮到钌表面，形成完整的一层石墨烯。

③ 加热 SiC 法　通过加热单晶 6H-SiC 脱除 Si，在单晶（001）面上分解出石墨烯片层。

④ 化学还原法　化学还原法是将氧化石墨与水以一定比例混合后，用超声波振荡至溶液清晰无颗粒状物质，加入适量肼在 100℃ 回流 24h 左右，产生黑色颗粒状沉淀，过滤、烘干即得石墨烯。Sasha Stankovich 等利用化学分散法制得厚度为 1nm 左右的石墨烯。

⑤ 化学解理法　是将氧化石墨通过热还原的方法制备石墨烯的方法。氧化石墨层间的含氧官能团在一定温度下发生反应，迅速放出气体，使得氧化石墨层在被还原的同时解理开，得到石墨烯。

6.2　金刚石

6.2.1　矿石性质与矿物结构

金刚石晶体也是由碳原子组成的，化学成分为碳，与石墨是同质多相变体，当碳原子的外层电子以 sp^3 杂化轨道相互结合时，每个碳原子要与相邻的四个碳原子形成四个共价键，这就形成金刚石。共价键是饱和键，具有很强的方向性，结合力很强，且在金刚石中每个碳原子之间的距离相等（图 6-15），因而金刚石强度很高，其硬度是所有矿物中最大的。

金刚石属于立方晶系，常呈八面体，也有其他形状，晶体外形十分规整。纯金刚石无色透明，但通常由于含有杂质而呈现淡黄色、天蓝色、蓝色或红色，有强烈的光泽。金刚石由于其特殊的晶体结构，有极高的硬度（莫氏硬度为 10）和耐磨性，是自然界中最硬的物质。其性质见表 6-10。

根据金刚石的杂质含量及某些物理性质（热学、电学、光学性质）的差异，可将金刚石分为 Ⅰ 型和 Ⅱ 型两类，进一步可细分为 Ⅰa、Ⅰb 和 Ⅱa、Ⅱb 亚类。所谓 Ⅰ 类金刚石即普通金刚石，Ⅱ 类金刚石即具有特殊性质（良好的导热性和半导体性）的金刚石。亚类划分的主要依据是杂质氮含量的差异。

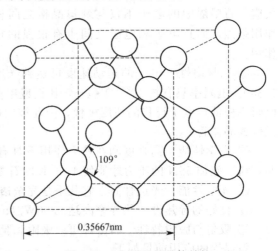

图 6-15　金刚石的晶体结构

金刚石矿按成因可分为原生矿和砂矿两大类。

金刚石原生矿主要产于金伯利岩。金伯利岩的矿物组成有橄榄石、镁铝榴石、金云母、铬铁矿、铬透辉石、钛铁矿、钙铁矿、磷灰石、碳硅石等。次生交代矿物有磁铁矿、蛇纹石、绿泥石、方解石等。

表 6-10　金刚石的性质

类别	性质	性质描述
矿物成分	化学组成	C，是碳在高温高压下的结晶体
		Si、Mg、Al、Ca、Ti、Fe 等，总含量 0.001%～4.8%

类别	性质	性质描述
矿物晶体	晶体构造	等轴晶系。单位晶胞中，C原子具有高度的对称性。C原子位于四面体的角顶及中心。C—C原子间为共价键，配位数为4，键间夹角为109°28′，C原子间距离为$1.54×10^{-10}$m，晶胞参数为$3.56×10^{-10}$m
	常见晶形	八面体和菱形十二面体及其聚形为主
力学性质	硬度	莫氏硬度为10，显微硬度为98654.9MPa
	脆性	较脆，在不大的冲击力下会沿晶形解理面裂开
	密度	质纯、结晶完好的为$3520kg/m^3$，一般为$3470\sim3560kg/m^3$
	解理	具有平行八面体的中等或完全解理，平行十二面体的不完全解理
	断口	贝壳状或参差状
光学性质	颜色	纯净者为无色透明，但较少见。多数呈不同颜色，如黄色、绿色、棕黑色等
	光泽	金刚光泽，少数呈油脂光泽、金属光泽
	折射率	2.40~2.48。其中对黄光2.417，对红光2.402，对绿光2.427，对紫光2.465
	透明度	纯净者透明，一般为透明、半透明、不透明
	异常干涉色	等轴晶系矿物在正交偏光镜下的干涉色应为黑色，但很多金刚石呈异常干涉色，如灰色、黄色、粉红色、褐色等
	发光性	在阴极射线下发鲜明的绿色、天蓝色、蓝色荧光，在X射线下发中等或微弱的天蓝色荧光，在紫外线下发鲜明或中等的天蓝色、紫色、黄绿色荧光，在日光曝晒后至暗室内发淡青蓝色磷光
热学性质	热导率	一般为138.16W/(m·K)。但Ⅱa型金刚石的热导率特别高，在液氮温度下为铜的25倍，并随温度的升高而急剧下降。如室温时为铜的5倍，200℃时为铜的3倍
	比热容	随温度的升高而增大。如-106℃时为399.84 J/(kg·K)，107℃时为472.27J/(kg·K)，247℃时为1266.93J/(kg·K)
	热膨胀性	低温时热膨胀系数很小，随温度的升高，热膨胀系数迅速增大。如-38.8℃时线膨胀系数近于0，0℃时为$5.6×10^{-7}℃^{-1}$，30℃时为$9.97×10^{-7}℃^{-1}$，50℃时为$12.86×10^{-7}℃^{-1}$
	耐热性	在纯氧中燃点为720~800℃，在空气中为850~1000℃，在纯氧下2000~3000℃转化为石墨
磁电性质	磁性	纯净者非磁性。某些情况下由于含有磁性包裹体而显示一定磁性
	相对介电常数	15℃时为16~16.5
	电导率	一般情况下是电的不良导体。电导率为$0.211×10^{-12}\sim0.309×10^{-11}$S/m。随温度的升高，电导率有所增大。Ⅱb型金刚石具有良好的半导体性能，属p型半导体
	摩擦电性	与玻璃、硬橡胶、有机玻璃表面摩擦时产生摩擦电荷
表面性质	亲油疏水性	新鲜表面具有较强的亲油疏水性，其润湿接触角为80°~120°
化学性质	化学稳定性	耐酸碱，化学性质稳定；高温下不与浓HF、HCl、HNO_3发生反应，只有在$NaCO_3$、$NaNO_3$、KNO_3的熔融体中，或与$K_2Cr_2O_7$和H_2SO_4的混合物一起煮沸时，表面才稍有氧化

金刚石砂矿的矿物组成因矿床不同而不尽相同。湖南常德金刚石砂矿的矿物组成如下：主要重矿物——金刚石、黄金矿、钛铁矿、赤铁矿、磁铁矿、锆英石、金红石、石榴子石、水铝石等。主要轻矿物——石英、长石、云母、蛋白石等。

6.2.2 应用领域与技术指标要求

(1) 主要用途 金刚石的主要用途可分为装饰品用和工业用两大方面，分述如下。

① 装饰品用金刚石 对装饰品用金刚石的质量要求很高。要求晶形完整，无色或色彩鲜艳，透明度高，无裂隙和杂质。一般晶体愈大，价值愈高。颜色愈浅，价值愈高。对彩色金刚石来说，色调愈浓，价值愈高。

② 工业用金刚石 对于Ⅰ型金刚石，主要利用它的高硬度、高耐磨性。对于Ⅱ型金刚石，主要利用它的良好的导热性和半导体性能。工业用金刚石的主要用途列于表6-11。

表 6-11 工业用金刚石的主要用途

颗粒大小	制品名称	用途
大颗粒金刚石	金刚石刀具(车刀、刻线刀)	超硬材料和高精密机械的加工
	金刚石拉丝模	抽制坚硬、极细的金属丝(如钨丝等)
	金刚石钻头(地质钻头、石油钻头)	地质和石油钻探
	金刚石修正工具(砂轮刀、金刚石笔、金刚石滚轮)	修正砂轮的工作表面
	金刚石测头(硬度计压头、表面粗糙度压头)	测试材料的硬度、表面粗糙度等
	金刚石玻璃刀	刻划、切割各种玻璃
	金刚石电子器件(金刚石散热片、整流器、三极管)	Ⅱa 型金刚石用于制造微波和激光器件的散热片；Ⅱb 型金刚石用于制造金刚石整流器、金刚石三极管、金刚石温度计等
小颗粒金刚石	金刚石砂轮	磨削硬质合金及其他脆、硬的难加工材料
	金刚石锯片	切割贵重、硬、脆的半导体材料、陶瓷材料、石材、混凝土等
	金刚石磨头	难加工材料的内圆磨削、牙医工具的磨削
	金刚石珩磨油石	加工汽车、飞机的发动机气缸
	金刚石微粉研磨膏	抛光和研磨硬质合金模具、光学玻璃、宝石、轴承等

(2) 技术指标要求 中国天然金刚石部颁标准 ［JC 220—79（1996）天然金刚石 ］对天然金刚石产品质量标准做出了详细规定（表 6-12）。

表 6-12 中国天然金刚石产品质量标准

用途	品级	晶体特征	规格/(克拉/粒)
工艺品用金刚石	一级品	晶体完整，形状为八面体、十二面体，颜色为无色、天然色、浅粉红色、无色略带淡黄色；透明；不允许有裂纹和包裹体	＞6.00,3.01～6.00,1.00～3.00
	二级品	晶体完整度不限，形状不限，最小的两个垂直径长之比不小于 1:2；颜色为无色、天然色、蓝色、浅粉红色、粉红色、淡黄色；透明或半透明；晶体表面允许有裂纹和包裹体，但这些缺陷伸入晶体不得大于晶体最小径长的 1/4；晶体内部允许有 2～3 点直径不大于 0.5mm 的包裹体，允许有裂纹，但沿裂纹延伸方向分离晶体后所得最大部分不小于原晶体的 3/4，且此部分无裂纹和包裹体	＞3.00,1.00～3.00,0.51～1.00,0.1～0.50
拉丝模用金刚石	一级品	晶体完整，形状为八面体、十二面体、过渡形晶体和外形为圆形、椭圆形的晶体；颜色为无色、淡黄色、浅绿色；晶体的最小径长不小于 1.4mm；透明；不允许有裂纹和包裹体；0.2 克拉/粒以上的晶体表面允许有色斑和深度不大于 0.5mm 的深坑	0.1～0.15,0.16～0.20,0.21～0.30,0.31～0.40,0.41～0.55,0.56～0.70,0.71～0.85,0.86～1.00,1.01～1.25
	二级品	晶体形状为八面体、十二面体、过渡形晶体和外形为圆形、椭圆形的晶体；颜色为无色、浅黄色、黄色、浅绿色、浅棕色、棕色；晶体的最小径长不小于 1.4mm，但浅棕色、棕色的晶体最小径长不小于 2.0mm(即不小于 0.2 克拉/粒)；晶体表面允许有包裹体，但伸入晶体不得大于晶体最小径长的 1/4；允许有裂纹，但沿裂纹延伸方向分离晶体后所得最大部分不得小于原晶体的 3/4，且此部分无裂纹和包裹体	0.1～0.15,0.16～0.20,0.21～0.30,0.31～0.40,0.41～0.55,0.56～0.70,0.71～0.85,0.86～1.00,1.01～1.25
车刀用金刚石		晶体完整，晶体形状为十二面体、弧形八面体、过渡形晶体和外形为圆形、椭圆形的晶体；晶体的最小径长不小于 4mm；颜色为无色、浅绿色、浅黄色、黄色、浅棕色；透明；不允许有裂纹，晶体表面允许有不大于 0.5mm 的包裹体和蚀坑	0.70～0.85,0.86～1.00,1.01～1.25,1.26～1.50,1.51～2.00,2.01～3.00
刻线刀用金刚石		晶体完整，形状为长形；颜色为无色、浅绿色、浅黄色、黄色、浅棕色；透明或半透明；晶体一端不允许有裂纹和包裹体，另一端允许有不影响使用的微小裂纹和不大于 0.3mm 的包裹体	0.1～0.20,0.21～0.30,0.31～0.40,0.41～0.55
硬度计压头用金刚石		晶体完整，晶体形状为十二面体、弧形八面体、过渡形晶体；颜色为无色、浅黄色、浅绿色、浅棕色；透明或半透明；不允许有裂纹，允许晶体内有微小包裹体	0.1～0.20,0.21～0.30

续表

用途	品级	晶体特征	规格/(克拉/粒)
地质和石油钻头用金刚石	一级品	晶体完整，形状为十二面体、弧形八面体和过渡形晶体；颜色为无色、浅黄色、浅绿色、浅棕色；透明或半透明；不允许有裂纹，允许晶体内有微小包裹体	1～3,4～10,11～20,21～30,31～40,41～60,61～80,81～100
	二级品	晶体较完整，形状为八面体、十二面体和过渡形晶体；颜色不限(绿豆色除外)；透明度不限；无裂纹，晶体内部允许有微小包裹体	1～3,4～10,11～20,21～30,31～40,41～60,61～80,81～100
砂轮刀用金刚石	一级品	晶体完整的八面体、十二面体和过渡形晶体；颜色不限；透明或半透明；顶角处不得有裂纹和包裹体，晶体内部可有不大于0.5mm的包裹体但不得有裂纹	0.30～0.45,0.46～0.60,0.61～0.80,0.81～1.00,1.01～1.25,1.26～1.50,1.51～2.00,2.01～3.00
	二级品	具有5个以上天然有顶角的八面体、十二面体和过渡形晶体；颜色不限；透明或半透明；有用顶角处不允许有裂纹和包裹体，其他部位允许有少量的包裹体和微小的裂纹	0.30～0.45,0.46～0.60,0.61～0.80,0.81～1.00,1.01～1.25,1.26～1.50,1.51～2.00,2.01～3.00
	三级品	晶体形状不限，具有三个以上天然有用顶角；颜色不限；透明或半透明(黑色和浅棕色除外)；有用顶角处不允许有裂纹，其他部位允许有少量的包裹体和微小的裂纹	0.30～0.45,0.46～0.60,0.61～0.80,0.81～1.00,1.01～1.25,1.26～1.50,1.51～2.00,2.01～3.00
玻璃刀用金刚石		晶体完整，形状为十二面体、弧形八面体和过渡形晶体；颜色不限；透明或半透明；不允许有裂纹，晶体内部允许有微小包裹体	10～20,21～30,31～40,41～60,61～80,81～100
金刚石笔用金刚石		非片状晶体，具有一个以上顶尖；颜色不限(绿豆色除外)；透明或半透明；有用顶角处不得有裂纹，晶体内部允许有微小包裹体	1～5,5～10,11～15
修整器用金刚石		非片状晶体，透明或半透明；	20～40,41～70
磨料用金刚石		凡不能满足以上各种用途的金刚石，均作为磨料用金刚石	—

6.2.3 加工技术

金刚石矿石的原矿品位极低，要从含量极低的原矿中选得金刚石颗粒，一般要采用粗选、精选两段选别和多种选矿方法和较复杂的选矿工艺流程。金刚石矿的主要选矿方法见表6-13。

表6-13 金刚石矿的主要选矿方法

选别阶段	选矿方法	分选原理	主要特点	适用粒度范围/mm
粗选	淘洗盘选矿	金刚石与脉石的密度差异	设备构造简单，可就地制造；回收率高，可达98%～99%；耗水量少	0.5～30
	跳汰选矿	金刚石与脉石的密度差异	工艺过程简单，操作管理方便；分选效果好，回收率高(97%～100%)，精矿产率低(2%～5%)；但耗水量大(50～100t/h)；生产能力低(10～15t/h)	0.5～30
	重介质选矿	金刚石与脉石的密度差异	分选效率高，重矿物与金刚石的回收率均可达100%；生产能力大，可达80～90t/h；但整个工艺过程较复杂；设备磨损快(采用重介质旋流器时)	0.3～40

续表

选别阶段	选矿方法	分选原理	主要特点	适用粒度范围/mm
精选	X 射线电选矿	金刚石与脉石的荧光性差异	分选效率高,回收率可达 100%;设备自动化程度高,但设备构造复杂,维修要求高;设备价格较贵	0.2～30
	油膏选矿	金刚石与脉石的亲油疏水性差异	分选效果较好,回收率 90%～98%;精矿产率低(0.5%左右);但影响分选效果的因素较多,操作较为麻烦;存在亲油性差的金刚石时分选效果显著变坏	0.5～20
	表层浮选	金刚石与脉石的亲油疏水性差异	设备构造简单;分选效果与油膏选矿相近,但精矿产率比油膏选矿高;生产能力小	0.2～2
	磁选	金刚石与脉石的磁性差异	当原矿中含有较多的磁性矿物杂质时采用	0.2～3
	电选	金刚石与脉石的导电性差异	回收率 90%左右,精矿产率较大;要求严格的操作条件;分选效果难以稳定	0.2～3
	重液选矿	金刚石与脉石的密度差异	按密度分选的精确度高;选别粒度下限低,可达0.02～0.03mm;但重液价格昂贵,且多数重液有毒,只适用于处理量很小的精选作业	>0.02
	化学处理(碱熔)	金刚石与脉石的化学稳定性差异	精矿产率小,回收率量大;但 NaOH 用量大[物料:NaOH=1:(3～10)],成本较高	0.2～1
	泡沫浮选	金刚石与脉石的表面疏水性差异	精矿产率低(0.2%～0.3%),回收率较高(90%～95%);捕收剂:煤油、柴油、黑药;PH=7～9	0.2～0.5
	磁流体静力分选	金刚石与脉石的密度和磁性的综合差异	精矿产率低,回收率 95%左右,精矿品位 95%左右;分选介质:$MnCl_2$、$Mn(NO_3)_2$ 等	0.2～0.5
	选择性磨碎筛分	金刚石与脉石的耐磨性差异	是减少进入精选的粗精矿量的有效方法,但晶体不完整和有缺陷的金刚石容易被磨碎,一般应在回收了大颗粒金刚石后再采用	<10
	人工拣选	金刚石与脉石的光泽、硬度、晶形等差异	是得到金刚石产品的最终工序之一	>1

应当指出,表 6-13 中粗选和精选的划分不是绝对的。有些方法既可以用于粗选,也可以用于精选,如浮选、磁选、选择性破碎筛分、X 射线拣选、手选等。

金刚石选矿流程的选择主要取决于原矿的性质、选矿厂的规模等因素。合理的选矿工艺流程应满足以下基本要求:保护金刚石晶体,使其破损最小;得到最高的金刚石回收率和尽可能地综合回收有用伴生矿物。

原生矿石的粗选一般采用多段破碎磨矿和多段选别的工艺流程。金刚石砂矿的粗选流程比原生矿石简单,不需要破碎和磨矿,只需进行洗矿、筛分、脱泥,即可进入精选。

金刚石矿石的精选流程,原生矿与砂矿基本相同。一般是粗粒级采用 X 射线拣选、油膏选矿、选择性磨碎筛分、人工拣选等方法;中粒级采用表层浮选、磁选、电选、选择性磨碎筛分等方法;小于 1mm 的细粒级采用化学处理、泡沫浮选、磁流体静力分选、重液选矿等方法。

第 7 章

其他非金属矿

7.1 萤石

7.1.1 矿石性质与矿物结构

萤石（fluorite），又称氟石，成分 CaF_2，其中含氟 48.67%，钙 51.33%，有时含稀有元素，富含钇者称为钇萤石；常与石英、方解石、重晶石及金属硫化物共生；通常呈黄色、绿色、蓝色、紫色等颜色，无色者较少；玻璃光泽；莫氏硬度 4；平行八面体（111）完全解理；密度 $3.18g/cm^3$，加热或在紫外线照射下显荧光。萤石不溶于水，能溶于硫酸、磷酸和热的盐酸及硼酸、次氯酸，并能与氢氧化钾、氢氧化钠等强碱稍起反应。萤石的熔点较低，为 1360℃。

萤石的晶体结构：等轴晶系，Ca 和 F 的配位数分别为 8 和 4，Ca^{2+} 分布在立方晶胞的角顶面中心，将晶胞分为 8 个小立方体，Ca 呈立方最紧密堆积，F 占据每个四面体的中心（见图 7-1）。晶体常呈立方体、八面体，较少呈菱形十二面体，常依八面体（111）成穿插双晶，集合体多呈粒状或块状集合体，有时见纤维状、土状等。

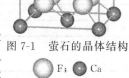

图 7-1　萤石的晶体结构
○ F；● Ca

萤石的矿石类型依矿物成分的不同，可分为石英-萤石型、方解石-萤石型、碳酸盐-萤石型、硫化物-萤石型；重晶石-萤石型、硅质岩萤石型等。

7.1.2 应用领域与技术指标要求

（1）应用领域　萤石中含有卤族元素氟，是制取含氟化合物的主要原料，又由于熔点低而广泛用于炼钢、有色金属冶炼、水泥、玻璃、陶瓷等。无色透明的大块萤石晶体还可制作光学萤石和制作工艺品。其主要用途列于表 7-1。

表 7-1　萤石的主要用途

应用领域	主要用途
冶金工业	炼铁、炼钢和铁合金的助熔剂、排渣剂，生产人造冰晶石的原料。冰晶石在电解铝生产中作为助熔剂、搪瓷的增白剂、玻璃的遮光剂等

应用领域	主要用途
化学工业	生产无水氢氟酸的主要原料,氟化工(氟利昂、氟聚合物、含氟精细化工品)的基础原料
水泥工业	生产水泥熟料的矿化剂,可降低烧成温度,易煅烧,烧成时间短,节约能源
玻璃工业	生产乳化玻璃、不透明玻璃和着色玻璃的原料,可降低玻璃熔炼时的温度,改进熔融体,加速熔融,从而可缩减燃料的消耗比率
陶瓷工业	制造陶瓷、搪瓷过程的熔剂和乳浊剂,又是配制涂釉不可缺少的成分之一

(2) 技术指标要求　中国黑色冶金行业标准(YB/T 5217—2005)将萤石产品分为萤石精矿(代号 FC)、萤石块矿(代号 FL)和萤石粉矿(代号 FF)三种;其化学成分要求见表7-2~表7-4;粒度要求见表7-5。

表7-2　萤石精矿的化学成分(YB/T 5217—2005)

牌号	化学成分/%						
	CaF_2 ≥	SiO_2 ≤	$CaCO_3$ ≤	S ≤	P ≤	As ≤	有机物 ≤
FC-98	98.0	0.6	0.7	0.05	0.05	0.0005	0.1
FC-97A	97.0	0.8	1.0	0.05	0.05	0.0005	0.1
FC-97B	97.0	1.0	1.2	0.05	0.05	0.0005	0.1
FC-97C	97.0	1.2	1.2	0.05	0.05	0.0005	0.1
FC-95	95.0	1.4	1.5	—	—	—	—
FC-93	93.0	2.0	—	—	—	—	—

表7-3　萤石块矿的化学成分(YB/T 5217—2005)

牌号	化学成分/%					
	CaF_2 ≥	SiO_2 ≤	S ≤	P ≤	As ≤	有机物 ≤
FC-98	98.0	1.5	0.05	0.03	0.0005	—
FC-97	97.0	2.5	0.08	0.05	0.0005	—
FC-95	95.0	4.5	0.10	0.06		—
FC-90	90.0	9.3	0.10	0.06		
FC-85	85.0	14.3	0.15	0.06		
FC-80	80.0	18.5	0.20	0.08		
FC-75	75.0	23.0	0.20	0.08		
FC-70	70.0	28.0	0.25	0.08		
FC-65	65.0	32.0	0.30	0.08		

表7-4　萤石粉矿的化学成分(YB/T 5217—2005)

牌号	化学成分/%	
	CaF_2 ≥	Fe_2O_3 ≤
FF-98	98.0	0.2
FF-97	97.0	0.2
FF-95	95.0	0.2
FF-90	90.0	0.2
FF-85	85.0	0.3
FF-80	80.0	0.3
FF-75	75.0	0.3
FF-70	70.0	—
FF-65	65.0	—

表7-5　萤石产品的粒度要求(YB/T 5217—2005)

分类	萤石精矿(FC)	萤石块矿(FL)		萤石粉矿(FF)
粒度要求	通过 0.154mm 筛孔的萤石量不小于80%	6~200mm。其中<6mm,≤5%;>200mm,≤10%	最大粒度250mm	0~6mm

注:对粒度有特殊要求时,可由双方协商确定,并在合同中注明。

7.1.3　加工技术

（1）选矿提纯　萤石常与石英、方解石、重晶石和硫化矿共生。因此，不经过选矿直接利用的萤石在自然界很少见。根据矿石性质和用户对产品质量的要求，要采用不同的选矿方法，如冶金级萤石一般用破碎筛分和人工拣选的方法，酸级和陶瓷级粉状萤石常采用浮选法富集，尤其是分选高纯度萤石粉均采用浮选法。

萤石是非金属矿物中易浮选的矿物之一。浮选常用脂肪酸类阴离子类捕收剂，此类药剂易于吸附于萤石表面，且不宜解吸。适宜的 pH 值为 8～10，提高矿浆温度能显著提高浮选效果。萤石的浮选方法因伴生矿物种类不同而略有不同。

对于石英-萤石型矿石，多采用一次磨矿粗选、粗精矿再磨、多次精选的工艺流程。其药剂制度常以碳酸钠为调整剂，调至碱性，以防止水中多价阳离子对石英的活化作用，用脂肪酸类作为捕收剂时加少量水玻璃以抑制硅酸盐类脉石矿物。

对于碳酸盐-萤石型矿石，萤石和方解石全是含钙矿物，用脂肪酸类作为捕收剂时均具有强烈的吸附作用。因此，萤石和方解石等碳酸盐矿物的分离较难。在生产中为提高萤石精矿的品位，必须采用选择性较强的抑制剂。含钙矿物的抑制剂有水玻璃、偏磷酸钠、木质素磺酸盐、糊精、单宁酸、草酸等。为提高抑制效果，多以组合药剂形式加入浮选矿浆，如栲胶与硅酸钠、硫酸与硅酸钠（又称酸化水玻璃）、硫酸与水玻璃等，对抑制方解石和硅酸盐矿物具有明显效果。

硫化矿-萤石型矿石，主要以含锌、铅矿物为主，萤石为伴生矿物，一般先用黄药类捕收剂浮选硫化矿，再用脂肪酸浮出萤石。浮出硫化矿后可按浮选萤石流程进行多次精选，以得到较高纯度的萤石精矿。

总之，浮选萤石采用以下条件为宜：温水浮选，水温 60～80℃为佳；软化水；矿浆 pH 值在 9.5 左右；精选次数最少 3 次以上；调整剂可用苛性钠、碳酸钠，抑制剂为水玻璃、糊精、单宁酸等；捕收剂可用油酸、塔尔油、石油磺酸钠等。

当矿石品位较低或含大量粗连生体时一般采用重选-浮选联合选别流程。

（2）制备氢氟酸　氢氟酸是一种重要的化工产品，它的腐蚀性极强，能侵蚀玻璃和硅酸盐而形成气态的四氟化硅，极易挥发。与金属盐类、氧化物、氢氧化物作用生成氟化物。

氢氟酸有剧毒，有刺激性气味。

氢氟酸广泛用于有机合成（聚合、缩合、烷基化）的促进剂，含氟树脂，阻燃剂，染料合成，制造有机和无机氟化物，如氟碳化合物、氟化铝、六氟化铀、冰晶石等，蚀刻玻璃，电镀，试剂，发酵，陶瓷处理，石油工业中用于催化剂，磨砂灯泡的制造，金属铸件除砂，石墨灰分的去除，金属的洗净（酸洗铜、黄铜、不锈钢等）和半导体（锗、硅）的制造等。

氢氟酸是用硫酸分解萤石，即所谓硫酸法而制得，目前工业生产几乎都采用硫酸法。硫酸法生产流程如图 7-2 所示。其工艺过程简述如下：将干燥后的萤石粉和硫酸（浓度98％以上），按配比 1∶（1.2～1.3）在炉外混料或在炉内混料后，进入回转式反应炉内。炉内气相温度控制在（280±10）℃。反应后的气体进入粗馏塔，以除去大部分硫酸、水分和萤石粉。塔釜温度控制在 100～110℃，塔顶温度为 35～40℃，粗氟化氢气体再经脱气塔冷凝为液态。塔釜温度控制在 20～23℃，塔顶温度为（-8±1）℃。未被冷凝的二氧化硫和四氟化硅等低沸点杂质从塔顶排出，进入精馏塔精馏，以进一步除去残存的少量硫酸和水分。塔釜温度控制在 30～40℃，塔顶温度为（19.6±0.5）℃。精制氟化氢进入储槽，此即干法制取无水氟化氢的方法。

将槽内无水氟化氢气化后引入水吸收槽。水吸收槽内根据产品氟化氢含量加入一定量的水，吸收时用水进行间接冷却。吸收至所需规格，即可灌装。反应炉内由于有硫酸、氢氟酸存

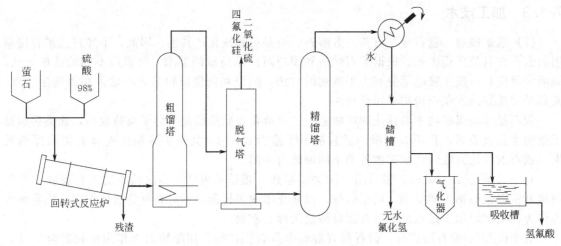

图 7-2　硫酸法生产氢氟酸流程

在，故腐蚀问题是氢氟酸生产的关键问题。

氢氟酸灌装时应戴橡胶手套。当皮肤沾染氢氟酸时，应立即用大量 3% 的氢氧化钠、10% 的碳酸铵溶液冲洗。如手沾上后应在上述溶液中浸洗一些时间。洗后涂上氧化镁可的松药膏。

反应炉渣含有较多的游离硫酸，可用石灰中和，也可经水处理后，用来分解磷矿，制取磷肥。

氢氟酸生产过程中产生的带有游离酸的硫酸钙，可先用适量石灰中和，再加促进剂，送入球磨机磨碎后，可作为一种高强度的建筑材料。

凡与氢氟酸、硫酸等腐蚀性混合物接触的构件和受热在 90℃ 左右或更高的构件要采用 Ni-Cu 耐酸钢、Ni-Cr-Mo 合金及其他材料；与浓度低于 60% 的氟化氢水溶液接触的设备，可采用铅、碳和塑料，如聚氯乙烯、偏氯乙烯和聚四氟乙烯等。

7.2　金红石、钛铁矿

7.2.1　矿石性质与矿物结构

金红石（rutile），化学式为 TiO_2，其中 Ti 为 60%，O 为 40%，常含有氧化铁杂质。晶体常呈粒状和针状，常依（001）呈膝状双晶和三连晶。常见晶面为四方柱和四方双锥。集合体有时呈致密块状。颜色呈褐红色，含铁高时呈黑褐色，条痕浅褐色或黄褐色，金刚光泽。莫氏硬度 6~6.5，密度 $4.2~4.3g/cm^3$。无磁性，导电性良好。除金红石外，自然界有时还发现二氧化钛的其他结晶形态——锐钛矿和板钛矿。金红石主要产于砂矿中。

晶体结构：四方晶系，为 AX2 型化合物的典型结构。O^{2-} 做近似六方最紧密堆积，Ti^{4+} 填充其半数的八面体空隙。Ti^{4+} 占据晶胞的角顶和中心（图 7-3），Ti 和 O 配位数分别为 6 和 3。[TiO_6] 八面体共棱连接成平行 c 轴的链，链间八面体共角顶。

钛铁矿（ilmenite），化学式为 $FeTiO_3$。其中 TiO_2 为 52.7%，FeO 为 47.3%。含有类质同象混入物 Mg 和

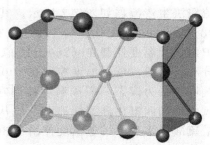

图 7-3　金红石的晶体结构

○ Ti；● O

Mn。对于三方晶系，晶体呈菱面体或厚板状，通常为规则柱状集合体。铁黑色，条痕黑色，金刚光泽。莫式硬度 5~6，密度 4.72g/cm³，磁性中等，良导体。

7.2.2 应用领域与技术指标要求

(1) 应用领域 金红石和钛铁矿是冶炼金属钛、制造钛白粉以及颜料、光学材料、宝石、电焊条焊药、介电陶瓷等的重要原料。金红石和钛铁矿的主要用途见表 7-6。

表 7-6 金红石和钛铁矿的主要用途

应用领域	主要用途
颜料工业	生产钛白粉(二氧化钛颜料),由于钛白粉具有折射率高、白度高、亮度高、化学稳定性好、遮盖能力强等特性,大量用于造纸、塑料、涂料等工业
冶金工业	主要用于冶炼金属钛
光学材料	金红石单晶材料具有特殊透光性能,可用于元器件或前置透镜、分束器等
介电陶瓷	生产高频介电材料,用于陶瓷电容器和机电换能器
其他	优质电焊条药皮,可减少焊接过程中有害气体的排放量,高温隔热涂层材料,玻璃纤维和钛合金生产含钛组分的有机化合物,例如钛酸酯可作为各种聚合作用和染色过程的催化剂;大粒的金红石晶体可作为宝石

(2) 技术指标要求 中国冶金工业部标准（YB 839—1987）将天然金红石精矿产品按化学成分分为四个品级（以干矿品位计算），详见表 7-7。

表 7-7 产品质量标准

级别	化学成分/%			
	TiO$_2$ ≥	杂质含量 ≤		
		P	S	Fe$_2$O$_3$
一级品	93.0	0.02	0.02	0.5
二级品	90.0	0.03	0.03	0.8
三级品	87.0	0.04	0.04	1.0
四级品	85.0	0.05	0.05	1.2

产品中水分应小于 1%，不得混入外来杂物。砂矿产品应全部通过 0.18mm 筛孔标准筛。原生矿产品应全部通过 0.25mm 筛孔标准筛。

钛精矿质量标准列于表 7-8。

表 7-8 钛精矿质量标准 （YB 835—1987）

类别	用途	级别		化学成分/%				
				TiO$_2$ ≥	杂质含量 ≤			
					P	S	CaO+MgO	Fe$_2$O$_3$
砂矿钛铁精矿	人造金红石	一级品[①]	一类	52	0.030	—	0.5	
			二类	50	0.025	—	0.5	
	钛铁合金	二级品		50	0.030	—	0.5	
		三级品		49	0.040	—	0.6	
	高钛渣	四级品		49	0.050	—	0.6	
		五级品		48	0.070	—	1.0	
	钛白粉等	一级品[②]	一类	50	0.020	—	—	10
			二类	50	0.020	—	—	13
		二级品	一类	49	0.020	—	—	10
			二类	49	0.025	—	—	13

① TiO$_2$>57%，CaO+MgO<0.6%，P<0.045% 作为一级品。

② TiO$_2$>52%，Fe$_2$O$_3$<10%，P<0.025% 作为一级品。

7.2.3　加工技术

(1) 选矿　通常金红石和钛铁矿矿石中伴生有多种其他矿物，如磁铁矿、赤铁矿、石英、长石、云母、角闪石、辉石、橄榄石、石榴子石、铬铁矿、磷灰石等。一般采用重选、磁选、电选及浮选等方法进行选别。以下分别予以简述。

① 重选　此法一般用于含钛砂矿或经破碎后的含钛原生矿的粗选。目的是除去大部分脉石矿物，使目的矿物得到富集。由于含钛等矿物的密度一般大于 $4g/cm^3$，因而在砂矿粗选时，一般采用重选法，将大部分密度小于 $3g/cm^3$ 的伴生矿物去除。重选设备有跳汰机、螺选选矿机、摇床、溜槽、圆锥选矿机等。

② 磁选　磁选方法广泛用于含钛矿物的精选中，可采用弱磁场磁选机从粗精矿中分选出磁铁矿、钛铁矿等磁性矿物。为了使钛铁矿与其他非磁性矿物分离，可采用强磁选。工业上，干湿磁选均有采用。

③ 静电选矿　静电选矿主要是利用含钛粗精矿中不同矿物间导电性的差异进行精选，如金红石与锆英石、独居石等的分离。所用电选机有辊式、板式、筛板式三种。

④ 浮选　主要用于选别细粒级含钛矿石。常用的浮选捕收剂有硫酸、塔尔油、油酸、柴油及乳化剂等。

海滨沉积砂矿粗选的工艺流程如图 7-4 所示。原矿经破碎、筛分后，可根据砂矿中有用矿物的粒度特性分别采用跳汰机、螺旋选矿机、溜槽、摇床、圆锥选矿机等进行粗选、扫选、精选。当原矿中含泥较多时，须预先进行洗矿、脱泥。脱泥一般使用水力旋流器。对于含钛的粗精矿的精选，一般采用磁选、电选、重选及浮选法。根据矿物性质的不同交错进行配置。混合精矿采用电选、磁选及重选相互配合选别钛铁矿、金红石、锆英石、独居石四种精矿（见图 7-5）。

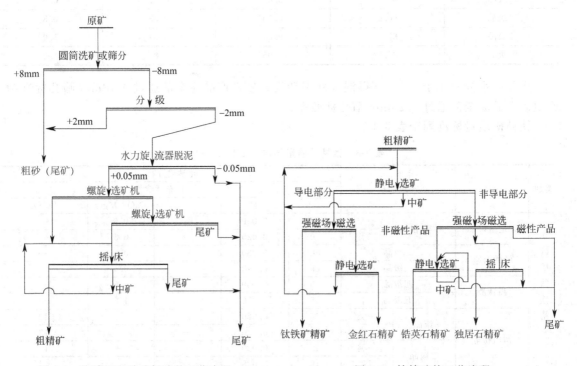

图 7-4　海滨沉积砂矿粗选的工艺流程　　　　图 7-5　钛精矿的工艺流程

(2) 生产钛白粉　钛白粉是一种具有许多优异特性的白色颜料，广泛用于涂料、塑料、造纸、橡胶、油墨、化纤等工业领域。

钛白粉是用金红石、锐钛矿经硫酸法或氯化法生产的。根据钛白粉生产方法和原料的不同，分为金红石型和锐钛型钛白粉。

金红石型钛白粉密度 $3.9\sim4.2g/cm^3$，折射率2.71，吸油率 $16\sim18g/100g$，平均粒径 $0.2\sim0.3\mu m$。锐钛型钛白粉密度 $3.7\sim4.1g/cm^3$，折射率2.55，吸油率 $18\sim30g/100g$，平均粒径 $0.18\sim0.3\mu m$。

钛白粉的生产方法有硫酸法和氯化法两种。硫酸法是1923年和1925年分别由法国和美国投入工业生产的。氯化法是1955年美国杜邦公司开发并投入生产的。

① 硫酸法 硫酸法生产钛白粉的工艺流程如图7-6所示。首先用硫酸分解钛铁矿精矿，所得硫酸钛和硫酸铁溶液，通过降低温度使含水硫酸铁转化为固相而得以分离；然后溶液用水分解，以获得溶解度很小的钛化合物。含钛沉淀物经煅烧即得二氧化钛。

以钛渣为原料，可省去结晶和分离硫酸亚铁工艺，提高劳动生产率和生产能力，降低生产成本。

② 氯化法 氯化法生产钛白粉的工艺流程如图7-7所示。氯化法是一种高温冶金过程。在 $900\sim1000℃$ 温度下，用固定床和沸腾床的氯化设备，用氯气氯化金红石或人造金红石，制得含杂质的粗 $TiCl_4$，再用蒸馏法或化学处理剂精处理，除去杂质获得纯净的精 $TiCl_4$。然后气相氧化，采用外加热法、内加热法或中间法作为供热手段，使温度保持在1300℃左右，获得二氧化钛浆液，经砂磨、表面处理、过滤、干燥、气流粉碎和分级，即得成品钛白粉。

氯化法的优点是钛白粉质量较好，三废排放量少。但生产工艺较复杂，设备材质及反应器的设计要求高。硫酸法工艺流程长，"三废"污染严重，有逐渐被氯化法取代的趋势。

图7-6 硫酸法生产钛白粉的工艺流程   图7-7 氯化法生产钛白粉的工艺流程

(3) 制备人造金红石 由于天然金红石的储量有限，而世界各国对金红石的需求量与日俱增，所以许多国家都在利用钛铁矿精矿制取人造金红石。

其工艺过程简述如下：钛铁矿精矿经焙烧（$850\sim900℃$，焙烧60min）后，选择性浸出铁。再加20%～25%的盐酸，加热，在固液比1:2的条件下，经2.5～3h从还原精矿中浸出铁（二段浸出），过滤矿浆，固体残渣经洗涤后，在 800～900℃下煅烧。如果原精矿中含铬铁矿、十字石等杂质矿物，则进一步进行磁选。非磁性产品为最终产品——含 TiO_2 93%～96% 的人造金红石。由于这种金红石具有多孔结构，因此比天然金红石更容易加工成颜料二氧化钛。用钛铁矿精矿制取人造金红石的工艺流程如图 7-8 所示。

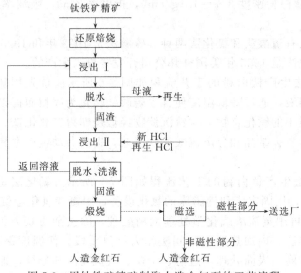

图 7-8　用钛铁矿精矿制取人造金红石的工艺流程

7.3　磷矿

7.3.1　矿石性质与矿物结构

磷矿石（phosphorus ore）是指在经济上能被利用的磷酸盐矿物的总称。自然界中已知的含磷矿物约有 120 余种，但作为含磷的工业矿物主要是磷灰石和磷块岩中的磷酸盐矿物。

磷灰石 $[Ca_5(PO_4)_3(OH,F)]$ 是一种主要成分为磷酸钙的矿物，因其中含有氟、氯等不同元素，而有不同的名称。常见的含磷矿物如表 7-9 所示。

表 7-9　常见的含磷矿物

矿物名称	化学式	P_2O_5 理论含量/%
氟磷灰石	$Ca_5[PO_4]_3F$	42.24
氯磷灰石	$Ca_5[PO_4]_3Cl$	40.91
羟磷灰石	$Ca_5[PO_4]_3(OH)$	42.41
碳磷灰石	$Ca_{10}[PO_4]_6(CO_3)$	41.35
碳氟磷灰石	$Ca_5[PO_4,CO_3]_3F$	41.87 以下
碳羟磷灰石	$Ca_5[PO_4,CO_3]_3(OH)$	42.04 以下

由于本族矿物的附加阴离子 F^-、OH^-、Cl^-、CO_3^-、O^- 可以互相替代，类质同象成分较多，故矿物化学成分变化较大。磷灰石的典型化学组成列于表 7-10。

表 7-10　磷灰石的典型化学组成

化学组成	P_2O_5	CaO	SiO_2	Fe_2O_3	N_2O	F	K_2O	H_2O
含量/%	40.36	52.74	0.48	0.32	0.13	2.66	0.09	0.48

7.3.2 应用领域与技术指标要求

磷矿石主要用于磷酸质肥料及各种磷化合物的原料,广泛应用于化工、农药、医药、轻工及军工等领域。表 7-11 列出了磷矿石制品的主要用途。

表 7-11 磷矿石制品的主要用途

应用领域		主要用途	制品名称
化学工业	化学药剂	红磷、硫化磷、氯化磷、磷酸等	黄磷
		氯化磷、磷化锌、磷化铝等	红磷
		磷酸盐类	磷酸
	清洁剂	清罐剂(锅炉、机车)	磷酸钠、三聚磷酸钠
		家用合成洗涤剂	
		电镀、油脂	磷酸、五氧化二磷
农业		农药	红磷、五氧化二磷、五硫化二磷
		饲料	磷酸钙
医学		医药	红磷、磷酸、五硫化二磷、三氯化磷、磷酸钠、三聚磷酸钠
		维生素 B_1	五氯化磷
轻工业	食品工业	食品	磷酸、磷酸铵、三聚磷酸钠
		营养剂	磷酸铵
		发酵粉	磷酸钙
		电灯泡	五氧化二磷
		染料	磷酸、磷酸钠、三氯化磷
		珐琅、纤维加工(染料分散)	磷酸铵
		聚氯乙烯安定剂	三氯化磷
		火柴	红磷
冶金工业		青铜(脱硫、磷青铜)	红磷
		金属表面处理、电解、研磨	磷酸
其他		玻璃、生物陶瓷	磷酸钙
		浮选药剂	五硫化二磷
		军用燃烧弹、烟幕弹、曳光弹等	黄磷

磨碎了的易溶非晶质磷酸盐矿,能够直接作为肥料用。但结晶质的和结核状的磷灰石中的磷酸盐,不能直接使用,必须制成过磷酸钙、重过磷酸钙、可溶性磷肥和烧成磷肥。

磷矿石的主要用途是制取磷肥。在制肥的过程中,其质量要求既随加工方法而异,也视矿石性质而异。为此,中国化工行业制定了相应的质量标准,表 7-12～表 7-14 分别为酸法加工磷肥用磷矿、黄磷用磷矿和钙镁磷肥用磷矿质量要求。

表 7-12 酸法加工磷肥用磷矿质量要求 (HG/T 2673—2009)

项目		指标				
		优等品		一等品		合格品
		I	II	I	II	
五氧化二磷 (P_2O_5) 含量/%	≥	34.0	32.0	30.0	28.0	24.0
氧化镁 (MgO)/五氧化二磷 (P_2O_5)/%	≤	2.5	3.5	5.0	10.0	
三氧化物 (R_2O_3)/五氧化二磷 (P_2O_5)/%	≤	8.5	10.0	12.0	15.0	
二氧化碳 (CO_2) 含量/%	≤	3.0	4.0	5.0	7.0	

注: 1. 水分以交货地点计, 含量应≤1%。

2. 除水分外各组分含量均以干基计。

3. 当指标中仅 $(MgO)/(P_2O_5)$ 或 $(R_2O_3)/(P_2O_5)$ 一项超标, 而另一项较低时, 允许 $(MgO)/(P_2O_5)$ 增加或减少 0.4%; 但同时 $(R_2O_3)/(P_2O_5)$ 也应减少或增加 0.6%。

4. 什邡式磷矿石合格品的 P_2O_5 含量应≥26.0%。

5. 合格品中杂质要求按合同执行。

表 7-13　黄磷（电炉法）用磷矿质量要求（HG/T 2674—2009）

项目	指标			
	优等品	一等品	合格品	
			I	II
五氧化二磷(P_2O_5)含量/% ≥	30.0	28.0	26.0	24.0
二氧化硅(SiO_2)/氧化钙(CaO)含量/% ≤			0.2	0.4
三氧化物(R_2O_3)含量/% ≤				
二氧化碳(CO_2)含量/% ≤	6.0			
粒度/mm	5～50(小于 5mm 不超过 5%)			

表 7-14　钙镁磷肥用磷矿质量要求（HG/T 2675—2009）

项目	指标			备注
	优等品	一等品	合格品	
五氧化二磷(P_2O_5)含量/% ≥	28.0	24.0	20.0	1 各组分含量均以干基计；
氧化镁(MgO)含量/% ≤			1.0	2 五氧化二磷含量(%)≥19.0、18.0、17.0,对应的氧化镁含量(%)分别≥3.0、5.0、7.0作为合格品；
三氧化物(R_2O_3)含量/% ≤	4.0	8.0		3 电炉法、旋风炉法技术指标要求可由供需双方参照本标准议定
粒度/mm	15～100(小于 15mm 不超过 5%)			

7.3.3　加工技术

(1) 选矿提纯

① 选矿方法　按磷矿石中所含脉石矿物的种类与含量的不同，可分为硅质型、钙质型和硅（钙）-钙（硅）质型磷矿石。为了得到合格的磷精矿，需视矿石性质的差异而采用不同的选矿方法。目前浮选法是磷灰石最主要的选矿方法，焙烧法也得到重视和发展。磷矿石的主要选矿方法列于表 7-15。

表 7-15　磷矿石的主要选矿方法

选矿方法	应用	分选原理与分选条件
正浮选	回收岩浆型磷灰石矿石和变质型磷灰石矿石中的磷灰石矿物	由于磷矿物嵌布粒度较粗,可浮性良好或较好,用水玻璃、碳酸钠作为调整剂,氧化石蜡皂和亚硫酸化皂等脂肪酸作为捕收剂
	细粒嵌布的沉积型硅-钙质磷块岩中磷矿物与碳酸盐矿物的分选	用抑制剂抑制碳酸盐矿物,加大磷矿物与脉石矿物表面可浮性的差异,用脂肪酸作捕收剂回收磷矿物
反浮选	高品位的沉积型钙质磷块岩矿中磷矿物与钙碳酸盐脉石的分离	由于磷矿物与含钙碳酸盐矿物可浮性相近,因而采用磷酸或硫酸作为磷矿物的抑制剂,用脂肪酸类捕收剂浮选含钙碳酸盐矿物,磷矿物作为浮选尾矿回收
反-正浮选	含钙碳酸盐-硅质型磷块岩矿。此种矿石中,硅质矿物较碳酸盐矿物更紧密地与磷矿物共生	以磷酸作磷矿物的抑制剂,用脂肪酸类捕收剂先浮选脱除碳酸盐矿物;再用水玻璃抑制硅质矿物,用碳酸钠作为pH调整剂,用脂肪酸类捕收剂回收磷矿物
焙烧	矿石较硬、品位较低、含钙碳酸盐矿物较多的沉积型钙质磷块岩,实现磷矿物与碳酸盐矿物的分选	焙烧使含钙碳酸盐产生热分解,析出磷酸并生成生石灰和方镁石的固体产物,同时产生磷酸盐矿物的单体
光电选矿	对磷矿物进行预选选别。用于磷矿物与高镁脉石矿物分离	根据磷矿物与高镁矿物之间光学特性的差异,利用光电效应将它们分开
重介质选矿	对磷矿石进行预先选别。用于处理碳酸盐化磷酸盐矿石	采用磁铁矿或硅铁或两者的混合物作为加重剂,使溶液密度介于碳酸盐矿物和磷酸盐矿物之间,较溶液密度小者上浮,反之则下沉,从而达到分选的目的
静电选矿	磷矿物与石英分离	矿石被加热后,磷矿物和石英因不同的介电和半导体性质而具有不同的选择性带电能力(两者带相反的电荷),从而达到分选的目的
磁选	回收磷矿中含铁磁性矿物	含铁磁性矿物,在外加磁场的作用下与非磁性的脉石矿物分离

② 原则工艺流程

a. 浮选-磁选联合流程　主要用于含铁、钛等磁性矿物的磷矿石。我国此类矿石较少，目前仅有少数选矿厂采用。

b. 磨矿-分级-浮选流程　用于处理风化较轻或无风化即含黏土较少的磷块岩矿。浮选作业视矿石性质不同，可分别采用正浮选法、反浮选法或正-反浮选法。我国大多数磷矿选矿厂采用此流程。

c. 阶段磨矿-阶段选别流程　用于处理胶磷矿和磷灰石同时存在的磷块岩矿。

d. 擦洗-脱泥-浮选流程　用于处理风化严重、含黏土较多的磷块岩矿。我国此类矿床较少，目前仅在少数选矿厂中应用。

e. 焙烧-消化-分级流程　用于处理矿石较硬、含碳酸盐矿物（白云石和方解石）较多的沉积钙质磷矿。

(2) 磷肥和磷化合物的加工　目前加工磷肥和磷化工产品的途径如图 7-9 所示。

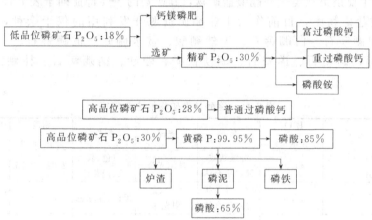

图 7-9　磷肥和磷化工产品的加工

磷肥制造是将不为植物吸收的磷矿物转化为易吸收的磷酸盐。

钙镁磷肥是将低品位磷矿石和适量的白云石、焦炭在小高炉内加热至 1250～1300℃，可生产出 P_2O_5 为 12%～14% 的钙镁磷肥。

普通过磷酸钙（普钙）的制备工艺是用硫酸使磷灰石或胶磷矿分解，其主要反应式如下：

$$2Ca_5(PO_4)_3F + 7H_2SO_4 \Longrightarrow 3Ca(H_2PO_4)_2 + 7CaSO_4 + 2HF\uparrow$$

普钙中能被吸收的 P_2O_5 含量为 14%～20%。重过磷酸钙（重钙）的制备工艺与普通过磷酸钙一样，只是分解磷矿物的酸是磷酸。在重过磷酸钙中 P_2O_5 含量为 40%～50%。富过磷酸钙（富钙）是用硫酸和磷酸的混合酸来分解磷矿制备的一种磷肥，按其实质来说是普通过磷酸钙和重过磷酸钙的一种混合物。

磷铵（磷酸一铵和磷酸二铵）是用氨水中和磷酸而制得的一种高效复合肥料。

在磷肥厂内，还将生产磷酸钙过程中逸出的含氟气体用来制造氟硅酸钠（Na_2SiF_6），氟硅酸钠可用于农药和耐酸混凝土。

黄磷生产是将磷矿石混以石英砂和焦炭粉在电炉内加热至 1500℃ 进行的，其反应式如下：

$$Ca_3(PO_4)_2 + 3SiO_2 + 5C \longrightarrow 3CaSiO_3 + 2P + 5CO$$

将生成的磷蒸气和 CO 通过冷水，磷便凝结成白黄色固体，称为黄磷。在隔绝空气条件下加热到 280℃ 即可得到红磷。

磷酸的生产方法有两种：一种是硫酸萃取法，即将磷矿石用稀硫酸处理，过滤掉 $CaSO_4$ 而制得；另一种是使磷在过量氧中燃烧生成五氧化二磷，再用水或浓度为 50% 的磷酸吸收，即生成磷酸。

7.4 硼矿

7.4.1 矿石性质与矿物结构

硼在自然界分布很广，目前已知的含硼矿物（boron minerals）有 100 种以上。根据含硼矿物的化学成分组成，一般可分为三类：硼硅酸盐矿物、硼铝酸盐矿物和硼酸盐矿物（包括含水和无水硼酸盐矿物）。硼酸盐矿物主要是硅钙硼石（$2CaO \cdot B_2O_3 \cdot 2SiO_2 \cdot H_2O$）和赛黄晶 $[CaB_2 (SiO_4)_2]$；硼铝硅酸盐矿物主要是电气石 $[Na_2O \cdot (Fe, Mg) O \cdot 10Al_2O_3 \cdot 18SiO_2 \cdot 4B_2O_3 \cdot 5H_2O]$ 和斧石 $[Ca (Mn, Fe) Al_2BSi_4O_{15} (OH)]$。这两类含硼矿物中，只有硅钙硼石具有工业价值，其他则因加工困难或未经大量聚集成为工业矿床而意义较小。作为硼加工工业原料的主要是第三类——硼酸盐矿物，其矿物的主要特征列于表 7-16。

在这些硼酸盐矿物中，目前作为工业硼矿资源开发利用的仅十余种，如硼砂、遂安石、硬硼钙石和硼镁石、白硼钙石、天然硼酸、贫水硼砂、钠硼解石、三方硼砂、柱硼镁石等。在中国，硼镁石、遂安石、硼镁铁矿、硼砂、钠硼解石、柱硼镁石均有大型、中型矿床。

表 7-16　硼酸盐类矿物的主要特征

矿物名称	化学分子式	B_2O_3 含量/%	晶形	光泽	颜色	密度 /(g/cm³)	莫氏硬度	对水的可溶性
硼镁石	$Mg_2[B_2O_4(OH)]$ (OH)	41.38	纤维状或针状集合体	丝绢光泽	白色、灰色、浅黄色	2.62~2.75	3~4	不溶
硼镁铁矿	$(Mg,Fe)_2Fe[BO_3]O_2$	17.83	针状、纤维状、柱状集合体	珍珠、金刚光泽	黑色、黑绿色	3.6~4.7	5.5~6	不溶
镁硼石	$Mg_2[BO_3]_4$	36.54	细粒状	玻璃光泽	无色、白色	3.03~3.10	6.5	不溶
天然硼酸	$H_3[BO_3]$	56.40	鳞片状、板状、钟乳状	玻璃、珍珠光泽	无色、白色	1.46~1.52	1.0	易溶
贫水硼砂	$Na_2(H_2O)_3$ $[B_2B_2O_6(OH)_2]$	51.02	粒状或纤维块体	玻璃、丝绢光泽	白色、无色	1.90	2.5	易溶
钠硼解石	$NaCa(H_2O)_6$ $[B_3B_2O_7(OH)_4]$	42.95	结核状、纤维状块体	玻璃、丝绢光泽	无色、白色	1.65~1.95	2.5	难溶
硬硼钙石	$Ca(H_2O)$ $[B_2BO_4(OH)_3]$	50.81	短柱状	玻璃、金刚光泽	白色、无色	2.41~2.44	4.5~5	不溶
白硼钙石	$Ca_2(H_2O)$ $[B_4BO_7(OH)_5]$	48.44	结核状或致密状块体	无光泽	白色	2.26~2.48	3.0~3.5	不溶
水方硼石	$CaMg(H_2O)_3$ $[B_2BO_4(OH)_4]$	50.53	放射状或纤维状集合体	玻璃光泽	无色、白色、玫瑰色	1.90~2.17	2	难溶
锰方硼石	$Mn_3[B_3B_4O_{12}]OCl$	50.36	他形粒状、豆状集合体	油脂光泽	白色、色微灰	3.49	7	不溶
天然硼砂	$Na_2(OH)_8$ $[B_4O_5(OH)_4]$	36.51	短柱状	玻璃、油脂光泽	白色、浅灰色、浅黄色	1.69~1.72	2.0~2.5	可溶
遂安石	$Mg_2[B_2O_5]$	46.34	束状、放射状、纤维状	玻璃、油脂光泽	白色、淡褐色	2.91~2.93	5.9	不溶
柱硼镁石	$Mg[B_2O(OH)_6]$	42.46	柱状、短柱状、纤维状	玻璃、光泽	无色、白色、灰白色	2.3	3.5	

7.4.2 应用领域与技术指标要求

（1）主要用途　硼矿是一种用途广泛的化工原料矿物。它主要用于生产硼砂、硼酸和硼的各种化合物及单质硼，是冶金、建筑、机械、电器、化工、轻工、核工业、医药、农业等部门的重要原料，详见表7-17。

表7-17　硼矿的主要用途

应用领域	主要用途
冶金	各种特种钢的冶炼，熔融铜中气体的清除剂，各种添加剂，助熔剂，金属保护高温技术，铸造镁及合金时的防氧化剂，各种模型的脱模剂等
机械	硬质合金、宝石等硬质材料的磨削、研磨、钻孔及抛光等
建材	陶瓷工业的催化剂、防腐剂，高温坩埚、耐热玻璃器皿和涂料耐火添加剂，以及木材加工、玻璃工业等
轻工	增强搪瓷产品的光泽度和牢固度可作为釉药及颜料、洗涤剂、防火剂、防火涂料、涂料干燥剂、焊接剂、媒染剂、造纸工业含汞污水处理剂、原布的漂白剂等
电器	引燃管的引燃剂，电信器材、电容器、半导体的掺和材料，高压高频电及等离子弧的绝缘体，雷达的传递窗等
化工	还原剂、氧化剂、溴化剂，有机合成的催化剂，合成烷的原料，塑料的发泡剂等
核工业	原子反应堆中的控制棒，火箭燃料，火箭发动机的组成物及高温润滑剂，原子反应堆的结构材料等
医药	医药工业的催化剂、杀菌剂、消毒剂、双氢链霉素的氢化剂、脱臭剂等
农业	杀虫剂，防腐剂，催化剂，含硼肥料等

（2）产品技术指标要求　目前，国内的硼加工厂，绝大多数以硼镁石矿为原料生产硼砂和硼酸。硼镁石矿的化工行业标准见表7-18，硼砂的国家标准见表7-19，硼酸的国家标准见表7-20。

表7-18　硼镁石矿的化工行业标准（HG/T 3576—2009）

指标名称		优等品		一等品		二等品		三等品	
		优-1	优-2	Ⅰ-1	Ⅰ-2	Ⅱ-1	Ⅱ-2	Ⅲ-1	Ⅲ-2
三氧化二硼（B_2O_3）/%	≥	24	22	20	18	16	14	12	10
全铁含量（以 Fe_2O_3 计）/%	≤	15							
氧化钙含量（以 CaO 计）/%	≤	8							
氧化镁含量（以 MgO 计）/%	≤	45							
矿石块度/mm	<	400（300～400mm 不大于 15%，小于 20mm 的不大于 15%）							

表7-19　硼砂的国家标准（GB/T 537—2009）

指标名称		指标	
		优等品	一等品
十水四硼酸钠（$Na_2B_4O_7 \cdot 10H_2O$，质量分数）/%	≥	99.5	95.0
碳酸钠（Na_2CO_3，质量分数）/%	≤	0.10	0.20
水不溶物（质量分数）/%	≤	0.04	0.04
硫酸钠（Na_2SO_4，质量分数）/%	≤	0.10	0.20
氯化钠（NaCl，质量分数）/%	≤	0.03	0.05
铁（Fe，质量分数）/%	≤	0.002	0.005

表7-20　硼酸的国家标准（GB/T 538—2006）

指标名称		指标		
		优等品	一等品	合格品
硼酸（H_3BO_3，质量分数）/%		99.6～100.8	99.4～100.8	≥99.0
水不溶物（质量分数）/%	≤	0.010	0.040	0.060
硫酸盐（以 SO_4 计，质量分数）/%	≤	0.10	0.20	0.30
氯化物（Cl，质量分数）/%	≤	0.010	0.050	0.10
铁（Fe，质量分数）/%	≤	0.0010	0.0015	0.0020
氨（NH_3，质量分数）[①]/%	≤	0.30	0.50	0.50
重金属（以 Pb 计，质量分数）/%	≤	0.0010	—	—

① 为碳氨法产品控制指标。

7.4.3　加工技术

（1）选矿提纯　目前，国内能作为工业硼矿资源开发利用的有硼砂和硼镁石。

硼砂，包括天然硼砂、斜方硼砂和三方硼砂。它易于粉碎，易溶于水，B_2O_3含量高，加工工艺简单，是硼酸盐加工工业最重要的矿物。

硼镁石，在水中溶解缓慢，易溶于酸，不如硼砂易选别。因此，在选矿工艺、选别药剂乃至选矿设备上，均有大量科研工作待进行。

① 选矿方法　硼矿石的主要选矿方法依矿石类型不同而异，其主要选矿方法列于表7-21。

表7-21　硼矿石的主要选矿方法

矿石类型	主要选别方法	工艺特点
硼镁石型硼矿	浮选	矿石的矿物组成和嵌布特性各异，一般磨矿细度−200目占70%～90%，捕收剂采用油酸或烃类油，矿浆温度30～40℃
硼镁矿-磁铁矿-蛇纹石型硼矿	磁选、浮选	矿石浸染粒度细、磨矿细度−320目占90%以上。采用磁选分离磁铁矿，用油酸作捕收剂浮选硼镁石，矿浆温度30～40℃
硼镁石-碳酸盐型硼矿	煅烧-消化法浮选	在900℃下煅烧矿石，碳酸盐矿物（白云石）分解，然后骤冷消化，分离出硼镁石；当碳酸盐矿物为菱镁矿时，采用浮选法实现菱镁矿与硼镁石的分离
硼镁石化硼铁矿-磁铁矿型硼矿	磁选	先以弱磁场磁选机分离磁铁矿，再用强磁选机选出弱磁性矿物
含铀硼镁铁矿化硼镁石-磁铁矿型	磁选、重选、分级	该类型矿石矿物组成复杂，以湿式弱磁回收磁铁矿、重选回收铀矿及硼镁铁精矿，以水力旋流器分级回收硼镁石
锰方硼石型硼矿	磁选	采用干式磁场强度（5900A/m）磁选
外生硼矿床型硼矿	浮选、分级	含硼矿物主要为水方硼石，先以水力旋流器分级溢流直接作为硼精矿。对沉砂以烷基磺酸钠作捕收剂进行浮选回收硼

② 选矿工艺流程　硼矿选矿工艺流程，根据其矿石类型和原矿性质不同而异，其主要工艺流程列于表7-22。

表7-22　硼矿选矿工艺流程

矿石类型	原则流程
硼镁石型硼矿	粗-精浮选流程：原矿→破碎→磨矿→粗选→精选
硼镁石-磁铁矿-蛇纹石型硼砂	磁选浮选联合流程：原矿→破碎→磨矿→磁选→浮选
硼镁石-碳酸盐型硼矿	原矿→煅烧→骤冷消化→筛分分离或优先浮选、混合浮选流程
硼镁石化硼镁铁矿-磁铁矿型硼矿	磁选-化工联合流程：原矿→破碎→磨矿→弱磁磁选→强磁磁选→硼铁精矿→化工分离
含铀硼镁铁矿化硼镁石-磁铁矿型硼矿	磁选-重选-分级联合流程：原矿→破碎→分级→磁选→重选→分级
锰方硼石型硼矿	磁选-化工-冶金联合流程：原矿→破碎→分级→磁选→锰方硼矿精矿→化工、冶金硼锰分离
外生硼矿床型硼矿	分级、浮选流程：原矿→分级→浮选

（2）硼酸和硼砂的制备　硼矿主要用于制备硼酸和硼砂，然后再应用于其他工业。

制取硼酸和硼砂的工艺依所用的硼矿原料的种类而定。由天然硼砂和斜方硼砂制取硼砂，只需经过简单加工即可获得合格产品。由钠硼解石、白钙硼石或硬硼钙石制取硼砂，需用纯碱和碳酸氢钠的混合液进行碱解，然后经过滤洗涤、浓缩后冷却、结晶分离才能产出。

用硼镁石生产硼酸的工艺流程如图7-10所示。其工艺过程简述如下：矿石经破碎后煅烧，使结晶水蒸发；煅烧过的矿石磨碎后用硫酸溶解生成硼酸，其反应式如下：

$$Mg_2B_2O_5 \cdot H_2O + 2H_2SO_4 \longrightarrow 2H_3BO_3 + 2MgSO_4$$

然后将反应产物过滤，除去不溶解渣（尾矿），再进行结晶、脱水、干燥等作业即可获得商品硼酸。结晶、脱水作业的母液再返回到溶解作业。

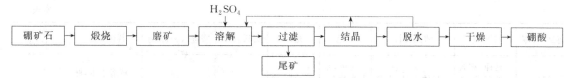

图 7-10 用硼镁石生产硼酸的工艺流程

用硼镁石制取硼砂是在浓碱溶液中使其分解，得到偏硼酸钠，然后在较浓的偏硼酸钠溶液中通入 CO_2 以降低 pH，通过结晶分离即可得到硼砂。其反应式如下：

$$Mg_2B_2O_5 + 2NaOH + H_2O \longrightarrow 2NaBO_2 + 2Mg(OH)_2 \downarrow$$

$$4NaBO_2 + CO_2 + 10H_2O \longrightarrow Na_2B_4O_5(OH)_4 \cdot 8H_2O + Na_2CO_3$$

硼砂加热到 350~400℃时成为无水盐。

7.5 钾矿

7.5.1 矿石性质与矿物结构

自然界含钾矿物（sylvine）约有 100 多种，有钾的氯化物、硫酸盐、硝酸盐、碳酸盐以及硅酸盐等，但能够作为钾资源利用的仅十余种，其名称、分类及化学成分见表 7-23。用于提取钾盐的固态钾盐矿物的物理性质见表 7-24。

表 7-23 钾盐矿物的名称、分类及化学成分

分类	矿物名称	化学成分	K_2O 含量/%
氯化物	钾盐	KCl	63.1
	光卤石	$KCl \cdot MgCl_2 \cdot 6H_2O$	17.0
氯化物-硫酸盐	钾盐镁矾	$KCl \cdot MgSO_4 \cdot 3H_2O$	18.9
硫酸盐	杂卤石	$K_2SO_4 \cdot MgSO_4 \cdot 2CaSO_4 \cdot 2H_2O$	15.5
	明矾石	$KAl_3(SO_4)_2(OH)_6$	11.4
	无水钾镁矾	$K_2SO_4 \cdot 2MgSO_4$	22.6
	钾镁矾	$K_2SO_4 \cdot MgSO_4 \cdot 4H_2O$	25.5
	钾石膏	$K_2SO_4 \cdot CaSO_4 \cdot H_2O$	28.8
	软钾镁矾	$K_2SO_4 \cdot MgSO_4 \cdot 6H_2O$	23.3
硅酸盐	白榴石	$K_2O \cdot Al_2O_3 \cdot 4SiO_2$	21.4
	钾长石	$K_2O \cdot Al_2O_3 \cdot 6SiO_2$	16.8
	海绿石	$(K,Na)_2O \cdot (Mg,Fe,Ca)O$ $(Fe,Al)_2O_3 \cdot xSiO_2 \cdot yH_2O$	2.3~8.6
	霞石	$(K,Na)_2O \cdot Al_2O_3 \cdot 2SiO_2$	0.8~7.1

表 7-24 部分固态钾盐矿物的物理性质

矿物名称	类型	结晶特性	颜色	光泽	莫氏硬度	密度/(g/cm³)	其他特性	加工性能
钾石盐	是最常见的钾盐矿物，由钾盐和石盐组成的混合矿物	外表与石盐极相似，为结晶完整的立方体	无色透明或乳白色，有时因杂质而呈砖红色、玫瑰色	玻璃光泽	1.5~2.0	1.97~1.99	易潮解，易溶于水，味苦咸且带辣味，摩擦时产生芳香味，火烧时产生紫色火焰	含钾量高，易于加工
光卤石	是钾镁含水的氯化物-硫酸盐类矿物	晶体罕见，多呈致密粒状/块体	无色或红色、黄色、褐色等盐色	断口呈玻璃或油脂光泽	2~3	1.60	易潮解，易溶于水，味辛辣苦咸，发强荧光	含钾量低，加工性较差

续表

矿物名称	类型	结晶特性	颜色	光泽	莫氏硬度	密度/(g/cm³)	其他特性	加工性能
钾盐镁矾	是钾、镁含水的氯化物-硫酸盐类矿物	晶体少见,常呈细粒/块状集合体	无色,常带浅黄色、铜黄色或褐黄色	玻璃光泽	2.5～3.0	2.15	易溶于水,味苦咸,有钾的紫色火焰反应	
无水钾镁矾	是钾、镁硫酸盐类矿物	晶体少见,常呈致密粒/块状	无色或白色,常带玫瑰色、淡紫色或浅灰色	玻璃和油脂光泽	3～4	2.80	在冷水中较难溶解,锤击时产生蓝绿色火焰	
杂卤石	是钾、钙含水硫酸盐类矿物	常呈致密块状或纤维状、片状集合体	多为肉红色	玻璃或油脂光泽	3.5	2.77	味苦咸	

钾盐矿物与其他矿物相比,有如下特点。

① 可溶性 大多数钾盐矿物易溶于水,且比其他盐类矿物的溶解度大。

② 变化性 成矿时,地表水、地下水和温度等的影响都可能使它们由一种矿物变为另一种矿物。

③ 相似性 物理性质很相似,密度小于 3g/cm³,硬度小于 4,颜色也很相似。

④ 吸湿性 易潮解。

⑤ 复杂性 多与石盐共存,且含有一些硫酸盐类、碳酸盐和黏土等杂质。

7.5.2 应用领域与技术指标要求

钾盐矿物主要用于制取钾肥,部分用于化工原料以及制造钾化合物产品,如生产氯化钾、碳酸钾等,钾盐矿物是重要的化工原料之一。

由于一般钾盐矿山与加工厂(如钾肥厂)是联合体,最终检验的是加工后的产品质量。因此,对钾盐矿石至今尚没有统一的标准。表 7-25 所列为 2011 年颁布的氯化钾产品的国家标准,该标准适用于由盐田日晒光卤石和钾石盐矿经浮选法或溶解结晶法加工制取的工业或农业用的氯化钾产品。

表 7-25 氯化钾产品的国家标准 (GB 6549—2011)

项目		指标					
		Ⅰ类			Ⅱ类		
		优等品	一等品	合格品	优等品	一等品	合格品
氯化钾(K_2O,质量分数)/%	≥	62.0	60.0	58.0	60.0	57.0	55.0
水分(H_2O,质量分数)/%	≤	2.0	2.0	2.0	2.0	4.0	6.0
钙镁含量(Ca＋Mg,质量分数)/%	≤	0.3	0.5	1.2			
氯化钠(NaCl,质量分数)/%	≤	1.2	2.0	4.0			
水不溶物(质量分数)/%	≤	0.1	0.3	0.5			

注:1. 除水分外,各组分质量分数均以干基计。

2. 工业用氯化钾中钙镁含量、氯化钠及水不溶物的质量分数均为推荐性指标,农用氯化钾不限量。

7.5.3 加工技术

(1) 选矿提纯 可溶性钾盐矿的主要选矿提纯方法包括浮选法、溶解结晶法(又称热法和化学法)、重介质选矿法和静电选矿法等。表 7-26 列出了这些选矿方法的原理和工艺特点。工业上应用最广泛的是浮选法,其次是溶解结晶法。

表 7-26　钾盐矿的主要选矿提纯方法

选矿方法	分选原理	工艺特点
浮选法	利用钾盐矿与其他伴生矿物（如石盐）表面润湿性的差异进行分选	盐类本身具有可溶性，浮选过程必须在其盐类的饱和溶液中进行，且饱和溶液要回收并循环利用
重介质选矿	利用盐类及石盐及其他伴生矿物密度的不同，在重介质中进行分离	在一种介于钾盐（密度 $1.97 \sim 1.99g/cm^3$）和石盐（密度 $2.13g/cm^3$）之间的中间密度的悬浮液中，石盐下沉，钾盐上浮
静电选矿	利用钾盐和其他伴生矿物经加热、冷却及其他方法处理后表面带电性质的差异进行分选	分选前将物料加热到 $300 \sim 700℃$，然后冷却到 $100 \sim 200℃$，或用专门的调整剂处理，有选择性地改变矿物表面的带电性质
化学选矿	利用不同盐类在不同温度下在水中溶解度的差异进行分选	将氯化钾与其他盐类矿物的共饱和溶液加热到某一温度，溶解定量的钾石盐矿石，使氯化钾全部溶解，氯化钠等成为固相残渣，然后将这种溶液冷却，结晶出氯化钾

（2）石盐尾矿的综合利用　钾盐选矿厂在生产过程中产生的大量石盐尾矿，可以用来制取食盐。食盐既是重要的化工原料，又可以作为食用盐和饲料用盐。

用石盐尾矿制取工业用食盐的工艺简述如下：在一定温度下用 $NaCl$（饱和）和 KCl（不饱和）溶液洗涤，可以除去石盐尾矿中的 KCl。完全从石盐中除去黏土杂质是不容易的，因为这部分杂质以微细粒状态嵌布于石盐中。但石盐尾矿中的杂质主要集中在细粒级中，可以用脱泥的方法除去细粒级。

为了制取食用盐和饲料用盐，必须进一步净化工业用盐，使其脱去脂肪胺类。一般采用以下几种方法实现净化。

① 将工业用盐加热至 $450℃$ 煅烧。

② 加热至 $900℃$ 使之熔化，分离出不熔杂质和脂肪胺类。

③ 在 $NaCl$ 饱和溶液中逆流洗涤，洗涤之后再采用煅烧和熔化相结合的方法。

7.6　水镁石

7.6.1　矿石性质与矿物结构

水镁石（brucite）的化学成分简单，分子式为 $Mg(OH)_2$，是一种层状结构的非金属矿物。阴离子 OH^- 作近似六方最紧密堆积。最紧密堆积层平行（001），Mg^{2+} 也平行（001）面成层排列，Mg 面相间出现在两个 OH^- 面之间，构成 $2OH^- + Mg^{2+}$，即两个 OH^- 面夹一个 Mg 的结构单元层。整个结构由无数这样的单元层沿 c 轴平行叠置而成（图 7-11）。Mg^{2+} 被 6 个 OH^- 包围。八面体片中，每一个 OH^- 在单元层内与 3 个 Mg^{2+} 等距离相连，并处于相邻单元层的 3 个 OH^- 之中，单元层内，$Mg—OH^-$ 为离子键，相邻单元层以弱的 $OH—OH$ 氢氧键连接在一起，原子间距为：$Mg—OH$ 0.21nm，$OH—OH$ 0.3218nmÅ，属于三方晶系，解理（001）极完全。常见构造有块状、球状及纤维状。X 射线分析特征峰值为：d（001）$=$ 4.77nm、d（101）$=2.36$nm、d（102）$=1.79$nm。差热分析显示水镁石在 $400 \sim 500℃$ 时有一个较大的吸热谷。水镁石是自然界中比较少见的高镁矿物，其理论化学组成为：MgO 69.12%、H_2O 30.88%，其氧化镁含量比菱镁矿高 21.49%，比白云石高 47.41%，比蛇纹石高 25.65%。自然产出的水镁石中常含有 Fe、Mn、Zn、Ni 等杂质，这些杂质呈类质同象存在，形成连续或不连续的固溶体，构成铁水镁石（FeO 10%）、锰水镁石（MnO 18%）、锌水镁石（ZnO 4%）、镍水镁石（NiO 2.5%）。水镁石的伴生矿物有蛇纹石、方解石、白云石、菱镁矿、镁硅酸盐矿物、方镁石、透辉石和滑石等。

7.6.2　应用领域与技术指标要求

水镁石由于氢氧化镁含量高、有害杂质含量少，加上其特有的物理化学性质，不同于其他

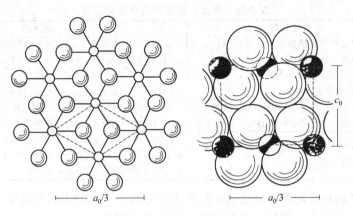

图 7-11　水镁石的结构

类型含镁矿物，是一种具有特殊价值的工业矿物。

(1) 阻燃填料　水镁石的主要化学成分是 $Mg(OH)_2$，作为高聚物基复合材料的阻燃填料具有低烟、无毒等特性，因此，广泛用于塑料、橡胶、电缆等的阻燃填料。

(2) 防火涂料　由水泥、经过处理的水镁石和一些其他组分以适当比例配制而成。这种涂料有防火性能好、着火后不剥落等特点，而且重量轻、装饰性和耐候性好。

(3) 增强、补强纤维　由于纤维状水镁石较硬，在浆液中容易弥散，针状纤维束遇水浸湿后易松解，不易起团，比其他纤维松解后体积膨胀大，是一种优良的增强和补强材料。纤维状水镁石目前主要用于生产微孔硅酸钙及硅钙板等中档保温材料中。其特点是白度高、容重小、成本低，可代替石棉纤维制造无石棉保温材料。

(4) 制取氧化镁和金属镁　水镁石中镁含量较高，因此可用于制造氧化镁和镁金属。用水镁石生产镁金属具有低成本及减少环境污染等特点。

(5) 耐火材料　将水镁石进行高温煅烧，可制取轻烧镁、重烧镁砂（水镁石苦土）。若进一步掺入氢化锂或氟化锂，压制成直径为 40～60mm 的球团，然后投入冶炼，在冶炼过程中再加入镁剂、稀土催化剂，则可以得到高纯镁砂。

将水镁石和白云石在高温下煅烧成镁和钙的氧化物，然后磨细，再与有机黏结剂混合，压制成模，二次煅烧后可制得耐火砖。这种耐火砖可用于冶金工业代替氧化镁高温耐火砖。

(6) 其他　水镁石还可用于核电站中核反应堆的防护层；镁质焊剂及电焊条涂料；绝热材料；燃油燃烧腐蚀的抑制剂、燃煤脱硫剂以及工艺品等。

中国建材行业标准（JC/T 983—2012）将水镁石矿产品分为两类，即水镁石块（代号 SK）和水镁石粉（代号 SF）。其理化性能应满足表 7-27 所列的技术要求。

表 7-27　水镁石产品理化性能（JC/T 983—2012）

理化性能			水镁石块			水镁石粉		
			一级品	二级品	三级品	一级品	二级品	三级品
化学成分/%	MgO	$\geqslant$	64.00	60.00	55.00	64.00	60.00	55.00
	SiO_2	$\leqslant$	3.50	5.00	7.00	3.50	5.00	7.00
	Fe_2O_3	$\leqslant$	0.5	1.0	1.5	0.5	1.0	1.5
物理性能	水分/%	$\leqslant$		3.0		1.0		1.5
	白度/%	$\geqslant$		—		90.0	85.0	75.0
	细度,相应规格通过率/%	$\geqslant$		—			97.0	

我国目前尚未制定用水镁石为原料制备的阻燃填料的国家标准。表 7-28 为美国 Huber 公

司用水镁石为原料制备和合成的 Zerogen 系列产品的主要技术性能。

表 7-28　Zerogen 系列产品的主要技术性能

主要技术参数	Zerogen				
	10	15	30	35	50
密度/(g/cm³)	2.38	2.38	2.38	2.38	2.36
平均粒径/μm	2.5	2.5	1.0	1.0	0.7
比表面积(BET)/(m²/g)	7~8	7~8	9~10	9~10	6~7
游离水分(105℃,2h)/%	<0.6	<0.6	<0.8	<0.8	<0.1
堆积密度/(g/cm³)	0.65	0.55	0.57	0.49	0.40
热重分析损失(320℃)/%	2	2	2	2	2
Mg(OH)₂ 含量/%	97	97	97	97	99.6
钙(以 Ca 计,最高)/%	0.6	0.6	0.6	0.6	0.08
氯化物(以 Cl 计,最高)/%	0.22	0.22	0.22	0.22	0.05
铁(以 Fe 计,最高)/%	0.07	0.07	0.07	0.07	0.005

7.6.3　加工技术

由于部分水镁石原矿的品位 [Mg(OH)₂ 含量] 较高,加之除了用于加工阻燃填料外,其他应用领域对其纯度的要求不高,特别是其伴生矿物也大多数是含镁的矿物,如菱镁矿、白云石、方镁石、蛇纹石等。因此,水镁石目前一般不经选矿,或只进行简单的人工拣选后即被应用。以下主要介绍用水镁石制备阻燃填料和生产轻质氧化镁。

(1) 用水镁石制备阻燃填料　水镁石阻燃填料兼具填充和阻燃双重作用,具有以下特点:①不含卤,属于非卤性阻燃剂;②加工温度高(起始分解温度比氢氧化铝高得多,接近400℃,氢氧化铝为220℃),因此可适用于加工温度较高的树脂(如聚丙烯等);③本身无毒、无味,燃烧时也不产生有毒气体,不腐蚀模具,不产生二次污染,阻燃和消烟性能俱佳。但是,与其他阻燃剂,特别是与含卤有机阻燃剂相比,要达到同样的阻燃效果水镁石阻燃剂的添加量高,对材料的物理力学性能及加工性能有较大影响;此外,由于水镁石填料为无机化合物,直接在高聚物中添加分散较困难。因此,水镁石阻燃填料粒径要细,而且表面要与高聚物基料相容性好,才能满足应用的需要。

用水镁石制备阻燃填料包括超细粉碎和表面改性两段重要的工序。其工艺流程是:水镁石矿石→破碎→细磨→超细磨→表面改性。

① 破碎　一般采用颚式破碎机、对辊破碎机、冲击式破碎机或锤式破碎机。

② 细磨　一般采用雷蒙磨、涡轮磨、机械冲击磨等,细磨至 200~400 目。

③ 超细磨　一般采用搅拌磨、振动磨、行星球磨机、气流磨、高速机械冲击磨等,产品细度(平均粒径)0.6~2.5μm。对于平均粒径 1.5μm 以下的产品,一般要采用湿磨工艺。

④ 表面改性　采用硅烷、钛酸酯、铝酸酯、硬脂酸等表面处理剂对超细粉碎后的水镁石粉体进行表面处理。处理工艺有干法、湿法和湿法-干法组合法三种。对于湿式超细粉碎工艺,可以采用先湿法表面改性,干燥后再进行干法表面改性。

(2) 用水镁石制备轻质氧化镁　碳化法制备轻质氧化镁的工艺流程如下:水镁石矿石→破碎→煅烧(活化)→细磨→消化(+H₂O)→碳化(CO₂)→过滤→(蒸汽)热解→过滤→干燥→煅烧→细磨→轻质氧化镁。主要工艺条件简述如下。

① 煅烧活化及细磨　矿石粒度≤5mm,煅烧温度 650~700℃,煅烧时间 1h 左右;煅烧后的物料送球磨机磨至 60~200 目。

② 消化　消化温度 70℃左右。

③ 碳化　碳化温度≤30℃,浓度≤3%,时间 60 min 左右。热解温度 90℃左右。

第**8**章

天然复合非金属矿

8.1 麦饭石

8.1.1 矿石性质与矿物结构

麦饭石（medicinal stone "maifanshi"）是一种对生物无毒、无害并具有一定生物活性的复合矿物或药用岩石（medical stone）。麦饭石的母岩多为中性、酸性岩浆岩，包括花岗闪长斑岩、二长斑岩、石英斑岩、石英二长岩、花岗二长岩、角闪二长岩、黑云母二长岩以及安山岩、流纹岩、角闪安山岩、珍珠岩、花岗片麻岩、煌斑岩、粗面岩、粗面安山岩等。其矿石成分主要为斜长石、钾长石、石英、黑云母、绢云母、角闪石、辉石等，次要的还有磷灰石、榍石、锆石、金红石、磁铁矿、绿泥石、绿帘石、独居石、锡石、萤石、蛭石、电气石、石榴子石、蒙脱石等。其化学成分除常见的 Ca、Mg、Si、Al、Fe、K、Na 外，还有少量稀有元素、稀土元素、放射性元素。上述岩石只有经过分析鉴定和加工处理，达到质量标准能够安全应用的才能称为麦饭石。

麦饭石具有吸附性、溶解性、生物活性和矿化性等性能。它能吸附水中游离的金属离子。麦饭石中含 Al_2O_3 约 15%，是典型的两性氧化物，在水溶液中遇碱（OH^-）发生反应降低 pH，遇酸（H^+）发生反应提高 pH，具有双向调节 pH 的功能。经水浸后的麦饭石，可溶出对人体和生物体有用的常量元素 K、Na、Ca、Mg、P 及 Si、Fe、Zn、Cu、Mo、Se、Mn、Sr、Ni、V、Co、Li、Cr、I、Ge、Ti 等微量元素。麦饭石在水溶液中还能溶出人体所必需的氨基酸。

8.1.2 应用领域与技术指标要求

麦饭石主要用于医疗保健、食品、饮料以及水质净化、污水处理、防腐、防臭、保鲜、去污以及种植业和养殖业等领域，其主要用途列于表 8-1。

表 8-1　麦饭石的主要用途

应用领域	主要用途
医疗保健	增强体质、提高耐缺氧能力；治疗皮肤化脓感染及烫伤、乳腺增生及牙科病；缓解肿瘤症状和辅助治疗；作为盖髓剂临床用于手术等
食品、饮料	麦饭石矿化水，麦饭石茶、酒，食品添加剂，蔬菜和水果保鲜，冰箱除臭剂等

续表

应用领域	主要用途
环保	水质净化和污水处理,用于吸附重金属离子、氨氮及有害细菌、水体过滤和水质调控等
种植业和养殖业	麦饭石浸出液浸种或叶面喷施对种子萌发、根系生长和氧分吸收乃至整个生长发育和产量的形成都有明显的正效应;用于其他作物,可使大豆、花生、紫云英增产;动物及养鱼饲料添加剂;肥料添加剂等
其他	麦饭石质瓷器

保健用麦饭石的质量要求列于表 8-2。

表 8-2　保健用麦饭石的质量要求

项目	As	Ba	Cu	Mn	Se	Cr
含量/(mg/L)	<0.05	<1.0	<1.0	<0.05	<0.01	0.05
项目	Hg	Pb	Cd	La	Ce	Sc
含量/(mg/L)	<0.01	<0.1	<0.08	<0.005	<0.02	<0.0001

8.1.3　加工技术

麦饭石是一种特殊的药用和环保用非金属矿物。其主要应用价值在于它的溶解特性以及可溶出对人体和动物有用的元素、选择性吸附特性、矿化和生物特性等物理化学特性。因此,很难用一个具体指标来衡量麦饭石的纯度。麦饭石的加工主要是围绕开发利用其上述独特的物理化学性能来进行。例如,为了利用其矿化特性和溶出的对人体有用的微量元素,将其加工成矿泉水、各种饮料或添加到食品中;为了利用其吸附特性,将其加工成吸附环保材料或水净化剂。加工方法或工艺主要依其应用的领域而定,不同应用需要不同的加工方法。例如,制备饮料一般要对麦饭石进行粉碎、浸泡、精滤和灭菌、灌装等工序;制备水体净化或过滤器一般要将麦饭石粉碎至一定粒度后进行烧结或成型;制备麦饭石矿化芯要将麦饭石进行粉碎、筛选后加入结合剂进行混合配料、热化、成型和焙烧等。

8.2　玄武岩、辉绿岩

8.2.1　矿石性质与矿物结构

玄武岩（basalt）是一种火山喷出岩,辉绿岩（diabase）是浅层浸入岩,同属基性火成岩。这两种岩石的一般特征见表 8-3。玄武岩和辉绿岩的主要化学成分为 SiO_2、Al_2O_3、Fe_2O_3、CaO、MgO、K_2O、Na_2O、TiO_2 等。

表 8-3　玄武岩和辉绿岩岩石的一般特征

岩石	玄武岩	辉绿岩
颜色	一般呈灰黑色,有的为绿色、灰绿色、暗紫色	一般呈灰黑色,有的带绿色
结构	常见斑状结构,少数为无斑细粒结构	辉绿结构,有的呈斑状结构,但基质仍为辉绿结构
构造	致密块状构造,往往具有气孔状构造、杏仁状构造及六方柱状节理	块状构造
矿物成分	斑晶由橄榄石、基性斜长石等矿物组成,基质一般是细粒的,有时为隐晶质或半晶质的,由微晶和玻璃质组成	主要为辉石和基性斜长石,还可以有橄榄石、黑云母、石英、磷灰石、磁铁矿等

8.2.2　应用领域与技术指标要求

玄武岩和辉绿岩主要用于制造铸石和岩棉或纤维,其主要应用领域见表 8-4。此外,玄武岩和辉绿岩还可用作饰面石材、建筑石材、耐酸石材等。

表 8-4   玄武岩和辉绿岩的主要应用领域

主要产品	性能特点及应用
铸石制品	以辉绿岩或玄武岩作主要原料,加入铬铁矿(钛铁矿)、角闪石、白云岩、萤石等制成铸石制品。该制品具有较高的耐化学腐蚀和耐磨性能及较大的硬度和机械强度,可广泛用于化工、冶金、电力、建材、建筑、轻工及煤炭、纺织等工业部门
岩棉制品	以玄武岩或辉绿岩作为主要原料,加入白云岩、矿渣等制成的岩棉制品,是新型轻质保温材料,具有良好的绝热、保温、吸声性能,化学性质稳定,并具有耐热和不燃的特点,广泛应用于石油、化工、电力、建筑、建材、冶金、国防及交通运输等领域
玄武岩纤维	以玄武岩为主要原料制备的连续玄武岩纤维是一种高性能矿物纤维材料,化学性质稳定、强度高、隔声隔热、防火阻燃。具有电绝缘性、抗腐蚀、抗燃烧、耐高温、节能保温等特性,广泛应用于纤维增强复合材料、摩擦材料、造船材料、隔热材料、汽车行业、高温过滤织物以及环保等领域

铸石和岩棉生产中对玄武岩和辉绿岩的质量要求因原料配方、生产工艺及产品质量要求不同而异。玄武岩和辉绿岩用于铸石的一般工业要求列于表 8-5。配料后的辉绿岩铸石化学成分为:SiO_2 47%~49%,Al_2O_3 + TiO_2 16%~21%,Fe_2O_3 + FeO 14%~17%,CaO 8%~11%,MgO 6%~8%,K_2O + Na_2O 2%~4%。

表 8-5   玄武岩和辉绿岩用作铸石的一般工业要求

原料	化学成分/%								
	SiO_2	Al_2O_3 + TiO_2	Fe_2O_3	CaO	MgO	K_2O + Na_2O	SO_3	CaF_2	Cr_2O_3
辉绿岩	45~51	15~20	12~17	9~11	4~7	<3			
角闪岩	46~49	6~12	8~12	5~12	18~25		0.13~0.2		
白云石				>30	>18				
萤石								>85	
铬铁矿	<10								>10~20

岩棉生产对玄武岩和辉绿岩的化学成分要求见表 8-6,生产中允许原料的化学成分有较大波动,但要求配料后酸度系数 MK[MK = $(SiO_2 + Al_2O_3)/(CaO + MgO)$]≥1~1.5。另外,还要考虑原料的熔融温度及熔融状态材料的黏结性。黏结性决定拉长纤维的性能和质量,一般要求黏结度系数 Mb [Mb = $(mSiO_2 + 2Al_2O_3)/(2mFe_2O_3 + mFeO + mCaO + mMgO + mK_2O + mNa_2O)$]>1.2~2,式中,$m$ 为各氧化物的分子数。

表 8-6   岩棉生产对玄武岩和辉绿岩的化学成分要求

原料	化学成分/%						
	SiO_2	Al_2O_3	Fe_2O_3	CaO	MgO	K_2O + Na_2O	烧失量
岩玄武	40~50	10~17	11~17	9~14	6~14	2~4	5
白云岩	30~35				18~22		

生产连续玄武岩纤维对玄武岩原料有一定的选择性,一般要求玄武岩原料中基本没有耐高温的晶相,这种晶相在不完全的熔制工艺中易形成二次结晶的晶核而影响玄武岩拉丝过程的稳定性。

8.2.3   加工技术

(1) 岩棉及其制品   将玄武岩或辉绿岩、安山岩等矿物与少量白云石或石灰石等助熔剂在 1400~1500℃的高温下加热成熔融状态,然后通过四辊高速离心机制成的纤维,称为岩棉。若将水溶性树脂或硅溶胶类黏结剂喷射到岩棉表面,经过沉降室及输送带加压成型,可得到岩棉制品;也可在制品表面喷上防尘油膜,然后经干燥、贴面、缝合和固化等工序制成各种岩棉定型绝热制品。

岩棉及其制品的生产工艺简述如下。

① 原料及燃料　原料为玄武岩和石灰石，要求其松散密度 2t/m³，粒度 20～40mm，如果生产岩棉缝毡，还需要玻璃纤维布等材料，生产岩棉板还需要黏结剂。燃料为焦炭，采用二级冶金焦炭，其中灰分小于 13.5%～15%；抗碎模数大于 72，耐碎性系数大于 10，挥发分小于 1.9%，焦末含量小于 4%，硫分小于 0.81%～1.0%，松散密度 0.45t/m³，粒度 50～100mm，最小不小于 40mm。

原料和燃料的配料比为：玄武岩：石灰石：焦炭＝40.5：22：19。原料和燃料均由提升料斗运至炉顶倒入炉内。要求原料交替入炉，并在炉内均匀分布。

② 熔化系统　熔岩炉为夹套水冷式，炉内熔融温度 1400～1600℃。为保证熔融温度，燃烧用风经预热器预热至 400～500℃。由于玄武岩熔化过程中部分 Fe_2O_3 被还原，呈铁水状，故炉缸下部设有铁水出口。铁水由铁水出口间断流出，成纤熔体经熔体出口流出。熔体出口设有水冷却的固定流槽和活动流槽，以保证熔料流以 30°～35°的布料角准确、稳定地流至高速离心机第一辊的辊轮表面。

鼓入熔岩炉的热风风量、风压、风温，冷却水的水量、水压、水温以及炉内物料的料位等均可通过计算机进行监控。

③ 成纤系统　采用四辊离心机甩丝成纤。四个辊轮分别由四个电动机拖动，速度分别为 2500r/min、3460r/min、4650r/min 和 5200r/min。

离心机采用稀油循环润滑系统，甩丝辊采用空心水冷结构。润滑和冷却系统均可由转子流量计和温度计进行监控。

离心机上装有离心雾化盘，工艺润滑油和黏结剂可以经离心雾化盘喷出，均匀地黏附在纤维上。由高速离心机甩丝成纤的纤维棉，用风机吹送至收集器。

④ 纤维收集系统　收集器由网带输送机和密闭的抽风箱组成。网带输送机的输送速度为 0.5～5 m/min，用调速电机调速。调速的目的是为了改变网带上棉层的厚度，以得到各种规格的岩棉产品。

收集器下部为抽风箱。通风管、过滤室与风机相连。风机连续抽风使收集器内部形成负压，确保纤维均匀沉积于收集器网带上。选用离心风机作为过滤风机，并配有手动调节阀，通过风量调节，使纤维棉沿网带的宽度方向均匀地降落，确保棉层横向厚度一致。

过滤室的作用是对从收集器风箱中抽出来的废气进行过滤。过滤室分上下两层。空气经过滤后已达到排放标准，由过滤风机抽出排入大气。过滤箱过滤下来的废棉沉积在过滤室下层。

从收集器出来的散棉，送至缝毡加工工段。如果制造缝毡，则在过渡带末端将棉送至缝毡加工工段；如果制造岩棉板，则直接送入固化炉。

⑤ 缝毡系统　采用工业缝纫机将散棉缝成缝毡，并通过剪切系统将缝毡加工成要求的规格。

⑥ 固化系统　固化炉内装有两条相对运转的板式输送机，将散棉压紧成板。板式输送机的间隙为 25～150mm，输送速度为 0.5～5m/min，可根据产品品种要求调节输送机的间隙和速度。固化炉的炉温为 200～250℃，热风速度为 0.5～1.0m/s。固化炉采用保温性能优良的轻质纤维衬结构。

⑦ 冷却系统　岩棉经固化炉固化后须经冷却网带输送机进行冷却。冷却网带速度与固化炉板式输送机速度同步。冷却网带输送机下部为箱形结构，通过风管与风机相连，风机连续抽风，使岩棉冷却。

⑧ 纵切和横切系统　纵、横剪切系统由辊式输送机、纵切锯和横切锯组成。纵切锯是旋转式圆盘无齿刀片，圆盘速度为 1450r/min。横切锯也是圆盘无齿刀片，其行程速度根据输送机的速度自动调整，以确保所切的岩棉板宽度一致。

（2）铸石制品　铸石制品是用玄武岩、辉绿岩及其他辅助原料，经熔化、浇铸、结晶、退火制成的一种硅酸盐结晶材料。铸石制品的基本特性是具有很高的耐磨及耐腐蚀性能。其耐磨和耐腐蚀性能比用钢铁、橡胶、铅板等高十几倍，甚至几十倍。

铸石制品的生产工艺流程如图 8-1 所示。

国内铸石生产线采用的熔化设备有冲天炉和池窑炉两种。冲天炉主要由熔炉、冷却水套、前炉、浇注口、烟囱等组成，以焦炭为燃料；池窑炉主要由熔化池、前炉、加料、燃烧、风冷等部分组成，以重油和天然气为燃料，与冲天炉相比，具有效率高、寿命长、能满足大规格铸石制品生产的需要。

结晶与退火是铸石制品在成型后进行均匀结晶、消除内应力，保证铸石产品质量的重要环节。生产铸石制品的结晶与退火设备主要有两大类型：一个是多孔式结晶窑和箱式退火窑联合使用，依次完成结晶与退火；另一个是将结晶与退火一次完成的隧道窑。

在铸石的熔化、浇注、结晶与退火过程中，都要求控制适宜的温度。其一般控制范围为：熔化 1400～1550℃（单一玄武岩为 1350～1450℃）；浇注 1280～1350℃；结晶 850～950℃；退火 720～850℃。

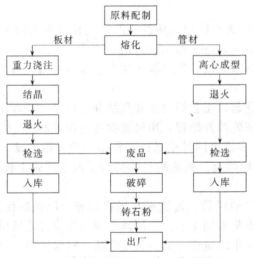

图 8-1　铸石制品的生产工艺流程

铸石的矿物组成，一般以普通辉石为主要矿相。国内生产的玄武岩、辉绿岩铸石制品均为辉石型。其中普通辉石占铸石矿物组成的 80%～90%，同时含有少量磁铁矿、斜长石、橄榄石等。在铸石生产中，要力求获得单一的辉石相结构，尽量减少其他矿物成分。实践证明，铸石矿物组成中斜长石的含量过高会引起制品的翘曲变形和炸裂；橄榄石的晶体粒度偏大，热膨胀系数较大，如含量过高会影响铸石制品的热稳定性；磁铁矿含量过高，会影响铸石的耐化学腐蚀性能。只有获得均匀的、晶体颗粒为 0.05～0.1mm 的普通辉石球体和羽毛状雏晶体矿相，才能提高铸石内部结构的密实度、硬度及耐磨和耐化学腐蚀性能。

铸石制品主要有铸石板材、铸石管材、铸石粉和铸石复合制品四大类，上千种规格。

（3）连续玄武岩纤维　玄武岩纤维于 1953～1954 年由苏联莫斯科玻璃和塑料研究院开发。苏联 1972 年开始研制制备玄武岩连续纤维及其制品，并于 1985 年实现了工业化生产，产品全部用于苏联国防军工和航天、航空领域。2002 年，我国正式将连续玄武岩纤维列入国家 863 计划，经过多年的技术开发，创新开发了"一步法"工艺，取得了以纯天然玄武岩（不添加任何辅料）为原料生产连续玄武岩纤维的研发成果，并成功实现了较大规模工业化生产。

图 8-2 为目前典型的连续玄武岩纤维的生产工艺流程：首先选用合适的玄武岩矿原料，经

破碎、清洗后的玄武岩原料储存在料仓 1 中待用，经喂料器 2 用提升输送机 3 输送到定量下料器 4 喂入单元熔窑，玄武岩原料在 1500℃ 左右的原料初级熔化带 5 下熔化。熔化后的玄武岩熔体流入拉丝前炉 7。为了确保玄武岩熔体充分熔化，其化学成分得到充分均化以及熔体内部气泡充分挥发，一般需要适当提高拉丝前炉中的熔制温度，同时还要确保熔体在前炉中的较长停留时间。最后，玄武岩熔体进入两个温控区，将熔体温度调至约 1350℃ 左右的拉丝成型温度，初始温控带用于"粗"调熔体温度，成型区温控带用于"精"调熔体温度。来自成型区的合格玄武岩熔体经 200～400 孔的铂铑合金漏板 8 拉制成纤维，拉制成的连续玄武岩纤维在施加合适浸润剂 9 后经集束器 10 及纤维张紧器 11，最后至自动卷丝机 12。

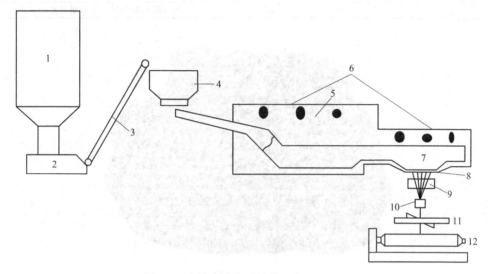

图 8-2　连续玄武岩纤维的生产工艺流程

1—料仓；2—喂料器；3—提升输送机；4—定量下料器；5—原料初级熔化带；
6—天然气喷嘴；7—二级熔制带（拉丝前炉）；8—铂铑合金漏板；9—施加浸
润剂；10—集束器；11—纤维张紧器；12—自动卷丝机

8.3　浮石、火山灰

8.3.1　矿石性质与矿物结构

浮石（pumice），也称浮岩，是一种浅色、多孔的玻璃质岩石，因其多孔隙、质轻、松散密度小于 $1g/cm^3$，能浮于水面而得名。它是地下饱含气体的硅酸盐浆通过火山喷出生成的一种多孔岩石（图 8-3），按其颗粒大小可分浮岩（pumice stone），粒径大于 4mm；浮石，粒径小于 4mm；其成分相当于流纹岩，呈白色或浅灰石色，无光泽；化学成分变化较大，含 SiO_2 45%～75%，Al_2O_3 9%～20%，Fe_2O_3+FeO8%～23%，其次为钙、镁、钾、钠等的氧化物。浮石的主要物理性质列于表 8-7。

表 8-7　浮石的主要物理性质

物性	岩石类型		备注
	基性玄武质浮石	酸性流纹质浮石	
颗粒容重/(g/cm³)	0.864～1.680	0.459～0.65	指自然块度的容重
松散容重/(kg/m³)	540～815	240～445	将浮石破碎至 5～30mm，按自然级配测得的单位体积质量

续表

物性	岩石类型		备注
	基性玄武质浮石	酸性流纹质浮石	
密度/(g/cm³)	2.72~2.84	2.32~2.42	
空隙率/%	51.3~56.3	31.7~49.3	指自然堆积状态下,颗粒间的空隙情况。计算值
孔隙率/%	40.7~58.2	71.8~81.0	计算值
筒压强度/MPa	0.96~1.7	0.53~1.76	将一定粒级的浮石放入水压筒,将试件压入20mm时的压力值
吸水率/%	23.2~10.3	64.2~26.6	采用0.5~2.5mm粒径的浮石,测定其1h饱和状态的吸水百分率
热导率/[W/(m·K)]	0.23~0.46	0.23~0.46	只测制品热导率随浮石含量提高而降低

图 8-3 浮石

火山灰(scoria),又称岩渣,为火山碎屑物的一种,其成分相当于基性或中性火成岩的喷出岩。色深,常为黑色、暗褐色,质地轻而粗糙,气孔多,气孔为圆形、椭圆形或不规则形。成分相当于玄武岩、安山岩的火山灰,也可称为玄武浮岩、安山浮岩等。

浮石随着岩石化学成分的不同呈现不同特征。浮石的矿石特征及矿物组成见表8-8。

表 8-8 浮石的矿石特征及矿物组成

岩石	矿石特征	矿物组成
基性玄武质浮石	呈红褐色、黄褐色、铁黑色,气孔构造,呈玻璃质结构及玻璃斑晶结构,基质为褐红色玻璃体,斑晶为含钛普通辉石、贵橄榄石、白榴石、磁铁矿	辉石、橄榄石、白榴石、基性斜长石
中性安山质浮石	呈黄灰色,流纹,气孔构造,玻璃质结构,少量斑晶为透长石、辉石	透长石、辉石,也可能含有石英、黑云母、普通角闪石
酸性流纹质浮石	呈灰白色,绢丝光泽,气孔,珍珠岩构造,玻璃质结构,有少量长石、石英雏晶或斑晶	长石、石英、黑云母、普通角闪石
玄武质火山灰	呈灰白色、灰色、浅褐色、浅紫色等颜色	根据成分特点分为岩屑、晶屑、玻屑三种

8.3.2 应用领域与技术指标要求

(1) 应用领域 浮石多孔、体轻、化学活性高,在碱性激发剂作用下具有水硬胶凝特性,并具有保温、隔声、隔热、耐热、抗冻和吸附性能,经加工后广泛用于混凝土轻质骨料、新型建材以及研磨、过滤、催化、净化及水泥混合材料等领域。浮石及火山灰的主要用途见表8-9。

表 8-9 浮石及火山灰的主要用途

应用领域	主要用途
建筑材料	混凝土(外墙板、楼板、屋面板、屋面保温层、楼板隔声层、小型空心砌块等)用天然轻骨料;水泥活性混合材料及配制无熟料水泥;屋面瓦、门窗框、天棚、墙、地板及饰面材料;隔声保温材料;铁路道砟等
化工	粉磨后用作过滤剂、吸附剂、干燥剂、催化剂、石油化工中的分子筛、催化剂载体等
磨料及填料	光学玻璃的高级磨料、电路板清洗研磨料、金属餐具擦洗剂、塑料抛光剂、橡胶填料、牙膏、肥皂及其他日用化工填料等
其他	杀虫剂载体、肥料缓释载体等

(2) 技术指标要求

① 天然轻骨料（火山渣、浮石、多孔凝灰岩等）技术要求 1981 年颁布的国家标准 [JC/T 788—1981(1996)]将天然轻骨料按粒径大小分为 5～10mm、10～20mm、20～30mm、30～40mm 四个粒级;轻砂分为粗砂（细度模数为 3.1～4.0）、中砂（细度模数为 2.3～3.0）、细砂（细度模数为 1.5～2.2）。

a. 天然骨料的级配要求见表 8-10。

表 8-10 天然骨料的级配要求

筛孔尺寸		D_{min}	$D_{max}/2$	D_{max}	$2D_{max}$
累计筛余 (按质量计)/%	混合级配	≥90	40～60	≤10	0
	单一粒级	≥90	0	≤10	0

b. 天然轻砂的颗粒级配要求见表 8-11。

表 8-11 天然轻砂的颗粒级配要求

筛孔尺寸 /mm	累积筛余(按质量计)/%		
	粗砂	中砂	细砂
10.0	0	0	0
5.0	0～10	0～10	0～5
0.630	50～80	30～70	15～60
0.160	>90	>80	>70

c. 天然轻骨料的松散密度等级按表 8-12 划分,其实际松散密度的变异系数应不大于 0.15。

表 8-12 天然轻骨料的松散密度等级划分

等级	轻骨料	300	400	500	600	700	800	900	1000	—	—
	轻砂	—	—	500	600	700	800	900	1000	1100	1200
松散密度范围/(kg/m³)		<300	310～400	410～500	510～600	610～700	710～810	810～900	910～1000	1010～1100	1100～1200

d. 天然轻骨料的筒压强度与松散密度等级的关系要符合表 8-13 的规定。

表 8-13　天然轻骨料的筒压强度与松散密度等级的关系

松散密度等级	300	400	500	600	700	800	900	1000
筒压强度/MPa ≥	0.2	0.4	0.6	0.8	1.0	1.2	1.5	1.8

e. 天然轻骨料的软化系数不应小于 0.70。

f. 天然轻骨料的抗冻性，经 15 次冻融循环后的质量损失不应大于 5%。也可用硫酸钠溶液法测定其坚固性，经 5 次循环试验后的质量损失不应大于 10%。

g. 天然轻骨料的安定性，用煮沸法检验时，其质量损失不应大于 5%；用铁分解法检验时，其质量损失不应大于 5%。

h. 天然轻骨料异类岩石颗粒含量，按质量计不应大于 10%。

i. 天然轻骨料粒形系数大于 2.5 的颗粒含量不应大于 15%。

j. 天然轻骨料中有害物质含量标准为：硫酸盐（按 SO_3 计）<0.5%；氯盐（按 Cl^- 计）<0.02%；含泥量<3%；有机杂质（用比色法检验）不深于标准色。

除满足上述各项要求外，天然轻骨料同时达到下列两项指标者为特级品。

a. 松散密度等级不大于 700，相应的筒压强度提高一级。

b. 松散密度和筒压强度的变异系数均不大于 0.13。

② 水泥中使用的火山灰混合材料的技术要求　用于水泥中的火山灰混合材料的质量要求符合国家标准（GB/T 2847—2005），其主要技术条件如下。

a. 火山灰质混合材料烧失量，不得超过 10%。

b. 三氧化硫含量，不得超过 3%。

c. 火山灰性能试验必须合格。

d. 水泥胶砂 28d 抗压强度比，不得低于 62%。

③ 用于过滤剂、干燥剂等混合材料的技术要求　化学工业中作为过滤剂、干燥剂、催化剂时，要求块度中等，白色，孔隙度大。

④ 磨料用浮石的质量要求　用于磨料，磨制大理石、金属等，要求块度大，堆积密度小，孔隙间壁锋利，质软，不含石英及硅酸盐，并且加工成微米级粉料。

8.3.3　加工技术

浮石的选矿加工方法比较简单。一般是根据资源的特点和用途进行破碎和筛分，加工成不同粒级的产品出售。其中建材或建筑用浮石的加工工序包括分选、破碎、干燥、筛分或水浮净化，然后按粒度进行分级，分选方法主要采用风选和按粒度大小过筛。工业用浮石粉的加工工序包括破碎、干燥、净化、湿磨，最后得到微米级产品。国内一般是将原矿中大于 30～40mm 的块矿进行破碎和筛分加工。加工方法是：先用破碎机破碎，然后再用 30mm、20mm、5mm 等标准筛分成 5～10mm、10～20mm、20～30mm 等级别；或者根据市场需求，按用途选择筛孔，加工成不同粒级的产品。

8.4　铝土矿

8.4.1　矿石性质与矿物结构

铝土矿（bauxite）是一种以铝的氢氧化物为主要成分的多种矿物（氢氧化物、黏土矿物、氧化物等）的混合体，通常包括三水铝石、一水硬铝石、一水软铝石、赤铁矿、高岭石、蛋白石等多种矿物。其化学成分变化很大，主要成分为 Al_2O_3、SiO_2、Fe_2O_3、TiO_2，约占总成分的 95％，次要成分有 CaO、MgO、K_2O、Na_2O、S、MnO_2 及有机质等。矿石通常呈致密状、豆状、鲕状等集合体，灰色、灰黄色、黄绿色、红色、褐色等颜色。铝土矿中几种主要矿物的矿物学特性列于表 8-14。

表 8-14　铝土矿中几种主要矿物的矿物学特性

矿物特性	矿物名称		
	三水铝石	一水软铝石	一水硬铝石
化学式	$Al_2O_3 \cdot 3H_2O$	$Al_2O_3 \cdot H_2O$	$Al_2O_3 \cdot H_2O$
Al_2O_3 含量/％	65.4	85	85
结晶水含量/％	34.6	15	15
晶系	单斜	斜方	斜方
硬度	2.5~3	3.5	6~7
密度	2.43	3	3.3~3.5
光泽	玻璃	玻璃	玻璃
颜色	白色、灰绿色、浅红色	白色、黄白色	白色、黄褐色、淡紫色
形态	鳞片状集合体或结核状	隐晶质块状	鳞片状集合体

8.4.2　应用领域与技术指标要求

(1) 应用领域　铝土矿主要应用于以下领域。

① 生产硫酸铝、氯化铝及铝酸钠等铝盐，用于污水处理、造纸和石油精炼等方面。

② 生产氢氧化铝、氧化铝和金属铝。

氢氧化铝阻燃剂是目前用量最大的无机阻燃剂，它具有阻燃、抑烟、填充三种功能。氢氧化铝凝胶用于医药工业中作为十二指肠溃疡、胃溃疡、胃酸过多的抑酸剂、痱子粉等。化学工业用于制造润滑剂、离子交换剂、吸附剂、乳化剂和其他铝盐等。油墨工业用于填充剂和增稠剂。印染工业用于媒染剂。玻搪工业用于玻璃器皿和搪瓷的展色剂，造纸工业用于填料。建材工业用于制造陶瓷和耐火材料。还用于防水织物的制造、各色美术染料的填料和染料中色淀的色料等。

氧化铝广泛用于化工、冶金、陶瓷、耐火材料等领域。高纯超细氧化铝大量用于稀土三基色电子节能灯粉，无放射污染的长余辉荧光粉（夜光粉）、高压钠透光管、人造宝石、集成电路基片、氮化铝粉末、多孔陶瓷、高级研磨材料、陶瓷刀具等。

金属铝是一种重要的轻金属材料，铝粉是重要的白色颜料之一，铝合金广泛用于制造飞机、建材、轻工等领域。

③ 生产耐火材料，如高铝耐火砖、浇铸耐火砖及合成莫来石等。

④ 生产高铝水泥。高铝水泥是以铝酸钙为主、$Al_2O_3 > 50\%$、$SiO_2 < 10\%$ 的水泥，其初凝时间不早于 40min，终凝时间不迟于 10h，用于抗硫酸盐侵蚀和冬季施工等特殊需要的工程建设。

⑤ 制造磨料，如人造刚玉、砂轮、砂纸等。

此外，特级铝土矿还可用于糖汁、润滑油的脱色和净化以及药品制造等。

(2) 技术指标要求　表 8-15 为中国国家标准（GB/T 24483—2009）规定的铝土矿石的分类与化学成分要求。

表 8-15   铝土矿石的分类与化学成分要求 (GB/T 24483—2009)

矿床(矿石)类型	牌号	$w(Al_2O_3)/w(SiO_2)$ (铝硅比)	化学成分(质量分数)/%					水分
			Al_2O_3	Fe_2O_3	S	CaO+MgO	TiO_2	
		≥			≤			
沉积型 (一水硬铝石)	CLK12-70	12	70	5	0.3	1.5	—	7
	CLK8-65	8	65	8	0.5	1.5	—	
	CLK6-62	6	62	9	0.5	1.5	—	
	CLK5-60	5	60	10	0.5	1.5	—	
	CLK3.5-55	3.5	55	—	0.8	—	—	
堆积型 (一水硬铝石)	DLK15-60	15	60	20	0.10	1.5	—	8
	DLK11-55	11	55	25	0.10	1.5	—	
	DLK6-50	6	50	28	0.10	1.5	—	
	DLK4-45	4	45	28	0.10	1.5	—	
红土型 (三水铝石)	HLK7-50	7	50	50	—	—	2	8
	HLK4-45	4	45	45	—	—	2	
	HLK3-40	3	40	40	—	—	3	

8.4.3   加工技术

(1) 选矿提纯   铝土矿一般不采用复杂选矿技术,这是由于大部分开采出的原矿石能够满足应用的技术要求,同时有些铝土矿中与含铝矿物伴生的杂质难以用机械或物理选矿方法去除。

许多铝土矿一般可以通过洗矿和湿法筛分或分级的方法除去原矿石中的大量二氧化硅,从而提高矿石的品级或品位。采用重力选矿法 (如重介质选矿) 可分离铝土矿中的含铁红土;采用螺旋选矿机和强磁选机可除去菱铁矿。

采用两段浮选工艺如下:首先将铝土矿原矿细磨至95%通过200目筛;正浮选分离或富集水铝石。然后将浮选尾矿进一步磨细至95%通过325目筛;反浮选除去含铁与含钛矿物。其结果如表 8-16 所列。若将其中的 Al_2O_3 含量约73%的精矿再磨细到通过325目进行反浮选,其 TiO_2 和 Fe_2O_3 的含量可分别降到2%和1%以下。此外,用浮选法还可以精选出 Al_2O_3 含量达73%的高纯铝土矿。但是,通过浮选方法提高其纯度,原料生产成本较高。

表 8-16   铝土矿的两段浮选结果

铝土矿	产率/%	化学成分/%			用途
		Al_2O_3	TiO_2	Fe_2O_3	
铝土矿原矿	100	65.57	2.88	1.25	
正浮选精矿	35.22	73.26	2.84	1.02	一级铝土矿(耐火材料)
尾矿反浮选精矿	16.32	56.97	5.63	2.99	用于建筑材料
尾矿反浮选尾矿	48.46	62.37	1.99	0.82	二级铝土矿(耐火材料)

(2) 生产氧化铝   用铝土矿生产氧化铝主要采用拜耳法。即首先将铝土矿粉碎,然后与苛性钠混合湿磨和高压溶出,铝土矿中的大部分氧化铝被溶出并生成铝酸钠溶液,而铝土矿中的二氧化硅、氧化钙、氧化铁等杂质则成为赤泥而沉淀。其反应式如下:

$$Al_2O_3 \cdot 3H_2O + 2NaOH \longrightarrow 2NaAlO_2 + 4H_2O$$
$$Al_2O_3 \cdot H_2O + 2NaOH \longrightarrow 2NaAlO_2 + 2H_2O$$

将铝酸钠溶液冷却后添加三水氧化铝晶种并搅拌便可分解出三水氧化铝或氢氧化铝结晶。拜耳法生产 Al_2O_3 的工艺流程如图 8-4 所示。其主要步骤如下。

① 铝土矿的粉碎加工。典型矿石中含有 50% 左右的 Al_2O_3,主要以三水铝石形式存在,并夹杂有不同比例的铁、硅和钛的氧化物及少量杂质。

② 在热苛性钠溶液中加热溶解铝土矿。

③ 澄清或过滤。用于将未溶解的硅和铁氧化物残渣（赤泥）从铝酸钠溶液中分离出去。

④ 从铝酸盐溶液中沉淀出纯氢氧化铝，再通过过滤和洗涤除去氢氧化钠。此外，须精心控制包括纯度和颗粒结构在内的氢氧化铝的特性。

⑤ 在回转窑中加热到1100℃以上将氢氧化铝煅烧制成煅烧氧化铝。煅烧 Al_2O_3 的粒度大小在氢氧化铝沉淀阶段就已确定，而 α-Al_2O_3 晶体大小则在煅烧过程中发育长大。Al_2O_3 聚集体内的晶体大小和形状可以在后续有矿化剂的工艺过程中进一步得到控制。

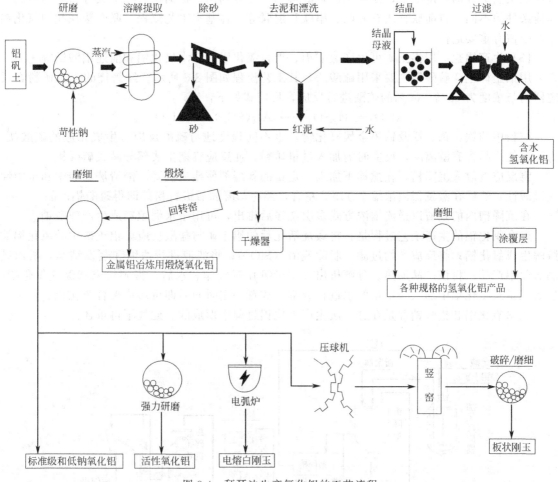

图 8-4 拜耳法生产氧化铝的工艺流程

用拜耳法得到的煅烧氧化铝经进一步加工处理可以获得陶瓷和耐火材料行业所使用的各种氧化铝质原料，如活性氧化铝、电熔刚玉、板状刚玉等。

拜耳法工艺简单，能耗和成本比较低，产品质量好，但原料只局限于低硅铝土矿（Al_2O_3/SiO_2 比值应大于7）。

对于 Al_2O_3/SiO_2 比较低的铝土矿，拜耳法生产氧化铝的经济效果明显恶化。碱石灰烧结法是目前得到实际应用的用于处理 Al_2O_3/SiO_2 比值较低的铝土矿或其他含铝原料的方法。

碱石灰烧结法是将铝土矿与一定数量的石灰石（或苏打石灰）配成炉料在回转窑中进行1250℃以上的高温烧结，炉料中的 Al_2O_3 与 Na_2CO_3 反应生成可溶性的固体铝酸钠。矿石中的氧化铁、氧化硅和二氧化钛分别生成铁酸钠（$Na_2O \cdot Fe_2O_3$）、原硅酸钙（$2CaO \cdot SiO_2$）

和钛酸钙（CaO·TiO$_2$）。铝酸钠极易溶于水或稀碱溶液，铁酸钠则易水解；而原硅酸钙和钛酸钙不溶于水，与碱溶液的反应也较微弱。因此，用稀碱溶液可以将烧结体中的 Al$_2$O$_3$ 和 Na$_2$O 溶出，得到铝酸钠溶液，与进入赤泥中的原硅酸钙、钛酸钙和 Fe$_2$O$_3$·H$_2$O 等不溶性残渣分离。铝酸钠溶液经过净化，通入 CO$_2$ 气体后，苛性比值和稳定性下降，于是沉淀出氢氧化铝。氢氧化铝经煅烧而成为氧化铝。

碱石灰烧结法工艺较复杂，能耗和生产成本较高，但它可以处理高硅矿石。

在某些情况下，采用拜耳法和碱石灰烧结法的联合生产工艺可以得到比单纯的拜耳法或碱石灰烧结法更好的经济效果，使铝土矿资源得到更充分利用。根据矿石化学成分、矿物组成及其他条件的不同，目前联合法有并联、串联和混联等三种基本工艺流程。联合法在我国氧化铝生产中占有重要地位。

(3) 生产铝盐 用铝土矿可生产硫酸铝、聚合氯化铝、三水氧化铝和前述铝酸钠等。

用铝土矿生产硫酸铝主要采用硫酸法，其工艺流程如图 8-5 所示。经焙烧的铝土矿粉在反应器内与浓度为 55%～60% 的硫酸进行反应，反应式如下：

$$Al_2O_3 + H_2SO_4 \longrightarrow Al_2(SO_4) + 3H_2O$$

矿粉中的铁、钙、镁及钛等金属氧化物，也不同程度地与硫酸反应，生成相应的硫酸盐。为了不使产品含有游离酸，反应时需加入过量矿粉，使反应终期生成部分碱式硫酸铝。

将反应液放入沉降槽，在搅拌下加入一定量的絮凝剂使残渣沉降。澄清液加酸中和至中性或微碱性，然后在蒸发器内浓缩至 115℃ 左右，经冷却凝固后进行粉碎即得硫酸铝产品。

在沉降槽内的残渣以逆流增浓方式多次洗涤后排出，可用于水泥填料或生产硅酸钠。

聚合氯化铝的生产工艺过程是：将煅烧活化后的铝土矿与盐酸反应，铝土矿中的氧化铝被溶解生成氯化铝；将反应产物过滤、脱除残渣（SiO$_2$）；将滤液进行浓缩和蒸发结晶，析出结晶氯化铝产品；将该产品加热、分解析出一定量氯化氢气体和水后，得到粉末状碱式氯化铝；然后在碱式氯化铝中加入一定量的水进行分解，放置一定时间后即可形成聚合氯化铝。

三水氧化铝和铝酸钠都是在拜耳法生产氧化铝过程中形成的。此处不再重述。

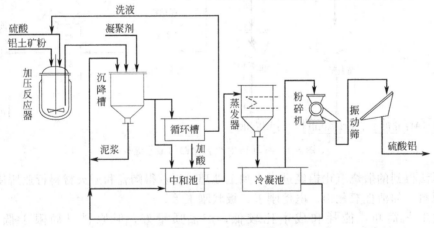

图 8-5　用铝土矿生产硫酸铝的工艺流程

参 考 文 献

[1] 郑水林．中国非金属矿加工业发展现状 [J]．中国非金属矿工业导刊，2006 (3)：3-8.
[2] 郑水林．非金属矿粉体加工技术现状与发展 [J]．中国非金属矿工业导刊，2007 (4)：3-6.
[3] 郑水林，余绍火，吴宏富．超细粉碎工程 [M]．北京：中国建材工业出版社，2006.
[4] 郑水林，王彩丽，陈骏涛．无机粉体表面改性技术现状与研究进展 [J]．化工矿物与加工，2007，36 (s)：1-11.
[5] 郑水林．中国无机粉体超细粉碎技术现状 [J]．中国粉体工业通鉴，2007 (3)：42-48.
[6] 郑水林，祖占良．非金属矿物粉碎加工技术现状 [J]．中国非金属矿工业导刊，2006 (s)：3-6.
[7] 宋宝祥，王妍．造纸非金属矿粉体材料消费现状与发展趋势 [J]．中国造纸，2007，26 (9)：10-14.
[8] 陈更新，周宇．非金属矿物填料在塑料工业中的应用现状与发展趋势 [J]．中国非金属矿工业导刊，2006 (6)：3-6.
[9] 郑水林．非金属矿物环境污染治理与生态修复材料应用研究进展 [J]．中国非金属矿工业导刊，2008 (2)：3-7.
[10] 郑水林．非金属矿超细粉碎技术与装备 [M]．北京：中国建材工业出版社，2016
[11] 郑水林．非金属矿加工与应用 [M]．北京：化学工业出版社，2013.
[12] 邱冠周，袁明亮，杨华明．矿物材料加工学 [M]．长沙：中南大学出版社，2003.
[13] 韩跃新，印万忠，王泽红．矿物材料 [M]．北京：科学出版社，2006.
[14] 郑水林，孙志明．非金属矿物材料 [M]．北京：化学工业出版社，2016.
[15] 马鸿文．工业矿物与岩石（第3版）[M]．北京：化学工业出版社，2011.
[16] 郑水林，袁继祖．非金属矿加工技术与应用手册 [M]．北京：冶金工业出版社，2005.
[17] 郑水林．非金属矿加工工艺与设备 [M]．北京：化学工业出版社，2009.
[18] 郑水林．无机矿物填料加工技术基础 [M]．北京：化学工业出版社，2010.
[19] 郑水林，苏迤．非金属矿超细粉碎与精细分级技术进展 [J]．中国非金属矿工业导刊，2009 (2)：3-5.
[20] 郑水林．超微粉体加工技术与应用 [M]．北京：化学工业出版社，2011.
[21] 郑水林．粉体表面改性（第3版）[M]．北京：中国建材工业出版社，2011.
[22] 骆剑军，郑水林，黄宾江．连续粉体表面改性机：CN 2550367 [P]．2003.
[23] 郑水林．非金属矿物粉体表面改性技术进展 [J]．中国非金属矿工业导刊，2010 (1)：3-10.
[24] 天津化工研究院．无机盐工业手册 [M]．北京：化学工业出版社，2003.
[25] 卢寿慈．粉体技术手册 [M]．北京：化学工业出版社，2004.
[26] 沈上越，李珍．矿物岩石材料工艺学 [M]．武汉：中国地质大学出版社，2005.
[27] 胡庆福．纳米级碳酸钙生产与应用 [M]．北京：化学工业出版社，2004.
[28] Zheng S．Industrial mineral powder production in China [J]．颗粒学报（PARTICUOLOGY），2007，5 (6)：376-383.
[29] 胡庆福，胡晓波，宋丽英，等．中国轻质碳酸钙粉体生产现状与研发新进展及其发展建议 [J]．中国非金属矿工业导刊，2007 (s)：20-25.
[30] 郑水林．碳酸钙粉体表面改性技术现状与发展趋势 [J]．中国非金属矿工业导刊，2007 (2)：3-6.
[31] 宋宝祥．造纸用功能性非金属矿物粉体材料的开发与应用 [J]．中国非金属矿工业导刊，2005 (3)：3-7.
[32] 刘英俊．碳酸钙的表面处理改性及其在塑料中的应用 [J]．阅江学刊，2009 (4)：9-11.
[33] 郑水林．非金属矿物粉体工业发展现状 [J]．中国非金属矿工业导刊，2005 (2)：3-7.
[34] 肖守孝，张国旺．湿法研磨重质碳酸钙的研究现状及其发展方向 [J]．中国非金属矿工业导刊，2007 (4)：38-40.
[35] 郑水林．非金属矿物粉体连续表面改性技术 [J]．化工矿物与加工，2007，36 (s)：11-15.
[36] 刘英俊．碳酸钙在塑料中应用的若干问题 [J]．中国非金属矿工业导刊，2007 (3)：3-7.
[37] 祖占良，郑水林．重质碳酸钙生产技术现状与发展趋势 [J]．中国粉体技术，2011 (s)：13-16.
[38] 徐熙，郑水林，刘福来，等．方解石的湿法超细研磨工艺与动力学研究 [J]．非金属矿，2010，33 (3)：28-29.
[39] 郑水林，吴翠平．一种可显著降低碳酸钙吸油值的表面改性剂配方：CN 102627788 B [P]．2013.
[40] 王兆敏．中国菱镁矿现状与发展趋势 [J]．中国非金属矿工业导刊，2006 (5)：6-8.
[41] 郑水林．影响粉体表面改性效果的主要因素 [J]．中国非金属矿工业导刊，2003 (1)：13-16.
[42] 于永琪．我国硅质原料资源开发利用的现状暨发展趋势 [J]．中国非金属矿工业导刊，2005 (s)：26-31.
[43] 于福顺．石英长石无氟浮选分离工艺研究现状 [J]．中国非金属矿工业导刊，2005 (2)：52-54.
[44] 沈久明．石英微粉提纯研究 [J]．非金属矿，2006，29 (4)：39-41.
[45] 豆中磊，郑水林，吴照洋．海南某石英砂矿的选矿提纯试验研究 [J]．非金属矿，2009，32 (1)：51-52.
[46] 毛俊，孙志明，郑水林．粉石英选矿提纯研究进展 [J]．中国粉体技术．2010，16 (s)：121-124.
[47] 苑晓光，吴翠平，郑水林，等．天然粉石英的选矿提纯试验研究 [J]．中国粉体技术，2011 (s)：90-92.

[48] 郑水林，贺洋，毛俊，等．一种粉石英矿的选矿提纯方法：CN 102773149 A [P]．2012.

[49] 申保磊，郑水林，张殿潮．高纯石英砂发展现状与趋势 [J]．中国非金属矿工业导刊，2012 (5)：4-6.

[50] 郑水林，李杨，许霞．升温速度对煅烧高岭土物化性能的影响 [J]．非金属矿，2001，24 (6)：15-16.

[51] 郑水林，李杨，许霞．入烧原料细度对煅烧高岭土物化性能的影响研究 [J]．中国粉体技术，2002，8 (3)：13-15.

[52] 郑水林，李杨，许霞．煅烧时间对煅烧高岭土物化性能影响的研究 [J]．非金属矿，2002，25 (2)：11-12.

[53] 郑水林，李杨，许霞．温度对煤系煅烧高岭土物化性能影响的研究 [J]．硅酸盐学报，2003，31 (4)：417-420.

[54] 程宏飞，刘钦甫．我国超微细高岭土的研究现状 [J]．中国非金属矿工业导刊，2007 (5)：6-8.

[55] 冯建明，闫国东．煤系煅烧高岭土生产集成新技术 [J]．中国非金属矿工业导刊，2006 (s)：97-99.

[56] 卢芳慧，孙志明，怀杨杨，等．煤系高岭土的加工及应用研究进展 [J]．中国粉体技术，2010，16 (s)：129-132.

[57] 徐荣声，刘福来，郑水林，等．研磨介质对高岭土湿法超细研磨效果的影响 [J]．非金属矿，2010，33 (4)：39-41.

[58] 沈红玲，郑水林，龚兆卓，等．二氧化钛/煅烧高岭土复合粉体材料的紫外光透过性能 [J]．非金属矿，2009，32 (4)：8-10.

[59] 刘杰，郑水林，张晓波，等．煅烧高岭土与钛白粉的湿法研磨复合工艺研究 [J]．化工矿物与加工，2009，38 (8)：14-16.

[60] 龚兆卓，郑水林，吕芳丽，等．纳米氧化锌-煅烧高岭土复合材料的制备 [J]．中国粉体技术，2010，16 (2)：58-60.

[61] Bai C，Zheng S，Sun Z，et al．TiO$_2$/Kaolinite photocatalytic material of Fe^{3+} chemical doping and Fe$_2$O$_3$ heat-banding and its mechanism analysis [J]．Advanced Materials Research，2010，178：324-329.

[62] 鲁光辉，刘杰，申保磊，等．陶土橡胶填料的表面改性配方研究 [J]．非金属矿，2012，35 (1)：10-12.

[63] 白春华，龚兆卓，郑水林．煅烧温度对 TiO$_2$-高岭土复合材料抗紫外性能的影响 [J]．中国粉体技术，2012，18 (1)：45-47.

[64] Sun Z，Yao G，Zhang X，et al．Enhanced visible-light photocatalytic activity of kaolinite/g-C$_3$N$_4$，composite synthesized via mechanochemical treatment [J]．Applied Clay Science，2016，129：7-14.

[65] Sun Z，Li C，Yao G，et al．In situ generated g-C$_3$N$_4$/TiO$_2$ hybrid over diatomite supports for enhanced photodegradation of dye pollutants [J]．Materials & Design，2016，94：403-409.

[66] Li C，Sun Z，Huang W，et al．Facile synthesis of g-C$_3$N$_4$/montmorillonite composite with enhanced visible light photo-degradation of rhodamine B and tetracycline [J]．Journal of the Taiwan Institute of Chemical Engineers，2016，66：363-371.

[67] Li C，Sun Z，Li X，et al．Facile fabrication of g-C$_3$N$_4$/precipitated silica composite with enhanced visible-light photoactivity for the degradation of rhodamine B and Congo red [J]．Advanced Powder Technology，2016，27 (5)：2051-2060.

[68] Li C，Sun Z，Xue Y，et al．A facile synthesis of g-C$_3$N$_4$/TiO$_2$，hybrid photocatalysts by sol - gel method and its enhanced photodegradation towards methylene blue under visible light [J]．Advanced Powder Technology，2016，27 (2)：330-337.

[69] 刘钦甫，左小超，张士龙，等．置换插层制备高岭石-甲醇复合物的机理 [J]．硅酸盐学报，2014，42 (11)：1428-1434.

[70] Gardolinski J E F C，Lagaly G．Grafted organic derivatives of kaolinite：I．Synthesis，chemical and rheological characterization [J]．Clay Minerals，2005，40 (4)：537-546.

[71] Letaief S，Detellier C．Clay-polymer nanocomposite material from the delamination of kaolinite in the presence of sodium polyacrylate [J]．Langmuir the Acs Journal of Surfaces & Colloids，2009，25 (18)：10975-10979.

[72] 刘钦甫．高岭石插层、剥片及其在橡胶中的应用 [M]．北京：科学出版社，2016.

[73] 刘董兵，骆剑军．SLG 连续式粉体表面改性机组在超细及纳米粉体分散改性中的应用 [J]．化工矿物与加工，2007 (s)：129-133.

[74] 王彩丽，刘桂花．硅灰石表面改性研究现状与应用前景 [J]．化工矿物与加工，2007，36 (s)：36-40.

[75] 刘桂花，王兆华，王峥，等．一种硅灰石表面包覆硅酸铝纳米粒子的方法：CN 101392106 B [P]．2011.

[76] 郑水林，王彩丽，王丽晶，刘桂花．一种硅灰石填料的无机复合与表面改性方法：CN 101724175 A [P]．2010.

[77] 王彩丽，郑水林，刘桂花，等．硅酸铝-硅灰石复合粉体材料的制备及其在聚丙烯中的应用 [J]．复合材料学报，2009，26 (3)：35-39.

[78] 王彩丽，郑水林，王丽晶，等．硅灰石表面改性及其在聚丙烯中的应用 [J]．中国粉体技术，2009，15 (3)：103-106.

[79] 王彩丽，郑水林，刘桂花，等．硅酸铝包覆硅灰石复合粉体表面硅烷改性研究 [J]．非金属矿，2009，32 (3)：1-3.

[80] 郑水林，王彩丽，刘桂花，等．针状矿粉的表面复合改性及应用 [J] . 过程工程学报，2009，(s2)：45-50.

[81] Wang C，Zheng S，Liu G，et al. Preparation of wollastonite coated with nano-aluminium silicate and its application in filling PA6 [J] . Surface Review & Letters，2010，17 (2)：265-270.

[82] 白志强，郑水林，沈红玲，等．三氧化二锑-硅灰石复合填料的制备及在聚丙烯中的填充性能 [J] . 中国粉体技术，2010，16 (2)：54-57.

[83] 郑水林，王彩丽，张玉忠，等．硅灰石表面无机改性及其在聚丙烯中的应用 [J] . 高分子材料科学与工程，2011，27 (7)：103-106.

[84] 贺洋，沈红玲，白志强，等．SnO_2/硅灰石抗静电材料的制备及性能 [J] . 硅酸盐学报，2012，40 (1)：121-125.

[85] Wang C，Zheng S，Xu X，et al. Surface inorganic modification of wollastonite and its application in filling polypropelyne [J] . Advanced Materials Research，2011，154-155 (7)：50-56.

[86] 郑水林，沈红玲，毛俊．一种硅灰石负载纳米 SnO_2 型复合抗静电功能填料的制备方法：CN 102382488 B [P] . 2013.

[87] 王彩丽，郑水林，王怀法．非均匀成核法制备硅酸铝-硅灰石复合粉体材料 [J] . 中国粉体技术，2012，18 (1)：29-33.

[88] 王萍萍，李珍，张德，等．江西黑色滑石煅烧工艺及物相分析 [J] . 化工矿物与加工，2007，36 (s)：99-101.

[89] 叶菁，李宏敏．滑石超细改性气流粉碎研究 [J] . 非金属矿，2004，27 (1)：40-41.

[90] 郑水林，李杨，刘福来，等．石棉尾矿综合利用中试技术研究 [J] . 非金属矿，2007，30 (5)：39-42.

[91] 郑水林，李杨，刘福来，等．一种石棉尾矿综合利用的方法：CN 1597154 A [P] . 2005.

[92] 陈俊涛，郑水林，王彩丽，等．石棉尾矿酸浸渣对铜离子的吸附性能 [J] . 过程工程学报，2009，9 (3)：486-491.

[93] 郑水林，郑黎明，檀竹红．石棉尾矿酸浸渣对铜离子的吸附研究 [J] . 硅酸盐学报，2009，37 (10)：1744-1749.

[94] 孙志明，郑水林，文明，等．石棉尾矿酸浸渣填充对改性沥青性能的影响 [J] . 中国粉体技术，2010，16 (2)：51-53.

[95] 郑黎明，郑水林，贺洋，等．石棉尾矿渣负载 TiO_2 处理含 Cr（VI）废水的影响因素研究 [J] . 中国粉体技术，2010，16 (s)：56-59.

[96] 郑黎明，檀竹红，郑水林．石棉尾矿酸浸渣对 Cr（III）的吸附热力学与动力学研究 [J] . 中国粉体技术，2010，16 (s)：66-69.

[97] 郑黎明，郑水林，桂经亚，等．石棉尾矿渣负载 TiO_2 处理含酚废水的影响因素研究 [J] . 非金属矿，2011，34 (2)：62-64.

[98] 郑水林，郑黎明，戴瑞．一种蛇纹石酸浸脱镁硅渣表面包覆纳米 TiO_2 的方法：CN 102463106 B [P] . 2013.

[99] 戴瑞，狄永浩，郑水林．一种蛇纹石加工利用的方法：CN 102627302 A [P] . 2012.

[100] 狄永浩，戴瑞，鲁光辉，等．火法焙烧蛇纹石制取氢氧化镁工艺研究 [J] . 中国粉体技术，2012，18 (1)：39-42.

[101] 鞠建英．膨润土在工程中的开发与应用 [M] . 北京：中国建材工业出版社，2003.

[102] 姜桂兰．膨润土加工与应用 [M] . 北京：化学工业出版社，2005.

[103] 朱利中．有机膨润土及其在污染控制中的应用 [M] . 北京：科学出版社，2006.

[104] 张彩云，董前年，章于川，等．膨润土湿法提纯及其钠化工艺优化研究 [J] . 非金属矿，2007，30 (2)：42-44.

[105] 孔维安，郑水林，白春华，等．膨润土在水溶液中的膨胀性能研究 [J] . 非金属矿，2010，33 (1)：42-44.

[106] 孙志明，于健，郑水林，等．离子种类及浓度对土工合成黏土垫用膨润土保水性能的影响 [J] . 硅酸盐学报，2010，38 (9)：1826-1831.

[107] 曹曦，徐熙，郑水林．无机柱撑膨润土的研究进展及应用 [J] . 中国非金属矿工业导刊，2011 (3)：19-22.

[108] 曹曦，徐熙，郑水林．膨润土插层改性及其在 EVA 复合阻燃填料中的应用 [J] . 中国粉体技术，2011 (s)：131-133.

[109] 徐熙，石钰．膨润土无机插层改性的研究进展及应用 [J] . 中国粉体技术，2010，16 (s)：109-112.

[110] Sun Z M，Yu J，Zheng S L，et al. Effect of salt in aqueous solution on the swelling and water-retention capacity of bentonite [J] . Advanced Materials Research，2011，194-196：2039-2045.

[111] 侯会丽，徐熙，郑水林，等．无机插层膨润土-氢氧化镁复合填料的阻燃性能 [J] . 中国粉体技术，2012，18 (s)：85-87.

[112] 郑水林，豆中磊，于健，等．一种提高膨润土在盐水中膨胀性能的方法．CN 102653637 A，[P]，2012.

[113] Huai Y Y，Dou Z L，Sun Z M，et al. The research on improving the salt resistance of bentonite used in geosynthetic clay liner [J] . Advanced Materials Research，2012，476-478：696-700.

[114] 孙志明，怀杨杨，郑水林．一种用于膨润土矿的层流离心选矿方法：CN 102688803 A [P] . 2012.

[115] 杨芳芳，吕宪俊．膨润土制备无机凝胶工艺研究概况 [J] . 中国非金属矿工业导刊，2007 (2)：22-24.

[116] 邱俊，吕宪俊，徐怀彬，等．用钙基膨润土生产无机凝胶——超细钠基膨润土的制备新工艺研究［J］．山东科技大学学报（自然科学版），2004，23（2）：87-89.

[117] Djellabi R，Ghorab M F，Cerrato G，et al．Photoactive TiO$_2$-montmorillonite composite for degradation of organic dyes in water［J］．Journal of Photochemistry & Photobiology A Chemistry，2014，295：57-63.

[118] 楚增勇，原博，颜廷楠．g-C$_3$N$_4$光催化性能的研究进展［J］．无机材料学报，2014，29（8）：785-794.

[119] Li C，Sun Z，Huang W，et al．Facile synthesis of g-C$_3$N$_4$/montmorillonite composite with enhanced visible light photo-degradation of rhodamine B and tetracycline［J］．Journal of the Taiwan Institute of Chemical Engineers，2016，66：363-371.

[120] 张俊平，王爱勤．有机-无机复合高吸水性树脂［M］．北京：科学出版社，2006.

[121] 李毕忠，李泽国，吴坤．纳米黏土的表面处理及其在聚合物中应用特性［C］．化工矿物与加工，2007，36（s）：126-128.

[122] 曹明礼，曹明贺．非金属纳米矿物材料［M］．北京：化学工业出版社，2006.

[123] 陈天虎，王健，庆承松等．热处理对凹凸棒石结构、形貌和表面性质的影响［J］．硅酸盐学报，2006，34（11）：1406-1410.

[124] 孙传金，丁永红，姚超，等．有机凹凸棒土/SBR复合材料的制备与性能研究［J］．非金属矿，2008，31（2）：24-26.

[125] 郑水林，刘月，文明，等．氮掺杂凹凸棒石负载纳米TiO$_2$可见光催化剂的制备方法：CN 101927177 A［P］.2010.

[126] 刘月，郑水林，熊余．酸浸处理对凹凸棒石黏土性能的影响［J］．非金属矿，2009，32（1）：58-59.

[127] 熊余，刘月，郑水林，等．凹凸棒石黏土的酸洗提纯工艺研究［J］．非金属矿，2009，32（2）：43-45.

[128] 王晓燕，冀志江，张连松，等．海泡石液相原位负载金红石型TiO$_2$研究［J］．硅酸盐学报，2006，34（8）：932-936.

[129] 王满力，王佳佳，周元康，等．纳米坡缕石增强PF复合材料研究［J］．非金属矿，2008，31（1）：62-64.

[130] 吴平霄．黏土矿物材料与环境修复［M］．北京：化学工业出版社，2004.

[131] 郑水林，宋贝，屈小梭．一种海泡石的选矿提纯方法：CN 102716800 A［P］.2012.

[132] 贺洋，郑水林，沈红玲．纳米TiO$_2$/海泡石复合粉体的制备及光催化性能研究［J］．非金属矿，2010，33（1）：67-69.

[133] 屈小梭，宋贝，郑水林，等．海泡石的选矿提纯与精矿物化特性研究［J］．非金属矿，2013（4）：35-36.

[134] 贺洋，郑水林，沈红玲．纳米TiO$_2$-海泡石光催化降解罗丹明B废水的研究［J］．中国粉体技术，2010，16（5）：59-61.

[135] 梁景晖，毛艳．高纯纳米累托石制备方法研究［J］．非金属矿，2002，25（3）：34-35.

[136] 陈济美，汪昌秀．钠化累托石造浆性能试验探讨［J］．非金属矿，2002，25（5）：13-15.

[137] 郑宽学，张先斌．累托石选矿工艺探讨［J］．非金属矿，2007，30（1）：40-42.

[138] 丁浩，邓雁希，阎伟．绢云母质功能材料的研究现状与发展趋势［J］．中国非金属矿工业导刊，2006（s）：171-175.

[139] 孙文，王高锋，王珊，等．伊利石选矿提纯及精矿理化性能研究［J］．非金属矿，2016（1）：81-83.

[140] 孙文，王珊，王高锋，等．伊利石对四环素的吸附动力学及热力学研究［J］．硅酸盐通报，2016，35（7）：2153-2158.

[141] Wang G，Wang S，Sun W，et al．Synthesis of a novel illite@carbon nanocomposite adsorbent for removal of Cr（Ⅵ）from wastewater．［J］．J Environ Sci，2017，57（7）：62-71.

[142] Wang G，Wang S，Sun W，et al．Oxygen functionalized carbon nanocomposite derived from natural illite as adsorbent for removal of cationic and anionic dyes［J］．Advanced Powder Technology，2017.

[143] 潘嘉芬．天然及改性沸石对氨氮废水处理效果的试验研究［J］．非金属矿，2005，28（6）：56-58.

[144] 徐熙，郑水林，张晓波．蒙皂石的湿式超细粉碎试验研究［J］．非金属矿，2010，33（2）：27-28.

[145] 刘鹏，王志新，陈世富．年产7200t球形闭孔膨胀珍珠岩生产线设计［J］．非金属矿，2004，27（5）：24-25.

[146] 卢芳慧，桂经亚，金宝成，等．膨胀珍珠岩负载纳米TiO$_2$复合材料的制备［J］．中国粉体技术，2012，18（s）：95-98.

[147] 郑水林，卢芳慧，宋兵．中国粉体技术，2012，18（s）：95-98.

[148] 王坚，赵健，Wang Jian，等．膨胀蛭石性能与生产工艺的关系［J］．非金属矿，2005，28（2）：29-31.

[149] 张静，陈金毅，张文蓉，等．累托石/TiO$_2$/Cu$_2$O三元纳米复合材料的制备及其表征［J］．非金属矿，2010，33（3）：1-3.

[150] 徐熙，郑水林，张晓波．蒙皂石的湿式超细粉碎试验研究［J］．非金属矿，2010，33（2）：27-28.

[151] 李晶．交联累托石/Cu₂O 纳米复合材料的制备及可见光催化性能 [J]．2012.

[152] 刘辉，康明，卢忠远，等．有机累托石改性阻燃电缆料的制备 [J]．西南科技大学学报，2010，25 (3)：11-15.

[153] 曾德芳．改性累托石/壳聚糖复合絮凝剂的研制与应用研究 [D]．武汉理工大学，2006.

[154] 张凌燕，余佳，袁继祖．二氧化钛/累托石复合光催化剂制备及对酸性红的催化降解试验研究 [J]．非金属矿，2004，27 (5)：36-38.

[155] 郑水林，孙志明．纳米 TiO₂/硅藻土复合环保功能材料 [M]．北京：科学出版社，2018.

[156] 郑水林，王利剑，舒锋，等．酸浸和焙烧对硅藻土性能的影响 [J]．硅酸盐学报，2006，34 (11)：1382-1386.

[157] 王利剑，郑水林，陈俊涛，等．纳米 TiO₂/硅藻土复合光催化材料的制备与表征 [J]．过程工程学报，2006，6 (s2)：165-168.

[158] 贾凤梅，陈俊涛，郑水林．用硅藻土制备硅酸钠工艺试验研究 [J]．非金属矿，2006，29 (4)：31-33.

[159] 郑水林，李杨，王光玉，等．用硅藻土制备纳米二氧化硅的方法：CN 1508068 A [P]．2004.

[160] 王利剑，郑水林，陈骏涛，等．硅藻土提纯及其吸附性能研究 [J]．非金属矿，2006，29 (2)：3-5.

[161] 贾凤梅，陈俊涛，黄鹏．硅藻土的加工与应用现状 [J]．中国非金属矿工业导向，2006 (s)：55-58.

[162] 郑水林，常伟，王光玉，等．一种改进硅藻土改性沥青材料性能的方法：CN 101205412 [P]．2008.

[163] 郑水林，王利剑，傅振彪，等．以硅藻土助滤剂为载体的负载型纳米 TiO₂ 光催化材料的制备方法：CN 102039118 A [P]．2011.

[164] 郑水林，李杨，黄强，等．一种硅藻土矿的干、湿法集成选矿工艺：CN 101596490 [P]．2009.

[165] 张雁鸣，李金辉，郑水林，等．硅藻土选矿用层流离心选矿机．吉林：CN 202238334 U [P]，2012，05.

[166] Liu Y, Zheng S, Du G et al. JT. Photocatalytic degration property of nano-TiO₂/diatomite for rodamine B dye waster-water. International Journal of Modern Physics B, 23 (6-7)：1683-1688 MAR 20 2009.

[167] 高如琴，郑水林，朱灵峰．电气石对硅藻土基多孔陶瓷孔结构与孔雀石绿脱色效果的影响 [J]．人工晶体学报，2010，39 (2)：539-544.

[168] 王利剑，郑水林，田文杰．纳米 TiO₂-硅藻土复合光催化材料中试实验研究 [J]．中国粉体技术，2010，16 (s)：8-10

[169] Chen J T, Han Y X, Liu L, et al. The research of scrub on the performance of diatomite [J]. Key Engineering Materials, 2011, (474-476)：1836-1839.

[170] 白春华，郑水林，桂经亚，等．TiO₂-多孔矿物复合材料的制备和性能．中国粉体技术，2011 (s)：61-64

[171] 王佼，郑水林．非离子表面活性剂 OP-10 在用硅藻土制备超细白炭黑中的作用 [J]．中国粉体技术，2011 (s)：90-92.

[172] 王娜，郑水林．不同煅烧工艺对硅藻土性能的影响研究现状 [J]．中国非金属矿工业导向，2012 (3)：16-20.

[173] 鲁光辉，郑水林，王腾宇．硅藻土在废水中的应用及研究现状 [J]．中国非金属矿工业导刊，2012 (3)：39-43.

[174] Yang X P, Sun Z M, Zheng S L. Research and application of diatomite laminar film separation control system [J]. Advanced Materials Research, 2012, (524-527)：1054-1057.

[175] 王佼，郑水林．硅藻土负载复合相变储能材料的制备工艺研究 [J]．非金属矿，2012，35 (3)：55-57.

[176] 王佼，郑水林．聚乙二醇对硅藻土制备超细白炭黑的影响 [J]．中国粉体技术，2012，18 (2)：31-33.

[177] 姜中强，王光玉，王利剑，等．可用于水和空气净化的硅藻土负载纳米 TiO₂ 材料的制备方法：CN 101195086 A [P]．2008.

[178] 宋兵，郑水林，杨涛，等．硅藻土基复合材料的研究现状和发展前景 [J]．中国非金属矿工业导刊，2012 (3)：1-3.

[179] 毛俊，郑水林，胡志波，等．层流离心机分选提纯硅藻土的试验研究 [J]．中国粉体技术，2012，18 (s)：43-46.

[180] Zheng S, Bai C, Gao R Q. Preparation and photocatalytic property of /diatomite-based porous ceramics composite materials [J]. International Journal of Photoenergy, 2012 (13)：4651-4657 (2012-1-24).

[181] 孙志明，胡志波，郑水林．一种硅藻土负载氮掺杂纳米 TiO₂ 光催化材料的制备方法：CN 102698785 A [P]．2012.

[182] 李春全，艾伟东，孙志明，等．V-TiO₂/凹凸棒石复合光催化材料的制备与研究 [J]．人工晶体学报，2016，45 (3)：655-660.

[183] 张广心，董雄波，郑水林．纳米 TiO₂/硅藻土复合材料光催化降解作用研究 [J]．无机材料学报，2016，31 (4)：407-412.

[184] Zhang G, Wang B, Sun Z, et al. A comparative study of different diatomite-supported TiO₂ composites and their photocatalytic performance for dye degradation [J]. Desalination & Water Treatment, 2015：1-11.

[185] 胡志波，演阳，郑水林，等．硅藻土/重质碳酸钙复合调湿材料的制备及表征 [J]．无机材料学报，2016，31 (1)：81-87.

[186] 鲁光辉，郑水林，王腾宇．硅藻土在废水中的应用及研究现状 [J]．中国非金属矿工业导刊，2012（3）：39-43.

[187] 盛莉，马茜茹．改性硅藻土处理印染废水的应用研究 [J]．科技成果管理与研究，2010（7）．

[188] 赵成博，张殿潮，吴照洋，等．改性硅藻土用于油田采油污水处理的试验研究 [J]．非金属矿，2015（2）：66-67.

[189] 任华峰，苗英霞，张雨山，等．硅藻土在水处理领域的应用研究进展 [J]．化工进展，2013，32（s1）：213-216.

[190] 罗智文．改性硅藻土吸附废水中氨氮和重金属（铬）的研究 [D]．重庆：重庆大学，2006.

[191] Al-Degs Y，Khraisheh M A M，Tutunji M F. Sorption of lead ions on diatomite and manganese oxides modified diatomite [J]．Water Research，2001，35（15）：3724-8.

[192] Zhan S，Lin J，Fang M. Preparation of manganese oxides-modified diatomite and its adsorption performance for dyes [J]．Rare Metal Materials & Engineering，2010，39（8）：397-400.

[193] Sun Z，Zheng S，Ayoko G A，et al. Degradation of simazine from aqueous solutions by diatomite-supported nanosized zero-valent iron composite materials [J]．Journal of Hazardous Materials，2013，263（2）：768-777.

[194] Wang Y，Su Y R，Qiao L，et al. Synthesis of one-dimensional TiO_2/V_2O_5 branched heterostructures and their visible light photocatalytic activity towards Rhodamine B [J]．Nanotechnology，2011，22（22）：225702.

[195] Wang B，Zhang G，Sun Z，et al. Synthesis of natural porous minerals supported TiO_2，nanoparticles and their photocatalytic performance towards Rhodamine B degradation [J]．Powder Technology，2014，262（262）：1-8.

[196] Wang B，Zhang G，Sun Z，et al. A comparative study about the influence of metal ions（Ce，La and V）doping on the solar-light-induced photodegradation toward rhodamine B [J]．Journal of Environmental Chemical Engineering，2015，3（3）：1444-1451.

[197] Wang B，Zhang G，Leng X，et al. Characterization and improved solar light activity of vanadium doped TiO_2/diatomite hybrid catalysts [J]．Journal of Hazardous Materials，2015，285：212-220.

[198] Sun Z，Bai C，Zheng S，et al. A comparative study of different porous amorphous silica minerals supported TiO_2 catalysts [J]．Applied Catalysis A General，2013，458（18）：103-110.

[199] Sun Z，Zheng L，Zheng S，et al. Preparation and characterization of TiO_2/acid leached serpentinite tailings composites and their photocatalytic reduction of chromium（Ⅵ）[J]．Journal of Colloid & Interface Science，2013，404（32），102 - 109.

[200] Sun Z，Hu Z，Yan Y，et al. Effect of preparation conditions on the characteristics and photocatalytic activity of TiO_2/purified diatomite composite photocatalysts [J]．Applied Surface Science，2014，314（10）：251-259.

[201] Sun Z，Yang Y，Zhang G，et al. The influence of carriers on the structure and photocatalytic activity of TiO_2/diatomite composite photocatalysts [J]．Advanced Powder Technology，2015，26（2）：595-601.

[202] Sun Z，Li C，Yao G，et al. In situ generated g-C_3N_4/TiO_2 hybrid over diatomite supports for enhanced photodegradation of dye pollutants [J]．Materials & Design，2016，94：403-409.

[203] Sun Q，Li H，Zheng S，et al. Characterizations of nano-TiO_2/diatomite composites and their photocatalytic reduction of aqueous Cr（Ⅵ）[J]．Applied Surface Science，2014，311（9）：369-376.

[204] Sun Q，Hu X，Zheng S，et al. Influence of calcination temperature on the structural，adsorption and photocatalytic properties of TiO_2，nanoparticles supported on natural zeolite [J]．Powder Technology，2015，274：88-97.

[205] 刘杨，郑水林，张祥伟，等．化德硅藻土选矿工艺研究 [J]．非金属矿，2016，39（6）：72-75.

[206] 王珊，王高锋，孙文，等．伊利石负载纳米碳复合材料的制备及其对 Cr（Ⅵ）的吸附性能研究 [J]．硅酸盐通报，2016，35（10）：3274-3279.

[207] 王珊，王高锋，孙文，等．承德某硬质伊利石除铁增白试验研究 [J]．人工晶体学报，2016，45（s10）：2531-2535.

[208] 尹胜男，胡志波，演阳，等．硅藻土的孔结构特性对吸湿和放湿性能的影响 [J]．硅酸盐通报，2016，5：1433-1437.

[209] 吴翠平，郭永昌，魏晨洁，等．人造石材用重质碳酸钙填料的表面改性研究 [J]．非金属矿，2016，39（4）：21-23.

[210] 杜鑫，郑水林．橡胶及塑料填料用高岭土表面改性技术研究现状及展望 [J]．中国非金属矿工业导刊，2016（1）：1-2.

[211] 刘立新，田海山，杜鑫，等．硬脂酸用量对表面改性水菱镁石粉体特性的影响 [J]．中国粉体技术，2016，22（5）：1-5.

[212] 刘立新，田海山，郑水林，等．硅烷/铝酸酯复合改性水菱镁石粉填充 EVA 性能研究 [J]．硅酸盐通报，2016，35（9）：2950-2955.

[213] 薛彦雷，王艳菲，李春全，等．F 掺杂纳米 TiO_2/硅藻土复合材料光催化性能研究 [J]．人工晶体学报，2016，45

(9)：2179-2184.

[214] 董雄波，刘姝抒，孙志明，等．临江某硅藻土酸浸煅烧增白工艺试验研究 [J]．人工晶体学报，2016，45（9）：2279-2283.

[215] Sun Z，Yao G，Liu M，et al. In situ synthesis of magnetic MnFe$_2$O$_4$/diatomite nanocomposite adsorbent and its efficient removal of cationic dyes [J]．Journal of the Taiwan Institute of Chemical Engineers，2017，71：501-509.

[216] Zhang G，Sun Z，Duan Y，et al. Synthesis of nano-TiO$_2$/diatomite composite and its photocatalytic degradation of gaseous formaldehyde [J]．Applied Surface Science，2017，412：105-112.

[217] Zhang G，Sun Z，Hu X，et al. Synthesis of BiOCl/TiO$_2$ - zeolite composite with enhanced visible light photoactivity [J]．Journal of the Taiwan Institute of Chemical Engineers，2017，81：435-444.

[218] Zhang G，Tan Y，Sun Z，et al. Synthesis of BiOCl/TiO$_2$ heterostructure composites and their enhanced photocatalytic activity [J]．Journal of Environmental Chemical Engineering，2017，5 (1)：1196-1204.

[219] Li C，Sun Z，Ma R，et al. Fluorine doped anatase TiO$_2$，with exposed reactive (001) facets supported on porous diatomite for enhanced visible-light photocatalytic activity [J]．Microporous ＆ Mesoporous Materials，2017，243：281-290.

[220] Yao G，Sun Z，Zheng S. Synthesis and enhanced visible-light photocatalytic activity of wollastonite/g-C$_3$N$_4$ composite [J]．Materials Research Bulletin，2017，86：186-193.

[221] Dong X，Sun Z，Jiang L，et al. Investigation on the film-coating mechanism of alumina-coated rutile TiO$_2$ and its dispersion stability [J]．Advanced Powder Technology，2017，28 (8)：1982-1988.

[222] Hu Z，Zheng S，Tan Y，et al. Preparation and characterization of diatomite/silica composite humidity control material by partial alkali dissolution [J]．Materials Letters，2017，1：234-237.

[223] Hu Z，Zheng S，Jia M，et al. Preparation and characterization of novel diatomite/ground calcium carbonate composite humidity control material [J]．Advanced Powder Technology，2017，5：1372-1381.

[224] Hu Z，Zheng S，Sun Z，et al. Influence of pore structure on humidity control performance of diatomite [J]．Science ＆ Technology for the Built Environment，2017，23 (8)：1305-1313.

[225] Sun Z，Li C，Du X，et al. Facile synthesis of two clay minerals supported graphitic carbon nitride composites as highly efficient visible-light-driven photocatalysts [J]．Journal of Colloid ＆ Interface Science，2017，511：268-276.

[226] Wang G，Miao Y，Sun Z，et al. Simultaneous adsorption of aflatoxin B1 and zearalenone by mono- and di-alkyl cationic surfactants modified montmorillonites [J]．Journal of Colloid ＆ Interface Science，2017，511：67-76.

[227] Li C，Sun Z，Zhang W，et al. Highly efficient g-C$_3$N$_4$/TiO$_2$/kaolinite composite with novel three-dimensional structure and enhanced visible light responding ability towards ciprofloxacin and S. aureus [J]．Applied Catalysis B：Environmental，2017，220：272-282.

[228] Sun Z，Yao G，Xue Y，et al. In situ synthesis of carbon@ diatomite nanocomposite adsorbent and its enhanced adsorption capability [J]．Particulate Science and Technology，2016，35 (4)：379-386.

[229] 田海山，刘立新，孙志明，等．西藏班戈湖水菱镁的矿热分解特性 [J]．硅酸盐学报，2017，45（02）：317-322.

[230] 胡志波，郑水林，陈洋，等．沉淀白炭黑吸湿特性及动力学、热力学分析 [J]．化工进展，2017，36（05）：1818-1824.

[231] 孙志明，李雪，马瑞欣，等．浸渍-热聚合法制备 g-C$_3$N$_4$/高岭土复合材料及其性能 [J]．功能材料，2017，48（8）：8018-8023.

[232] 宋安康，孙志明，宋欣，等．朝阳某钙基膨润土有机改性及吸附性能研究 [J]．非金属矿，2017，40 (6)：1-4.

[233] 宋安康，薛彦雷，张广心，等．纳米 TiO$_2$/硅藻土复合材料对染料的光催化降解性能 [C]．第一届全国矿物材料学术交流会暨第十八届全国非金属矿加工利用技术交流会论文集，2017：61-66.

[234] 谭烨，张广心，郑水林．制备方法对纳米 TiO$_2$/硅藻土复合材料光催化性能的影响 [J]．矿业科学学报，2017，2（5）：497-502.

[235] 王珊，王高锋，孙文，等．富氧官能团纳米碳/伊利石复合材料的制备及吸附性能研究 [J]．硅酸盐通报，2017，36 (7)：2326-2331.

[236] 梁靖，李春全，孙志明，等．煅烧温度对 ZnO/辉沸石复合材料结构与性能的影响 [J]．非金属矿，2017，40 (3)：44-46.

[237] 董雄波，杨重卿，孙志明，等．钛白粉无机包覆改性现状及发展趋势 [J]．无机盐工业，2017，49（05）：5-8.

[238] 郑梦子，李兴东，马学文，等．山东临沂某含蒙脱石火山岩选矿提纯试验研究 [J]．非金属矿，2017，40（02）：66-69.

[239] 杜鑫，陈洋，郑水林．复合改性对聚磷酸铵填充 EVA 材料抗渗性能的影响 [J]．中国粉体技术，2017，23 (1)：

11-13.

[240] 田海山，刘立新，孙志明，等．煅烧温度对天然水菱镁矿结构性能的影响 [J]．非金属矿，2017，40 (1)：71-74.

[241] 田海山，孙志明，刘立新，等．西藏班戈湖水菱镁矿矿物学研究 [J]．矿业科学学报，2017，2 (3)：301-306.

[242] 郑水林，李杨，杜高翔，等．超细电气石粉体制备研究 [J]．非金属矿，2004，27 (4)：26-28.

[243] 郑水林，李杨．电气石粉体的表面 TiO_2 包覆改性增白方法．CN 1508196 [P]．2004.

[244] 杨涛，刘月，郑水林，等．纳米 TiO_2/电气石复合材料的光催化性能 [J]．中国粉体技术，2010，16 (s)：70-72.

[245] 郑水林，刘月，杨涛，等．一种电气石/纳米 TiO_2 复合功能材料的制备方法：CN 102199369 B [P]．2013.

[246] 刘月，郑水林，舒锋，等．热处理对蛋白土粉体性能的影响 [J]．中国粉体技术，2009，15 (3)：31-33.

[247] 孔维安，贺洋，石钰．非金属矿在复合相变材料中的研究进展 [J]．中国粉体技术，2010，16 (s)：106-108.

[248] 顾晓华，邸凯，李青山．超细嫩江蛋白石轻质页岩粉创制与应用研究 [J]．化学工程师，2003，96 (3)：55-56.

[249] 钱学仁，安显慧，刘文波，等．改性蛋白石用作纸浆 H_2O_2 漂白稳定剂的研究 [J]．林产化学与工业，2003，23 (4)：75-78.

[250] 顾晓华，沈鸿，李青山，等．蛋白石轻质页岩开发与应用研究进展 [J]．化工时刊，2005，19 (4)：36

[251] 李青山，顾晓华，冯云生，等．一种天然纳米材料的发现与应用 [J]．现代科学仪器，2003，3：30-32.

[252] 顾晓华，邸凯，李青山．超细嫩江蛋白石轻质页岩粉创制与应用 [J]．化学工程师，2003，6 (3)：55-56.

[253] 钱学仁，安显慧，刘文波，等．改性蛋白石用作纸浆 H_2O_2 漂白稳定剂的研究 [J]．林产化学与工业，2003，23 (4)：75-78.

[254] 任元成，侯向群，轩峰，等．新疆蛋白土超细加工及改性土应用研究 [J]．非金属矿，2005，28 (6)：32-33.

[255] 李兴隆，赵小峰，张嘉亮．新型吸附材料蛋白石页岩脱色试验研究 [J]．环境科学与管理，2004，29 (1)：37-38.

[256] 黄海，袁家超，黄锐．蛋白石填充高密度聚乙烯的研究 [J]．塑料工业，2003，31 (7)：14-17.

[257] 邸凯，王蒙，李青山．蛋白石共混合成纤维与聚合物吸湿性的探讨 [J]．黑龙江纺织，2003，(2)：1-2.

[258] 张殿潮，孔维安，郑水林，等．蛋白土负载型复合相变材料的制备与表征 [J]．非金属矿，2013，36 (1)：59-60.

[259] 郑水林，文明，刘月．一种蛋白土负载纳米 TiO_2 复合粉体材料的制备方法．CN 102198394 A [P]．2013.

[260] 陈俊涛，郑水林，白春华．蛋白土提纯对其理化性能的影响研究 [J]．人工晶体学报，2009，38 (3)：792-796.

[261] 郑水林，孔维安，张玉忠，等．一种蛋白土负载固定相变材料的方法：CN 102719228 A [P]．2012

[262] 刘超，郑水林，宋贝，等．纳米 TiO_2/蛋白土复合材料的制备与表征 [J]．人工晶体学报，2013，42 (4)：695-700.

[263] 孙志明，郑水林，张玉忠，等．石膏分解钾长石提取钾的实验研究 [J]．中国粉体技术，2010，16 (s)：38-41.

[264] 怀杨杨，孙志明，卢芳慧，等．化学石膏利用现状与展望 [J]．中国粉体技术，2010，16 (s)：125-128.

[265] 沈万慈．石墨产业的现代化与天然石墨的精细加工 [J]．中国非金属矿工业导刊，2005，(6)：3-7.

[266] 肖丽，金为群，张华荣．膨胀石墨与柔性石墨及其应用 [J]．中国非金属矿工业导刊，2005，(6)：17-18.

[267] 肖丽，金为群，权新军．石墨插层复合材料性质研究 [J]．非金属矿，2003，26 (5)：4-5.

[268] 李冀辉，刘淑芬．膨胀石墨孔结构及其吸附性能研究 [J]．非金属矿，2004，27 (4)：44-45.

[269] 尹伟，金为群，权新军，等．复合插层剂制备可膨胀石墨研究 [J]．非金属矿，2006，29 (1)：35-36.

[270] 金为群，张华蓉，权新军．石墨插层复合材料制备及应用现状 [J]．中国非金属矿工业导刊，2005，(4)：8-12.

[271] 张然，余丽秀．硫酸-氢氟酸分步提纯法制备高纯石墨研究 [J]．非金属矿，2007，30 (3)：42-44.

[272] 杜高翔，郑水林．阻燃用氢氧化镁及水镁石粉体的表面改性研究现状 [J]．非金属矿，2002，25 (s)：10-13.

[273] 杜高翔，郑水林，姜骑山，等．超细氢氧化镁粉的表面改性 [J]．化工矿物与加工，2005，34 (9)：7-9.

[274] 杜高翔，郑水林，李杨．超细水镁石的硅烷偶联剂表面改性 [J]．硅酸盐学报，2005，33 (5)：659-664.

[275] 张清辉，郑水林，张强，等．氢氧化镁/氢氧化铝复合阻燃剂的制备及其在 EVA 材料中的应用 [J]．北京科技大学学报，2007，29 (10)：1027-1030.

[276] 张玉忠，郑水林，刘福来，等．研磨介质制度对水镁石湿法超细研磨效果的影响 [J]．非金属矿，2010，33 (5)：34-36.

[277] 王腾宇，贺洋．氢氧化镁的湿法超细研磨试验研究 [J]．中国粉体技术，2012，18 (s)：99-101.

[278] 郑水林，宋贝，狄永浩，等．一种利用硼泥制备纳米氢氧化镁和纳米白炭黑的方法：CN102815728A [P]．2012.

[279] 郑水林，宋贝，狄永浩，等．一种硼泥的硫酸铵焙烧与综合利用方法：CN 102745719 A [P]．2012.

[280] 李小满，赵晋府．麦饭石的营养价值及其在食品工业中的应用 [J]．饮料工业，2000，3 (2)：36-39.

[281] 钟全福，林岗．麦饭石对养殖水体水质调控的研究 [J]．福建师大学报（自然科学版），2001，17 (2)：118-120.